AF253029

TRAITÉ ÉLÉMENTAIRE

DE GÉOLOGIE.

IMPRIMERIE DE Mme HUZARD (née VALLAT LA CHAPELLE),
RUE DE L'ÉPERON, N° 7.

TRAITÉ ÉLÉMENTAIRE

DE

GÉOLOGIE,

PAR M. ROZET,

CAPITAINE AU CORPS ROYAL D'ÉTAT-MAJOR, PROFESSEUR DE GÉOLOGIE
A L'ATHÉNÉE ROYAL, ET VICE-SECRÉTAIRE DE LA SOCIÉTÉ
GÉOLOGIQUE DE FRANCE.

OUVRAGE ACCOMPAGNÉ D'UN ATLAS.

PARIS.

ARTHUS BERTRAND, ÉDITEUR,

LIBRAIRE DE LA SOCIÉTÉ DE GÉOGRAPHIE,
rue Hautefeuille, n° 23.

M. DCCC. XXXV.

PREMIÈRE PARTIE.

GÉOGNOSIE.

PRÉFACE.

DepuIs la publication, en 1830, de mon Cours élémentaire de Géognosie fait au Dépôt général de la Guerre, la science a marché si rapidement, que cet ouvrage se trouve maintenant fort en arrière. Les traités récemment publiés en France, et même en Angleterre, où les études géologiques sont devenues tellement populaires, que la première édition des ouvrages n'est pas toujours terminée que déjà on est obligé d'imprimer la seconde, quoique beaucoup plus complets que le mien, ne sont pas non plus très au courant de la science. Un livre dans lequel les principes de la géologie sont mis en rapport avec les connaissances actuelles est donc encore à faire.

Chargé, pour la seconde fois, du Cours de géologie à l'Athénée royal, il est important que je donne à mes auditeurs un ouvrage avec lequel ils puissent suivre mes leçons ; le premier étant adopté dans plusieurs écoles, il est également important de mettre ces écoles à même de pouvoir suivre les progrès de la science.

Telles sont les raisons qui m'ont déterminé à publier ce nouveau traité de géologie, malgré le grand nombre de ceux qui paraissent maintenant.

Il est construit sur un plan peu différent du premier, mais il offre cependant des changemens notables : j'ai adopté la division en roches stratifiées et non stratifiées, quoiqu'elle présente bien quelques inconvéniens. Quand ces roches se trouvent réunies dans un même groupe géognostique, je les décris ensemble ; et ma seconde série renferme tous les groupes indépendans de roches non stratifiées. La description des première, deuxième et troisième époques a été beaucoup augmentée, et mise en rapport avec les connaissances actuelles. Celle de la sixième est complétement changée ; j'en ai séparé tous les groupes non stratifiés qui forment la seconde série, et que j'y avais d'abord placés. Les listes de restes organisés fossiles des différentes formations ont été corrigées et augmentées d'après les conseils de MM. Boué et Michelin, et les tableaux donnés par M. Brochant, dans sa traduction du Manuel de Géologie, de M. de la Bèche. Des planches, où sont dessinés les débris d'animaux regardés jusqu'à présent comme les plus caractéristiques des formations, ont été jointes à l'atlas, qui renferme, en outre, un certain nombre de dessins représentant des coupes théoriques, et d'autres prises dans la nature, tout à fait indispensables pour l'intelligence des descriptions géognostiques.

Ce nouvel ouvrage sera composé de deux volumes, accompagnés d'un atlas.

Le premier renferme l'exposition des faits sans mélange d'aucune idée théorique.

Dans le second, j'ai essayé de combiner ces mêmes faits, pour arriver à l'explication plus ou moins probable, suivant le plus ou moins grand nombre de faits réunis, de la manière dont chaque masse minérale s'est formée, et découvrir quelques unes des lois qui ont présidé à ces différentes formations.

Il est presque inutile de dire que mon travail ne renferme pas seulement mes propres observations, et que j'ai mis à contribution tous les écrits dont j'ai pu avoir connaissance : ceux de MM. Brongniart, de la Bèche, Lyell, Boué, Beaumont et Dufrénoy, Boblaye, etc. ; et surtout les publications de la Société géologique de France, qui mettent aujourd'hui tous les géologues de la terre en communication les uns avec les autres, m'ont été du plus grand secours.

Les voyages que j'ai exécutés depuis quatre ans, dans les Ardennes, les Vosges, la Forêt-Noire, le Jura, les Alpes et jusque dans l'Atlas de Barbarie, en me conduisant à la découverte d'une foule de faits nouveaux, m'ont donné, en même temps, la facilité de comparer entre elles les grandes masses minérales qui composent notre planète, et de mieux comprendre leurs relations réciproques.

DISCOURS PRÉLIMINAIRE.

La géologie a pour but l'étude de la constitution physique du globe terrestre, et la recherche des lois qui ont présidé à la formation de ses différentes parties : après avoir réuni les faits, elle les combine, pour en tirer des explications plus ou moins probables, suivant que ces faits sont plus ou moins nombreux. La partie de la science qui s'occupe uniquement de la réunion des faits a reçu le nom de *géognosie;* celle qui les combine, pour essayer de remonter aux causes premières, se nomme *géogénie*. La géologie est donc composée de deux branches, géognosie et géogénie.

La connaissance exacte des choses devant précéder toutes les théories tendant à expliquer leur existence ou leur manière d'être, il est naturel de commencer d'abord par la géognosie, ou description de la portion de la croûte solide de la terre accessible à nos observations. Lorsque nous aurons exposé tout ce que l'on sait maintenant sur cette matière, nous pourrons, avec quelques chances de succès, tenter d'expliquer la formation des masses minérales, ou entrer dans la géogénie.

Je n'ignore pas toutes les difficultés qui entravent maintenant la géogénie, et toutes les objections que l'on peut faire contre ses théories : pour tenter d'expliquer la formation du globe, dira-t-on, il faudrait en connaître parfaitement les différentes parties, et les trois quarts de sa surface sont enfouis sous les eaux, qui les déroberont toujours à vos observations ; toute la portion émergée ne vous est pas même connue, et, dans les parties que vous connaissez, vous n'avez pu pénétrer qu'à une très petite profondeur. Tout ceci est juste ; mais il y a peu de doute que toutes les opérations de la nature se soient effectuées sous l'influence des grandes lois universelles, et que ce soient les mêmes causes qui ont produit les matières identiques sur toute la surface du globe. Ainsi donc, quand on est parvenu à donner une explication satisfaisante de la formation d'une grande masse minérale, dont l'existence a été reconnue dans beaucoup de contrées, il est très probable que la même explication conviendra pour tous les autres points où l'on observera ensuite cette même masse. Et quand bien même nos explications ne seraient pas générales, la combinaison des faits particuliers ne nous conduit pas moins à la découverte de faits plus généraux, qui peuvent nous faire entrevoir les causes premières, dont la connaissance exacte échappe toujours à la sagacité de l'esprit humain. Dans l'état actuel de nos connaissances sur la constitution physique du globe terrestre, la géogénie n'est donc point une science de pure spéculation ; d'ailleurs toutes les théories que nous proposerons seront basées sur les faits, dont elles découlent naturellement.

La géologie a été cultivée depuis la plus haute antiquité ; les livres religieux des plus anciens peuples renferment des principes qui prouvent une connaissance déjà fort étendue de la nature de notre planète. Il y a plus de trois mille ans, que, dans leur système de cosmographie, les prêtres égyptiens admettaient la fluidité primitive de la terre, son séjour prolongé sous les eaux, et des bouleversemens successifs à sa surface, causés, suivant eux, par le déplacement de l'axe des pôles, qu'ils supposaient avoir été primitivement parallèle à celui de l'écliptique.

Dans les beaux temps de la Grèce, des philosophes de cette nation, Hérodote, Thalès de Milet, etc., étant allés s'instruire chez les prêtres égyptiens, rapportèrent leurs doctrines en Europe. Ces doctrines restèrent long-temps confinées dans les écoles grecques, d'où elles sortirent ensuite pour se répandre chez les principaux peuples, tellement défigurées qu'il n'était plus possible de les reconnaître.

Au lieu d'observer la nature pour juger de l'exactitude ou de la fausseté des théories égyptiennes, les Grecs les avaient commentées et altérées, au gré de leur imagination. Les philosophes européens, qui les reçurent d'eux, suivirent leur exemple, et de toute part il s'éleva des disputes interminables sur la formation du globe, que chacun expliquait à sa manière, sans avoir aucune idée de sa constitution physique; des théories contradictoires se succédaient rapidement, et le ridicule devint bientôt l'apanage de tous ceux qui s'occupaient de géologie.

Enfin Bacon et Newton parurent, et imprimèrent une marche toute nouvelle à la philosophie naturelle. Les géologues comprirent alors qu'il fallait observer la nature, au lieu de s'épuiser dans de vaines discussions.

Cependant ce ne fut que vers la fin du siècle dernier, que les beaux travaux de Buffon, de Werner et de

Saussure donnèrent à la géologie un caractère de vérité qu'elle n'avait point encore eu : ces grands hommes substituèrent les observations aux hypothèses, et l'on commença à s'occuper de l'étude des matériaux qui entrent dans la composition du globe terrestre.

Buffon, dont les écrits ont tant répandu le goût des sciences naturelles, étudia quelques parties de la France, et fit une foule d'expériences dans le laboratoire, pour appuyer sa théorie du globe, conception d'un vaste génie.

Saussure, né en Suisse, dans une condition très indépendante, voua une grande partie de son existence à l'étude de la constitution physique des Alpes : il parcourut ces montagnes le marteau à la main, gravissant les rocs les plus escarpés, les cimes les plus élevées, même celles du gigantesque Mont-Blanc, défendues par des neiges et des glaces éternelles. Dans son immortel ouvrage, le premier où les choses furent exposées avec autant de vérité que d'élégance, il ne se permit que les conclusions qui découlaient naturellement de la réunion des faits. L'agenda, inséré à la fin du huitième volume, renferme les véritables principes de la géognosie, ceux qui ont servi de guide aux observateurs actuels.

Pendant que Saussure parcourait les Alpes, Werner, professeur de minéralogie à l'école des mines de Freiberg, en Saxe, ayant compris de quelle importance il était de faire connaître les lois que suit la disposition des espèces minérales dans le sein de la terre, observa, avec un soin tout particulier, le pays qu'il habitait. Ses observations le conduisirent à la découverte d'une foule de faits nouveaux ; il remarqua, dans les roches, des preuves de dépôts successifs ; il établit les rapports entre les masses minérales et les circonstances de leur gisement et de leur structure; enfin il restreignit la géologie à des faits, et composa un corps de doctrine qu'il nomma *géognosie*.

C'est le célèbre professeur de Freiberg qui, le premier, enseigna les principes de la géognosie; il inspira l'amour de cette science à de nombreux élèves, qui, au sortir de son école, se répandirent dans les deux mondes, étudiant, avec la plus scrupuleuse attention, les montagnes les plus élevées et les cavités les plus profondes; ils annoncèrent bientôt que les lois reconnues dans une petite partie de l'Allemagne, bien comprises, pouvaient s'étendre à toutes les contrées de la terre.

Freiesleben, Mohs, Raumer, Brocchi, d'Aubuisson, Charpentier, de Bonnard, etc., explorèrent les différentes parties de l'Europe, avec autant de sagacité que de constance. De Humboldt pénétra dans le Nouveau-Monde, et, à son retour, étonna l'univers par la grande quantité de ses travaux, non seulement sur l'histoire naturelle, mais encore sur presque toutes les parties des connaissances humaines. De Buch parcourut la Norwége, l'Italie, les îles de l'Afrique, etc. Enfin, on a dit à juste titre de Werner, comme de Linnée : « La terre a été couverte de ses disciples, » et, d'un pôle à l'autre, la nature a été interrogée au » nom d'un seul homme. »

Les élèves du célèbre Saxon répandirent partout la doctrine de leur maître; les géognostes naissaient sous leurs pas; un grand nombre de descriptions locales furent entreprises, et beaucoup exécutées avec un succès inattendu.

Mais c'est en France, dans notre patrie, que la

science a été portée au degré de perfection où nous la voyons arrivée maintenant. L'école de Werner n'avait pas compris toute l'importance de l'étude des restes organiques renfermés dans les couches solides ; ce ne fut que dans le commencement du dix-neuvième siècle, que deux hommes, Cuvier et Brongniart, dont les noms sont devenus aussi célèbres que ceux de Werner et de Saussure, donnèrent à la géologie un nouvel essor par l'étude des restes organisés fossiles. La description géologique des environs de Paris, publiée pour la première fois en 1810, montra quel parti le géologue pouvait tirer de cette étude ; et dans plusieurs autres écrits, Cuvier et Brongniart ont donné, pour la géologie, des principes zoologiques non moins importans que ceux de Werner : ils nous ont appris que les restes organiques renfermés dans les couches pierreuses sont les témoins des époques où elles ont été formées, et souvent même les indices des révolutions qui ont suivi ou précédé chaque formation.

Tandis que l'on s'occupait partout de l'étude exacte de l'intérieur de la terre, l'Angleterre, restée en arrière, fabriquait encore des hypothèses. Hutton était mort, en laissant une ingénieuse théorie de la formation du globe, appuyée sur quelques faits seulement, et Playfair soutenait cette théorie avec autant d'énergie que de talent. Hall, par ses belles expériences sur les effets de la chaleur appliquée à des corps soumis à de fortes pressions, donnait un haut degré de probabilité aux principales conséquences du système huttonnien. C'est alors que Jameson, élève de Werner, vint créer à Édimbourg, sous les yeux mêmes de Playfair et de Hall, la célèbre société wernerienne. Le choc fut violent, mais la lumière en jaillit ; on abandonna les hypothèses pour les observations exactes, et bientôt on vit se former des sociétés géologiques, dans la capitale et les principales villes de la Grande-Bretagne.

Les Anglais, s'occupant de géologie avec cette constance et cette sagacité qui les ont toujours distingués, furent bientôt aussi avancés que nous. De nombreuses publications répandirent leurs progrès dans tout le monde savant, et les Buckland, les Mac-Culloch, les Conybeare, etc., devinrent aussi célèbres que leurs devanciers. Enfin parut le fameux livre [1] qui jeta autant de jour sur les roches renfermant des restes organiques, que celui de Cuvier et Brongniart.

Aujourd'hui l'impulsion est donnée; dans presque toutes les contrées de la terre, il y a des observateurs occupés à recueillir des faits; les principales villes du monde réunissent des collections, ouvrent des écoles de géologie; des sociétés géologiques, fondées sur de vastes bases, se forment partout, et se mettent en rapport les unes avec les autres; un grand nombre d'hommes instruits, restés jusqu'ici étrangers à la science, s'enrôlent sous ses drapeaux; on a tellement senti l'importance des études géologiques, qu'elles sont devenues réellement populaires : en France, on trouve des cours de géologie depuis les écoles d'agriculture jusque dans les facultés des hautes sciences.

Les applications de la géologie sont nombreuses : c'est elle qui guide le mineur dans la recherche et l'exploitation des substances minérales, qui montre à l'architecte les montagnes dans lesquelles il doit chercher des pierres de construction, les marbres, les ar-

---

[1] Outlines of the Geology of England and Wales. *London*, 1822.

puissance infinie présidant à tout, et dont le principal but paraît avoir été d'assurer le bonheur et la tranquillité de l'homme, qui est son dernier ouvrage, et celui dans lequel elle a mis le plus de soin.

Aucune science plus que la géologie n'est capable d'élever notre esprit, d'agrandir nos idées, et de nous rapprocher du Créateur. La voûte des cieux couvre son cabinet, l'univers entier est son champ d'observations, elle pénètre jusque dans les entrailles de la terre. Le manoir du géologue n'est pas dans les cités, centre du luxe et de la mollesse, c'est sur les montagnes qu'il doit habiter, c'est dans les crevasses de ces masses gigantesques, dont la cime dépasse les nuages et brave les tempêtes depuis des milliers d'années, que la nature l'attend pour l'initier à ses plus secrets mystères. Là, tout est vaste, tout est immense : ces crêtes élevées, qui s'étendent à perte de vue; ces torrens écumeux, qui se précipitent en mugissant le long des pentes arides pour se changer ensuite en de tranquilles ruisseaux, qui vont arroser des campagnes fertiles; ces rochers, suspendus au bord des précipices, qui menacent à chaque instant d'écraser l'observateur; ces neiges et ces glaces éternelles, qui semblent chargées de défendre l'approche des plus hautes cimes, offrent le spectacle le plus imposant, remplissent l'ame d'effroi et d'admiration, l'élèvent au dessus d'elle-même, et la forcent à s'humilier devant le sublime Auteur de tant de merveilles !

TRAITÉ ÉLÉMENTAIRE
DE GÉOLOGIE.

—◆—

GÉOGNOSIE.

—◆—

DU GLOBE TERRESTRE EN GÉNÉRAL.

§ 1. La planète que nous habitons est nommée *terre et globe terrestre* par les astronomes, les géologues et les géographes. Elle résulte de la réunion de trois corps qui diffèrent complétement les uns des autres : la terre, masse solide, formée elle-même de parties très différentes ; l'eau, masse liquide, répandue sur la surface de la terre, dont elle couvre plus des 0,75. Enfin l'air, masse gazeuse, qui constitue, autour des deux autres, une enveloppe dont l'épaisseur est de 64,000 mètres au moins. Ces trois corps, réunis entre eux par l'action de la pesanteur, forment un tout qui est le globe terrestre ou la terre.

Les observations géodésiques et astronomiques combinées, ont démontré que la forme de la masse solide est celle d'un sphéroïde, aplati aux pôles et renflé à l'équateur : la différence entre les deux axes de ce sphéroïde a été trouvée de $\frac{1}{305}$ par lés observations les plus récentes ; c'est à dire que l'axe des pôles : celui de l'équateur :: 304 : 305. Il est à remarquer que cette forme est précisément celle que prendrait une masse fluide douée d'un mouvement de rotation autour d'un axe fixe, et que la terre a précisément un semblable mouvement autour de l'axe des pôles ; c'est le mouvement diurne, qui produit le jour et la nuit. Les inégalités que l'on remarque sur la surface de la terre ne nuisent aucunement à la forme qu'on lui a reconnue : ces inégalités, qui nous paraissent gigantesques, sont très peu de chose comparativement aux dimensions du globe : les plus considérables n'ont pas, en élévation, la millième partie du rayon terrestre. Ainsi, considérées sur le globe entier, elles sont beaucoup moins sensibles que celles que l'on voit sur la peau d'une orange. Les eaux, qui couvrent la plus grande partie de la surface de la terre, en remplissent les anfractuosités, et leur surface supérieure se confond exactement avec celle du sphéroïde : les terres qui se trouvent au dessus peuvent être regardées comme des protubérances.

L'air qui enveloppe la terre de toutes parts obéissant, comme les deux autres corps, aux lois de la pesanteur, doit avoir la même forme.

Le globe terrestre n'est point fixe dans l'espace ; il fait partie d'un système de corps qui se meuvent ensemble autour du soleil, en décrivant des ellipses dont cet astre occupe l'un des foyers ; ce mouvement de translation autour du soleil s'exécute d'occident en orient. Dans sa révolution, la terre emporte avec elle la lune, son satellite, qui se meut aussi dans une ellipse dont la terre est au foyer, et de telle manière qu'elle fait douze révolutions pendant que celle-ci en fait une autour du soleil. Dans cet intervalle, la lune prend différentes positions relativement à la terre et au soleil, qui se reproduisent de la même manière à chaque révolution lunaire, et donnent naissance aux phases de la lune, qui ont une si grande influence sur le mouvement périodique des eaux de la mer ; elles en ont probablement aussi sur les phénomènes atmosphériques, et sur quelques uns de ceux qui se passent à la surface de la terre, quoi qu'en aient dit des hommes du plus grand mérite (1).

---

¹ Voyez la notice de M. Arago, *Annuaire du Bureau des Longitudes,* 1833.

Outre le mouvement de translation autour du soleil, la terre est douée d'un mouvement de rotation sur elle-même, qui s'exécute autour de l'axe des pôles, et encore d'occident en orient : c'est de celui-ci que résultent le jour et la nuit. La durée de la révolution diurne étant divisée en 24 heures, la révolution annuelle s'exécute en 365 jours, 5ʰ 45′ et 43″. Le demi-grand axe de l'orbite terrestre est de 34,505,422 lieues de 25 au degré.

Dans les deux mouvemens auxquels le globe terrestre est soumis, les trois corps qui le composent sont emportés ensemble, et se meuvent tout à fait comme une masse qui aurait reçu une impulsion primitive, dont la direction ne passerait pas par son centre de gravité.

Les autres corps de notre système planétaire se meuvent absolument de la même manière que la terre, dans une zone étroite du ciel que l'on nomme le zodiaque. Plusieurs transportent avec eux des satellites qui se comportent à leur égard de la même manière que la lune à l'égard de la terre. Cette uniformité dans les phénomènes que présentent toutes les planètes connues, a fait penser à M. Buffon qu'elles devaient toutes avoir une même origine, et qu'elles pourraient bien être sorties ensemble du soleil, par le choc d'une comète qui aurait effleuré la surface de cet astre. Nous examinerons cette hypothèse dans le second volume. Tous les corps du système solaire attirent et sont attirés en raison directe des masses, et en raison inverse du carré des distances. Ces attractions mutuelles produisent, dans les mouvemens, des perturbations dont l'étude, qui est de la plus haute importance pour l'astronomie, n'intéresse que faiblement le géologue.

Le but de la géognosie étant l'étude détaillée des trois corps dont la réunion compose la terre, nous allons prendre chacun séparément, examiner sa constitution physique, les divers phénomènes qu'il présente, et ceux qui résultent de l'action de ces mêmes corps les uns sur les autres.

DE L'ATMOSPHÈRE.

AIR ATMOSPHÉRIQUE.

§ 2. L'air est un gaz parfait, incolore, inodore, insapide, et entièrement transparent. Ce gaz, indispensable à l'existence de tous les êtres organisés qui vivent sur la terre, a une pesanteur spécifique qui n'est que $\frac{1}{773}$ de celle de l'eau distillée. Il est composé, en volume, de quatre parties d'azote et une d'oxigène, plus 0,02 à 0,03 d'acide carbonique, que l'on a trouvé dans toutes les contrées où l'analyse de l'air atmosphérique a été faite : ces gaz ne sont pas combinés entre eux, mais seulement mélangés, ce dont on peut facilement s'assurer par l'analyse et par la synthèse. Le peu d'adhérence qui existe entre les principes constituans de l'air, permet à ce gaz d'agir avec une certaine intensité sur plusieurs masses minérales, qu'il altère en leur cédant quelqu'un de ses principes.

L'air constitue une couche formant l'enveloppe extérieure du globe, que l'on nomme *atmosphère*, et dans laquelle se passent tous les phénomènes désignés sous le nom de météores atmosphériques.

L'oxigène, l'azote et l'acide carbonique sont les principes constituans de l'air atmosphérique, mais ils ne composent pas à eux seuls toute la masse de l'atmosphère : tous les corps gazeux à la température ordinaire, tant ceux qui sortent de l'intérieur du globe, que ceux qui proviennent des émanations des liquides et des solides répandus à la surface, s'y rencontrent en plus ou moins grande quantité, suivant les contrées ; il y a surtout une certaine proportion de vapeur d'eau, dont on ne peut purger l'air sans avoir recours à des moyens chimiques ; le calorique et l'électricité y existent aussi, et manifestent leur présence à chaque instant. La composition du gaz atmosphérique est donc très compliquée ; mais c'est l'air pur qui en forme la principale partie : lui seul est indispensable à son existence.

Les molécules de ce gaz étant soumises à l'action de la pesanteur, la densité des couches atmosphériques diminue en allant de bas en haut, et les dernières doivent être extrêmement dilatées. Ceci est cause que l'épaisseur de l'atmosphère et sa forme sont très difficiles à déterminer.

Pour la première, on s'est servi du pouvoir réfringent des composés gazeux, et des lois de la dilatation des gaz. Par le premier procédé, on a trouvé une hauteur de 72,000 mètres, et, par le second, elle n'a été que de 64,000 ; mais le docteur Wollaston, qui a obtenu ce dernier résultat, n'a point eu égard à l'abaissement de température, qui exerce une grande influence sur la dilatation des composés gazeux.

Quant à la seconde, comme l'air est en équilibre autour de la terre, vers le centre de laquelle il est attiré, et que de plus c'est une masse fluide douée d'un mouvement de rotation autour d'un axe fixe, il est évident qu'elle doit être la même que celle du globe, un sphéroïde aplati aux pôles et renflé à l'équateur.

Mouvemens de l'atmosphère.

§ 3. Quoique la masse atmosphérique soit en équilibre autour de la terre, on observe cependant dans son intérieur plusieurs mouvemens, dont les uns sont périodiques et généraux, et les autres seulement accidentels.

Mouvemens généraux. 1°. L'attraction combinée du soleil et de la lune produit dans l'atmosphère un mouvement de flux et de reflux, qui correspond assez bien à celui que ces deux astres occasionent dans la mer.

2°. Le mouvement de rotation de la masse solide d'occident en orient étant beaucoup plus rapide que celui de la masse gazeuse, il en résulte pour celle-ci un mouvement apparent en sens contraire d'orient en occident.

3°. L'influence de la chaleur solaire, qui n'est pas la même aux pôles et à l'équateur, augmentée par la perturbation lunisolaire, force la masse de l'air à se mouvoir de l'équateur vers les pôles, et de ceux-ci vers l'équateur ; il s'établit ainsi un courant général, dans lequel de l'air frais arrive continuellement à l'équateur, et de l'air chaud continuellement aux pôles. Cet échange mutuel semble destiné à tempérer la chaleur de la zone torride et le froid de la zone glaciale, pour entretenir la vie sur le globe.

Mouvemens particuliers. Ce sont les vents ordinaires ; ils sont produits par les variations de température, qui ont lieu avec plus ou moins de promptitude et d'intensité dans certaines parties de la masse d'air. L'expérience a prouvé que les vents soufflent dans une direction opposée à celle dans laquelle ils se propagent ; ainsi le vent qui souffle du nord au sud, se propage du sud au nord : les vents ordinaires ont une vitesse de 10 à 12 mètres par seconde, et celle des grandes tempêtes dépasse 50 mètres.

Température.

§ 4. La température de l'atmosphère diminue à mesure que l'on s'élève : tout le monde sait qu'il fait beaucoup plus froid sur les hautes montagnes que dans les plaines qui sont à leur pied. Ce phénomène résulte de la variation de densité des couches atmosphériques, qui sont d'autant plus raréfiées que l'on s'élève davantage.

Un de nos plus grands physiciens, le premier observateur des Alpes, Saussure fit, au mois de juillet, sur le col du Géant, à 3,400 mètres au dessus du niveau de la mer, des observations continuées pendant seize jours consécutifs, d'où il conclut que le thermomètre baisse de 1° pour 156 mètres d'élévation.

Au mois d'août 1804, M. Gay-Lussac, qui s'éleva dans un aérostat jusqu'à 2,700 mètres, ne vit le thermomètre baisser que de 3°,2 ; et, au mois de septembre suivant, s'étant élevé à 7,000 mètres, il obtint un abaissement de 40°,25 ; ce qui donne 1° pour 174 mètres de hauteur, résultat qui se rapproche de celui de Saussure, et tend à prouver que l'abaissement varie beaucoup avec l'état de l'atmosphère.

M. de Humboldt a prouvé que l'abaissement de température, à mesure que l'on s'élève, varie avec la latitude, et qu'il est plus rapide dans les zones tempérées que dans la zone torride. Dans nos contrées, on adopte assez généralement 160 mètres pour la hauteur correspondante à 1° de diminution.

La quantité de vapeur d'eau répandue dans l'air décroît aussi comme la température ; l'hygromètre marche vers 0 à mesure que l'on s'élève. C'est un résultat que l'on pouvait prévoir d'après les seules lois de l'évaporation.

EAU ATMOSPHÉRIQUE.

§ 5. Les eaux qui sont à la surface de la terre se réduisent continuellement en vapeurs, qui s'élèvent dans l'atmosphère. Une portion de ces vapeurs se dissout dans l'air, et devient complétement invisible ; l'autre forme des amas de dimensions variables, qui sont les nuages. La vapeur d'eau répandue dans l'atmosphère s'y trouve donc sous deux états.

Dans le premier, les molécules de l'eau sont combinées avec celles de l'air, et la force de cohésion est assez grande pour qu'il soit nécessaire d'employer des agens chimiques lorsqu'on veut dessécher l'air.

Dans le second, on admet que les vapeurs aqueuses forment de petites vésicules qui réfléchissent la lumière, ce qui les rend visibles : l'explication mathématique du phénomène de l'arc-en-ciel prouve en faveur de cette opinion. Les nuages seraient donc composés de la réunion d'un grand nombre de petits globules suspendus dans l'air comme des bulles de savon. Ces globules doivent être susceptibles de se contracter, de se dilater, et de faire varier ainsi la pesanteur des nuages ; c'est pourquoi nous voyons ceux-ci s'élever et s'abaisser alternativement : leur distance au dessus de la surface terrestre est en raison inverse de leur densité. Quand les nuages touchent le sol, ils forment des brouillards pour ceux qu'ils couvrent, et des nuages bas pour ceux qui s'en trouvent à une certaine distance. Les nuages, apportant l'humidité sur les masses minérales, exercent un effet destructeur plus ou moins sensible, suivant la nature de ces masses.

Pluie. Quand les nuages sont très condensés, ils descendent, et la moindre perturbation peut déterminer la précipitation de l'eau qu'ils renferment. De là les pluies, qui sont plus ou moins abondantes, suivant que les nuages sont plus ou moins condensés, et que la précipitation se fait plus ou moins rapidement.

Les pluies produisent souvent des masses d'eau considérables, qui se répandent sur la surface du globe, en entraînant les débris des rochers, creusant des ravins dans les terrains meubles, et vont enfin former des dépôts dans les lieux bas, où elles perdent leur vitesse.

ÉLECTRICITÉ ATMOSPHÉRIQUE.

§ 6. Les travaux des physiciens modernes ont à peu près démontré, comme on l'avait soupçonné depuis fort longtemps, que le fluide électrique existe dans tous les corps de la nature : les nuages en renferment une très grande quantité. Transportés par les vents dans toutes les directions, ils se choquent, et les deux fluides se séparent comme dans tous les autres corps frottés. Il doit donc se passer dans l'atmosphère tous les phénomènes que l'on observe dans les laboratoires entre les corps électrisés : les éclairs et le tonnerre ne sont autre chose que des décharges électriques entre des nuages chargés d'électricité opposée et situés à une distance convenable, et entre les nuages et les objets terrestres. Ce fait est parfaitement démontré.

Volta a prouvé que la formation de la grêle devait être

due à l'électricité : il suppose, qu'en vertu du froid, dans les hautes régions de l'atmosphère, l'eau congelée est en très petits cristaux. Si, dans cet état, deux nuages diversement électrisés s'approchent assez, les cristaux d'électricité opposée, voyageant de l'un à l'autre, devront s'agglomérer et finir par former un grêlon assez pesant pour que la force de gravitation l'emporte sur celle de l'électricité. On conçoit que les grêlons doivent être d'autant plus gros que les nuages sont plus chargés d'électricité.

Action des agens atmosphériques sur les masses minérales.

§ 7. Ne nous occupant point ici de l'action des eaux pluviales ni du transport des sables par le vent, dont nous parlons dans d'autres articles, on peut dire que les agens atmosphériques n'agissent que chimiquement sur les masses minérales.

L'oxigène étant seulement mélangé avec l'azote dans l'air atmosphérique, tous les corps qui s'oxident facilement doivent décomposer ce gaz : beaucoup de métaux s'emparent de l'oxigène de l'air, et passent à l'état d'oxides, et beaucoup d'autres, déjà oxidés, en absorbent une nouvelle quantité : le fer, exposé au contact de l'air, s'oxide avec la plus grande facilité; l'oxide minimum passe au maximum. L'oxigène brûle le soufre des sulfures, et les transforme en oxides et en sulfates. L'acide carbonique, aidé par l'humidité, forme aussi des carbonates, dont la solidité, comme celle des oxides et des sulfates, est toujours moindre que celle des métaux d'où ils proviennent. Les statues de cuivre, exposées au contact de l'air, se couvrent d'une couche de carbonate vert; la chaux vive se carbonise à sa surface, etc.

Les vapeurs aqueuses, répandues dans l'atmosphère, font tomber en déliquescence tous les corps qui ont une grande affinité pour l'eau ; tels sont certains sels, et surtout ceux à base de potasse ou de soude. En se combinant avec quelques substances, elles changent complétement leur état d'agrégation : les marnes, certains calcaires, et beaucoup d'oxides métalliques finissent par être ainsi réduits en poussière. Les sels anhydres, qui sont susceptibles de s'hydrater, comme le sulfate de chaux, absorbent l'humidité, et passent à l'état d'hydrates. Dans les grandes masses de sulfate de chaux qui se montrent à la surface de la terre, on a observé que la partie supérieure seulement est hydratée sur une très petite épaisseur : plusieurs autres sels présentent le même phénomène.

Les différentes actions dont nous venons de parler ont lieu à la surface des corps, et ne se font sentir qu'à une très petite profondeur, même dans un temps très long ; et cela parce que la portion altérée préserve celle qu'elle recouvre ; mais alors, la masse se trouvant composée de deux parties hétérogènes, entre lesquelles la force de cohésion n'est plus aussi intense qu'auparavant, elles finissent par se séparer ; la plus superficielle, entraînée par une cause quelconque, laisse à découvert celle qu'elle préservait du contact de l'air ; et ce fluide, agissant de nouveau, produit de nouvelles décompositions, dont la période dure jusqu'à ce que le corps soit détruit, ou jusqu'à ce qu'un autre vienne le préserver pour toujours.

L'action des agens atmosphériques est lente ; mais comme elle agit continuellement, elle produit, avec le temps, des effets très sensibles, dont nous parlerons en traitant de la structure intérieure de la terre.

L'électricité atmosphérique, en frappant les masses minérales, y occasione aussi des changemens trop circonscrits pour avoir une influence sur leur existence ; quelques parties de rochers sont brisées, et le passage de la foudre est souvent marqué par des traces de fusion. Saussure vit, sur la cime du Mont-Blanc, des bulles vitreuses à la surface de blocs d'amphibolite et de blocs de siénite, qu'il regarda comme produites par la chute du tonnerre. Ramond, dans les Pyrénées, et M. de Humboldt, en Amérique, ont observé des faits semblables.

En 1827, le docteur Fiedler remarqua que, sur plusieurs points des plaines sablonneuses de l'Allemagne où la foudre était tombée, en s'enfonçant dans le sol, elle avait fondu le sable dans le voisinage de son passage, et qu'il en était résulté un boyau très dur, *fulgurite*, creux, d'une épaisseur de quelques lignes seulement, mais qui s'étendait depuis la surface jusqu'au point où le fluide électrique, ayant rencontré une couche humide, s'était dispersé. Quelques uns de ces fulgurites sont très longs et présentent, à leur extrémité inférieure, des ramifications qui indiquent les directions dans lesquelles le fluide s'est dispersé.

Aérolithes.

§ 8. Le phénomène des aérolithes est, de tous les météores atmosphériques, celui qui intéresse le plus la géologie ; les pierres tombées du ciel ont toujours beaucoup intrigué les observateurs, et les intrigueront probablement encore longtemps.

Il est de notoriété publique que, dans plusieurs contrées, on a vu des quantités de pierres plus ou moins considérables tomber du ciel, avec un grand dégagement de lumière et un bruit assez semblable à celui du tonnerre. Parmi ces pierres, on trouve presque toujours des morceaux de fer natif, qui est combiné avec une petite quantité de nickel.

Les aérolithes sont les mêmes partout ; la forme est très irrégulière, les arêtes qu'elle présente et les sommets des anglés sont souvent arrondis, comme s'ils avaient éprouvé un commencement de fusion. La surface de chaque morceau est couverte, en partie, d'une couche vitrifiée très mince, d'une couleur noire. La cassure est maté et inégale, sa couleur est gris cendré ; exposée à l'air, elle se couvre de taches de rouille, ce qui provient de petits fragmens de fer pur répandus dans la pierre ; et quand, avec le chalumeau, on dirige dessus un jet de flamme, on voit s'y former de petits globules noirs, de même nature que la croûte dont nous venons de parler. Les aérolithes raient le verre; leur pesanteur spécifique varie entre 3,3 et 4,3. Le fer répandu dans la masse rend les morceaux tous plus ou moins magnétiques, caractère qui sert à reconnaître les aérolithes quand on n'est pas certain de leur origine.

L'analyse chimique a prouvé que la composition de ces pierres est, à très peu près, toujours la même : on y a trouvé, terme moyen :

Silice.	45
Fer.	35
Magnésie.	15
Alumine	1
Chaux.	1
Nickel	1
Chrôme	1
Soufre	1
Et des traces de carbone.	100

Cette uniformité de composition tend à prouver que les aérolithes ont toutes la même origine.

Pallas, dans les plaines de la Sibérie, et de Humboldt, dans celles de l'Amérique, ont découvert de grosses masses de fer qui sont isolées, et n'ont aucun rapport avec les roches environnantes. Le métal de ces masses étant tout à fait identique avec celui qui accompagne ordinairement les aérolithes, et leur forme étant entièrement irrégulière, ces observateurs ont avancé qu'elles étaient probablement tombées du ciel; et leur opinion n'a fait que se confirmer avec le temps. Une masse semblable, du poids de 600 kilogrammes, qui a été trouvée en France dans le département du Var, se voit maintenant au Muséum d'histoire naturelle, à Paris. Le fer météorique est tellement malléable, qu'il peut être employé immédiatement : en Sibérie, les paysans coupent des morceaux de ces grosses masses dont nous venons de parler, et les portent vendre aux forgerons, qui s'en servent pour fabriquer toutes sortes d'instrumens.

Les étoiles filantes, dont on voit souvent une grande quantité pendant la nuit lorsque le ciel est serein, paraissent n'être autre chose que de petites aérolithes, dont la chute est accompagnée d'un dégagement de lumière, trop faible pour être visible pendant le jour. Plusieurs personnes m'ont assuré avoir vu tomber tout près d'elles des étoiles filantes, qui s'étaient enfoncées en terre : à Gap, en 1824, je vis une étoile filante tomber sur une montagne, et s'y briser en plusieurs morceaux, qui se dispersèrent en divergeant, comme les éclats d'une bombe. Nous donnerons, dans le second volume, les différentes hypothèses que l'on a proposées pour expliquer le phénomène des aérolithes.

DE L'EAU.

§ 9. L'eau est un liquide parfait, sans couleur, sans odeur, très transparent, et réfractant fortement la lumière. Elle est composée en volume de 1 d'oxigène et de 2 d'hydrogène. Elle se dilate par la chaleur, et se condense par le froid ; mais ces variations de volume ne se font pas de la même manière que dans les autres substances, qui se condensent d'autant plus, qu'elles se refroidissent davantage : le maximum de densité de l'eau, parfaitement pure, est à $4°,1$ du thermomètre centigrade ; au dessus et au dessous de ce point, elle se dilate, même quand elle passe à l'état solide : tout le monde sait que la glace occupe un espace plus considérable que l'eau dont elle provient.

La densité de l'eau est prise pour terme de comparaison de toutes les autres densités, dont l'unité est le poids d'un centimètre cube de ce liquide, à $4°,1$ de température, et sous la pression barométrique, de $0^m,76$.

Jusqu'à ces derniers temps, on avait cru que l'eau et les liquides en général n'étaient point du tout compressibles ; mais des expériences, récemment faites, ont démontré qu'ils se laissent tous un peu comprimer; ce dont on peut, du reste, s'assurer par une expérience très simple.

Prenez un tube de thermomètre; et, après l'avoir rempli du liquide à éprouver, chassez-en l'air par l'ébullition, et fermez-le à la lampe d'émailleur. Quand il sera bien refroidi, marquez par un trait, sur le verre, le niveau du liquide; cassez ensuite l'extrémité du tube, et vous verrez ce niveau s'abaisser d'une certaine quantité : on pourrait déterminer ainsi le degré de compressibilité de chaque liquide.

Dans la nature, l'eau n'est jamais parfaitement pure; elle renferme ordinairement un grand nombre de corps solubles à la température ordinaire. Ces corps sont quelquefois en assez grande quantité pour donner à l'eau des propriétés particulières : celles qui se trouvent dans ce cas sont appelées *eaux minérales*. Mais dans les eaux ordinaires, celles des sources et des puits, il existe des sels (sulfate et carbonate de chaux, carbonate de fer, etc.) qui ne sont pas assez abondans pour leur donner des propriétés nouvelles; certaines sources sourdent aussi à la surface du sol avec une température très élevée.

Dans toutes les eaux, de quelque nature qu'elles soient, il existe toujours une certaine quantité d'air, nécessaire à l'existence des êtres organisés qui y vivent. L'eau ordinaire renferme un volume d'air qui est le 1/35 du sien. Cet air est plus oxigéné que celui de l'atmosphère; on y trouve 32 d'oxigène et 68 d'azote. Cette plus grande proportion d'oxigène est nécessaire pour la respiration des animaux à sang froid qui habitent les eaux.

De même qu'on ne peut avoir de l'air privé d'eau sans employer des moyens chimiques, de même on ne peut obtenir de l'eau privée d'air sans avoir recours à ces mêmes moyens. Il y a donc une grande affinité entre ces deux corps, qui sont chargés d'entretenir la vie dans l'univers.

A la surface de la terre, l'eau se présente sous deux états, liquide et solide; dans l'atmosphère elle est répandue en vapeurs, comme nous l'avons déjà dit. Nous allons étudier ces deux états de l'eau, non pas comme en physique et en chimie, mais dans ce qui a rapport à la géognosie.

DE L'EAU A L'ÉTAT LIQUIDE.

§ 10. *Des Mers*. Les trois quarts de la surface du globe sont couverts par une masse d'eau, à laquelle on a donné le nom de mer. La mer se divise en deux parties : l'Océan, qui baigne les continens de toutes parts, et les mers intérieures qui forment des golfes et de grands lacs, dans l'intérieur de ces mêmes continuens. On a pu démontrer que la profondeur de l'Océan variait entre 3,200 et 4,800 mètres. Calculant d'après cela le volume de la masse liquide, on a obtenu une quantité dix mille fois plus petite que celle qui représente la masse solide.

En jetant les yeux sur une mappemonde, on voit que la mer n'est point répandue uniformément à la surface du globe : l'hémisphère austral renferme beaucoup plus d'eau que l'hémisphère boréal, ce qui le rend aussi beaucoup plus froid.

L'eau de la mer a une couleur propre, ordinairement verte dans l'Océan, et bleue dans la Méditerranée, qui varie cependant quelquefois avec l'état de l'atmosphère. Elle a une saveur salée plus ou moins amère, ce qui annonce que ce n'est point de l'eau pure. Dans 500 grammes d'eau pris au milieu de l'Atlantique, le docteur Marcet a trouvé :

Muriate de soude	$13^g,30$
Sulfate de soude	$2\ ,33$
Muriate de magnésie	$4\ ,95$
Muriate de chaux	$0\ ,99$
Total.	$21^g,57$

D'après les expériences de M. Gay-Lussac, et celles du docteur Fyfe, la salure de la mer ne varie pas sensiblement ni avec le temps ni avec les latitudes. Le docteur Marcet, qui a fait une longue série d'expériences sur la densité de l'eau de mer, a trouvé que l'Océan méridional est plus salé que l'Océan septentrional dans le rapport de 1,0292 à 1,0276. Il a aussi reconnu que la pesanteur spécifique de l'eau de mer était de 1,02, et qu'elle était, à très peu près, la même partout. La salure de la mer ne paraît point non plus varier avec les profondeurs; mais la mer paraît contenir plus de sel là où elle est la plus profonde et la plus éloignée des continens. C'est à la présence des sels magnésiens qu'il faut attribuer l'amertume des eaux marines, et non point à une substance bitumineuse qui s'y trouve quelquefois en dissolution, comme on l'avait d'abord cru.

Les eaux douces qui entrent dans la mer diminuent sensiblement la salure dans le voisinage des points où elles s'y jettent; cette diminution est quelquefois assez considérable pour en rendre l'eau potable, et permettre aux poissons d'eau douce d'y vivre; c'est ce qui arrive à l'embouchure de plusieurs grands fleuves, et particulièrement à celle de la Plata.

Les glaces permanentes qui existent dans les régions polaires paraissent, en se fondant, diminuer sensiblement la salure de la mer; enfin les grandes pluies la diminuent aussi beaucoup sur les côtes des contrées où elles tombent.

La profondeur de l'Océan, que nous avons dit varier entre 3,200 et 4,800 mètres, va en augmentant de l'équateur aux pôles, ce qui tient évidemment à la forme de la terre. Puisque les liquides sont compressibles, à cette grande profondeur la densité de l'eau doit être beaucoup plus considérable qu'à la surface, et sa température plus élevée; car les corps comprimés dégagent de la chaleur.

Température de la mer.

§ 11. La température de la surface de la mer va en diminuant de l'équateur aux pôles, et cette diminution est beaucoup plus rapide dans l'hémisphère austral que dans l'hémisphère boréal. Sous les cercles polaires, la température est constamment au dessous de 0°, aussi y existe-t-il des masses de glaces éternelles, que les navigateurs ont vainement tenté de franchir.

Nous avons vu que la température de l'atmosphère diminue à mesure que l'on s'élève; celle de la mer présente un phénomène tout à fait opposé; elle diminue à mesure que l'on descend dans ses profondeurs; mais cette diminution n'a lieu que jusqu'à une certaine limite, au delà de laquelle le thermomètre remonte de plus en plus, à mesure qu'il s'enfonce davantage. Ellis avait conclu, d'un grand nombre d'expériences faites dans les mers d'Afrique, que la température de la mer diminue jusqu'à 1,200 mètres de profondeur, et qu'au delà de ce terme, elle augmente.

Voici un tableau de ces diminutions à différentes latitudes, extrait de l'ouvrage de M. d'Aubuisson.

LATITUDE.	AIR.	MER.		
		Surface.	A la profondeur de	
25 australe. . .		21°	19,50	146ᵐ
35		15	3,30	183
56		0	0,50	183
64		03	0,0	183
60 boréale . . .	10°	10	6,7	120
60	15	14	10,0	103
65	19	13	4,4	1250
67	9		3,3	1430
67	9		0,0	1232
78	7	4	0,5	214
78	5		0,5	216
80	0	22	4,0	110

Cet effet s'explique parfaitement d'après ce que nous avons dit plus haut, que le *maximum* de densité de l'eau se trouvait à 4°,1. Dans une masse liquide quelconque, les molécules doivent se ranger les unes au dessus des autres par ordre de densité; et, comme la température de la mer, à la surface, est généralement au dessus de 4°,1, il est évident qu'elle doit aller en diminuant à mesure que l'on s'enfonce. Les lacs profonds présentent aussi le même phénomène. Près des pôles, où la température est toujours au dessous de 0°, elle doit augmenter avec les profondeurs : c'est effectivement ce que l'expérience a montré, comme l'indique ce tableau. Sous le 80° degré de latitude, la température de la surface, étant de $+2°,2$, à 110^m de profondeur, elle s'est trouvée de $+4°$.

La forte pression qu'éprouvent les couches d'eau situées à une grande profondeur peut rendre compte, en partie, de l'augmentation de température au delà d'une certaine limite ; mais la chaleur propre du globe, § 25, a une bien plus grande influence dans cette augmentation, et c'est à elle qu'elle est principalement due.

Mouvemens de la mer.

§ 12. La masse des mers est, depuis bien long-temps, dans un état d'équilibre stable, qui durera, d'après les calculs de Laplace, tant que la densité moyenne de la masse solide sera plus considérable que celle de la masse liquide. Ainsi, les matières qui composent le globe terrestre, restant dans l'état d'agrégation où elles sont aujourd'hui, une irruption des eaux de la mer, sur les continens, n'est point à redouter, et jamais un déluge universel n'a pu être produit par elles, dès qu'une certaine épaisseur de la croûte terrestre a été consolidée.

L'état d'équilibre stable, dans lequel se trouve la mer, n'empêche pas qu'il existe, dans sa masse comme dans celle de l'atmosphère, des mouvemens généraux et des mouvemens particls.

Mouvemens généraux. Nous avons vu, § 3, que l'attraction luni-solaire déterminait, dans la masse atmosphérique, un mouvement périodique de flux et de reflux ; cette action, qui est proportionnelle aux masses, s'exerce avec une plus grande intensité sur les eaux de la mer ; elles montent périodiquement sur les côtes, pendant six heures, puis baissent pendant le même temps, remontent ensuite, etc. Ce mouvement de la mer, que l'on nomme *marée*, étant un véritable déplacement, l'eau s'étend sur les plages jusqu'à une certaine distance, et monte contre les côtes escarpées jusqu'à une certaine hauteur. On conçoit bien que la disposition du sol doit beaucoup influer sur la hauteur à laquelle la mer s'élève sur les côtes, et qu'aussi cette hauteur doit varier pour chaque localité; c'est effectivement ce qui arrive : à Saint-Malo, la mer monte de 60 à 70 pieds, et à Brest, qui n'en est éloigné que de 35 lieues, elle ne s'élève qu'à 40 pieds; à l'entrée de la Manche, à Ouessant et au cap Land's End, la mer monte de 20 à 21 pieds, et dans la baie qui est à l'ouest du cap de la Hogue, elle monte de 45 pieds. Le canal de Bristol, dit M. de la Bêche, est un exemple bien connu d'une grande hauteur des marées, produite par le rétrécissement graduel, dans la largeur d'un canal, à l'extrémité duquel il n'y a point d'issue.

Dans les petites îles qui se trouvent au milieu de l'Océan Pacifique, la marée ne dépasse pas 2 pieds; à Sainte-Hélène, elle ne monte qu'à trois pieds, et à 7 sur les côtes des Açores. En général, l'élévation est d'autant plus considérable que le courant rencontre plus d'obstacles sur son passage. Le flux et le reflux sont de véritables courans dans la masse des eaux, qui sont très sensibles le long des côtes, et dont la vitesse varie avec les localités et avec les phases de la lune. Les courans sont d'autant plus forts que les marées sont plus considérables; pendant la pleine et la nouvelle lune, ils ont souvent deux fois plus de rapidité que dans les petites marées.

L'intervalle qui s'écoule entre deux hautes mers et deux basses mers consécutives est le même pour toutes les contrées de la terre; mais les marées n'arrivent pas en même temps dans chacune : les points qui se trouvent sous le courant ont la marée plus tard que les autres. Les mouvemens ne se font pas non plus de la même manière en pleine mer et sur les côtes : le flux continue au large quelque temps après que le reflux a commencé sur la côte : il en est de même du reflux. On a observé que les mouvemens du flux et du reflux sont quelquefois très inégaux : à Land's End, le flux court pendant neuf heures au nord, et le reflux pendant trois heures seulement au sud. Dans le détroit de Davis, le capitaine Parry a reconnu exactement le même fait.

L'observation a prouvé que la mer baisse d'autant plus dans le reflux qu'elle s'élève davantage dans le flux. Si l'on veut avoir le niveau moyen, sur un point quelconque, il est évident qu'il faut faire la somme de toutes les hautes mers et de toutes les basses mers, et prendre la moyenne. Les hauteurs, ainsi obtenues, diffèrent peu entre elles, et sont sensiblement celle du milieu de l'Océan.

Ce terme se nomme le niveau moyen ; c'est à lui, pris pour zéro, que les géographes et les géologues rapportent toutes les hauteurs des objets terrestres. Dans la nouvelle carte de France (1), l'élévation des points est donnée au dessus de ce niveau.

Le phénomène des marées, étant le résultat des attractions luni-solaires, doit varier et varie effectivement avec les phases de la lune : les plus fortes marées mensuelles arrivent aux syzygies, et les plus faibles aux quadratures ; les plus fortes marées annuelles ont lieu aux équinoxes.

L'action du soleil et de la lune sur les eaux, étant proportionnelle à leur masse, il est clair que les mouvemens seront d'autant moins sensibles, que celle-ci sera moins considérable. Aussi, dans les mers intérieures, la Méditerranée, la Baltique, les Caspiennes, ne s'aperçoit-on presque pas des marées : sur certains points, seulement, comme dans le golfe de Venise, on remarque une variation dans le niveau, qui va quelquefois jusqu'à 1 pied.

La mer, en montant sur les côtes, entre dans le lit des fleuves et des rivières, dont elle refoule les eaux jusqu'à une

---

¹ Exécutée par le corps royal d'état-major et publiée par le dépôt général de la guerre.

certaine distance, qui est en raison inverse de leur quantité de mouvement, c'est à dire de leur masse multipliée par leur vitesse. Dans les grands fleuves, la marée doit donc s'étendre moins avant que dans les petits ; et dans tous, les moins rapides sont ceux dans lesquels elle entre le plus loin ; et aux époques des crues, le point qu'atteignent ordinairement les marées doit rétrograder. Dans le reflux, on voit l'eau douce, qui a été retenue par le flux, s'écouler sur la mer jusqu'à une assez grande distance. Cet effet est extrêmement sensible à l'embouchure du Sénégal, après la saison des pluies : des navigateurs qui ont traversé le courant ont remarqué que leur navire tirait beaucoup plus d'eau, ce qui provenait de la différence de densité entre l'eau douce et l'eau salée.

Par le mouvement de rotation de la terre, d'occident en orient, les eaux de l'Océan paraissent, comme l'air atmosphérique, aller d'orient en occident ; ce qui produit un véritable courant d'eau dans cette direction. Enfin la différence de température entre les régions polaires et celles de l'équateur, dont l'effet est encore augmenté par le mouvement diurne, détermine des mouvemens réciproques des pôles à l'équateur, et de l'équateur aux pôles.

Mouvemens partiels. Indépendamment des mouvemens généraux dont nous venons de parler, on observe encore, dans la mer, des mouvemens particuliers, qui ne se font sentir que dans certains parages, et que les navigateurs nomment *courans.*

Le plus considérable et le plus remarquable est celui connu sous le nom de Gulf-Stream (courant du golfe) ; il part de la mer des Indes, double le cap de Bonne-Espérance, longe la côte d'Afrique jusque vers l'équateur, traverse l'Atlantique pour se rendre dans le golfe du Mexique ; là, réfléchi par les côtes, il force le niveau des eaux à s'élever de plus d'un mètre, s'échappe par le détroit de la Floride, va frapper les côtes des régions polaires, qui le réfléchissent encore, et le forcent à tourner vers le sud-est ; il se rend alors sur les côtes d'Angleterre, de France et d'Espagne, où il apporte les productions de la zone torride ; enfin il va rejoindre le courant équatorial, et traverse de nouveau l'Atlantique. La température du Gulf-Stream est plus élevée que celle de la mer, au point que les marins, qui connaissent bien sa direction, se servent quelquefois de cette température pour déterminer leur position. La largeur et la vitesse de ce courant paraissent être très variables ; les vents exercent surtout une grande influence ; tantôt ils augmentent sa vitesse en diminuant la largeur, tantôt ils augmentent la largeur en diminuant la vitesse. Dans le voisinage de la Floride, la vitesse est de 6,400 mètres par heure. En 1822, le capitaine Sabine mesura la vitesse de ce courant après avoir dépassé le cap Hatteras, et il la trouva de 17 milles (27,200 mètres), par jour. Rennel a calculé que, dans l'été, où la vitesse est la plus grande, il met onze semaines pour aller du golfe du Mexique aux Açores.

Un fort courant polaire, qui paraît se mêler avec le Gulf-Stream, passe par le détroit de Davis, et vient longer la côte orientale de l'Amérique du nord, sur laquelle il amène souvent d'énormes masses de glace ; sa vitesse atteint jusqu'à 2 milles par heure.

Sur la côte occidentale de l'Amérique du sud, il existe un courant dirigé vers le nord, en sens contraire de celui de la côte orientale ; ce courant pourrait bien venir du pôle sud, et n'être, comme celui du détroit de Davis, qu'une branche du grand courant général des pôles vers l'équateur.

Un grand courant d'eau chaude longe la côte orientale de l'Afrique ; ce n'est probablement qu'une branche du Gulf-Stream, divisé par le cap de Bonne-Espérance. On remarque des courans semblables à ceux que nous venons de citer dans plusieurs parties de la mer, et sur toutes les côtes d'une certaine étendue. Tous ces courans ne sont probablement que des divisions des grands courans généraux d'orient en occident, et des pôles vers l'équateur. Il existe aussi, sur toutes les côtes, un grand nombre de petits courans dirigés dans les directions les plus opposées, et dont on aperçoit très bien les traces à la surface de l'eau, après une pluie dans un temps calme. Ceux-ci me semblent dus aux inégalités du fond de la mer : ce sont des rivières et des ruisseaux qui coulent dans les vallées sous-marines.

A l'entrée des mers intérieures et des grands golfes, on remarque souvent un courant de l'Océan dans l'intérieur de ces mers, ce qui a fait penser qu'elles perdent plus d'eau par l'évaporation qu'elles n'en reçoivent des fleuves et des rivières qui viennent s'y jeter. Mais, presque toujours, il y existe dans les détroits, à une certaine profondeur, un courant en sens contraire, par lequel les eaux retournent dans l'Océan, en sorte qu'il se fait un échange continuel entre les deux mers.

Au détroit de Gibraltar, l'Océan entre dans la Méditerranée avec une vitesse de 17,600 mètres par jour et il existe un courant sous-marin en sens contraire. Ce fait a été prouvé par un corsaire barbaresque, coulé à fond dans la Méditerranée, qui fut transporté, plusieurs jours après, à une assez grande distance sur la côte de Maroc. Il existe un fort courant de la mer Noire dans la Méditerranée, à travers les Dardanelles.

Le courant porte de l'Océan dans la mer Rouge d'octobre en mai, et pendant le reste de l'année il prend une direction opposée ; le golfe Persique présente le même phénomène, mais dans un ordre inverse.

Dans la Baltique, le courant supérieur, qui traverse le Sund avec une vitesse de 24,000 à 32,000 mètres par heure, coule dans l'Océan ; mais l'existence d'un courant inférieur opposé a été signalée par le capitaine Patton.

Les courans de la mer transportant ses eaux dans toutes les directions, et renouvelant continuellement celles des golfes, semblent destinés à mélanger les différentes parties de cette masse immense pour empêcher que la corruption ne s'établisse dans quelques unes, et pour entretenir la vie dans toutes. Le mouvement des eaux chaudes vers les régions froides, et des eaux froides dans les régions chaudes, tempère beaucoup le climat de chacune : sous l'équateur, les terres baignées par la mer ne sont jamais aussi brûlantes que celles de l'intérieur des îles et des continens ; dans les régions polaires, les côtes offrent une végétation beaucoup plus vigoureuse que celles de l'intérieur des terres.

Ces courans transportent les productions de la terre d'une contrée dans une autre : on recueille sur les côtes d'Espagne, de France et d'Angleterre, des fruits de l'Amérique, amenés par le Gulf-Stream. On prétend que c'est là ce qui donna à Christophe Colomb l'idée de l'existence d'un autre continent et nous valut la découverte du Nouveau-Monde. Les grands fleuves des États-Unis et du Canada charrient à la mer d'immenses quantités de bois, que le Gulf-Stream pousse sur les côtes de l'Islande et du Spitzberg, où les habitans vont le recueillir pour se chauffer.

Si, comme tout tend à le prouver, il se forme encore dans le fond des mers actuelles des dépôts, soit aux dépens de la terre dont les eaux entraînent le détritus dans la mer, soit aux dépens de testacés marins, dont un grand nombre périt à chaque instant, soit enfin par la précipitation des sels qui s'y trouvent en dissolution et de ceux que peuvent y amener les eaux minérales sourdant à toutes les profondeurs, les courans doivent avoir une grande influence sur ces dépôts, et produire, à leur surface, des inégalités assez semblables à celles que nous présentent maintenant certaines parties de la terre.

Évaporation.

§ 13. L'eau de la mer, et en général toute l'eau répandue sur la surface du globe, se réduit continuellement en vapeurs ; ces vapeurs se répandent dans l'atmosphère, d'où, après un temps plus ou moins long, elles retombent ensuite sous forme de neiges, de pluies et de rosées. Il s'établit ainsi une circulation continuelle, indispensable à l'existence des êtres animés. On a calculé que la quantité d'eau que la masse des mers perd annuellement par l'évaporation était égale à une couche de 1 mètre, prise sur toute la surface. Cette eau est rendue à la mer par les météores atmosphériques et les fleuves qui lui rapportent celle tombée sur la terre ; en sorte que la masse des mers n'augmente ni ne diminue. Harmonie admirable qui concourt avec les autres lois de l'univers pour perpétuer l'ordre actuel des choses.

Êtres organisés qui vivent dans la mer.

§ 14. La vie qui s'est développée dans presque toutes les parties de la matière, comme l'emploi du microscope, si perfectionné aujourd'hui, l'a fait reconnaître, paraît être plus abondante dans l'intérieur des mers que partout ailleurs : elles sont habitées par une quantité innombrable de végétaux et d'animaux organisés d'une manière particulière pour y vivre, dont les dimensions varient depuis la gigantesque baleine qui a plus de 30 mètres de long, jusqu'aux zoophytes et aux mollusques microscopiques. Les habitans de la mer ont joué un grand rôle dans la formation du globe, dont la croûte extérieure est composée en partie de leurs débris. La connaissance des familles et des principaux genres est donc indispensable pour l'étude de la géologie. Il ne peut point entrer dans notre sujet de les examiner en détail ; mais nous pouvons jeter un coup-d'œil rapide sur les êtres organisés qui vivent dans les eaux salées, en renvoyant le lecteur, désireux d'en apprendre davantage, aux traités spéciaux sur cette matière.

Animaux.

Tous les animaux connus, de la mer et des continens, sont naturellement divisés en deux grandes sections : *les vertébrés et les invertébrés.*

La première comprend les classes des *mammifères, des amphibies, des reptiles* et *des poissons* ;

La seconde, celles des *mollusques, des crustacés, des zoophytes* et *des insectes.*

La grande classe des cétacés, qui sont de véritables mammifères, comprend plusieurs familles : *les baleines, les dauphins, les requins,* etc.

C'est dans les mers polaires que les baleines vivent plus particulièrement aujourd'hui ; un genre de cette famille, les *cachalots,* habite au contraire entre les tropiques. Les dauphins et les requins se trouvent dans toutes les parties de la mer ; mais il y a des espèces particulières à certains parages. Il en est de même des amphibies (les phoques), des poissons et des reptiles ; mais les espèces varient plus avec les climats que parmi les mammifères.

Les animaux de la seconde section sont répandus en plus ou moins grande abondance sous toutes les latitudes ; mais les genres et les espèces affectionnent tel ou tel climat. Comme la plupart de ces animaux sont très délicats, les circonstances locales ont une grande influence sur leur existence : des vents un peu forts, des courans les détruisent souvent complétement, et font que, sur la même côte, dans une très petite étendue, il y a des parages où les espèces et même les genres, qui vivent habituellement sur cette côte, ne se montrent jamais ; telles sont, par exemple, les huîtres dans le canal de la Manche. Souvent aussi les espèces se trouvent modifiées par les influences locales ; certaines parties de l'animal ou de son enveloppe prennent un développement plus ou moins considérable, et il en résulte des variétés qui s'éloignent souvent assez du type de l'espèce pour qu'on puisse en faire des espèces particulières ; la température paraît jouer un grand rôle dans ces modifications. Dans le même canal, dans le même golfe, les espèces d'une rive ne sont pas toujours identiques avec celles de l'autre ; les mollusques des régions polaires diffèrent beaucoup de ceux des régions intertropicales.

Il existe dans les mers une si grande quantité de zoophytes, de ces êtres qui semblent former passage entre le règne animal et le règne végétal, que leur surface en est quelquefois teinte de différentes couleurs. La phosphorescence de l'eau que l'on observe à différentes époques, dans presque toutes les contrées, est due à la réunion d'une immense quantité de zoophytes microscopiques qui ont la propriété de luire pendant la nuit, comme l'insecte nommé vulgairement *ver-luisant*.

C'est entre les tropiques que les zoophytes sont les plus communs. Il existe là cinq petits genres de madrépores, *zoophytes saxigènes*, dont les productions calcaires constituent, sur les hauts fonds, des massifs assez considérables pour s'élever au dessus de l'eau et pour former des récifs dangereux. Nous parlerons des grands travaux de ces petits animaux en décrivant les phénomènes géologiques de l'époque actuelle. Les coraux que l'on pêche dans plusieurs mers, et surtout dans la Méditerranée, sont également des productions de zoophytes.

Les insectes sont aussi plus nombreux sous la zone torride que dans aucune autre partie de l'Océan.

Dans la grande classe des mollusques, ceux pourvus de coquilles, les *testacés*, sont les seuls dont les débris existent à l'état fossile dans les premières couches du globe, et, par cela même, les seuls qui puissent intéresser le géologue. C'est pour cela que nous avions engagé M. Deshayes à joindre à notre premier ouvrage un petit manuel de conchyliologie souterraine, et que nous avons mis dans l'atlas de celui-ci plusieurs planches représentant des coquilles fossiles. Les coquilles des testacés (marins, lacustres et terrestres) sont formées par l'animal, à peu près de la même manière que le zoophyte élève ses productions : elles sont aussi de nature calcaire et croissent avec l'animal, tandis que le zoophyte conserve les mêmes dimensions pendant tout le temps qu'il met à élever son édifice.

On a fait anciennement dans les coquilles marines deux divisions qu'on semble vouloir abandonner aujourd'hui, et qui cependant sont plus utiles qu'on ne pense : les coquilles qui vivent sur les bas-fonds et le long des rivages ont été nommées *coquilles littorales*, et, par opposition, on a appelé *coquilles pélagiennes* celles qui ne se rencontrent qu'à une certaine profondeur, et celles que l'on voit naviguer sur la surface des hautes mers, comme les *nautiles*, les *yales*, les *cléodores*, les *atlantes*, les *spirales*, etc. Dans cette division se trouvent compris plusieurs genres de coquilles fossiles qu'on ne connaît plus aujourd'hui à l'état vivant : les *ammonites*, les *bélemnites*, etc. Mais des observateurs ayant objecté que ces coquilles se trouvaient mélangées dans les couches qui les renferment avec les coquilles littorales : *huîtres*, *Vénus*, *bucardes*, etc., la distinction de coquilles littorales et coquilles pélagiennes devait être abandonnée. Je ferai remarquer, à cet égard, que tout annonçant que la température du globe a beaucoup diminué, même depuis le dépôt des dernières couches stratifiées, les ammonites, les bélemnites, etc., ont pu vivre d'abord près des côtes avec les huîtres ; mais qu'ensuite elles ont été obligées de se retirer dans les profondeurs de la mer pour avoir la température nécessaire à leur existence. Ainsi, ces genres pourraient bien n'être perdus pour nous que parce qu'ils n'habitent plus actuellement que des lieux où nous ne pouvons pénétrer à l'aide d'aucun de nos instrumens. Certaines espèces de nos coquilles littorales vivent peut-être encore avec eux, comme dans les temps anciens, et les dépôts qui se forment dans les régions qu'ils habitent, doivent avoir une population analogue à celle de certaines formations de la 4ᵉ époque géognostique.

Ce que j'avance ici n'est point démontré ; mais il existe cependant plusieurs faits à l'appui de cette opinion : le genre *nautile*, qui se trouve partout mélangé avec les ammonites et les bélemnites dans l'intérieur de la terre, vit dans les profondeurs des hautes mers, à la surface desquelles il vient naviguer à chaque instant. Les *gryphées* et les *térébratules*, qu'on a regardées pendant long-temps comme appartenant à des genres perdus, ont fini par être trouvées à l'état vivant. Des animaux qui ne diffèrent pas essentiellement des trilobites, genre de *crustacés* (1) qui est encore regardé comme confiné dans les plus anciennes couches renfermant des restes organiques, viennent d'être découverts dans les mers de l'Amérique. Je pourrais encore citer plusieurs faits semblables tendant à prouver que les animaux, au lieu de se perdre comme on l'avait d'abord généralement cru, se sont retirés dans des régions où les observateurs n'ont point encore pu pénétrer.

D'après ce que nous avons dit de la chaleur et de la grande pression qui doivent exister dans les plus basses régions de l'Océan, il est évident que les animaux qui habitent ces régions peuvent être bien différens de ceux qui vivent à la surface, et que rien n'empêche qu'ils ne ressemblent beaucoup à ceux des temps anciens, qui vivaient dans une mer plus chaude et plus profonde que celle d'aujourd'hui.

On a dit qu'au delà d'une certaine profondeur, la chaleur et la pression étant trop grandes, la vie devait cesser ; c'est une erreur : nous n'avons et ne pouvons avoir aucune idée des limites de la vie, nous savons seulement que les animaux se modifient suivant les milieux qu'ils habitent.

Non seulement la profondeur et la température ont une grande influence sur les animaux marins ; mais encore les mouvemens des eaux et leur nature chimique : les poissons, les mollusques et les zoophytes, que l'on trouve à l'embouchure des grands fleuves, ne sont pas les mêmes que ceux qui vivent à une certaine distance. Quand on transporte subitement un animal marin dans l'eau douce, ou un habitant de l'eau douce dans l'eau salée, il périt sur-le-champ. Mais M. Beudant a prouvé, par un grand nombre d'expériences, que l'on peut habituer graduellement certains animaux d'eau douce à vivre dans la mer, et certains animaux marins à vivre dans l'eau douce.

' Voyez l'atlas et Deshayes, pl. 7, fig. 5.

En salant graduellement de l'eau douce jusqu'au degré de la mer, ce savant est parvenu à y faire vivre des *limnées*, des *planorbes* et des *physes*. Certains mollusques marins ont aussi pu vivre dans l'eau, dont il avait graduellement diminué la salure au point de la rendre aussi douce que celle de nos rivières. Mais les *anodontes*, les *cyclades* et les *mulettes*, sont mortes dans l'eau aussitôt qu'elle a eu atteint un certain degré de salure, bien inférieur encore, cependant, à celui de la mer. Les *patelles*, les *fissurelles*, les *peignes*, les *limes*, etc., n'ont jamais pu vivre dans l'eau douce. Ainsi cette faculté de s'habituer à vivre dans l'eau douce ou dans l'eau salée n'est pas donnée à tous les genres d'animaux. On a trouvé le *cardium edule*, vivant dans une tourbière près de Greta-Bridge, et le *buccinum capillus* dans un lac d'eau douce, qui se décharge dans la mer, à l'île de Yell, une des Shetland. Quand la marée entre dans les fleuves, on voit des poissons marins s'avancer très loin dans l'eau douce, et des poissons d'eau douce pénétrer dans la mer. Les *aloses* et les *saumons*, que l'on pêche dans tous les grands fleuves de la France, émigrent de la mer, et vivent aussi bien dans l'eau douce que dans l'eau salée.

M. Beudant a remarqué que les mollusques fluviatiles n'avaient jamais pu vivre dans l'eau chargée de sulfate de chaux; il pense qu'il doit en être de même des mollusques marins. En ajoutant à l'eau 0,02 seulement d'acide carbonique, ou d'un acide minéral quelconque, les mollusques sont morts sur-le-champ.

En augmentant le degré de salure de l'eau marine, le même observateur a constaté que les mollusques marins pouvaient vivre dans une eau beaucoup plus chargée de sel que ne l'est habituellement celle de la mer; mais, arrivé près du terme de la saturation, tous ceux sur lesquels il expérimentait ont péri. Ainsi, si comme plusieurs faits tendent à le prouver, la salure de l'eau de la mer augmente avec les profondeurs, ce n'est qu'à celle où l'eau sera tout à fait saturée de sel que les animaux devraient cesser d'exister. Tous ces détails curieux, que nous venons de donner sur les animaux marins, nous serviront plus tard pour démontrer que l'on ne doit pas baser la division des groupes de sédiment sur les restes organiques seulement.

Pour terminer ce que nous avons à dire sur les animaux marins, nous ferons remarquer qu'il existe certains genres de coquilles littorales, les *pholades*, les *tarets*, etc., qui sont lithophages, et percent les rochers baignés par la mer, surtout ceux de nature calcaire. Cette opération se fait de la manière suivante :

L'animal, dont la coquille présente des aspérités comme une lime, s'attache fortement à la pierre qu'il ronge lentement, en imprimant un mouvement à sa coquille.

Sur les rochers qui forment les escarpemens de nos montagnes, à toutes les distances de la mer, on voit des zones criblées de trous, semblables à ceux des lithophages actuels, et dans quelques uns de ces trous, on trouve même encore la coquille de l'animal qui les a formés.

Végétaux. Il croît dans la mer une grande quantité de végétaux, dont on retrouve les analogues à l'état fossile. Ces végétaux sont tous cryptogames, et appartiennent aux deux grandes familles des *algues* et des *fucacées*. Les hydrophytes des pôles ne sont pas les mêmes que ceux de l'équateur ; chaque latitude, chaque côte a ses plantes particulières, et les circonstances locales influent beaucoup sur leur développement.

Outre les végétaux qui croissent dans les eaux salées, on en connaît un certain nombre d'autres qui vivent toujours dans le voisinage de la mer, ou des lacs salés, et même à de grandes distances dans l'intérieur des terres, où il y a toujours du sel ; on les nomme pour cela *plantes maritimes :* elles sont toutes phanérogames, monocotylédones et dicotylédones : telles sont les *soudes*, les *chénopodes*, les *salicornes*, les *staticées*, etc.

Eaux douces.

§ 15. Nous avons dit, en traitant de l'atmosphère, que la vapeur d'eau répandue dans l'air se précipite à chaque instant, et que, suivant les circonstances, elle tombe sur la surface du globe en *rosée, pluie, neige* ou *grêle*. Les eaux provenant des météores atmosphériques coulent en obéissant aux lois de la pesanteur, suivant les lignes de plus grande pente des surfaces, pour se rendre dans les lieux bas, d'où elles vont à la mer; ou bien elles y forment des masses plus ou moins étendues, nommées *lacs, étangs, mares* et *marais*. Les directions que suivent les eaux tombées de l'atmosphère, pour se rendre dans les lieux bas (les lits des ruisseaux, des rivières et des fleuves, ceux des lacs, etc.), ne sont point constantes, et la moindre circonstance locale peut les changer; c'est pour cela qu'on les nomme *eaux sauvages* : tels sont les masses d'eau qui se précipitent quelquefois du sommet des montagnes, les ruisseaux que l'on voit courir dans les jours de pluie, enfin les eaux provenant de la fonte des neiges et des glaces.

L'eau qui tombe de l'atmosphère se divise toujours en deux parties : l'une, dont nous venons de parler, qui coule sur le sol, et l'autre qui pénètre dans l'intérieur. Celle-ci filtre à travers les couches de la terre, jusqu'à ce qu'une masse compacte, comme la glaise et toutes les roches qui ne sont point poreuses ni coupées de fissures, vienne s'opposer à son passage ; alors elle coule sur cette masse jusqu'à ce qu'elle vienne sourdre au dehors, ou qu'elle en rencontre une autre dont la porosité lui permette de pénétrer plus bas. Si la surface de la masse compacte forme une cavité, l'eau la remplit, et il s'établit ainsi un réservoir analogue aux lacs, dont le trop-plein, en suivant les fissures des roches, finit par se frayer un passage jusqu'à la surface du sol; c'est alors ce qu'on appelle une *source*. D'après ce qui précède, les sources ayant des positions fixes, les eaux qui en provien-

ment ont des cours déterminés, qui, suivant leur volume,
sont nommés *ruisseaux* ou *rivières*. La rivière est le cours
principal, les ruisseaux ne sont que des cours secondaires,
qui viennent y apporter leurs eaux, soit directement, soit
en versant les uns dans les autres. De la même manière, les
petites rivières versent dans les grandes, et un certain nombre de celles-ci vont se perdre dans la mer ; alors on les
nomme *fleuves*. Le point où un cours d'eau prend naissance
s'appelle sa *source*, et celui où il se perd est son *embouchure* : les ruisseaux ont leurs embouchures dans les rivières,
celles-ci les ont dans les fleuves, et les fleuves dans la mer.
On appelle *eaux courantes* toutes celles qui forment des
cours constans et réguliers sur la surface de la terre.
L'espace dans lequel chaque cours d'eau est renfermé se
nomme son *lit*. Les eaux courantes ont tracé leur lit
d'après les lois de la pesanteur, en se dirigeant toujours
vers des points de moins en moins élevés, et tournant
à chaque fois les obstacles insurmontables qui venaient
s'opposer à leur passage. C'est pour cela que les lits des
cours d'eau présentent tant de sinuosités, et qu'on les
voit souvent se réfléchir presque perpendiculairement pour
tourner une masse de rochers, l'angle saillant d'une montagne, etc.

Puisque, avant de sortir de la terre, les eaux courantes
ont parcouru un certain espace dans son intérieur, toujours
en obéissant aux lois de la pesanteur, il est évident qu'il doit
exister des cours d'eau souterrains, très semblables à ceux
que nous voyons à la surface du globe. Ces cours souterrains
ont tracé leur lit à travers les fissures et dans les parties
meubles des roches qui se trouvaient sur leur passage ; ils
sont plus ou moins considérables, suivant le volume des
eaux. Les eaux qui doivent exister à toutes les profondeurs,
dans l'intérieur du globe, paraissent destinées à entretenir
un certain degré de fraîcheur nécessaire à l'existence des
êtres organisés : c'est d'elles que proviennent les sources ar-

tésiennes, dont l'établissement peut avoir une immense influence sur les progrès de la civilisation.

Lacs. Les eaux sauvages, et même les eaux courantes, se rendent aussi dans des lieux bas, sans issues, dont la nature du sol s'oppose à ce qu'elles pénètrent dans son intérieur : alors il en résulte des amas que l'on nomme *lacs*, quand ils ont une certaine étendue ; *mares*, quand ils sont très petits; *étangs*, quand l'eau est retenue par une digue artificielle ; et *marais*, lorsque le terrain est entrecoupé de langues de terre et de flaques d'eau, quelle qu'en soit, d'ailleurs, l'étendue.

Le trop-plein des lacs se déverse presque toujours par une ouverture, et il en résulte un ruisseau ou une rivière, suivant le volume des eaux (les lacs des Alpes, ceux des Vosges, et en général tous ceux qui se trouvent dans l'intérieur des montagnes). On voit des rivières et même des fleuves traverser des lacs dans leurs cours : tels sont le Rhône et le Rhin, qui traversent les lacs de Genève et de Constance.

La surface de la terre présente une grande quantité de lacs, dont la plupart sont situés dans l'intérieur des masses des montagnes. Parmi ceux-ci, quelques uns gisent à une fort grande hauteur (le lac des Étoiles, les lacs Blanc, Noir, Vert, etc., dans les Vosges ; ceux d'Alos, du Bourget, etc., dans les Alpes) : ces lacs élevés sont alimentés par les eaux de l'atmosphère et par celles qui sourdent des montagnes environnantes ; ils se déchargent ordinairement par une échancrure, que l'on nomme *détente* dans les Alpes.

Les lacs ne sont pas toujours formés par de l'eau douce : ceux d'Égypte contiennent du borate de soude, et ceux de Syrie du pétrole qui nage à la surface ; dans presque toutes les contrées, on rencontre des lacs salés, qui ne communiquent cependant point avec la mer. Les mers que l'on nomme *Caspiennes*, comme le lac d'*Aral*, la *mer Caspienne*, etc., ne sont que de grands lacs salés.

La température des lacs suit la même loi que celle de la

mer, elle diminue à mesure que la profondeur augmente ; mais cette diminution ne dépasse pas le terme du maximum de densité de l'eau douce ($4°, 1$) : ainsi, c'est encore à cette cause qu'elle est due. Saussure est le premier observateur qui ait constaté ce fait par une série d'expériences exécutées dans le lac de Genève ; il étendit ensuite ses observations à la plupart de ceux des Alpes, et partout il obtint le même résultat ; il expliquait ce phénomène par les eaux froides, provenant de la fonte des neiges et des glaces, qui se rendent continuellement dans ces lacs. La température du fond des lacs qui ont une certaine profondeur ne varie point avec les saisons : ayant pris, dans toutes les saisons de l'année 1832, la température des lacs de Gérardmer et de Longemer, dans les Vosges, dont la profondeur de l'un est de 35 mètres, et de l'autre 30 seulement, je l'ai constamment trouvée de $5°,75$. En mai 1820, M. de la Bèche fit plusieurs expériences sur les lacs de Thun et de Zug, et il obtint des résultats analogues. La plus basse température qu'il ait trouvée est de $+5°,00$ dans le lac de Zug, pour une profondeur de 38 brasses. Le même observateur, mesurant la température du lac de Neuchâtel, par un temps si froid que l'eau gelait sur les rames du bateau, vit, dans la profondeur, la température augmenter jusqu'au degré du maximum de densité de l'eau ; ce qui est parfaitement d'accord avec l'augmentation de température dans l'intérieur de la mer, sur les points où celle de la surface de l'eau est au dessous de $4°$.

On trouve, dans tous les lacs, les animaux et les végétaux qui peuvent vivre dans l'espèce d'eau qui les forme, et sous le climat où ils sont situés.

Quelquefois les eaux courantes se perdent sous terre, en entrant dans des cavités souvent très considérables ; les montagnes calcaires, et surtout celles du Jura, offrent de nombreux exemples de ce fait. D'autres fois les rivières coulent dans un canal souterrain, et vont ressortir ensuite à une certaine distance du point où elles se sont perdues. La perte du

Rhône est le plus bel exemple que l'on puisse citer de ce phénomène : près du village de Bellegarde, le fleuve se précipite dans un immense gouffre avec un fracas épouvantable, disparaît entièrement dans les basses eaux, et va ressortir à quelques centaines de mètres plus loin.

Les eaux sauvages entrent aussi très souvent dans de pareils gouffres, en entraînant avec elles les débris des rochers, des végétaux et des animaux qui se trouvent sur leur passage. De semblables gouffres sont très nombreux en Grèce, où on les nomme *katavotrons*; il y en a aussi beaucoup dans le Jura : ils se trouvent ordinairement dans l'intérieur d'une dépression de la surface du sol, plus ou moins considérable ; nous reviendrons sur ce phénomène, en traitant de ceux de l'époque actuelle.

Les eaux sauvages, en se rendant dans le lit des eaux courantes, en augmentent momentanément le volume; et, quand la quantité est assez considérable, ils occasionent des débordemens ; il se passe alors des phénomènes très curieux que nous examinerons aussi plus tard.

On voit, d'après ce que nous venons d'exposer, que l'eau qui s'élève continuellement dans l'atmosphère, par l'évaporation, retourne aux points d'où elle est partie, par une autre suite de phénomènes ; il existe ainsi une circulation continuelle qui concourt à l'équilibre universel et entretient la vie des végétaux et des animaux.

Fontaines intermittentes.

§ 16. La quantité d'eau que fournissent les sources ordinaires varie avec l'état d'humidité du sol ; abondante dans les temps humides, elle diminue beaucoup pendant les sécheresses. Mais on connaît des sources dont le jet est périodique : après avoir coulé un certain laps de temps, elles s'arrêtent entièrement ou en partie; elles recommencent à couler ensuite, s'arrêtent de nouveau, etc. : on les nomme fontaines *intermittentes*. J'ai vu de pareilles sources dans les Alpes, le Jura et les Vosges ; la longueur de la période varie depuis quelques minutes jusqu'à plusieurs jours et même plusieurs mois. J'en observai une près de Colmars (Basses-Alpes), dont la période est de cinq minutes. Près de Saint-Laurent (Jura), il en existe une qui coule comme une source ordinaire, pendant l'hiver et la saison des pluies ; mais pendant les sécheresses, elle a des paroxysmes très variés : on la voit couler avec violence pendant quatre à cinq heures, s'arrêter pendant neuf et même douze heures, couler de nouveau, etc.; et le phénomène dure autant que la sécheresse.

Le frais puits, près de Vesoul, est une ouverture en entonnoir, de laquelle il sort par intervalles distans de plusieurs mois et même de plusieurs années, et avec une grande force de projection, pendant plusieurs jours, une masse d'eau telle que la plaine qui est au dessous se trouve inondée avec une grande rapidité. La fontaine ronde près de Pontarlier, le puits de Brême, au nord de la ville de Dormans, la fontaine située près du pont de Cléron, et celle de Genet, aux environs de Beaune (Côte-d'Or), présentent absolument les mêmes phénomènes. Il existe encore, dans plusieurs autres contrées, des puits qui, à différentes époques, jettent des masses d'eau assez considérables pour inonder le pays environnant.

Eaux jaillissantes.

§ 17. On conçoit que si le point où l'eau vient sourdre à la surface est beaucoup au dessous du niveau du réservoir d'où elle est partie, en sortant, elle s'élevera à une certaine hauteur. C'est la manière la plus simple d'expliquer les sources jaillissantes que l'on remarque au pied des montagnes, ainsi que les puits forés, percés dans les vallées et dans les plaines.

Dans les pays volcanisés, des eaux, dont la température est très élevée, sortent de la terre en jaillissant jusqu'à une grande hauteur : les geisers d'Islande. Mais ici le phénomène est probablement produit par la pression des fluides élastiques renfermés dans les cavités d'où elles sortent. Nous parlons de ces eaux à l'article des volcans.

Eaux thermales.

§ 18. On appelle *eaux thermales* celles qui viennent sourdre à la surface de la terre, avec une température propre, plus élevée que celle des sources ordinaires. Les eaux thermales sont très communes dans les pays volcanisés (Auvergne, Vivarais, bords du Rhin, environs de Rome, royaume de Naples, etc.); dans les autres régions, elles ont leur gisement dans des roches de formation ignée, qui ne diffèrent pas essentiellement des laves que vomissent les volcans actuels. La température des eaux thermales varie beaucoup : elle est si élevée dans celles de l'Islande, qu'elles dissolvent la silice. A Digne, en Provence, et à Chaudes-Aigues, en Auvergne, on y fait cuire un œuf : dans cette dernière ville, les habitans s'en servent pour chauffer leurs maisons, au moyen de petits canaux pratiqués sous le pavé ; à Aix, en Provence, la température n'est pas plus élevée que celle d'un bain ordinaire. Les eaux thermales jouissent toutes de propriétés médicinales particulières. Presque toutes tiennent plusieurs substances en dissolution, et sont en même temps minérales et thermales.

La haute température des eaux thermales ferait croire qu'aucun être organisé ne peut y vivre; il n'en est cependant point ainsi. Dans l'île de Luçon, une des Philippines, il existe des eaux thermales dont la température est de 86°, dans lesquelles on a trouvé des plantes végétant parfaitement, et des poissons de trois à quatre pouces de longueur, doués d'une grande agilité. L'*ulva thermalis* et le *limneus pereger* vivent dans les sources chaudes de Gastein, dont la température dépasse 47°. On a aussi observé des *conferves* et autres végétaux, ainsi que de petits insectes, dans les sources les plus chaudes de l'Amérique du Nord, sources dont la température atteint jusqu'à 60°.

Eaux minérales.

§ 19. Nous avons déjà dit que les eaux *minérales* étaient celles qui tiennent en dissolution certaines substances minérales, des sels, des acides, etc. Les sources minérales paraissent intimement liées aux sources thermales, et avoir leur origine dans les mêmes régions du globe que celles-ci. Nous avons vu que les eaux chaudes tiennent en dissolution certains corps, et qu'elles sont minérales et thermales en même temps.

Suivant M. Daubeny, presque toutes les sources thermales dégageraient du gaz azote en grande quantité, mêlé avec un peu d'oxigène et d'acide carbonique. Il pense que ce dégagement est le résultat d'une oxidation lente qui s'opère dans l'intérieur de la terre par les corps simples. Les eaux thermales de Bath, en Angleterre, laissent échapper 223 pieds cubes d'azote en 24 heures.

Les eaux thermales sont aussi souvent chargées d'hydrogène sulfuré, d'acide carbonique et même d'acide muriatique; en général, leurs gaz sont les mêmes que ceux des volcans, ce qui fait supposer une grande connexion entre les deux phénomènes.

Les corps tenus en dissolution dans les eaux minérales, dont la température n'excède pas celle de la contrée qui les renferme, sont : l'acide *carbonique*, l'acide *hydrosulfurique*, le *sulfate de fer*, le *sulfate de potasse*, le *sulfate de magnésie*, le *carbonate* et le *sulfate de chaux*, etc. Ces diverses substances, et les quantités dissoutes, varient avec les localités. On donne l'analyse des eaux minérales les plus célèbres, dans tous les traités de chimie.

Les eaux chargées d'acide carbonique, tantôt libre, tantôt combiné avec un alcali, sont très communes dans les deux chaînes de montagnes qui bordent le Rhin. M. Hoffman a remarqué que les sources de cette nature se trouvent ordinairement dans le fond de grands cirques, bordés de tous côtés par des escarpemens, dans lesquels les couches des roches sont inclinées. Ces cirques se trouvent à l'origine des vallées de soulèvement, comme nous le dirons dans le second volume. Dans la prairie marécageuse de la vallée d'Istrup, il existe plusieurs petits tertres de 10 mètres de diamètre, et de 5 à 6 de haut, qui présentent à leur surface un grand nombre de petites flaques d'eau entretenue dans un état permanent de bouillonnement, par le dégagement de bulles de gaz acide carbonique. Ce savant dit qu'une partie du pays, situé sur la rive gauche du Weser, dans la direction de Carlshofen à Vlotho, peut être comparée à un crible, dont les ouvertures donnent passage à des gaz qui se dégagent des régions volcaniques souterraines par des causes inconnues.

Les fontaines de Saint-Alyre, dans le Puy-de-Dôme, celles de Tivoli dans la campagne de Rome, les eaux de Carlsbad, etc., outre l'acide carbonique, contiennent beaucoup de carbonate de chaux qu'elles déposent continuellement. Nous étudierons ces produits, ainsi que tous ceux des sources minérales, avec les phénomènes de l'époque actuelle.

Un fait très remarquable, et qui tendrait à prouver que les eaux minérales et thermales sont formées dans l'intérieur du globe, c'est qu'en général elles ne sont point du tout influencées par l'état de la surface de la terre : leur température, leur volume, et les substances qu'elles tiennent en dissolution, sont sensiblement les mêmes dans toutes les saisons ; seulement, quand l'atmosphère est humide, sa tension diminuant, les eaux gazeuses ne sont pas aussi chargées de gaz que quand elle est sèche ; ce qui se conçoit, du reste, parfaitement.

Plusieurs sources d'eau douce sourdent sous la mer ; on en connaît dans le golfe Persique, et sur les côtes d'Italie, dans celui de la Spezzia et à l'embouchure du Var.

Nous verrons, à l'article des volcans, que, dans les érup-

tions, les bouches volcaniques vomissent quelquefois des torrens d'eau qui inondent le pays d'alentour.

Il est donc parfaitement démontré qu'il existe dans les profondeurs du globe des réservoirs d'eau considérables, d'où
partent toutes celles qui viennent sourdre à sa surface. Ces
réservoirs sont de deux sortes : ceux des eaux ordinaires,
dont le volume varie avec les saisons de l'année, et ceux des
eaux minérales et thermales, sur lesquelles les saisons n'ont
aucune influence. Les sources de toute espèce étant extrêmement nombreuses, et se trouvant répandues dans toutes les
contrées de la terre, les réservoirs souterrains doivent être
aussi extrêmement nombreux. Si, par une cause quelconque,
les eaux de ces réservoirs allaient être chassées tout à coup
au dehors, il est probable que les continens seraient inondés,
et qu'une grande partie de leurs habitans serait détruite.
Nous verrons plus tard que cela a dû arriver dans la seconde
époque géologique.

Êtres organisés qui vivent dans les eaux douces.

§ 20. De même que les mers, les eaux douces sont habitées
par une grande quantité d'animaux et de végétaux, organisés aussi d'une manière particulière pour y vivre : ces animaux appartiennent aux mêmes classes que ceux de la mer ;
mais ils sont de genres et d'espèces bien différens.

On n'a point encore découvert de quadrupèdes marins
semblables à ceux qui vivent sur la terre ; les eaux douces en
renferment plusieurs genres, qui sont amphibies.

Les plus grands et les plus remarquables des amphibies
fluviatiles sont les *hippopotames*, que l'on ne trouve plus
que dans les fleuves de la zone torride ; ceux des zones tempérées nourrissent des *loutres*, des *castors*, des *rats*, etc.,
qui sont beaucoup moins grands que les hippopotames, mais
qui se rapprochent beaucoup plus des animaux terrestres.

Les reptiles d'eau douce sont très nombreux ; ils sont aussi

tous amphibies : ce sont des *crocodiles*, des *tortues*, des *salamandres*, des *grenouilles*, etc.

Les crocodiles vivent entre les tropiques, dans les deux continens ; les tortues se montrent assez avant dans les zones
tempérées. Les grenouilles et les salamandres se rencontrent
sous toutes les latitudes. Les insectes, qui vivent sur la surface et dans l'intérieur des eaux douces, sont très nombreux ;
ils appartiennent aux familles des *arachnides*, des *coléoptères*, des *annélides*, etc.

Les poissons et les crustacés habitent sous tous les climats,
mais chacun a ses espèces particulières ; il en est de même des
mollusques.

Les coquilles d'eau douce sont univalves et bivalves. Les
principaux genres d'univalves sont les suivans [1] : *limnée,
planorbe, paludine, néritine, ancille, mélanopside, mé-
lanie* et *potamide*. Le dernier se trouve plus particulièrement dans les rivières des pays chauds. Parmi les bivalves,
nous citerons les *unios*, les *anodontes*, les *cyclades* et les
cythérées. (Voyez pl. 7.)

La classe des zoophytes est beaucoup moins nombreuse
dans les eaux douces que dans les eaux salées ; on n'a encore
reconnu que deux genres de cette classe, les *alcionelles* et
les *spongilles*, dont les productions semblent tenir le milieu
entre les végétaux et les animaux. Les zoophytes microscopiques, qui donnent naissance à des phénomènes si curieux
dans les eaux salées, ne se trouvent plus dans l'eau douce.
Il y a une production lacustre, le *batracosperme*, commune
dans les marais des hauts plateaux des Vosges, qui forme
tellement le passage entre le règne végétal et le règne animal,
que, parmi les naturalistes, les uns la rangent avec les végétaux, et les autres avec les animaux.

Végétaux. Les plantes fluviatiles sont *cryptogames,
conferves, algues*; et *phanérogames, chara nymphœa,
lythrum, carex, potamogeton*, etc. Toutes ces plantes pré-

[1] Voyez l'atlas, pl. v.

sentent un phénomène extrêmement remarquable ; c'est qu'elles sont les mêmes sous tous les climats. Ce phénomène tient sans doute à l'uniformité de circonstances physiques de ces eaux.

Nous rappellerons ici ce que nous avons déjà dit, en parlant des animaux marins, que certains genres habitant les eaux douces peuvent être accoutumés graduellement à vivre dans l'eau salée ; et que plusieurs espèces de poissons, les aloses et les saumons, passent alternativement de l'eau salée dans l'eau douce.

DE L'EAU A L'ÉTAT SOLIDE.

§ 21. Quand la température s'abaisse au dessous du 0 de notre thermomètre, une partie des eaux qui sont à la surface de la terre se change en glace. La glace se forme plus particulièrement dans les eaux tranquilles ; lorsqu'une masse d'eau est agitée, soit par les vagues, soit par les courans, elle se gèle difficilement ; de là vient que les forts courans d'eau gèlent très rarement.

Dans nos contrées pendant l'hiver, nous voyons la surface des lacs et des bassins se geler entièrement dans une nuit ; mais celle de nos rivières et de nos fleuves ne se prend que dans les plus grands froids, après qu'elle a été long-temps couverte de glaçons ambulans. Des expériences récentes ont prouvé que ces glaçons se forment au fond de l'eau, autour des corps solides qui s'y trouvent, cailloux, branches d'arbres, etc. ; absolument comme dans une dissolution saline, il se forme des dépôts sur les corps qu'on y plonge. Quand les glaçons sont formés, la force du courant et leur différence de pesanteur spécifique les détachent, et ils viennent nager à la surface ; lorsqu'ils sont très nombreux, ils s'agglomèrent, se réunissent aux bandes de glaces qui se sont formées sur les rives, et la surface de l'eau s'en trouve ainsi couverte ; c'est de cette manière que toutes les rivières se gèlent.

La portion de la mer comprise entre les deux zones tempérées ne présente jamais de glace que sur les côtes; mais au delà des cercles polaires, la surface est souvent gelée, et près des pôles, où la température est presque constamment au dessous de 0°, il existe deux énormes calottes de glaces qu'on a inutilement tenté de franchir. Plusieurs navigateurs anglais se sont avancés fort loin au milieu des glaces du pôle boréal, dans le dessin de chercher un passage; mais ils ont toujours été obligés de revenir sans avoir réussi.

Dans les mers boréales, les glaces s'étendent jusqu'aux 70° de latitude; des mers australes, elles viennent beaucoup plus loin, jusqu'aux 58°; ce qui tient à la différence de température des deux hémisphères. Sur les bords, les glaces, continuellement battues par la mer, offrent beaucoup de dentelures et de grands bouleversemens; on y remarque même des montagnes énormes; mais le capitaine Parry, parvenu, en 1820, jusqu'aux 75° de latitude boréale, ne voyait plus devant lui que d'immenses plaines de glace parfaitement unies, dans lesquelles il remarqua des espaces non glacés fort étendus.

Pendant l'été, les glaces polaires les plus voisines des zones tempérées fondent en partie; puis, étant battues par les vagues, il s'en détache des masses énormes, qui, transportées par les courans, viennent jusque dans la zone torride, où quelquefois elles existent encore assez long-temps. Quand une de ces masses est venue échouer sur quelque point des côtes, elle abaisse la température jusqu'à une grande distance autour d'elle pendant le temps qu'elle met à se fondre.

Des observateurs ont prétendu qu'aux pôles mêmes la mer n'était point gelée, et ils expliquaient cela par la grande profondeur des mers polaires : d'après ce que nous avons dit § 11, les molécules du fond, étant plus échauffées que celles de la surface, doivent monter continuellement et les autres descendre, et la chaleur, apportée probablement de bas en haut, serait assez considérable pour empêcher la glace de se former ; mais cette assertion n'a point encore pu être vérifiée.

Neiges perpétuelles.

§ 28 nous fait voir, § 4, que la température de l'atmosphère diminue à mesure que l'on s'élève ; il résulte de là qu'à une certaine hauteur, cette température doit être constamment au dessous de 0°. Sur la surface du globe, il existe beaucoup de points plus élevés que la limite au dessus de laquelle la température atmosphérique est plus basse que celle de la glace fondante (les montagnes du grand plateau central de l'Asie, les crêtes des Cordillères d'Amérique, les principaux sommets des Alpes et des Pyrénées, etc.). Ces points sont couverts de neige perpétuelle qui, par l'influence de la chaleur solaire pendant le jour et du froid de la nuit, se change en glace dans les anfractuosités des montagnes ; cette glace se répand en grandes nappes sur les pentes et descend jusque dans le fond des vallées. Tout le monde a entendu parler des fameux glaciers des Alpes, qui occupent, dans la région la plus élevée de ces montagnes, des espaces très considérables et descendent jusque dans le fond des vallées, où la glace se fond en partie pendant l'été.

Les glaciers présentent un grand nombre de phénomènes parmi lesquels nous n'étudierons que ceux qui peuvent avoir quelque influence sur les masses minérales. Les cimes qui dominent les glaciers se désagrègent sous l'influence des agens atmosphériques, et leurs débris tombent sur la glace ; il s'y opère quelquefois des éboulemens considérables, qui produisent d'un seul coup une grande quantité de matériaux. Par l'effet de la chaleur propre du globe, la surface inférieure de la glace se fond ; ce qui occasione, dans certaines parties de la masse, des glissemens qui s'opèrent avec une vitesse d'autant plus grande que le sol inférieur est plus incliné. Quand les glaces viennent à se presser les unes contre les autres, elles franchissent des espaces considérables et remontent même jusqu'à une certaine hauteur, sur les pentes opposées à celles d'où elles sont parties. Dans leur marche, les glaces transportent avec elles les débris dont elles sont chargées et, en se fondant, les déposent sur les points où elles se sont arrêtées. Les glaces écorchent aussi la surface du sol en passant dessus, et poussent devant elles une masse composée de blocs, de cailloux, de terre meuble, qui augmente continuellement et forme, en avant et sur les flancs du glacier, un bourrelet qui marque la distance à laquelle les glaces sont parvenues, quand la chaleur les a fait disparaître. En Suisse, on appelle *moraines* les matériaux transportés par les glaciers.

M. de la Bèche, pour donner une idée de la rapidité avec laquelle les glaces s'avancent dans les Alpes, cite une échelle, laissée par Saussure à l'extrémité supérieure d'un glacier, lorsqu'il visita le col du Géant en 1787, qui fut trouvée en 1830, dans la mer de glace vis à vis le Pic du Moine. Ainsi, dans cette localité, les glaces auraient avancé de trois lieues en quarante-trois ans. Dans la vallée de Chamouni, où la pente est moins rapide qu'au col du Géant, la vitesse est aussi beaucoup moins grande ; un bloc de rocher ne s'est avancé que de 183 mètres dans une année.

Les eaux qui s'écoulent des glaciers sont toutes plus ou moins chargées du détritus des montagnes, dont les parties les plus pesantes se déposent à une petite distance de la glace, mais dont les plus légères sont transportées fort loin et vont se déposer dans les lieux bas, où les eaux perdent leur vitesse : le torrent de l'Arve dépose dans la vallée de Chamouni les matériaux les plus pesans qu'il entraîne, et charrie les plus légers jusque près de Genève, où il se jette dans le Rhône.

Les glaces et les neiges sont des réservoirs d'eau considérables, d'où sortent continuellement une grande quantité de sources qui, en se réunissant, donnent naissance à des rivières et des fleuves : des glaces du Saint-Gothard sortent les quatre plus grands fleuves de l'Europe, le *Rhin*, le *Rhône*, le *Danube* et le *Pô*; de celles des Cordilières partent les principaux fleuves de l'Amérique du Sud, etc.

La hauteur des neiges perpétuelles va en diminuant de l'équateur aux pôles; sous la ligne équinoxiale, elle est de 4,300 mètres, et nulle sous les pôles. Pour avoir à peu près la limite des neiges perpétuelles dans une localité donnée, il faut multiplier 160^m, hauteur moyenne, qui correspond à l'abaissement de 1° quand on s'élève, par le nombre qui exprime la température moyenne du lieu. Tous les points ainsi déterminés se trouveront sur une surface irrégulière enveloppant le globe terrestre, dont les pôles se confondront avec les siens, mais qui, à l'équateur, sera élevée de 4,300 mètres au dessus du niveau de l'Océan; cette surface se nomme *la limite inférieure des neiges perpétuelles*.

Ce que nous venons de dire est seulement pour donner une idée de la manière dont on peut déterminer approximativement, par le calcul, la limite des neiges perpétuelles; mais cette méthode donne des résultats qui sont rarement d'accord avec l'expérience. M. d'Aubuisson, au moyen de la formule $H = 4320^m \cos.^2 L + 500^m$, calculant la hauteur des neiges perpétuelles à un point dont la latitude est L, avait obtenu des résultats assez d'accord avec l'expérience; mais ce savant remarque lui-même « que l'exposition du sol » et les autres circonstances locales influent tellement sur » la limite des neiges perpétuelles, qu'il ne saurait y avoir » aucune loi uniquement dépendante de la latitude pour » l'exprimer. »

Saussure a cru, d'après l'ensemble de ses observations, pouvoir la fixer à 2,700 mètres entre les 46° et les 47° de latitude. A 43°, pour le versant septentrional des Pyrénées, Ramond l'a abaissée de 260 mètres; tandis que M. d'Aubuisson a été forcé de l'élever de 300 mètres, sur le revers méridional des Alpes, à 45° 1/2. Voici le tableau de quelques unes de ces hauteurs, montrant la concordance entre les résultats du calcul et ceux de l'observation.

OBSERVATIONS.	LIEUX.	HAUTEURS	
		observées.	calculées.
Humboldt. . . .	Équateur	4800	4820
Bouguer.	Tropique	4100	4133
Webt	Inde.	3520	3727
Saussure.	Alpes	2700	2585
De Buch.	Cercle polaire . .	1169	1160
Idem.	70° de latitude. .	1060	1005

D'après la différence de température qui existe entre les deux hémisphères, il est évident que la limite des neiges perpétuelles doit être moins élevée dans l'hémisphère austral que dans l'hémisphère boréal. M. de la Bêche remarque que, « d'après la hauteur variable à laquelle on commence à trouver des neiges éternelles, on doit concevoir, toutes circonstances égales d'ailleurs, que l'étendue de continent propre à l'existence des animaux et des végétaux doit diminuer de l'équateur jusqu'aux pôles, et que, par conséquent, il est probable que les débris organiques terrestres, enfouis dans les dépôts qui se forment actuellement sous les Tropiques, sont plus nombreux que dans les dépôts du même genre, à des latitudes plus élevées. »

Action de l'eau sur les masses solides.

23. L'eau peut agir de deux manières sur les masses solides, mécaniquement et chimiquement ; nous allons examiner ces deux sortes d'actions.

Action mécanique.

Les sables, les marnes, et, en général, les corps peu agrégés, étant facilement pénétrés par l'eau, sont détruits par elle ; tout le monde connaît ce genre d'action. Les roches qui se désagrégent au contact de l'air sont aussi rongées, parce que l'eau, pouvant alors les pénétrer, emporte les parties entre lesquelles la cohésion a diminué.

Tout corps solide plongé dans un fluide perd une partie de son poids, égale à celle du volume de fluide qu'il déplace ; ce qui fait que les eaux peuvent transporter, et transportent réellement, beaucoup de masses solides, qui usent les roches sur lesquelles elles passent et s'usent elles-mêmes, ainsi qu'en frottant les unes contre les autres. Les cours d'eau, dans leurs débordemens, agissant, par leur quantité de mouvement, contre les obstacles qui s'opposent à leur passage, les renversent, les entraînent et s'en servent pour en détruire d'autres. J'ai vu, sur les bords de la Saône et de la Loire, des arbres emportés par les eaux, aller démolir des murs et des maisons.

Il est donc parfaitement démontré que l'eau exerce une action destructive contre les corps qui se trouvent sur son passage. Quant à savoir maintenant si un courant d'eau, coulant sur une pierre dure, homogène, et sur laquelle il ne peut exercer aucune action chimique, finira par la ronger, je crois que c'est une question très difficile à résoudre ; pour y parvenir, il faudrait connaître l'intensité de la force qui unit les molécules de la pierre et celle de l'effort du courant pour désagréger ces mêmes molécules, ce qu'il ne me paraît pas possible d'établir ; mais on conçoit parfaitement que, si la seconde l'emporte sur la première, la pierre sera rongée : aussi toutes les pierres mal agrégées sont-elles rongées par les eaux au bout d'un temps plus ou moins long, suivant leur degré de dureté. Dans toutes les hautes montagnes, on remarque, au milieu de torrens, des blocs de rochers dont les angles sont parfaitement vifs, quoiqu'ils soient exposés au courant de l'eau depuis un temps immémorial.

L'action de l'eau la plus sensible est celle que la mer

exerce continuellement sur les côtes, soit par sa propre masse, soit à l'aide des corps solides qu'elle transporte et dont elle se sert, comme d'artillerie, pour battre en brèche les remparts que la nature a opposés à son envahissement.

L'expérience a démontré que les vagues se dirigent constamment vers les côtes et qu'elles portent à terre tout ce qu'elles charrient : elles doivent donc exercer un certain effort contre ces mêmes côtes, qui tend à les détruire et à pousser les eaux dans l'intérieur des continens.

En 1282, des bourrasques violentes rompirent l'isthme qui unissait la Frise avec le nord de la Hollande et formèrent le Zuidersée.

En 1475, une langue de terre considérable, située à l'embouchure de l'Humber, fut emportée par la mer, qui détruisit en même temps plusieurs villages.

En 1510, une irruption de la Baltique forma l'ouverture du Frisch-Hoff, large de 1000 toises et profonde de 12 à 15.

En 1625, la mer détacha une portion de la péninsule de Dors, dans la Poméranie suédoise, et forma l'île Zingst, au nord de Barth.

En 1634, une violente irruption de la mer submergea toute l'île de Nordstram ; églises, maisons, tout fut détruit, 6400 personnes périrent et il ne resta de cette île superbe que trois morceaux : *Pelworm*, *Nordstrand* et *Lietje-Moor*.

L'emplacement sur lequel était construit le prieuré de Crail, en Écosse, a été rongé par la mer, qui a emporté les dernières ruines en 1803.

Sur la côte orientale de l'Angleterre, et sur tout le littoral occidental de la France, on voit des envahissemens de la mer qui se continuent encore, et qui durent depuis plusieurs siècles. On observe des phénomènes semblables dans presque toutes les contrées où les côtes sont escarpées.

On pourrait croire au premier abord, et quelques auteurs

ont prétendu, que la mer, gagnant continuellement sur la terre, finirait par envahir les continens, cette assertion est fausse; il est facile de démontrer que l'effet destructeur dont nous venons de citer plusieurs exemples a une limite. Il peut se présenter trois cas : les bords de la mer peuvent être horizontaux, inclinés ou verticaux.

1°. La vague étant le résultat d'une ondulation produite à la surface de l'eau, la résultante des forces qui agissent sur elle est sensiblement horizontale : ainsi, dans le premier cas, l'effort, étant dirigé parallèlement à la surface de la côte, ne peut produire aucune destruction ; au contraire, comme nous le prouverons plus tard, tout l'effet des vagues consiste à élever la surface du sol.

2°. Quand la côte est inclinée à l'horizon, la force qui sollicite la vague se décompose en deux : l'une tangente à la surface du terrain et ne produisant aucun effet, et l'autre normale, tendant à détruire ; mais à mesure que la destruction s'opère, la surface soumise à l'effort des vagues tend de plus en plus à devenir parallèle à leur direction. On conçoit donc qu'il arrivera une époque ou le parallélisme aura lieu ; alors la destruction cessera, et les choses resteront dans le même état, tant qu'une cause extraordinaire ne viendra pas rompre spontanément l'équilibre des eaux.

On pourrait croire que la limite de l'inclinaison sous laquelle les vagues n'ont plus d'effet est l'horizontalité : cela peut arriver quelquefois ; mais, en général, la direction des vagues étant modifiée par les circonstances locales, l'inclinaison varie pour chaque lieu, et le talus est plus ou moins long à se produire, suivant la pente et la résistance du terrain.

3°. On conçoit facilement que, si la côte est verticale, l'effort produira d'abord un grand effet, qui diminuera avec le temps ; on sera ainsi ramené au second cas : l'équilibre s'établira donc encore.

Ainsi, la mer ne peut donc pas gagner continuellement sur les terres, et les côtes finissent par opposer des barrières insurmontables à l'envahissement des eaux. Dans l'état actuel des choses, ces barrières paraissent établies, et le bassin des mers fixé : des marées extraordinaires, des tempêtes violentes, peuvent bien produire des dégâts partiels, comme ceux que nous avons cités plus haut : une baie peut être creusée, un isthme, un cap emportés ; mais ces cas particuliers eux-mêmes ont des limites, et si la mer gagne sur quelques points depuis un certain temps, il est évident qu'elle finira par s'arrêter.

Sur les roches calcaires des côtes du Péloponèse, M. Boblaye, capitaine d'état-major, a remarqué trois zones différentes produites par l'action de la mer, et placées les unes au dessous des autres ; ces zones ont chacune des caractères particuliers qui les rendent parfaitement distinctes les unes des autres.

1°. *La zone du flot* s'étend à quelques mètres seulement au dessus et au dessous du niveau moyen de la mer ; elle laisse voir, dans sa partie inférieure, une table ou gradin penchant légèrement vers la mer. Sa largeur, qui, dans les calcaires anciens, atteint à peine 2 à 3 mètres, dépasse 200 mètres au pied des falaises du grès vert, roche peu solide, et surtout dans les endroits où règnent de fort courans, comme aux environs de Modon.

Du côté du continent, cette table sous-marine se termine par des roches cariées, formant un sillon creux dans lequel le flot vient briser. Sur les calcaires anciens, ce sillon n'a jamais beaucoup de profondeur ni de régularité ; mais, dans les conglomérats ferrugineux, il pénètre jusqu'à 10^m. Sur les côtes verticales, le sillon est indiqué par une suite de cavernes et de cavités, qui commence à partir de la limite inférieure du flot.

Sur les rivages de la Grèce, il existe 4 ou 5 terrasses dessinées plus ou moins nettement, quelle que soit d'ailleurs leur nature, qui semblent indiquer autant de niveaux et de séjours prolongés de la mer.

2°. *Zone noire ou cariée.* Celle-ci commence au dessus

de la limite supérieure du flot. Sa hauteur dépend de la violence avec laquelle la mer brise sur le rivage ; cependant, elle dépasse rarement 7 à 8 mètres. Dans cet espace, les roches sont tellement corrodées, qu'elles ressemblent à des récifs de coraux. Cette seconde zone paraît avoir son analogue dans l'intérieur des continens, sur des surfaces calcaires, criblées de cavités sinueuses et irrégulières, qui ne diffèrent de celles-ci que par la disposition des aspérités.

3°. *La zone blanche*, située au dessus de la précédente, occupe une région que la lame brisée ne peut plus atteindre que par une pluie fine emportée par le vent. A cette hauteur, toute trace de végétation marine a disparu ; partout les surfaces, parfaitement découpées, montrent à nu la couleur des roches ; des fissures très larges traversent cette zone dans tous les sens, et les surfaces sont criblées d'une infinité de petites cavités, ayant quelques millimètres seulement de profondeur ; on y remarque aussi beaucoup de petits sillons dirigés suivant les lignes de plus grande pente.

La zone blanche cesse tout à fait à 30 ou 40 mètres au dessus du niveau de la mer sur les côtes escarpées, et à 1500 ou 2000 mètres de distance dans les plaines : c'est, suivant M. Boblaye, *la limite de l'action de l'aura marina.*

Ce géologue fait remarquer que l'intérieur des continens présente des phénomènes tout à fait analogues ; « et si l'on » observe, dit-il, qu'ils sont accompagnés de preuves incon- » testables d'anciens rivages, on sera conduit à les attribuer » à des actions littorales semblables aux précédentes : ce » sont donc de nouveaux caractères qui pourront servir à » retrouver la trace des rivages anciens. »

J'ai retrouvé, sur les calcaires des montagnes du Jura, des traces de la zone du flot et de la zone noire, sur lesquelles il existe encore un grand nombre de trous percés par des mollusques lithophages.

L'eau, à l'état solide, exerce aussi sur les masses minérales une action destructive très sensible. Nous avons déjà vu que les glaces, dans leurs mouvemens, détruisaient les rochers en passant dessus, et qu'elles pouvaient en transporter les débris jusqu'à une grande distance. Sur les rives de la mer et des fleuves, la glace, en se formant, saisit les blocs de roches détachés qui s'y trouvent ; et dans la débâcle, si le glaçon qui environne ce bloc est assez considérable, il le soulève et l'emporte jusqu'à ce qu'il soit brisé, ou que, la chaleur faisant fondre la glace autour de lui, il tombe en vertu de sa pesanteur : on a vu, sur les bords de la Baltique, plusieurs blocs de granite emportés de cette manière.

La glace occupant un plus grand volume que l'eau dont elle provient, lorsqu'elle se forme dans les fissures des roches, elle exerce une action latérale tendant à les élargir, qui se trouve souvent assez puissante pour faire éclater certaines parties. Cette action est très sensible dans les escarpemens des montagnes, où elle produit, pendant l'hiver, des éboulemens considérables. Nous ajouterons que, les pierres étant de mauvais conducteurs du calorique, la gelée les brise souvent, par la différence de température qu'elle occasione dans leur masse.

Action chimique. L'eau, considérée comme agent chimique, exerce une très grande action sur les masses solides susceptibles de s'y dissoudre, ou dans la composition desquelles entrent des portions solubles. Les premières, comme les masses de sel gemme, sont entièrement détruites ; les autres, perdant leurs parties solubles, se désagrègent et tombent par morceaux. C'est ainsi que l'eau détruit les granites et les autres roches dans lesquelles la potasse ou la soude entre comme élément. En se combinant avec certaines substances (plusieurs oxides, et notamment ceux de fer), l'eau les rend friables et peut les emporter ensuite très facilement. Les marnes, exposées pendant quelque temps au contact de l'humidité, tombent en poussière ; et c'est à cette propriété qu'elles doivent de pouvoir être employées comme engrais.

Les eaux contenant des acides rongent les masses salines

qu'elles baignent, quand l'acide de celles-ci est plus faible que celui qu'elles tiennent en dissolution ; celles chargées d'acide carbonique rongent presque toutes les roches, elles dissolvent surtout parfaitement le calcaire, qu'elles laissent déposer lorsqu'elles perdent leur acide : il se forme ainsi des dépôts dont nous parlerons à l'article du terrain post-diluvien.

DE LA TERRE.   4.

§ 24. On nomme terre la portion solide de notre globe, recouverte en partie par les eaux, et enveloppée par l'atmosphère. Nous avons dit plus haut (§ 1) quelle est sa forme et les divers mouvemens auxquels elle est soumise.

La masse de la terre n'est point homogène ; au contraire, elle est composée de matériaux très différens, entre lesquels il existe souvent des cavités ; c'est pourquoi il est extrêmement difficile de déterminer sa densité moyenne : on peut cependant en approcher par l'expérience suivante.

Pl. 1, fig. 1. Suspendez à un point fixe un fil de métal a, portant un levier horizontal b, terminé par de petites boules ; très près de ces boules, placez deux sphères de plomb d'un grand volume c. En vertu des lois de l'attraction, les petites boules se porteront vers les grosses, et il arrivera un point où la force de torsion du fil fera équilibre à l'attraction des sphères ; mais, par la vitesse acquise, les petites boules dépasseront ce point : elles y reviendront ensuite, puis le dépasseront encore, et elles oscilleront de cette manière. En observant le temps d'une oscillation, et mesurant exactement la longueur du pendule, on peut calculer l'intensité de la force qui agit sur les extrémités du levier. Soient g cette intensité, m la masse des sphères, et r le rayon, G l'intensité de la pesanteur, M la masse du globe, et R son rayon ; les petites boules ayant un très petit rayon, et étant très voisines des grandes, on peut prendre r pour la distance du centre d'une petite boule à celui d'une des sphères métalliques. D'après les lois de la variation de la pesanteur, on aura :

$$G : g :: \frac{M}{R^2} : \frac{m}{r^2}.$$

Soient D la densité moyenne de la terre, et d celle du plomb dont les sphères sont composées, on a

$$M = \tfrac{4}{3} \pi R^3 D \qquad m = \tfrac{4}{3} \pi r^3 d.$$

Mais la proportion précédente donne

$$\frac{gM}{R^2} = \frac{Gm}{r^2} ;$$

Donc

$$gRD = Grd, \quad \text{d'où} \quad D = \frac{Grd}{gR} = 5,5 ,$$

pour la densité moyenne de la terre comparée à celle de l'eau. Ce résultat s'accorde assez bien avec celui que M. d'Aubuisson a conclu des observations de Playfair, de Cavendish et de Maskeline ; et ainsi, la densité moyenne du globe serait à peu près double de celle de son écorce extérieure. Laplace, prenant pour unité la densité de la surface solide, a trouvé 4,55 pour celle du globe. Suivant Bailly, la densité de la terre serait 3,933 fois plus grande que celle du soleil. D'après plusieurs observations faites par les Anglais, il paraît certain que la densité va en augmentant avec les profondeurs.

TEMPÉRATURE DE LA TERRE.

§ 25. Il est aujourd'hui parfaitement constaté, par un certain nombre d'expériences, que l'on augmente tous les jours, que le globe terrestre a une température propre qui croit rapidement avec les profondeurs.

A la fin du dix-septième siècle, les physiciens avaient constaté que, dans nos climats, la chaleur solaire est, en été, 66 fois plus grande qu'en hiver, et que, néanmoins, la plus grande chaleur de notre été ne différait que de $\frac{1}{2}$ du plus grand froid de notre hiver. Ce fait les força d'admettre, qu'indépendamment de la chaleur que nous recevons du soleil, il en émane du globe une bien plus considérable, dont celle du soleil n'est que le complément. Ils avaient estimé cette chaleur à 29 fois en été, et 400 fois en hiver, plus grande que celle du soleil ; mais, dans ces derniers temps, Fourier a démontré qu'ils s'étaient trompés, et que la chaleur du globe, à la surface, ne surpassait celle produite par l'action des rayons solaires que de $\frac{1}{30}$ de degré.

Lorsque Saussure étudiait la constitution physique des Alpes, il avait remarqué que les glaciers et les neiges se fondaient dans leurs parties inférieures, phénomène qu'il attribua à la température propre de la terre : ceci le conduisit à faire un grand nombre d'expériences sur la température des lieux profonds, et il reconnut qu'elle va en augmentant à mesure que l'on s'enfonce ; il fixa cette augmentation à 1° pour 26 mètres, d'après des expériences faites dans les salines de Bex.

A l'exemple de Saussure, plusieurs observateurs firent des expériences dans les mines ainsi que sur les eaux venant de grandes profondeurs, et l'accroissement de chaleur fut parfaitement constaté.

En 1805, 1806 et 1807, M. Trébra fit dans les mines de Beschersglück, en Saxe, et avec toutes sortes de précautions, des expériences à 180 et 260 mètres de profondeur, qui lui donnèrent 1° d'augmentation pour 55ᵐ dans la première série d'expériences, et 1° pour 37 mètres seulement dans la seconde. Ce savant répéta les mêmes expériences dans les mines de Alte-Hoffnung-Gottes, en 1815, et il obtint un degré d'augmentation pour 38 mètres, ayant opéré à quatre profondeurs différentes : 72, 168, 268 et 380 mètres.

Fox, en 1822, observa aussi le thermomètre dans les mines de Cornouailles, et il trouva que, terme moyen, l'accroissement de 1° correspondait à 30 mètres de profondeur.

L'augmentation de température, à mesure que l'on s'enfonce, a été aussi constatée par celle des sources venant de grandes profondeurs ; mais comme les eaux de ces sources ont un grand espace à parcourir avant d'arriver à la surface de la terre, et qu'elles peuvent se mélanger avec d'autres dans leur cours, il est évident que ce moyen ne peut pas servir à déterminer la loi d'augmentation.

Les eaux jaillissantes des puits forés constatent aussi l'augmentation de température : M. Arago a reconnu que plus les puits sont profonds, plus la température de leurs eaux est élevée. MM. Fleuriau de Bellevue, Emy et Gon, firent des expériences sur l'eau d'un puits foré, près de La Rochelle, en 1830, et ils trouvèrent que la température augmentait à mesure que le puits devenait plus profond.

En 1828, M. Cordier publia, dans les *Annales du Muséum*, un mémoire sur la température de l'intérieur de la terre, dans lequel, après avoir discuté toutes les expériences faites jusqu'alors pour constater la chaleur propre du globe, il montre que la plupart de ces expériences n'ont pas été faites avec assez de soin, pour qu'on puisse rigoureusement en conclure la loi de l'augmentation à mesure que l'on s'enfonce ; mais il convient, néanmoins, que cette augmentation est parfaitement démontrée.

Dans le but de déterminer cette loi, M. Cordier a fait des observations dans les mines, à Carmaux (Tarn), Littry (Calvados) et Decise (Nièvre), en cherchant à éviter toutes les erreurs reprochées aux observateurs qui l'ont précédé.

Les thermomètres qu'il employait étaient enveloppés de manière à ce qu'ils pussent conserver, pendant un temps suffisant, la température acquise dans le terrain : chacun était roulé, d'une manière lâche, dans une feuille de papier de soie, formant sept tours entiers. Ce rouleau, exactement fermé au dessous de la boule, était serré par un fil un peu au dessous de l'autre extrémité de l'instrument, afin que l'on pût en sortir à volonté la portion du tube qu'il était nécessaire de voir pour l'observation, sans craindre le contact de l'air :

le tout était contenu dans un étui de fer-blanc. Il s'était assuré d'avance que les thermomètres ainsi disposés, placés dans la glace fondante, ne mettaient pas plus de 12 minutes pour descendre de 15° à 0°; enfoncés à 0^m,5 de profondeur, dans un tas de sable légèrement humide et déposé au fond d'une cave, il leur fallait un peu moins de 20 minutes pour en prendre la température, en perdant à cet effet 8° de leur température initiale.

Pour opérer, on perça un trou dans la roche, de 0^m, 65 de profondeur sur 0^m,04 de large, sous une inclinaison de 15°, de manière à ce que l'air, une fois entré dans la cavité, ne pût pas se renouveler. Le percement s'exécutait en moins de 6 minutes avec le fleuret; le thermomètre avait été ramené primitivement à une température voisine de celle du terrain, en le mettant d'abord dans les débris fraîchement abattus, et ensuite en le tenant quelques instans à l'entrée du trou : aussitôt qu'il y fût introduit, on le ferma avec un fort bouchon de papier. Le thermomètre fut retiré au bout d'une heure, et il avait parfaitement pris la température de la roche.

De cette manière, M. Cordier obtint, pour profondeur correspondante à 1° d'augmentation, 36 mètres à Carmaux, 19 à Littry, et 15 à Decise; il se résume ainsi :

« 1°. Nos expériences confirment pleinement l'existence » d'une chaleur interne qui est propre au globe terrestre, » qui ne tient point à l'influence des rayons solaires, et qui » croît rapidement avec les profondeurs.

» 2°. L'augmentation de chaleur souterraine ne suit pas la » même loi par toute la terre; elle peut être double et même » triple d'un pays à un autre.

» 3°. Ces différences ne sont en rapport constant ni avec » les longitudes, ni avec les latitudes.

» 4°. Enfin, l'accroissement est certainement plus rapide » qu'on ne l'avait supposé; il peut aller à 1° pour 15^m, et même » 13^m en certaines contrées : provisoirement, le terme moyen » ne peut pas être fixé à moins de 25^m. »

D'après ces données, la température de l'eau bouillante doit exister à 2,500 mètres de profondeur ; et celle de 100° du pyromètre de Wedgwood, température capable de fondre toutes les laves et une grande partie des roches connues, à une profondeur moindre de $\frac{1}{50}$ du rayon terrestre. Ces résultats rendent extrêmement probable l'opinion avancée depuis long-temps, que le centre du globe est encore aujourd'hui dans un état de liquéfaction ignée. La température propre de la terre est donc un fait incontestable.

Quoique notre globe ait une température propre considérable, celle de la surface n'en est pas moins fortement influencée par la chaleur solaire : c'est évidemment à cette dernière que sont dues la différence des saisons et même des climats à différentes latitudes, ainsi que la diminution que l'on observe allant de l'équateur aux pôles.

Le décroissement de température de l'équateur aux pôles n'est pas régulier ; les observations de Humboldt ont prouvé que les lignes isothermes ne se confondent pas avec les cercles de latitude : ce sont, au contraire, des courbes très compliquées, dont les inflexions changent avec les circonstances locales ; ce que M. Cordier attribue, en grande partie, à l'influence de la chaleur intérieure, qui n'est pas la même pour tous les points de la surface du globe.

L'influence de la température solaire ne se fait sentir qu'à une petite profondeur. A Paris, les variations diurnes du thermomètre disparaissent à 5ᵐ au dessous de la surface ; et le thermomètre des caves de l'Observatoire, placé à 30 mètres de profondeur, est fixé, depuis plusieurs années, à + 12°.

M. Arago, après avoir combiné un grand nombre d'observations thermométriques, est arrivé aux conclusions suivantes :

1°. Dans aucun lieu de la terre sur le continent, et dans aucune saison, un thermomètre, élevé de 2 à 3 mètres au dessus du sol et à l'abri de toute réverbération, n'atteint 46°.

2°. En pleine mer, la température de l'air, quels que soient le lieu et la saison, ne dépasse jamais 31°.

3°. Le plus grand degré de froid qu'on ait jamais observé sur notre globe, avec un thermomètre suspendu dans l'air, est de 50° au dessous de 0.

4°. Enfin, la température de l'eau de la mer ne s'élève jamais, dans aucune latitude et dans aucune saison, au dessus de 30°.

Un grand nombre de faits portent à croire que la température superficielle de la terre a sensiblement diminué depuis les temps géologiques : dans nos contrées et même dans le sol glacé des régions polaires, il existe, à l'état fossile, des végétaux et des animaux trop bien conservés, pour qu'on puisse se refuser à admettre qu'ils y ont vécu autrefois, et dont les analogues n'existent plus aujourd'hui que sous la zone torride. Laplace a démontré, en remarquant que la longueur du jour n'a pas sensiblement varié depuis les premières observations astronomiques connues, qui datent de plus de trois mille ans, que la température moyenne de la terre n'avait pas diminué de $0°,5$. Cela annonce seulement, comme tout tend à le prouver, que, depuis l'existence de l'homme, les forces de la nature sont en équilibre. Mais, auparavant, il n'en était pas ainsi ; et, en étudiant l'intérieur du globe, nous reconnaîtrons plusieurs traces de variations de température et de grands bouleversemens.

MAGNÉTISME TERRESTRE.

§ 26. Le globe terrestre est doué d'une force magnétique assez considérable pour qu'un barreau aimanté, placé de manière à ce qu'il puisse se mouvoir librement autour de son centre de gravité, prenne de lui-même, dans chaque lieu, une certaine direction, qu'on est convenu d'appeler *méridien magnétique*. Sur des points peu éloignés les uns des autres, cette direction est sensiblement la même : mais elle varie d'une quantité notable si on se transporte à une certaine distance, quel que soit d'ailleurs le sens dans lequel on marche.

Dans le même lieu, la direction de l'aiguille aimantée varie avec les époques du jour et celles de l'année. L'angle que fait le plan vertical passant par cette aiguille, avec celui du méridien astronomique, se nomme la *déclinaison de l'aiguille*, et son *inclinaison* est l'angle qu'elle fait avec la ligne horizontale. Lorsqu'elle n'est pas dans l'équateur magnétique, l'extrémité de l'aiguille tournée vers le pôle de l'hémisphère dans lequel elle se trouve est toujours abaissée au dessous de l'horizontale. Cet abaissement augmente à mesure qu'on s'approche des pôles magnétiques, où l'aiguille doit être verticale.

Les variations de déclinaison présentent des phénomènes extrêmement curieux : actuellement en Europe, dans toute l'étendue de l'Afrique et dans la partie orientale de l'Amérique du Nord, l'aiguille aimantée décline vers le N.-O., tandis que c'est vers le N.-E., dans la partie occidentale de l'Amérique du Nord, dans l'Amérique du Sud, et dans presque toute l'Asie. Entre ces contrées de différentes directions d'inclinaison, il existe des espaces plus ou moins étendus dans lesquels la déclinaison est nulle : dans toute l'étendue de la Chine, de la Russie d'Europe, de la Mer des Indes, dans le milieu de la Nouvelle-Hollande, et dans tout le Brésil.

Les phénomènes que présente le magnétisme terrestre ont été étudiés avec un soin et un talent particuliers par le capitaine Duperrey, à la complaisance duquel je dois tous les faits nouveaux et importans que je consigne dans ces pages. Ce savant navigateur a lu à l'Académie des Sciences, en décembre 1833, un mémoire des plus remarquables, dans lequel il a démontré que les variations qu'éprouve le magnétisme terrestre, dans sa force comme dans sa direction, sont occasionées, du moins en grande partie, par celles de la chaleur solaire à la surface du globe. Les lignes d'égale intensité magnétique, *lignes isodynamiques,* tracées par lui dans les deux hémisphères, offrent des ondulations tout à fait analogues à celles des lignes isothermes. L'équateur magnétique, ligne dans laquelle l'aiguille aimantée est parfaitement horizontale ou sans inclinaison, lui a paru être, d'après toutes les observations faites jusqu'à ce jour, le lieu des maxima de température et des minima d'intensité magnétique observés dans chaque méridien.

L'intensité des forces magnétiques croît en allant de l'équateur magnétique vers les régions polaires ; elle est la plus grande dans ces régions, vers les points où l'intensité du froid est la plus considérable. C'est vers ces mêmes points que paraissent converger tous les méridiens magnétiques, dont chacun est la courbe que suivrait un navigateur, en marchant toujours dans la direction qui lui serait indiquée, à chaque pas, par son aiguille aimantée.

Ces points-là ont été nommés *pôles magnétiques* : leur position n'a pas encore été rigoureusement déterminée ; néanmoins, il résulte, des observations d'inclinaison et d'intensité magnétiques faites par les voyageurs qui ont parcouru les régions glaciales, qu'il en existe un, au nord de la baie d'Hudson, sous le 70ᵉ degré de latitude nord et le 100ᵉ de longitude ouest de Paris ; et un autre, au sud de la Nouvelle-Hollande, sous le 76ᵉ degré de latitude sud, et entre les 130ᵉ et 140ᵉ de longitude est.

Dans le mémoire cité plus haut, le capitaine Duperrey s'était appuyé, ainsi que l'avait déjà fait M. Hansten, pour tracer les lignes isodynamiques, sur les observations directes d'intensité magnétique, faites dans les différentes parties du globe de 1790 à 1830. Ce travail était achevé lorsque M. Saigey eut l'heureuse idée d'établir que, dans chaque point du globe, les lignes isodynamiques devaient toujours être perpendiculaires à la direction horizontale de l'aiguille aimantée : c'est à dire que les directions de déclinaison de cette aiguille ne sont autre chose que les normales aux lignes isodynamiques.

Partant de ce principe, M. Duperrey a dressé de nouvelles cartes dans lesquelles il a d'abord représenté toutes les déclinaisons observées, par des flèches qui lui ont servi à tracer les vrais méridiens magnétiques; et les courbes, menées perpendiculairement à ces méridiens, se sont trouvées être exactement des lignes isodynamiques, tracées sans le secours des observations directes [1]. Ces lignes se trouvent être, en même temps, les directions des courans électriques tels que les a conçus M. Ampère, et au moyen desquels ce savant est parvenu à expliquer tous les phénomènes du magnétisme terrestre.

INÉGALITÉS DE LA SURFACE DU GLOBE.

§ 27. La surface de la terre n'est point unie; au contraire, elle présente un grand nombre d'aspérités qui ne nuisent cependant point à la forme générale que nous lui avons reconnue § 4, parce que leurs dimensions ne sont point comparables à celles du globe.

Ces inégalités sont de deux sortes : des élévations et des dépressions; elles sont, pour la plupart, les effets de révolutions qui ont bouleversé la croûte solide du globe à différentes époques; l'étude que nous en ferons, dans la suite, démontrera ce que j'avance ici.

Les inégalités dont nous parlons mettent à découvert la structure intérieure d'une portion de la masse solide, et en facilitent beaucoup l'étude; c'est à elles que nous devons la géognosie positive : ce n'est que depuis qu'on s'est appliqué à les étudier avec soin, que la science a pris ce caractère de vérité qui distingue les connaissances exactes.

Nous allons faire connaître les noms que l'on donne aux inégalités de la surface du globe, et exposer les relations

---

[1] Voyez les Cartes et les Mémoires du capitaine Duperrey, insérés dans la relation de son voyage autour du monde.

qui existent entre elles ; de celles-ci résultent les formes du sol, dont l'étude approfondie est l'objet de la topographie.

Je ne parlerai point des différens systèmes sur les masses de montagnes, plus ou moins faux, imaginés par des géographes incapables d'étudier la nature que bien souvent même ils n'ont jamais vue ; je vais exposer les choses telles qu'elle nous les présente cette nature, si riche, si variée dans ses productions.

Des montagnes.

Les géologues entendent par *montagne* une élévation un peu considérable à la surface de la terre ; les petites montagnes prennent le nom de *collines*, et, quand celles-ci sont isolées, on les appelle *monticules*, ou *buttes*, suivant leur élévation. Les grands espaces horizontaux, unis ou légèrement ondulés, se nomment *plaines*.

Nous allons examiner successivement les diverses inégalités de la surface du globe.

Supposons une montagne qui ait exactement la forme d'un prisme triangulaire placé sur une de ses faces (pl. 1, fig. 2). Cette face, par laquelle le prisme repose sur la surface de la terre, se nomme la *base* de la montagne, son périmètre en est le *pied*; les deux autres faces, adjacentes à la base, et qui viennent se réunir à l'arête opposée, en sont les *flancs*; cette arête, elle-même, en est la *crête* ou le *faîte*. Les deux bases du prisme sont les *extrémités* de la montagne. Dans la nature, les plans de ces extrémités sont généralement obliques à la base; et quand ils sont verticaux ou presque verticaux, on les nomme *escarpemens*. Il en est de même pour les flancs. Ainsi, dans une montagne, un escarpement est un flanc ou une extrémité dont la direction est voisine de la verticale. Si l'on coupait le prisme dont nous venons de parler par un plan vertical passant par la crête, on aurait deux montagnes, dont l'un des flancs et les deux extrémités seraient des escarpemens. La perpendiculaire abaissée de la crête sur la base mesure la hauteur de la montagne.

Si à une certaine partie de la hauteur (pl. 1, fig. 3) on fait passer un plan parallèle à la base, on aura alors un prisme quadrangulaire, et la crête de la montagne sera remplacée par la portion du plan sécant comprise entre les flancs et les extrémités, c'est là ce que l'on nomme un *plateau* : on voit qu'il est d'autant plus étendu qu'il est plus rapproché de la base.

Si par un point pris sur la crête et les pieds des extrémités de la montagne on fait passer deux plans, on aura une pyramide quadrangulaire (pl. 1, fig. 4) ; les deux faces opposées les plus étendues seront les flancs, et les autres les extrémités. Dans ce cas, le sommet de la pyramide se nomme aussi le sommet de la montagne. Par des modifications très concevables, on peut avoir un cône ; alors on nommerait *flancs* les portions de la surface les plus étendues, dans le sens de la longueur de la base, et *extrémités*, celles placées dans celui de la largeur. S'il arrivait que le cône fût circulaire, ce qui se présente rarement dans la nature, il me semble qu'on devrait appeler flancs de la montagne toute la surface. Quand le sommet d'une montagne est très aigu, on le nomme *aiguille* ; on appelle aussi *aiguilles* les pointes élevées qui se trouvent sur les crêtes, les plateaux, etc.

Dans la nature, les formes des montagnes ne sont pas aussi simples que nous l'avons supposé, mais, par la pensée, on peut toujours les ramener à un des quatre types précédens. Les flancs et les extrémités sont des surfaces courbes très compliquées, dont la forme dépend tout à fait de la nature des roches qui composent la montagne. Dans les escarpemens, on voit des parties plus ou moins inclinées, et même quelques unes horizontales ; mais l'inclinaison générale approche toujours beaucoup de la verticale.

Les crêtes ne sont jamais des lignes droites, ni même des courbes compliquées, mais des surfaces étroites. Les sommets ne sont pas non plus rigoureusement des points, mais de petits plateaux, dont les dimensions ne sont pas comparables à celles de la base des montagnes. Les plateaux sont souvent très réguliers, mais souvent aussi ils présentent beaucoup d'inégalités : ils penchent plus ou moins vers telle ou telle partie de la montagne ; on y distingue toujours une espèce de crête, qui forme la ligne de partage des eaux : nous reviendrons sur les plateaux, en parlant des plaines.

Des masses de montagnes.

§ 28. Il existe très peu de montagnes isolées ; au contraire, elles se trouvent presque toujours réunies, et forment des masses auxquelles les géographes ont donné le nom de *chaînes*, nom que nous conserverons parce qu'il est généralement adopté, quoiqu'il y ait peu d'analogie entre une chaîne et une masse de montagnes. Pour former des masses, les montagnes se sont groupées d'une infinité de manières, et il en est résulté un grand nombre d'accidens dont l'étude est de la plus haute importance pour l'histoire physique de notre planète.

La chaîne la plus simple que l'on puisse imaginer est celle qui serait formée par une suite de montagnes placées sur une même ligne droite ; les montagnes étant, du reste, disposées à côté les unes des autres d'une manière quelconque (pl. 4, fig. 5). Alors l'ensemble des pieds de toutes les montagnes *forme le pied de la chaîne*, de même que l'ensemble des flancs forme ceux de la chaîne, que l'on désigne en les rapportant aux quatre points cardinaux. Les flancs d'une chaîne portent aussi le nom de *versans*, parce qu'ils versent les eaux dans les plaines ; les extrémités d'une chaîne sont les points où elle se termine dans le sens de sa longueur. On appelle *axe* d'une chaîne la ligne imaginaire qui passerait par le centre de chaque montagne. Le faîte de la chaîne, que l'on nomme aussi *crête*, est formé par l'ensemble des crêtes, des sommets et des lignes de partage des eaux sur les plateaux de chaque montagne qui la compose ; on conçoit, d'après cela, que cette ligne doit être une

courbe très compliquée, et toujours discontinue. Le faîte détermine le partage des eaux qui coulent sur les deux versans
opposés ; c'est là sa propriété la plus caractéristique, et celle
qui doit servir à le déterminer dans toutes les circonstances.
Dans une chaîne, il y a des protubérances qui s'élèvent
brusquement au dessus des parties adjacentes, et que l'on
nomme des *cimes*. Les cimes d'une chaîne ne sont pas
toutes sur le faîte, plusieurs se trouvent sur des montagnes
situées beaucoup en dehors de cette ligne : le Mont-Perdu
dans les Pyrénées, le Ballon de Guebwiller dans les Vosges, etc. Ce faîte n'est pas toujours non plus la région la
plus élevée de la chaîne, comme son nom semble l'indiquer ;
il existe souvent des rameaux plus élevés que lui : celui du
Ballon de Guebwiller dans les Vosges, du Mont-Perdu dans
les Pyrénées, etc.

Les montagnes, réunies pour former des masses, laissent
entre elles des dépressions plus ou moins considérables, que
l'on nomme *vallées* ; les flancs qui laissent entre eux ces dépressions forment ceux de la vallée : on les nomme aussi
versans. La courbe résultant de l'intersection de ces deux
surfaces, celle que suivent les eaux qui tombent dans la
vallée, se nomme le *Thalweg* (le Chemin de la vallée). On
distingue dans chaque vallée sa longueur, sa largeur et ses
différentes inflexions. D'après la forme générale des montagnes, on conçoit qu'il doit y avoir deux vallées opposées de
chaque côté d'une chaîne ; c'est effectivement ce qui arrive :
les vallées se réunissent par l'espace, plus ou moins étendu,
suivant la forme des montagnes, qui sépare les deux sommets
ou les deux crêtes ; cet espace porte le nom de *col*. Ainsi les
cols sont des crans dans le faîte d'une chaîne, qui font communiquer entre elles les vallées des deux versans opposés.

Il n'existe point de chaîne aussi simple que celle que nous
venons de décrire ; c'est là seulement la masse principale :
chaque montagne qui compose une chaîne jette des ramifications dans tous les sens, qui vont toujours en s'abaissant

à mesure qu'elles s'éloignent du point central. Les montagnes situées en dehors du faîte jettent aussi des ramifications dans tous les sens; ces ramifications viennent rencontrer celles du faîte, et aussi celles des montagnes voisines : comme elles vont en s'abaissant à mesure qu'elles s'éloignent du centre d'où elles sont parties, il est évident qu'il doit exister une dépression, un col, ou point de rencontre de deux ramifications; de cette manière, il se forme dans une masse de montagnes des chaînes secondaires, qui s'étendent à droite et à gauche de la masse centrale, jusqu'à ce qu'elles aillent se perdre dans les plaines.

Ces chaînes secondaires se nomment *Rameaux*; dans leur cours, elles se ramifient elles-mêmes plusieurs fois, et il en résulte des *rameaux* d'ordres inférieurs, que l'on appelle *contre-forts*. On pourrait désigner toutes ces productions par le nom de rameaux du premier, du deuxième, du troisième, etc., ordre, suivant qu'ils se rattachent à la masse principale, à des rameaux ou à des *contre-forts*. Ainsi donc, toutes les chaînes de montagnes présentent une masse principale, des rameaux et des contre-forts.

D'après la manière dont les rameaux sont formés, il est clair que leur faîte peut être plus élevé que celui de la masse principale; mais il ne peut pas en être de même pour les contre-forts, comparés aux rameaux, puisqu'ils n'en sont que les productions, qui s'abaissent au fur et à mesure qu'ils s'en éloignent. Dans les Vosges, les rameaux du Brezouars et du Ballon de Guebwiller sont plus élevés que la masse centrale, à laquelle ils viennent se réunir par un col; mais toutes leurs ramifications s'abaissent à mesure qu'elles s'éloignent de la crête de ces rameaux [1].

Les choses ne sont pas toujours disposées comme nous venons de le dire, dans toute l'étendue des chaînes de montagnes : sur les flancs et aux extrémités, quand la hauteur

[1] Voyez ma Carte des Vosges.

est déjà beaucoup diminuée, on rencontre des portions dans lesquelles les couches sont ordinairement horizontales, qui, au lieu d'être composées de massifs ayant tous une partie centrale, ressemblent à des plans inclinés qui auraient été découpés par les eaux descendues des montagnes qui les dominent. Les vallées sont ici généralement dirigées suivant les lignes de plus grande pente ; elles ne convergent pas vers un même point, elles commencent par un sillon étroit, creusé dans la roche, qui va en s'élargissant à mesure qu'il s'étend en longueur. Dans les massifs à centres, les vallées qui partent du point central, comme les ramifications, commencent, au contraire, presque toujours par un cirque très évasé, ayant une coupure par où s'échappent les eaux, et au delà de laquelle, seulement, la vallée commence à s'élargir. Ces différences sont très importantes ; elles nous aideront à prouver, dans le second volume, que la première classe de vallées appartient à des montagnes de dénudation, tandis que la seconde appartient à des montagnes de soulèvement. Les Vosges, les Pyrénées, les Alpes, etc., offrent de très bons exemples de ces deux ordres de phénomènes.

Il y a des masses de montagnes, le Jura, par exemple, qui ont un autre mode de formation : elles sont composées de grandes montagnes qui paraissent parallèles entre elles, quoique réellement elles convergent presque toujours deux à deux vers un même point, offrent un escarpement d'un côté, et une pente douce de l'autre. Ces montagnes sont de véritables prismes triangulaires, dont la face la plus inclinée est coupée par des gorges et des ravins très profonds ; elles jettent peu ou point de ramifications, et présentent le même aspect que des terrasses disposées, à une certaine distance, au dessus les unes des autres. Dans ces montagnes, les couches sont fortement inclinées, et il est facile de voir qu'elles sont le résultat de soulévemens. Il est difficile de distinguer, dans une semblable chaîne, une masse centrale, des rameaux et des contre-forts. Sur les flancs et les extrémités, on trouve encore des massifs de dénudation, qui constituent ce qu'on appelle des collines, comme nous le dirons plus bas.

Différentes parties des chaînes de montagnes.

§ 29. *Le faîte.* La ligne de partage des eaux, qui divise la chaîne, dans le sens de sa longueur, en deux versans, est quelquefois sensiblement horizontale dans une grande partie de son cours ; mais ordinairement elle est très élevée (les Vosges, les Pyrénées), et s'abaisse en allant vers les extrémités, mais d'une manière fort irrégulière. Le Hoheneck, qui peut être pris pour le point le plus élevé du faîte des Vosges, atteint 1366 mètres au dessus du niveau de la mer ; et, en marchant vers l'extrémité méridionale, on trouve sur ce faîte la série de hauteur suivante : 1100, 800, 1200, 1230, 1250, 1000, 900, et enfin 400 au pied. Nous avons déjà parlé de toutes les irrégularités et de toutes les interruptions que présente le faîte d'une chaîne : en général, plus les montagnes sont élevées, plus le faîte de la chaîne présente d'irrégularités, et plus ses découpures sont profondes ; les faîtes des Alpes et des Pyrénées sont bien plus accidentés que ceux des Vosges et du Jura.

Cimes. Dans les montagnes de soulèvement, les cimes, qui peuvent être placées sur le faîte ou au dehors, sont toujours centres de massifs, et ordinairement des plus beaux massifs de la chaîne : dans les Vosges, le Brezouars, le Ballon de Guebwiller, les Ballons d'Alsace et de Servance, qui sont les cimes les plus remarquables de ces montagnes, sont en même temps les centres des plus beaux massifs. Dans les montagnes de dénudation, les cimes sont ordinairement isolées, et situées sur les plateaux, où elles forment des cônes plus ou moins réguliers : le Donon des Vosges.

Les cimes présentent diverses formes : ce sont des cônes, des aiguilles, des pics ou grosses masses de rochers escarpés (Pyrénées), des masses arrondies que l'on nomme *ballons* dans les Vosges. En Auvergne, on appelle *chapeaux* certaines cimes du terrain volcanique qui ressemblent à des couvercles. Ces différentes formes tiennent à la nature minéralogique des montagnes, ainsi qu'à la position des couches pierreuses qui les composent.

Versans. Les versans d'une chaîne, n'étant autre chose que la réunion de ceux des massifs qui entrent dans sa composition, doivent être évidemment des surfaces très compliquées. Ce qu'il y a de plus important à considérer dans les versans d'une chaîne, c'est leur inclinaison qui est toujours fort irrégulière. Rarement les deux versans sont inclinés de la même quantité, et leur étendue est en raison inverse de leur inclinaison : dans les Cévennes, les Vosges et le Jura, le versant le plus rapide et le plus court regarde l'orient [1] ; dans la grande Cordilière des Andes, le versant, tourné vers la mer Pacifique, est beaucoup plus incliné que celui qui regarde l'intérieur des terres ; il tombe aussi brusquement dans la mer, tandis que l'autre s'étend jusque sur les bords de l'Atlantique. En général, dans les montagnes formées de couches inclinées, la pente douce se trouve toujours dans le sens de l'inclinaison des couches ; mais il n'arrive jamais que, dans une chaîne de montagnes, les couches plongent toutes dans le même sens.

Vallées. Les vallées ne sont autre chose que les dépressions laissées entre les flancs des montagnes lors de la formation des chaînes, quel que soit, du reste, le mode de formation ; les dépressions qui existent entre les rameaux et leurs différentes ramifications sont également des vallées. Les vallées comprises entre les rameaux partent du faîte de la chaîne : on les nomme vallées du premier ordre. Celles des premières productions d'un rameau partent également de son faîte, et viennent aboutir dans les premières : ce sont les vallées du deuxième ordre. Les vallées du troisième ordre partent de la crête des productions des rameaux, et viennent

[1] Voyez ma Carte des Vosges (Rorel, Paris, 1834).

aboutir dans celles du deuxième ordre , etc. On voit, de cette manière, que la série des vallées comprises entre les diverses ramifications d'une masse de montagnes peut être représentée par celle des nombres naturels , premier, deuxième, troisième, quatrième, etc., ordre, dont le nombre des termes est égal à celui des ramifications.

D'après la disposition de certains massifs, il existe des vallées dont la direction est sensiblement parallèle à celle de l'axe de la chaîne : on les nomme *vallées longitudinales*. Les vallées longitudinales sont aussi comprises entre deux chaînes parallèles. Il existe beaucoup de vallées longitudinales dans le Jura, ce qui résulte naturellement de la manière dont cette chaîne est formée. Quelques géologues nomment *transversales* les vallées de premier ordre, qui viennent couper les vallées longitudinales : la plaine du Rhin peut être considérée comme une vallée longitudinale , comprise entre les Vosges et la Forêt-Noire , et toutes les vallées de premier ordre de ces deux chaînes, qui viennent déboucher dedans, seraient alors des vallées transversales.

Les vallées du premier ordre, d'après la manière dont elles sont formées, doivent descendre à peu près perpendiculairement à la direction du faîte : ainsi elles doivent tomber dans les vallées longitudinales sous des angles peu différens de l'angle droit. Les vallées du second ordre sont aussi à peu près perpendiculaires aux crêtes des rameaux ; mais ceux-ci n'étant pas perpendiculaires à l'axe de la chaîne, il en résulte que les vallées aboutissent dans celles du premier ordre sous des angles plus ou moins aigus ; il en est de même des vallées du troisième ordre par rapport à celles du second, et vers le milieu des chaînes, les vallées sont à peu près perpendiculaires au faîte : dans les Cévennes, les affluens de l'Ardèche et du Tarn sont dirigés de l'est à l'ouest, tandis que le faîte l'est du sud au nord ; les grandes chaînes des Alpes sont sillonnées par des vallées faisant presque toujours un angle droit avec la longueur ; il en est de même pour la portion du

Petit Atlas, qui borde la plaine de la Métidja. Mais aux extrémités des chaînes, où le faîte baisse pour ne plus se relever, on voit ordinairement les vallées diverger et ne plus lui être perpendiculaires. M. d'Aubuisson cite, comme exemple de ce fait, l'extrémité orientale des Pyrénées, où les vallées de la *Teta*, du *Tech*, de la *Mouga*, etc., forment une patte d'oie, dirigée dans son ensemble de l'est à l'ouest, à peu près comme le faîte. A l'extrémité méridionale des Vosges, les vallées offrent une semblable disposition.

La forme des vallées n'est pas simple, au contraire elle est ordinairement très compliquée. Vers leur origine, elles se divisent souvent en plusieurs parties divergentes, qui vont mourir plus ou moins près du faîte. Ces parties se nomment *vallons*, quand elles sont larges et qu'elles n'ont pas trop d'escarpemens; *gorges*, quand elles sont étroites et très escarpées : quand les gorges sont très petites, on les appelle *ravins*. On nomme aussi ravins les sillons que les eaux creusent dans les terrains meubles, au milieu des plaines aussi bien que sur les montagnes. Dans les montagnes de soulèvement, les vallées commencent souvent par un vaste cirque : toutes celles qui partent des Ballons d'Alsace et de Servance, dans les Vosges ; la vallée de Retournemer près de Gérardmer ; les cirques des Pyrénées, ceux des Alpes, etc. Un des plus beaux cirques connus est celui d'Auzana, au pied du Mont-Rose : c'est un bassin circulaire, de deux lieues de diamètre, dont les parois s'élèvent verticalement.

Dans les montagnes de dénudation, les vallées se rétrécissent en approchant de leur origine, et se ramifient ordinairement en approchant du faîte ; les vallées de soulèvement se ramifient aussi ; en sorte qu'une grande vallée, dans laquelle viennent aboutir plusieurs autres, peut être comparée à la tige d'un grand arbre, dont les branches représenteraient les vallées des divers ordres. Pour avoir une idée exacte de cette disposition, il suffit de jeter un coup-d'œil sur la carte topographique d'une chaîne.

Le *Thalweg* s'élève au fur et à mesure qu'il s'approche du faîte, mais cette élévation n'est point uniforme ; on y remarque beaucoup d'ondulations et des sauts brusques ; souvent l'uniformité de la pente existe jusqu'à l'extrémité supérieure, et là elle augmente très rapidement.

Dans toute la longueur de leur cours, les flancs des vallées de dénudation offrent un parallélisme vraiment remarquable ; un angle saillant correspond à un angle rentrant dans le flanc opposé. Cette correspondance entre les angles saillans et les angles rentrans a fait penser depuis bien long-temps aux géologues que les vallées de ce genre ont dû être creusées par les eaux.

Dans les vallées de soulèvement, où de chaque côté desquelles les couches sont inclinées, les angles saillans et rentrans se correspondent bien aussi quelquefois, mais ces vallées sont beaucoup plus irrégulières que les autres ; elles présentent une suite d'élargissemens et d'étranglemens jusqu'aux plaines, où elles viennent se terminer : Saussure en signale cinq dans la vallée du Rhône, depuis son origine jusqu'au lac de Genève. Ces vallées sont souvent barrées par de grandes masses de rochers que les eaux n'ont pas toujours pu tourner, et contre lesquelles elles s'accumulent, jusqu'à ce qu'elles débordent par dessus et forment des cataractes : les vallées de tous les grands fleuves de l'Amérique du Nord offrent de nombreux exemples de ce fait ; la célèbre cataracte de Syène, dans la vallée du Nil, est connue de tout le monde. La vallée de Chamouni, dans les Alpes, est barrée à ses deux extrémités. Saussure, monté sur le sommet du Cramont, découvrait devant lui plusieurs vallées entièrement fermées à leurs extrémités. L'étendue du fond des vallées est en raison inverse de leur profondeur et en raison directe de leur largeur : c'est dans les parties centrales des chaînes que les vallées sont les plus profondes ; c'est là aussi que le fond est le moins étendu ; à mesure qu'elles s'approchent des plaines, leur largeur augmente et celle du fond aussi. Dans les grandes vallées traversées par un cours d'eau dont les débordemens sont fréquens, celle du Nil, par exemple, le fond est formé par deux surfaces planes qui s'élèvent légèrement en approchant du Thalweg.

Les versans des vallées présentent des faits qui méritent de fixer notre attention. Sous ce rapport, les vallées peuvent être divisées en trois espèces : 1° celles dont les deux flancs sont des pentes douces ; 2° celles dont les flancs présentent, l'un une pente douce, et l'autre un escarpement ; 3° celles dont les deux flancs sont des escarpemens. Examinons ces trois cas :

1°. Quand les deux versans sont des pentes douces, les vallées sont, en général, très évasées, et assez régulières dans leur cours ; les angles saillans et rentrans se correspondent bien. Le Thalweg se trouve à peu près à égale distance des deux versans, et si, dans quelques points, la pente devient plus rapide, on voit la courbe s'infléchir vers ces points : en montant vers le col, son inclinaison est assez régulière ; ce genre de vallées présente rarement les barres dont nous avons parlé plus haut.

2°. Lorsqu'une vallée est comprise entre des montagnes, dont les unes présentent leurs escarpemens aux pentes douces des autres, ce qui a surtout lieu pour les vallées longitudinales, on remarque beaucoup d'irrégularités dans le cours ; les angles saillans et rentrans ne se correspondent qu'accidentellement. Le Thalweg est toujours beaucoup plus rapproché de l'escarpement que de la pente douce ; son inclinaison n'est plus régulière ; à des élévations subites succèdent des abaissemens subits aussi. Quand ces vallées présentent des barres de rochers, les eaux les tournent presque toujours, vont se creuser un lit dans la pente douce, et reviennent ensuite à l'escarpement ; elles sont d'autant plus évasées que l'escarpement est moins rapide et la pente opposée plus douce. Les couches de pierres qui composent l'escarpement sont, en général, inclinées ; tantôt elles sont coupées longitudinalement et tantôt transversalement, suivant la position des montagnes qu'elles constituent : dans le premier cas, on dit que ces couches présentent les *tranches*, et dans le second les *têtes*.

3°. Les vallées formées par deux versans escarpés sont les plus étroites et les plus irrégulières : on y remarque beaucoup de ces élargissemens et de ces étranglemens dont nous avons parlé plus haut ; presque plus de correspondance entre les angles saillans et rentrans. La courbe du Thalweg présente, dans le sens horizontal et dans le sens vertical, une infinité d'inflexions, en se rapprochant toujours du côté le plus escarpé. Quant aux couches de pierres, des deux côtés elles présentent les têtes ou les tranches, ou bien d'un côté les têtes et de l'autre les tranches ; souvent cela n'est pas régulier tout le long de la vallée : de chaque côté, à des tranches on voit succéder des têtes, et réciproquement. C'est dans ce troisième genre de vallées que les barres sont les plus communes ; quelques unes de ces barres sont percées par des cavernes dans lesquelles la rivière est venue passer : la vallée de l'Ardèche offre un bel exemple de ce fait, dans le pont naturel d'Arc ; c'est une arche percée naturellement dans un rocher qui barre entièrement la vallée, et sous laquelle passe la rivière. Les géologues qui admettent que l'eau ronge les pierres dures croyaient avoir trouvé là un beau fait à l'appui de leur système ; mais, comme je l'ai dit dans un mémoire publié en 1825 [1], il suffit de voir les lieux pour reconnaître que ce prétendu travail de la rivière n'est qu'une caverne, formée en même temps que la barre, dans laquelle les eaux sont venues passer tout naturellement ; il en est de même de tous les faits semblables que l'on a cités.

Les barres ont quelquefois une grande épaisseur, et par dessous il existe des cavités dans lesquelles les eaux se précipitent et se perdent, pour aller ressortir ensuite à des distances plus ou moins considérables. Les montagnes calcaires

---

[1] Mémoire de la Société d'Histoire naturelle de Paris, tome 2.

des Cévennes et celles du Jura présentent beaucoup d'exemples de ce phénomène ; le plus remarquable est celui de la vallée du Rhône, au point connu sous le nom de la *perte de ce fleuve*.

Une grande vallée présente presque toujours la réunion des trois cas dont nous venons de nous occuper ; alors, dans chacune de ses parties, on peut lui appliquer ce qui précède. La partie plane qui occupe le fond des vallées se rattache toujours plus ou moins directement aux flancs, par des surfaces courbes que l'on pourrait nommer *surfaces de rachète-ment*[1].

Les cols sont les points de séparation entre les vallées ; on peut les considérer, avec M. d'Aubuisson, comme un abaissement subit du faîte ; mais ce sont réellement les espaces restés vides entre les sommets des montagnes lors de la formation des chaînes. Les cols servent de points de passage entre deux contrées séparées par une chaîne de montagnes : tels sont, dans les Alpes, ceux du Saint-Bernard et du mont Cénis, qui conduisent de France en Italie : dans les Pyrénées, le col de Puymorin, aux sources de l'Arriège, qui est un passage pour aller en Espagne, etc.

Les vallées servent à l'écoulement des eaux, qui s'y rendent en obéissant aux lois de la pesanteur : d'après leur disposition, on conçoit parfaitement que celles du premier ordre reçoivent les eaux de celles du second ; celles-ci, des vallées du troisième, etc. : de là résultent les ruisseaux et les rivières.

Enfoncemens. Nous avons dit qu'il existe plusieurs vallées fermées à leurs deux extrémités. On remarque, dans beaucoup de contrées, et particulièrement au milieu des montagnes calcaires, des dépressions sans issues, circulaires, ou elliptiques, qui ne sont point des vallées, mais bien de véritables enfoncemens ; ils se montrent aussi bien au milieu

---

[1] Par analogie avec le rachètement des surfaces dans la charpente et la coupe des pierres.

des plaines et sur les plateaux que dans l'intérieur des montagnes. Le Jura, les montagnes calcaires des Ardennes, celles des Cévennes, etc., offrent un grand nombre de pareils enfoncemens ; ils sont plus ou moins profonds ; et, dans la partie la plus basse, il existe souvent un gouffre dans lequel vont se perdre les eaux, en y précipitant tous les objets qu'elles entraînent. Des rivières assez considérables se perdent quelquefois dans ces gouffres. MM. Boblaye et Virlet ont observé, en Morée, des vallées closes centrales, avec un gouffre au milieu (*Katavotron*), dans lequel les eaux torrentielles se précipitent en tourbillonnant, et entraînent avec elles un limon rouge qui les colore, les cadavres des animaux, les débris des plantes et une grande quantité de gravier, qu'elles précipitent dans la cavité souterraine, d'où elles ressortent ensuite pures, limpides et douces, souvent jusqu'à une grande distance dans la mer.

Il existe en Asie plusieurs cavités immenses qui sont beaucoup plus basses que le niveau de la mer, au pied du grand plateau de l'Asie centrale. M. de Humboldt a reconnu une immense cavité de 18,000 lieues carrées, dont le fond est abaissé de 150 à 300 pieds au dessous du niveau de l'Océan ; il a aussi constaté que le sol de la ville d'Astracan et le niveau de la mer Caspienne sont à 300 pieds, et le cours du Volga à 150 pieds au dessous du même niveau. Ce phénomène extraordinaire paraît, au savant Prussien, le résultat du soulèvement du vaste plateau qui porte les masses de l'Himalaya, de l'Iran, et peut-être aussi du Caucase.

Des rameaux. Chaque rameau, pris isolément, pouvant être considéré comme une petite chaîne, on peut lui appliquer tout ce que nous venons de dire de celles-ci. Souvent la crête des rameaux baisse en allant du faîte à l'extrémité ; mais souvent aussi le point le plus élevé se trouve à une certaine distance sur cette crête (le Brezouars, le Ballon de Guebwiller dans les Vosges), et elle s'abaisse des deux côtés de ce point : c'est ce qui arrive toutes les fois que le centre d'un des massifs du rameau est plus élevé que tous les autres, et que celui de la crête de la chaine qui en fait partie. Dans cet abaissement de la crête des rameaux, on remarque des sauts brusques que les géographes nomment *éperons*. Quand les rameaux sont fort étendus, on les nomme *bras de montagne*. Ils forment quelquefois de véritables chaines : celle des Apennins, qui n'est autre chose qu'un rameau de la grande chaine des Alpes ; les rameaux qui s'avancent dans la mer forment des caps.

Au point de rencontre de plusieurs rameaux, il existe toujours, sur le faite, un exhaussement, centre de massif, qui commence sur les rameaux au point de rencontre de plusieurs contre-forts. Ces points sont les plus élevés d'un système de montagnes ; il en part des cours d'eau qui prennent les directions les plus opposées : tel est le Saint-Gothard, d'où partent les quatre plus grands fleuves de l'Europe : le Rhône, le Rhin, le Danube, le Pô, dont le premier coule à l'ouest, le deuxième au nord, le troisième à l'est, et le quatrième au sud-est.

Des collines. Les collines sont les dernières ondulations d'un pays montueux, par lesquelles il vient se perdre dans les plaines. Les collines, les contre-forts et les rameaux forment une suite de degrés, au moyen de laquelle on peut s'élever sur le faite des chaines de montagnes. La hauteur des collines est toujours beaucoup moins considérable que celle des montagnes, au pied desquelles elles gisent. Elles forment des massifs, dans lesquels on ne reconnait plus de faite général, ni de centres de systèmes ; ces massifs occupent souvent un espace très étendu, dont la longueur et la largeur diffèrent peu. M. d'Aubuisson considère une masse de collines comme une surface mamelonnée ; ce sont bien souvent de véritables montagnes de dénudation, des roches déposées en plan incliné sur les dernières pentes des montagnes, qui ont ensuite été ravinées par les eaux : les collines de grès rouge sur les deux flancs des Vosges, celles de marnes, de grès et de sables au pied des Apennins, etc.

Des plaines. Les plaines sont de grands espaces, sensiblement horizontaux, dans lesquels la surface de la terre n'a éprouvé que peu ou point de bouleversemens; les choses y sont encore, à très peu près, dans la place où elles ont été déposées. Ces grands espaces ne sont pas toujours unis; ils présentent même souvent des ondulations assez considérables, mais qui, cependant, ne laissent point de vallées entre elles : les lits des torrens, des ruisseaux et des rivières ne peuvent pas être considérés comme tels. Quand les ondulations sont un peu fortes, on les nomme *coteaux*; souvent l'ensemble des inégalités donne au pays un aspect montueux.

Dans toutes les plaines, on remarque des arêtes plus ou moins élevées, qui sont les lignes de partage des eaux; on les nomme *dos-d'âne*. Les différens cours qui en partent interrompent la continuité des plaines : c'est ordinairement sur les rives de ces cours d'eau que le pays est le plus fertile, et que s'établissent les villages et les villes. Quand les plaines sont peu étendues, il n'y a ordinairement qu'un seul dos-d'âne; mais quand elles sont grandes, il y en a toujours plusieurs : nous en avons reconnu six dans la plaine de la Métidja, qui a plus de vingt lieues de long sur quatre à cinq de large.

Les plateaux, dont nous avons déjà donné la définition, ne sont que des plaines situées au dessus des montagnes; aussi y remarque-t-on les mêmes accidens que dans celles-ci : en outre, ils penchent toujours vers les flancs et les extrémités des montagnes sur lesquelles ils se trouvent; et leur continuité est souvent interrompue par des vallées qui les sillonnent : tels sont ceux de la Bourgogne, de la Picardie, de la Champagne, etc. Ce morcellement des plateaux a produit quelquefois de véritables montagnes, comme on le voit très bien dans les contrées que nous venons de citer.

Rapport des chaînes entre elles (1).

§ 30. Il existe entre les masses de montagnes certains rapports qu'il est très important de signaler ; les chaînes sont rarement isolées ; au contraire , elles tiennent toujours plus ou moins directement les unes aux autres ; les limites que l'on assigne ne sont bien souvent que de convention ; et il est bien rare que les géographes s'accordent dans leur détermination.

L'Europe et l'Asie sont traversées , dans le sens de leur plus grande longueur, par une grande bande très élevée. Celle de l'Europe a sa partie centrale au Saint-Gothard ; à partir de ce point, l'inclinaison générale baisse dans tous les sens : au nord , vers la Hollande et la Baltique ; à l'est, vers la mer Noire ; à l'ouest, vers l'Océan Atlantique ; et au sud , vers la Méditerranée. Toutes ces pentes sont découpées par les lits des fleuves, en diverses chaînes qui appartiennent évidemment au même système , celui des Grandes-Alpes : par leur faîte , ces chaînes se rattachent directement ou indirectement à la contrée centrale. C'est ainsi que le Jura se rattache aux Alpes , les Vosges au Jura , les Ardennes aux Vosges , etc. La suite des chaînes qui bordent le Danube au nord , et qui semblent constituer un système particulier, tient à la suite de celles qui sont au sud, et qui forment le système alpin proprement dit , par les montagnes de la Souabe, au milieu desquelles ce fleuve prend sa source. Les points ou plateaux où se réunissent les diverses chaînes d'un système sont les nœuds du système ; et les grandes vallées qui en portent sont les vallées principales des régions.

Les chaînes sont séparées les unes des autres de différentes manières : par des mers , l'extrémité des Alpes de l'Europe, de l'extrémité sud du Caucase , par la mer Noire : mais il est probable qu'il existe une communication sous-marine ;

¹ Extrait de d'Aubuisson, tome ɪ.

Buache le pensait aussi ; par des plaines placées entre les pieds,
les montagnes de la Bourgogne de celles du Jura, par la
plaine de la Saône ; les montagnes de la Bretagne, des Vosges
et des Ardennes, par les plaines de la Beauce ; par des vallées
portant du centre du système ; les Cévennes, des Alpes françaises, par la vallée du Rhône ; les Vosges, de la Forêt-Noire,
par la vallée du Rhin ; par des collines interposées ; les
Vosges, du Jura ; les Pyrénées, des Cévennes ; le Grand Atlas
du Petit, etc. ; par des défilés étroits, comme ceux par lesquels le Danube sort du Bannat pour entrer dans la Valachie. Ces défilés, que l'on nomme *portes de fer*, terminent
la chaîne de montagnes qui sépare ce dernier pays de la
Transilvanie.

Les chaînes des montagnes renferment souvent entre
elles plusieurs bassins disposés à la suite des uns des autres :
par exemple, la mer d'Azof, la mer Noire, celle de Marmara,
l'Archipel et la Méditerranée, forment une suite de bassins
compris entre les chaînes d'Europe, d'Asie et d'Afrique.

La direction des chaînes de montagnes est extrêmement
variable : les Alpes françaises sont dirigées du sud au nord ;
les Vosges, du nord-nord-est au sud-sud-ouest ; les Cévennes, de l'est à l'ouest ; les Pyrénées, du sud-est au nord-
ouest, etc., etc. Cependant on observe qu'en général la
direction des chaînes est dans la plus grande dimension des
îles, presqu'îles ou continens qui les renferment.

Des cours d'eau.

§ 34. En traitant des vallées, nous avons fait voir comment les eaux, conduites par celles des différens ordres,
finissent par former des cours assez considérables, que l'on
nomme *rivières* ; et comment les rivières elles-mêmes portent
leurs eaux dans des cours plus considérables encore, les
fleuves, qui les conduisent à la mer. Les fleuves, et en général
tous les cours d'eau parcourant un long espace sur la surface
du globe, sont obligés, en obéissant aux lois de la pesanteur,

de passer par les vides que les chaînes de montagnes et leurs différentes ramifications laissent entre elles. On conçoit, d'après cela, que le cours d'un fleuve ou d'une grande rivière doit être dirigé à travers des vallées et des plaines, et qu'il peut être bordé par plusieurs chaînes : ceux du Rhône et de la Saône. Les géographes nomment encore *vallée* cet espace traversé par le fleuve, quoique ce nom ne lui convienne pas du tout ; il vaudrait beaucoup mieux le nommer *cours*, et dire que le cours d'un grand fleuve est dirigé à travers plusieurs chaînes de montagnes : je cite, par exemple, celui de la Seine.

Ce fleuve prend sa source au val Suzon, dans les montagnes de la Côte-d'Or ; il suit une vallée primordiale de ces montagnes jusqu'à son point de jonction avec l'Aube. Depuis ce point jusqu'à Melun, il est bordé, d'un côté, par des rameaux de la chaîne de Bourgogne, et de l'autre par des collines qui se rattachent à celles de la Champagne. De Melun jusqu'à Mantes, la Seine traverse les collines du bassin de Paris : de Mantes à la mer, elle coupe la grande plaine d'Évreux ; et, à partir de Rouen jusqu'au bord de la mer, la rive droite est bordée par un rameau qui part de la grande chaîne des Ardennes.

Les cours d'eau ordinaires suivent souvent une véritable vallée jusqu'à leur embouchure : le Var, par exemple.

On voit, d'après ce que nous venons de dire, que le cours d'un fleuve ou d'une grande rivière reçoit les eaux des vallées longitudinales et du premier ordre des chaînes qui le bordent : celles-ci reçoivent, à leur tour, celles des vallées du second ordre ; celles du second, les eaux des vallées du troisième, etc. L'ensemble de toutes les vallées dont les eaux viennent se rendre dans le cours d'un fleuve ou d'une rivière, et ce cours lui-même, se nomment *bassin du fleuve ou de la rivière*. Il résulte de là que le bassin d'un fleuve peut se diviser en bassins de rivières, et ceux-ci se subdiviser à leur tour.

Buache, qui a dressé une carte de France d'après ce principe, avait divisé notre pays en cinq grands bassins : ceux du Rhin, de la Loire, de la Seine, du Rhône et de la Garonne ; il publia ensuite une carte du bassin de la Seine, divisé en bassins de rivières. Ce genre de carte, qui peut être très utile pour la géographie physique et politique, n'est que d'une petite importance pour la géologie. Dans le cours d'un fleuve ou d'une rivière, on distingue plusieurs parties qu'il est important de faire connaître, et que nous étudierons avec soin dans la suite.

Tous les cours d'eau, soit dans les plaines, soit dans les montagnes, occupent un canal, duquel ils ne sortent que lors de leurs débordemens ; ce canal se nomme *lit*. Il est toujours plus ou moins sinueux, suivant les accidens du terrain ; sa largeur augmente en allant de l'origine à l'extrémité du cours d'eau. Le lit est toujours creusé dans la portion horizontale du fond des vallées. On nomme *berges* les parties escarpées du lit, et *talus* les pentes douces. On dit qu'une rivière est encaissée, lorsque les deux côtés du lit sont des berges. Quand les rivières ne sont pas encaissées, ou qu'elles ne le sont que légèrement, on remarque que les talus et les berges sont opposés naturellement les uns aux autres. Nous exposerons cela avec détail, en traitant des dépôts formés par les rivières.

La source d'une rivière se compose naturellement de la réunion de toutes celles des cours d'eau qui s'y jettent ; mais on donne ordinairement ce nom à la source la plus éloignée de l'embouchure. *L'embouchure* d'un fleuve est le point où il se jette dans la mer ; celle d'une rivière, le point où elle se jette dans une autre plus considérable ou dans un fleuve, etc. Les rivières se jettent les unes dans les autres et dans les fleuves, sous toutes les inclinaisons ; mais on remarque, en général, qu'à leur embouchure, les fleuves sont à peu près perpendiculaires à la côte de la mer.

On donne le nom *de côtes* à toutes les terres baignées par la mer, ou, en d'autres termes, aux bords de la mer. Dans les côtes, on distingue la *grève*, les *falaises* et les *dunes*.

La grève est une partie à peu près plate, plus ou moins étendue, que la mer couvre dans le flux et laisse à découvert dans le reflux : cette partie se nomme aussi plage ; elle est souvent couverte de galets.

Quand les bords de la mer sont escarpés, ils prennent le nom de *falaises*. Il arrive quelquefois que ces escarpemens appartiennent à de véritables montagnes : sur les côtes d'Italie et de Grèce, sur celles de Barbarie, etc.

Lorsque, sur le littoral, le fond de la mer est sableux, les vagues le détruisent entièrement, et jettent sur les plages une grande quantité de sables. Ces sables, transportés par les vents, forment, à une petite distance, dans l'intérieur des terres, des collines que l'on nomme *Dunes*. Il existe des massifs de dunes, de distance en distance, sur tout le littoral de la France, depuis Bayonne jusqu'à Dunkerque. La formation des dunes et leur composition seront l'objet d'un article, lorsque nous traiterons des phénomènes de l'époque actuelle.

Inégalités du fond de la mer.

§ 32. Le fond de la mer, étant le prolongement de la surface des continens au dessous des eaux, doit présenter des inégalités semblables à celles que nous venons de signaler à la surface de la terre. En effet, l'emploi de la sonde a fait reconnaître que la profondeur de la mer est fort inégale ; mais comme on ne peut sonder qu'à de petites profondeurs, ce moyen n'est pas propre à donner une idée exacte des aspérités du fond de la mer. Sur la surface de la terre, les inégalités sont d'autant moins nombreuses et moins considérables, que la région qui les présente est moins élevée : il est donc permis de penser que le fond de la mer est, en général, beaucoup moins accidenté que la surface des continens. Un grand nombre d'observations a fait reconnaître que la profondeur des mers augmente à mesure que l'on s'éloigne des côtes, et qu'elle est assez en rapport avec l'élévation du rivage voisin : si le rivage est une plage, le fond plat est très élevé, comme il arrive depuis Calais jusqu'en Hollande ; il est, au contraire, très bas, si les bords sont très escarpés : c'est ce qu'on remarque sur les côtes du Finistère, sur celles du golfe de Gênes, de la Grèce, etc. La profondeur du grand Océan va, en augmentant, de l'équateur aux pôles, points où elle atteint son maximum.

Les îles et les écueils sont les parties les plus élevées des montagnes sous-marines. Les archipels, et surtout ceux de la mer du Sud, prouvent qu'au fond de la mer il existe des masses de montagnes, absolument semblables à celles que l'on voit à la surface de la terre.

Le célèbre Buache s'est beaucoup occupé des montagnes sous-marines ; il a même donné une mappemonde dans laquelle les chaînes étaient tracées. Il pensait qu'elles se trouvaient sur la direction de celles des continens qu'il regardait comme se prolongeant sous les eaux, à des distances souvent très considérables. Moi, je pense qu'il se trompait : si la mer venait actuellement couvrir la surface de la terre, jusqu'à une certaine partie de la hauteur des chaînes de montagnes, elle remplirait évidemment toutes les plaines et les grandes vallées qui les séparent ; ainsi, elles ne se prolongeraient point au dessous des eaux : la mer Noire, la mer de Marmara et la Méditerranée sont, comme nous l'avons déjà dit, des grandes plaines comprises entre les chaînes d'Asie, d'Europe et d'Afrique, qui n'existeraient point, ou seraient du moins très rétrécies, si les groupes de montagnes qui les bordent se prolongeaient dans leur intérieur. Enfin, quand une chaîne de montagnes va tomber dans la mer, les Pyrénées, les Alpes, elle doit se terminer à une très petite distance, comme celles que nous voyons venir mourir dans les plaines. Les chaînes sous-marines, dont l'existence est assez bien constatée, ne sont donc point une dépendance de celles des continens. Les vallées de ces chaînes donnent naturellement l'explication des courans locaux que l'on observe dans certaines parties de l'Océan : ce sont des rivières qui coulent dans ces vallées.

J'ai dû entrer dans beaucoup de détails sur les divers accidens que présente la surface du globe, parce que la connaissance de ces accidens est de la plus haute importance pour la géologie, et que, jusqu'à présent, cette partie de la science a été fort négligée par les hommes capables, et traitée d'une manière tout à fait ridicule par quelques géographes, qui, n'ayant jamais étudié une masse de montagnes dans la nature, ont bâti des systèmes que d'autres ont copiés, en les modifiant chacun suivant son idée, et presque toujours sans sortir de son cabinet.

STRUCTURE INTÉRIEURE DE LA TERRE.

§ 33. Nous allons maintenant nous occuper de la structure intérieure de la terre ; c'est là le véritable objet de la géognosie, et une étude qui peut conduire aux plus grandes découvertes. Nous examinerons les différens matériaux qui composent le globe, et nous ferons connaître les relations qui existent entre eux.

L'épaisseur de la portion de la croûte du globe, accessible à nos observations, n'est pas très considérable : jusqu'à présent, les cavités naturelles connues sont peu profondes ; les eaux et les autres circonstances locales ont arrêté l'homme dans ses travaux, toutes les fois qu'il a cherché à pénétrer dans les entrailles de la terre. Les montagnes, dans les escarpemens desquelles on voit très bien les parties qui les composent, n'ont jamais plus, en hauteur, de la quinze-centième partie du rayon terrestre.

Les mines de Freiberg, en Saxe, qui sont les plus profondes que l'on connaisse, ne descendent qu'à 414^m au dessous de la surface du sol, et à 30^m seulement au dessous du niveau de la mer. Dans les houillères d'Anzin, M. d'Aubuisson est des-

cendu à 350ᵐ de profondeur, et à 300ᵐ au dessous du niveau
de l'Océan. C'est la plus grande profondeur absolue, à laquelle
l'homme soit parvenu jusqu'à présent. Sur le sommet du Mont-
Blanc, Saussure était à 4810ᵐ d'élévation de Humboldt, sur
celui du Chimboraço (au Pérou) à 5900ᵐ, qui est le point le
plus haut atteint par les observateurs. Il existe au centre de
l'Asie, sur le faîte de la chaîne qui sépare l'Inde de la Tartarie,
des points qui s'élèvent à plus de 8000 mètres au dessus de la
mer ; mais personne n'y est encore parvenu. Ainsi, 5900 +
400ᵐ = 6300ᵐ est donc la plus grande différence de niveau
parcourue par l'homme ; c'est à peu près la millième partie du
rayon terrestre, dont la longueur est de 6366407ᵐ. Nous ne
connaissons pas une épaisseur aussi grande de notre planète,
car les couches qui entrent dans la composition des hautes montagnes sont inclinées, et souvent d'une quantité très considérable. Ainsi l'épaisseur de la croûte du globe, accessible à nos
observations, n'est pas la millième partie du rayon terrestre.
Cette mince pellicule, ayant été bouleversée par un grand
nombre de révolutions successives, n'est plus aujourd'hui composée que de ruines ; et, sous ce rapport, elle pourrait être
comparée aux monumens qui nous restent des peuples antiques.

Cependant, au milieu de ces ruines qui, au premier abord,
offrent l'image du chaos, on remarque un certain ordre : on
voit que la formation des grandes masses dont elles proviennent a été soumise aux lois générales de l'univers ; les bouleversemens, eux-mêmes, qu'elles ont éprouvés, sont des conséquences naturelles de ces sublimes lois ; le doigt de Dieu se
trouve encore là, comme dans toutes les autres productions de
la nature. L'étude de la structure intérieure de la terre va
nous dévoiler quelques unes de ces merveilles.

Les observations géognostiques ne se sont point encore
étendues sur toute la surface du globe, et cela ne pourra jamais avoir lieu, puisque les trois quarts de cette surface sont
enfouis sous les eaux. Les observations exactes, les seules

qui puissent servir à tirer des conséquences, n'ont encore été faites qu'en Europe, en Amérique et dans une très petite partie de l'Asie, de l'Afrique et de l'Océanie. On peut donc nous objecter, avec raison, que nos résultats ne sont point généraux : à cela nous répondrons que nous ne les donnons pas comme tels ; mais qu'à mesure que le champ des observations s'agrandit, on a la satisfaction de voir que les lois de la géognosie, bien comprises et surtout bien appliquées, ne subissent point de modifications notables, en passant d'une contrée à une autre, quelle que soit la distance qui les sépare : l'ordre constant, reconnu entre certaines couches du globe, en France, en Angleterre, en Allemagne, s'est trouvé être le même sous les glaces des pôles et les feux de l'équateur.

Composition de la terre.

§ 34. Les matériaux dont la réunion forme la partie solide du globe sont composés des corps élémentaires que la chimie nous a si bien fait connaître : ces corps, par leur combinaison, ont donné naissance aux espèces minérales, dont l'étude est l'objet spécial de l'oryctognosie. Ces espèces minérales, quelquefois simples, mais le plus souvent en se réunissant entre elles, ont produit les grandes masses qui composent le globe, et auxquelles les géologues donnent le nom de *roche*.

Ainsi, une *roche*, ou *l'élément de premier ordre* qui entre dans la composition de la terre, est une masse minérale assez étendue pour qu'on doive la considérer comme partie essentielle dans la portion solide de cette planète. Tous les autres minéraux sont engagés dans les roches de diverses manières, et on pourrait les en arracher sans produire de dérangement sensible dans l'ordre des choses. Ces minéraux sont les espèces oryctognostiques.

L'*oryctognosie*, ou *minéralogie* proprement dite, est une science particulière, dont la connaissance est nécessaire pour l'étude de la géologie. Les bornes de cet ouvrage ne nous

permettent point de traiter cette science avec détails ; mais
nous allons, du moins, en exposer les principes généraux, et
décrire succinctement les espèces que le géologue ne peut se
dispenser de connaître, pour faciliter la lecture de ce traité
aux personnes qui n'auraient aucune notion de minéralogie.

PRINCIPES D'ORYCTOGNOSIE [1].

§ 85. Toutes les productions de la nature sont divisées en
corps organisés ou *vivans* et en corps *bruts* ou inorganisés.

Les corps organisés sont composés de *parties dissimilaires*
et croissent par *intus-susception*.

Les corps inorganiques, dont les minéraux forment la
plus grande partie, sont composés de *parties similaires* et
croissent par juxta-position.

De plus, dans les premiers, les formes sont toujours plus
ou moins arrondies ; on n'y voit jamais ni arêtes vives, ni
angles solides, déterminables et constans ; rarement y trouve-
t-on quelques faces imparfaitement planes.

Dans les corps inorganiques, dans ceux qui seuls doivent
être considérés comme un tout, une unité complète et déterminée, et non comme une association grossière de plusieurs
unités, les formes sont angulaires, les faces sont souvent
parfaitement planes, les arêtes rectilignes et les angles solides
bien déterminés et d'une valeur constante. Quand on voit
des formes arrondies, ce qui est fort rare, elles tiennent à
des circonstances particulières, et encore, la plupart du temps,
sont-elles composées de petites faces planes, comme il arrive
quelquefois pour le diamant.

Dans le règne organique, on entend par *individus* des
êtres isolés, qui ne peuvent être divisés sans être détruits en
totalité, ou dans l'une de leurs parties. Dans le règne minéral,
il n'existe pas d'*individus* : les corps peuvent être divisés sans
être détruits ; les parties séparées sont semblables, par toutes

---

[1] Extrait de l'Introduction à la Minéralogie, de M. Brongniart.

leurs propriétés essentielles, entre elles et à la masse d'où elles proviennent. Cette masse peut être divisée, presque à l'infini, en petites parties qui ne diffèrent point les unes des autres.

Cependant, si dans les minéraux il n'existe point d'individus isolés et visibles, comme dans les animaux et les végétaux, il y a une abstraction à laquelle on donne ce nom : c'est la *molécule intégrante*, telle que les physiciens et les chimistes la conçoivent, et qui ne peut être divisée sans être détruite ; elle paraît remplir toutes les conditions attachées à ce nom. En effet, il y a peu de doute que, si nous avions des moyens assez délicats pour apercevoir les molécules intégrantes d'un corps, nous les verrions, dans la même substance, toutes, non seulement semblables, mais égales entre elles ; et, par cela même, d'une ressemblance beaucoup plus parfaite que celle qui existe entre les individus d'une même espèce, végétaux et animaux.

Les échantillons des minéraux sont donc des agrégations formées de molécules intégrantes ou d'individus.

Nous sommes descendu, par les considérations précédentes, à l'abstraction la plus simple, et nous avons acquis par là les moyens de remonter, régulièrement et presque sans arbitraire, à des abstractions d'un ordre plus élevé, c'est à dire à celles qu'on nomme *espèce*, *genre*, *ordre*, *classe*, etc. ; mais, pour établir ces groupes avec précision, il faut étudier les propriétés particulières des minéraux, ce que l'on appelle leurs caractères, et chercher à en évaluer l'importance.

Ces propriétés peuvent se distinguer en trois classes :

1°. Celles qui tiennent à l'individu minéralogique, qui le constituent ce qu'il est ; ce sont les caractères *chimiques*.

2°. Les propriétés qui résultent essentiellement de la nature du minéral, c'est à dire de sa composition chimique, mais qui se manifestent uniquement par son action sur certains corps, sans l'altération de l'individu minéralogique ni de ses agrégations ; ce sont les propriétés que l'on appelle *physi-*

ques. Ces propriétés peuvent appartenir à l'individu supposé isolé, comme à ses masses, sans qu'on puisse encore, dans l'état actuel de la science, le déterminer avec certitude; telles sont la *forme*, la *dureté*, la *densité*, l'*action sur la lumière*, l'*électricité*, etc.

Les propriétés du même ordre, ou propriétés physiques, qui appartiennent évidemment aux masses, telles que la *ténacité*, la *cassure*, la *structure*, etc.

Nous allons examiner ces différentes propriétés, leur valeur et celle de leurs modifications.

Caractères chimiques.

Ces caractères sont de la plus haute importance; c'est par l'analyse chimique, faite avec toute la rigueur nécessaire, que l'on arrive à la connaissance la plus profonde de la composition des minéraux. Il ne faut point confondre l'analyse des minéraux avec la *recherche de leurs caractères chimiques* : celle-ci consiste à connaître la nature d'un minéral, au moyen d'opérations simples qui puissent cependant donner des notions précises et certaines de cette nature. D'après cela, on conçoit que ces caractères ont une haute importance et une grande valeur; par leur moyen, on peut souvent non seulement déterminer la nature de l'échantillon que l'on examine, mais encore le placer dans le genre et et dans l'espèce auxquels il appartient. Il y a trois sortes de caractères chimiques :

1°. L'action sur les sens;

2°. L'altération par le calorique;

3°. L'altération par les réactifs.

1°. *Action sur les sens.* Par action sur les sens on entend la saveur et l'odeur.

2°. *Action du calorique.* Le calorique agit sur les minéraux de trois manières différentes, et donne aussi des caractères d'une valeur très différente, suivant que cet agent opère sur les masses ou sur les individus eux-mêmes.

Dans le premier cas, le calorique se borne à désunir les individus minéralogiques, et à les écarter plus ou moins, sans les altérer; c'est ce qu'on appelle la *fusion et volatilisation simples*. Mais comme cette désunion s'opère à des degrés de température différens, suivant la nature des individus minéralogiques, elle peut servir à distinguer les espèces, sans néanmoins les faire connaître, parce que l'on n'a pas des moyens assez précis pour l'évaluer.

Le second cas est celui où le calorique agit sur la molécule intégrante, l'altère, la détruit, et séparant, en partie au moins, ses principes constituans, donne les moyens de les reconnaître à l'aide des caractères qui leur sont propres et qu'il leur fait manifester.

Dans le troisième cas, le calorique détruit les individus minéralogiques; mais comme tous leurs principes sont fixes, ils restent en présence, et souvent ils se combinent d'une autre manière pour former une autre espèce. Cette action du calorique est plus embarrassante qu'utile pour la détermination des minéraux, et nous n'en parlons que pour engager à l'éviter.

L'instrument dont les minéralogistes se servent pour observer l'action du calorique porte le nom de *chalumeau*. Il y en a de plusieurs espèces dont on donne la description dans tous les ouvrages de minéralogie. Le plus simple est tout à fait le même que celui dont se servent les bijoutiers. C'est un tuyau percé d'une ouverture très déliée à une de ses extrémités qui est recourbée, par laquelle de l'air, fortement chassé, traverse la flamme d'une lumière quelconque, en dirige un jet délié, mais vif, sur le minéral qui est présenté à cette action. On distingue dans l'appareil du chalumeau simple trois parties principales (pl. 1, fig. 7).

A, le tube ou chalumeau proprement dit; B, le corps en combustion qui doit donner la chaleur; C, le support qui doit porter le fragment à examiner, et que l'on fait le plus commode possible.

Cet instrument bien fait, bien dirigé, peut servir à fondre la plus grande partie des minéraux, et à opérer sur les autres des altérations qui servent à les faire reconnaître. Nous ne pouvons pas entrer ici dans tous les détails que comporte l'emploi du chalumeau, il faut les lire dans l'ouvrage qui nous sert de guide, ou dans celui de M. Berzelius.

Action des réactifs. En chimie, on entend par réactifs des corps qui servent à faire manifester, à ceux que l'on veut connaître, les propriétés caractéristiques qui leur sont propres; on en distingue de deux espèces : ceux que l'on fait agir à l'aide de la chaleur, et ceux qui agissent à l'état naturel.

Lorsque les réactifs doivent agir sur les corps à l'aide de la chaleur, il faut, pour les mettre en usage, employer le chalumeau avec un support convenable, tel qu'une petite capsule.

Quand ils doivent opérer sur les corps à l'état naturel, sans le secours du feu, il faut qu'ils soient liquides. On met le fragment à examiner sur une plaque de verre ou dans une petite capsule, on y ajoute une goutte de réactif, qui doit, en l'attaquant, en faire ressortir les propriétés.

1°. Les réactifs solides agissant sur les minéraux, à l'aide de la fusion, sont la *soude*, le *borax* et le *sel de phosphore*.

Le carbonate de soude, dissolvant la silice, sert à manifester sa présence; il sert aussi à opérer la réduction de plusieurs métaux.

Le borax est le fondant le plus employé; et il en résulte des verres particuliers à chaque espèce.

Le phosphate double de soude et d'ammoniaque possède, encore plus efficacement que le borax, la propriété de former des verres; il s'empare aussi de la silice, avec laquelle il forme une masse gélatineuse.

2°. Les principaux réactifs liquides sont *l'eau*, *l'acide nitrique*, *l'acide muriatique*, *l'acide sulfurique* et *l'acide acétique*. Les acides nitrique et muriatique servent principalement à reconnaître les carbonates ; l'acide sulfurique, les fluates et les combinaisons de baryte et de strontiane : si on verse de l'acide sulfurique sur la poussière d'un fluate, il s'en dégage une vapeur acide qui a la propriété de corroder le verre ; versé sur les sels de baryte, cet acide occasione un dégagement de chaleur et de lumière assez considérable ; sur ceux de strontiane, il y a dégagement de chaleur sans production de lumière.

Propriétés physiques.

A. *Celles qui peuvent appartenir à l'individu minéralogique.*

Ces propriétés sont la *forme*, la *dureté*, la *densité*, l'*action des minéraux sur la lumière*, l'*électricité*, le *magnétisme* et la *phosphorescence*.

1°. La *forme* est un caractère de haute importance : la forme polyédrique, régulière, symétrique, à angles constans, lorsque d'ailleurs toutes les autres circonstances sont égales, étant en rapport avec la composition des minéraux, offre un des meilleurs moyens pour distinguer les espèces. Ce caractère vient immédiatement après celui tiré de la composition chimique : Haüy le plaçait avant, et avait basé sur lui toute sa classification ; mais, depuis les belles découvertes faites en chimie, il a été placé après par plusieurs minéralogistes. Quand un corps n'a aucune forme déterminée, on dit qu'il est *amorphe*[1].

2°. La *dureté* est la résistance plus ou moins grande qu'un minéral oppose à la séparation de ses parties ; elle paraît tenir à l'individu minéralogique, et non pas à ses masses : elle résulte bien de la force d'adhérence des individus entre eux ; mais cette force semble être une conséquence de leur nature et de leur forme, et non du mode de leur agrégation. Ce

[1] Nous ne pouvons pas entrer ici dans toutes les considérations relatives à la forme des minéraux, c'est à dire exposer les principes de la cristallographie : si le lecteur veut les étudier, il peut avoir recours aux ouvrages de MM. Haüy, Brochant, etc.

caractère est d'une petite importance, parce qu'on ne peut
plus le mesurer exactement ; il sert cependant à faire de
grandes divisions dans les espèces, en sachant quels sont les
minéraux rayés par d'autres, et ceux qui raient. C'est en
essayant de rayer un minéral par un autre qu'on évalue sa
dureté.

La *densité* est une propriété essentielle à l'espèce minéralogique, et qui est toujours la même dans les mêmes espèces ; c'est donc un caractère de première valeur : les moyens
pour la déterminer, et les précautions à prendre, sont exposés avec détail dans tous les traités de physique.

Action des minéraux sur la lumière. Les diverses
manières dont la lumière est modifiée par les minéraux offrent un grand nombre de phénomènes curieux et plusieurs
caractères importans, dont nous ne citerons que les principaux.

Un minéral est *transparent* quand il laisse passer assez de
lumière pour qu'on puisse distinguer nettement un corps
placé derrière lui. La transparence est un caractère non équi-
voque de pureté. Quand le corps ne laisse point passer assez
de lumière pour qu'on puisse distinguer nettement celui placé
derrière lui, on dit qu'il est *translucide* ; enfin, un corps
opaque est celui qui, étant réduit à l'épaisseur d'un dixième
de millimètre, ne laisse point passer sensiblement de la lumière.

On sait que, quand la lumière pénètre obliquement dans
un minéral, elle est réfractée, et qu'il y a deux sortes de
réfractions : la *réfraction simple* et la *réfraction double.* Le
dernier caractère est propre à certaines espèces seulement.

Quand la lumière est réfléchie par la surface des minéraux,
il en résulte des couleurs que l'on distingue en *couleurs propres* et en *couleurs accidentelles.* Les couleurs propres tenant, à ce qu'il paraît, à la nature des molécules, peuvent être
regardées comme des caractères de première valeur ; mais les
couleurs accidentelles, étant dues à la présence de corps étran-

gers à la composition de l'espèce, ou à une certaine altération dans le mode d'arrangement des molécules, ne peuvent avoir d'importance que dans quelques cas particuliers.

Les minéraux opaques et très denses renvoient de leur surface, lorsqu'elle est polie, une si grande quantité de lumière dans une même direction, qu'elle vient frapper l'œil avec une certaine intensité que l'on nomme *éclat* ou *lustre*. On distingue plusieurs variétés d'éclats : l'éclat *vitreux*, analogue à celui du verre ; l'éclat *gras* a l'aspect particulier et onctueux de l'huile ; l'éclat *adamantin* se rapproche plus ou moins de celui du diamant, etc.

L'éclat, combiné avec la structure et la texture, donne aux minéraux un aspect qui ne tient uniquement ni à la lumière ni à la nature du minéral : tels sont *l'aspect soyeux*, qui résulte de la combinaison de l'éclat vitreux avec la structure à fibres très déliées ; *l'aspect résineux*, qui vient du mode de cassure, joint à l'éclat vitreux.

Électricité. L'électricité des minéraux ne diffère en rien de celle que présentent les autres corps inorganiques ; elle est devenue, pour le minéralogiste, mais dans quelques espèces seulement, un moyen de plus pour reconnaître les espèces, un caractère minéralogique par conséquent.

Le magnétisme. Bien que ce caractère soit tiré d'une propriété physique qui ne diffère pas essentiellement de l'électricité, il est bien plus spécial : c'est une propriété restreinte à un petit nombre d'espèces, qu'elle paraît pouvoir caractériser essentiellement ; ainsi, c'est un excellent caractère.

La phosphorescence. Un grand nombre de corps inorganiques ont la propriété d'être lumineux par eux-mêmes, sans que l'on puisse attribuer ce phénomène à la combustion. On fait naître la phosphorescence, dans les minéraux susceptibles de cette propriété, par quatre moyens : la *collision*, la *chaleur*, *l'insolation* et *l'électricité.*

1°. En frappant l'un contre l'autre les morceaux de certains minéraux qui ne sont point combustibles, les silex, par exemple, on produit une lumière plus ou moins vive, qui ne s'aperçoit ordinairement que dans l'obscurité.

2°. En jetant la poussière de certains minéraux sur un corps incandescent, plusieurs espèces de carbonate de chaux, il y a dégagement de lumière.

3°. On connaît plusieurs minéraux qui, étant exposés à l'action directe des rayons solaires pendant un certain temps, et placés ensuite dans l'obscurité, font voir une lumière plus ou moins vive, qui se manifeste pendant un temps souvent très long.

4°. En exposant certains corps naturels à l'action des étincelles électriques, on leur communique la propriété de luire dans l'obscurité.

Propriétés physiques qui ne peuvent appartenir qu'aux masses : ce sont la *structure*, la *texture*, la *cassure*, la *solidité* et la *ténacité*.

La structure. On entend par structure la disposition des joints de séparation des parties d'un minéral, d'où résulte nécessairement la forme de ces parties.

La structure est régulière ou irrégulière.

Dans la *structure régulière*, l'incidence des joints les uns sur les autres peut être déterminée : elle est constante dans les mêmes espèces ; c'est elle qui donne le clivage des minéraux, qui consiste à détacher avec un instrument convenable les parties séparées par les joints. Quand on ne détermine pas l'incidence des joints, qu'on se contente de remarquer qu'ils sont continus et à incidence déterminable, on dit que la structure est *laminaire*.

Dans la *structure irrégulière*, les joints naturels sont peu sensibles ; ils tombent les uns sur les autres sous des incidences si nombreuses, si peu nettes, qu'on ne peut plus les déterminer ; ce n'est plus alors qu'un caractère de variétés.

La structure irrégulière présente les modifications suivantes :

Lamellaire. Petites lames à peu près planes, tombant les unes sur les autres, sous toutes sortes d'angles.

Fissile. Des joints parallèles dans un sens.

Feuilletée. La structure précédente, dans laquelle les joints sont nombreux et très rapprochés.

Stratiforme. Des joints parallèles dans un sens, mais ondulés.

Fibreuse. La masse divisée en une multitude de lames ou de petits cylindres très déliés.

Radiée. Lorsque les fibres partent d'un même point et s'écartent en divergeant.

Fragmentaire. Lorsque la masse est divisée par une multitude de joints qui suivent toutes sortes de directions et qui lui permettent de se diviser en fragmens anguleux. Quand un minéral ne présente aucune sorte de joints ou de structure, on dit qu'il est *massif.*

De la texture.

La texture est pour nous la considération de la forme non géométrique, de la grosseur et de l'aspect des parties qui composent une masse minérale ; elle diffère essentiellement de la structure, en ce qu'elle se manifeste toujours dans les parties résultant de la division opérée par celle-ci, et qui peuvent avoir la même texture que la masse, ou bien une texture particulière.

La texture est *homogène*, lorsque toutes les parties d'un minéral sont de même nature et de même aspect ; elle est *hétérogène*, lorsque ces parties sont de nature et d'aspect différens.

On peut distinguer un grand nombre de textures dans les minéraux ; nous nous bornerons aux principales, auxquelles on a donné les noms de textures

Grenue. Grains distincts, arrondis, ou à anges émoussés (le grès).

Saccharoïde. Grains distincts, anguleux, cristallisés (la dolomie).

Terreuse. Aspect terne ; grains non discernables, faciles à séparer, grossiers ou fins (l'argile).

Compacte. Grains indiscernables, fortement agrégés ; aspect terne, opaque (certains calcaires).

Vitreuse. Parties indiscernables, brillantes, fortement agrégées, sans structure et à surfaces luisantes (le verre, le cristal de roche).

De la solidité.

La considération relative à la solidité présente quatre modifications principales : 1° la *ténacité* ; 2° la *fragilité* ; 3° la *friabilité* ; 4° la *flexibilité*.

1°. La ténacité est la résistance qu'un corps oppose à la force mécanique qui tend à le rompre : elle a une multitude de degrés, depuis la faible résistance qu'opposent certaines pierres à la cassure, jusqu'à la résistance, très puissante, qu'opposent certains métaux à la rupture par traction.

La *ténacité métallique* est caractérisée par la *ductilité*, ou propriété que présentent plusieurs corps, et particulièrement les métaux, de s'étendre sous la pression sans se briser ni se déchirer ; quelques minéraux pierreux la présentent également, mais il faut qu'ils soient pénétrés d'eau : telles sont les argiles.

La *ténacité pierreuse* est la résistance qu'oppose à la cassure un corps solide non ductile : on n'a aucun moyen de la déterminer ; c'est un caractère vague.

2°. La *fragilité* est opposée à la ténacité ; c'est la facilité avec laquelle on peut casser certains minéraux.

3°. La *friabilité* est un état d'agrégation tellement imparfait dans certaines masses, qu'on peut les diviser en une multitude de grains, les réduire presque en poudre, sous la simple pression du doigt.

Les minéraux qui se divisent en plaques minces sont tous

plus ou moins *flexibles*; il y en a même quelques uns qui sont élastiques.

La *cassure* dérive de la structure, de la texture et de la ténacité : elle n'existe pas dans le minéral ; on la fait naître par le choc. Il n'y a pour nous de cassure ni *laminaire*, ni *lamellaire*, ni *feuilletée*; car ces expressions indiquent une structure et des joints préexistans, que la division de la masse n'a fait que mettre à nu. Les cassures les plus remarquables ont reçu les dénominations suivantes :

Conique. Le fragment obtenu est un cône un peu surbaissé, souvent assez irrégulier (le grès luisant).

Conchoïde. Des zones ondoyantes partant d'un même point, et imitant assez bien l'empreinte de l'extérieur d'une coquille bivalve (le silex pyromaque).

Raboteuse. La surface offre des ondes et des inégalités irrégulières (l'argile).

Écailleuse. Lorsqu'il s'élève de la surface de la cassure de petits éclats en forme d'écailles (le silex corné).

Esquilleuse. Lorsque les parties qui sont soulevées, sans être détachées, sont longues et pointues comme des esquilles de bois (le talc).

Résineuse. Lorsque la cassure présente les convexités et les concavités lisses brillantes, que montre celle des corps résineux (le silex résinite).

Vitreuse. Les convexités et concavités de la cassure conchoïde avec le luisant et les stries qu'offrent les masses vitreuses (quarz hyalin).

La cassure est quelquefois différente, suivant qu'on la pratique dans une direction ou dans une autre ; mais c'est toujours un caractère très important.

Classification des minéraux [1].

Maintenant que nous avons passé en revue les propriétés générales des minéraux, nous devons chercher à réunir entre

---

[1] Nous ne suivons plus ici M. Brongniart.

elles les espèces qui ont le plus de rapports communs, pour en former des *genres*, ou *groupes naturels des espèces*. On réu nit aussi les genres entre eux de la même manière, et on en forme de nouveaux groupes, que l'on appelle *ordres* ; enfin, les ordres réunis donnent naissance à des *classes*.

On a adopté plusieurs systèmes pour la classification des minéraux qui ont tous l'inconvénient de rompre plus ou moins les rapports naturels qui existent entre eux : Haüy les a classés d'après leurs formes géométriques qu'il avait reconnues être assez en rapport avec leur composition chimique. M. Berzelius, dont les belles découvertes en chimie ont rendu de grands services à la minéralogie, a créé une école que l'on nomme *école chimique*, et qui prétend que cette classification doit être basée sur la composition chimique. M. Mohs, en Allemagne, soutient que les caractères extérieurs doivent obtenir la préférence, et des savans distingués se sont déjà rangés de son côté. Nous ne voulons point discuter les avantages et les inconvéniens de ces différentes classifications, mais nous croyons devoir adopter celle suivie par M. de la Fosse, dans son Précis élémentaire d'histoire naturelle, comme étant très simple et conservant assez bien les rapports naturels qui existent entre les minéraux.

Pour réunir les espèces en genres, M. de la Fosse prend le principe électro-négatif dans les composés binaires (l'oxigène, le soufre, l'arsenic, le fluor, etc.), élémens que les anciens minéralogistes avaient nommés *principes minéralisateurs*. Dans les sels, ce sont les acides. Les groupes formés, d'après ces deux espèces de principes, ont la propriété de réunir les espèces qui ont le plus d'analogie dans l'ensemble de leurs caractères : on aura donc ainsi, d'une part, les genres *oxides, sulfures, arséniures, chlorures*, etc.; et, de l'autre, les genres *carbonates, sulfates, phosphates, silicates*, etc. Tous les genres peuvent se réunir en deux grandes sections : *substances gazeuses* ou *atmosphériques*, et *substances terrestres* ou *minéraux proprement dits*.

M. de la Fosse nomme *gazolytes* les substances atmosphériques, il en forme sa première classe; et il partage ensuite les minéraux en trois autres classes : les *combustibles*, les *métaux* et les *pierres*. Ces trois classes correspondent parfaitement aux grandes divisions sous lesquelles les minéralogistes se sont de tout temps accordés, presque généralement, à classer les espèces minérales.

La première classe des minéraux comprend tous les combustibles non métalliques : ces substances n'ont l'aspect ni métallique ni pierreux; leur pesanteur spécifique, qui n'excède pas 3,5, est généralement très inférieure à ce nombre.

La seconde classe des minéraux réunit toutes les substances qui ne renferment ni terres ni acides; elle se compose des métaux proprement dits, soit libres, soit à l'état de combinaisons.

Ces substances ont naturellement l'éclat métallique, ou sont susceptibles de l'acquérir, soit à l'aide du poli, soit par la réduction en globules au moyen du chalumeau et des réactifs; elles ont généralement une densité considérable.

Enfin la troisième classe des minéraux (ou la quatrième de la méthode) comprend toutes les substances qui renferment un acide soit libre, soit combiné avec une base métallique, ce sont les acides et les sels. Les caractères distinctifs de ces substances sont de ne pas être combustibles et d'avoir un éclat différent de l'éclat métallique, ordinairement un aspect vitreux dans les cristaux, et terreux dans les masses non cristallisées : leur pesanteur spécifique est généralement au dessous de 5.

Ire CLASSE. GAZOLYTES.

Caractères. Corps formés d'élémens gazolytes, existant à l'état gazeux dans l'atmosphère, et persistant tous dans cet état aux températures ordinaires, l'eau exceptée.

Espèces.

Simples.	*Mélangées.*

Simples.

OXIGÈNE.

HYDROGÈNE.

AZOTE.

Mélangées.

AIR ATMOSPHÉRIQUE.

VAPEUR D'EAU.

ACIDE CARBONIQUE.

ACIDE SULFUREUX.

ACIDE HYDROCHLORIQUE.

ACIDE HYDROSULFURIQUE.

HYDROGÈNE PHOSPHORÉ.

HYDROGÈNE CARBONÉ (*grisou*).

IIe CLASSE. LES COMBUSTIBLES.

Caractères. Corps formés d'élémens gazolytes, sans éclat ni couleurs métalliques, combustibles, et brûlant le plus souvent avec flamme.

Espèces.

Les non acidifères.

NAPHTE OU PÉTROLE. Liquide, combustible avec fumée, sans résidu. P. S., 1,2.

RÉTINASPHALTE. Solide, couleur jaune brunâtre; combustion facile, avec odeur de créosote et fumée. P. S., 1,1.

DIAMANT. Carbone pur, le plus dur des corps; cristaux dérivant d'un octaèdre régulier; clivage parfait, égal; éclat vif. P. S., 3,5.

GRAPHITE. Structure feuilletée, solide; noir, tachant, et rougissant au feu; pierre noire à dessiner.

ANTHRACITE. Noir, éclat métalloïde, difficilement combustible, sans presque de fumée ni odeur. P. S , 1,8.

HOUILLE. Noire, avec un brillant légèrement métallique, quelquefois irisée, non liquéfiable, brûlant avec fumée, et laissant un résidu charbonneux très considérable. P. S., 1,3.

LIGNITE. Noir ou brun; structure ligneuse, que l'on fait toujours reparaître par la distillation lorsqu'elle n'est pas naturellement évidente; combustible sans boursouflement, avec fumée et odeur piquante. P. S., 1,5.

SOUFRE. Jaune, odeur particulière par combustion; crist. dérivant d'un octaèdre rhomboïdal à triangles scalènes; réfraction double. P. S., 1,8 à 2,0.

Succin. Couleur jaunâtre, transparent; acide succinique; texture vitreuse, électrique par frottement. P. S., 1,1.

Mellite. Couleur d'un jaune de miel passant au rouge; éclat gras; crist. dérivant de l'octaèdre à base carrée; clivage parallèle aux faces; tendre, demi-diaphane. P. S., 1,6.

IIIᵉ CLASSE. MÉTAUX.

Caractères. Corps renfermant ni terres ni acides, doués naturellement de l'éclat métallique, ou susceptibles de l'acquérir par le poli ou par les réductions, à l'aide du chalumeau et des réactifs; densité considérable, fréquemment opaque, même dans les cristaux; tous solides, le mercure excepté.

Iᵉʳ GENRE. MÉTAUX NATIFS.

Caractères. Opaques, à l'épaisseur d'un dixième de millimètre; éclat métallique; très dilatables, plus ou moins fusibles et oxidables par l'action de la chaleur.

Espèces.

Libres.

Arsenic. Couleur noire; éclat métallique, volatil avec odeur d'ail. P. S., 5,7.

Tellure. Éclat métallique, blanc; crist. à octaèdre régulier; structure laminaire.

Antimoine. Blanc; structure laminaire.

Mercure. Blanc, métallique, liquide.

Argent. Blanc, malléable; crist. dérivant de l'octaèdre. P. S., 10,4.

Fer. Magnétique, malléable.

Cuivre. Ductile, rougeâtre; crist. dérivant de l'octaèdre. P. S., 8,5.

Or. Petites paillettes jaunes qui sont des cubes ou des octaèdres.

Platine (*or blanc*). Couleur blanchâtre, sans forme déterminée.

Palladium. Blanc métallique argentin.

Alliés.

ÉLECTRUM. Or et argent combinés.

IRIDIUM OSMIURÉ. Combinaison d'iridium et d'osmiure.

2ᵉ GENRE. SULFURES.

Caractères. Éclat métallique plus ou moins prononcé; odeur de soufre par la chaleur, chauffés sans ou avec la limaille de fer.

Espèces.

SULFURE D'ARSENIC (*réalgar*) $= AsS^2$ (1). Rouge, volatil; crist. dérivant d'un prisme rhomboïdal, oblique. P. S., 3,6.

ORPIMENT. $= AsS^3$. Jaune d'or, volatil; structure laminaire dans un sens. P. S., 3,4.

SULFURE D'ANTIMOINE (*stibine*) $= SbS^3$. Crist. eu prismes allongés, dérivant d'un octaèdre rhomboïdal; clivage incomplet, très fusible; couleur noire; éclat métallique. P. S., 4,5.

SULFURE DE BISMUTH $= BiS^3$. Structure laminaire conduisant à un prisme rhomboïdal; couleur gris de plomb, fusible. P. S., 6,4.

SULFURE DE MERCURE (*cinabre*) $= Ms^2$. Crist. dérivant d'un rhomboïde aigu; couleur rouge pure; volatil. P. S., 10,2.

SULFURE D'ARGENT $= AgS^2$. Crist. dérivant du cube, couleur gris de plomb; malléable, fusible. P. S., 6,9.

SULFURE DE PLOMB (*galène*) $= PbS^2$. Cristaux dérivant du cube, couleur grise; éclat métallique; structure laminaire; clivage parfait. P. S., 7,6.

Pour exprimer la composition chimique des minéraux, nous employons les formules inventées par M. Berzelius. Dans ces formules, les substances sont ordinairement désignées par leurs lettres initiales : rarement on met les deux premières du nom. La potasse est représentée par K, la soude par Na, et l'eau par *aq.* Le chiffre placé au dessus de chaque lettre indique le nombre des atomes dont la substance est composée : quand il n'y a qu'un seul atome, on ne met pas le chiffre 1. Rendons tout ceci clair par un exemple.

$$CSi^3 + 3ASi^3 + 6aq$$

est la formule chimique de la stilbite. Elle montre que cette substance se compose d'un atome de silicate de chaux, plus trois atomes de silicate d'alumine, et qu'elle renferme, en outre, six atomes d'eau. Les chiffres supérieurs indiquent que chacun des atomes de silicate de chaux et de silicate d'alumine contient trois atomes de silice contre un de chaux et d'alumine.

Sulfure de zinc (*blende*) $= ZnS^2$. Crist. dérivant d'un octaèdre rhomboïdal, structure laminaire; couleur jaunâtre. P. S., 4,16.

Sulfure de manganèse. $= MnS^2$. Clivage indiquant un prisme rhomboïdal, grisâtre; poussière verdâtre. P. S., 4.

Sulfure de fer (*pyrite*) $= FeS^4$. Crist. dérivant du cube; cassure vitreuse. P. S., 4,7.

Pyrite jaune. Couleur jaune.

Pyrite blanche (*sperkise*) $=$ Couleur blanchâtre; cassure raboteuse.

Pyrite magnétique $= FeS^1 + 6FeS^2$. Magnétique; structure laminaire; clivage conduisant à un prisme rhomboïdal.

Sulfure de nickel $= NiS^2$. Crist. capillaires.

Sulfure de cuivre $= CuS$. Crist. dérivant d'un prisme hexaèdre régulier; texture grenue; éclat métallique, gris de plomb. P. S., 5.

Cuivre pyriteux $= 2\,FeS^2 + CuS^2$. Crist. dérivant de l'octaèdre; éclat métallique; couleur jaune; texture grenue; cassure raboteuse. P. S., 4,3.

3e GENRE. CHLORURES.

Caractères. Donnant du chlore, lorsqu'on les mélange avec le protoxide de manganèse, par l'action de l'acide sulfurique; réductibles à l'état métallique lorsqu'on les chauffe avec la soude.

Espèces.

Chlorure d'argent (*argent corné*) $= AgCh^2$. Translucide; éclat diamantaire; mou; cassure écailleuse; réductible par le feu. P. S., 4,7.

Chlorure de mercure (*calomel*) $= MCh^2$. Gris; éclat diamantaire; fragile; entièrement volatil.

Chlorure de cuivre (*atakamite*) $= Cu^2Ch + 2\,Aq$. Structure laminaire; couleur d'un vert pur foncé, colorant la flamme.

4e GENRE. OXIDES.

Caractères. Opaques, offrant l'éclat métallique ou l'acquérant par le poli, réductibles, avec plus ou moins de facilité, en métal à l'aide du charbon, et donnant, avec le borax, des verres de différentes couleurs, selon leur nature particulière.

Espèces.

OXIDE DE BISMUTH $=$ Bi². Pulvérulent ; couleur jaune vert ; facilement réductible. P. S., 4,3.

OXIDE DE PLOMB (*minium*) $=$ Pb³. Rouge, pulvérulent, facilement réductible en plomb.

OXIDE D'ÉTAIN $=$ Sn⁴. Crist. dérivant d'un octaèdre symétrique ; aspect lithoïde, dur, difficile à fondre. P. S., 6,9.

OXIDE DE TITANE. T⁴. *T. rutile*. Crist. dérivant d'un prisme droit à base carrée, couleur rougeâtre, infusible. P. S., 4. *T. anatase*. Crist. octaèdres à triangles isocèles ; structure laminaire ; raie le verre, infusible. P. S., 3,8.

OXIDE DE CHROME $=$ Ch³. Un peu siliceux ; couleur verte ; pulvérulent. P.S., 1,6.

OXIDES DE FER.

FER OLIGISTE. $=$ Fe⁴. Crist. dérivant d'un rhomboïde ; éclat métallique, couleur noire ou brun rouge ; poussière rouge. P. S., 5,2.

VARIÉTÉS : 1. *Compacte*, texture grenue ; 2. *Spéculaire*, texture et cassure vitreuses ; 3. *Hématite*, texture grenue ; structure fibreuse ; 4. *Sanguine*, texture grenue, terreuse ; couleur rouge.

FER HYDRATÉ (*limonite*) $=$ Fe²aq. Brun, poussière jaune ; variétés : *fibreux, compacte, granuleux*.

OXIDULE DE FER (*aimant*) $=$ Fe² $+$ ²Fe³. Crist. dérivant de l'octaèdre régulier ; éclat métallique ; poussière noire ; magnétique. P.S., 4,9.

FER CHROMÉ $=$ Chromite de fer, noirâtre, colorant le borax en vert. P. S., 4.

OXIDES DE MANGANÈSE.

— MÉTALLOÏDE (*suroxidé*) $=$ Mn⁴. Crist. dérivant d'un prisme droit rhomboïdal ; éclat gris-noirâtre, métallique ; poussière noire. P. S., 4,7.

MANGANÈSE TERNE (*oxidé hydraté*) $=$ Mn²aq. Crist. dérivant d'un prisme droit symétrique ; aspect terreux ; poussière brune.

MANGANÈSE LITHOÏDE (*manganèse silicaté*) $=$ MnSi². Texture compacte ; dur ; couleur rosâtre passant au brun.

OXIDE DE COBALT $=$ Texture et aspect terreux, noir bleuâtre, colorant le verre en bleu. P. S., 2,4.

OXIDES DE CUIVRE.

— ROUGE (*cuivre oxidulé*). Crist. dérivant de l'octaèdre, couleur rouge ; éclat métallique.

— NOIR (*cuivre oxidé*) $=$ Cu'. Couleur noirâtre; texture terreuse; colorant l'ammoniaque en bleu.

IV⁰ CLASSE. PIERRES OU SUBSTANCES ACIDIFÈRES.

(*Acides et Sels.*)

Caractères. Non combustibles, n'offrant point le brillant métallique, mais un éclat vitreux dans les cristaux et un aspect terreux ou lithoïde dans les masses non cristallines; transparens quand ils sont cristallisés et purs; réductibles, avec plus ou moins de facilité, en globules métalliques lorsque leur base est un métal proprement dit.

1ᵉʳ GENRE. ACIDES.

Espèces.

ACIDE SILICIQUE OU SILICE.

— QUARZ HYALIN. Cristaux prismatiques et rhomboïdaux dérivant d'un rhomboïde obtus; clivage égal, imparfait; réfraction double.

— QUARZ AGATE. Texture compacte, pâte fine, cassure cireuse, translucide; couleurs vives.

— SILEX. Texture compacte; cassure conchoïde, écailleuse, translucide; couleurs ternes.

— JASPE. Texture compacte, pâte fine, opaque, couleurs vives.

— OPALE. Translucide, laiteux, reflets irisés.

— RÉSINITE. Presque opaque, couleurs variées.

— MÉNILITE. Presque opaque, brun.

ACIDE ALUMINIQUE (*alumine*).

— CORINDON. Crist. rhomboïdaux, prismatiques ou dodécaèdres bipyramidaux, dérivant d'un rhomboïde; clivage parfait; la plus dure de toutes les pierres; infusible, couleurs variées. P. S., 4,5.

— ÉMERI. Texture granulaire.

Appendice.

Eau, ou acide hydrique.

2ᵉ GENRE. HYDRATES TERREUX.

Caractères. Donnant de l'eau par la calcination dans un tube fermé, et laissant pour résidu une base terreuse.

Espèces.

HYDRATE D'ALUMINE (*diaspore*). Pétillant au feu. Aąq.

HYDRATE DE MAGNÉSIE (*brucite*) $=$ Máq. Translucide; structure laminaire; éclat nacré. P. S., 2,13.

3ᵉ GENRE. CHLORURES (*ou hydrochlorates*).

Caractères. Corps solubles dans l'eau, et donnant du chlore avec l'acide sulfurique concentré et le peroxide de manganèse.

Espèces.

CHLORURE DE SODIUM (*sel marin*). Crist. dérivant du cube; saveur salée, décrépite au feu. P. S., 2,5.

HYDROCHLORATE D'AMMONIAQUE (*sel ammoniac*). Crist. dérivant de l'octaèdre, couleur gris de perle; translucide, donnant de l'ammoniaque par la chaux, volatil au chalumeau.

4ᵉ GENRE. FLUORURES.

Caractères. Corps solides, donnant par l'action de l'acide sulfurique une vapeur blanche qui corrode le verre.

Espèces.

FLUORURE DE CALCIUM (*spath-fluor*) $=$ CaF. Crist. dérivant d'un octaèdre régulier; clivage complet, parfait, raie le calcaire. P. S., 3,0.

FLUORURE DE SODIUM ET D'ALUMINIUM (*cryolithe*). Structure laminaire conduisant à un parallélipipède rectangulaire; très fusible, insoluble.

5ᵉ GENRE. SULFATES.

Caractères. Corps solides, dégageant l'odeur d'hydrogène sulfuré, lorsqu'après les avoir chauffés avec un mélange de soude et de charbon, on verse quelques gouttes d'acide sur la masse fondue.

Espèces.

(a) *À bases terreuses.*

SULFATE DE CHAUX (*karstenite*) $=$ CaS³. Crist. dérivant d'un prisme droit à base rectangulaire; raie le gypse, ne blanchit pas au feu. P. S., 3.

SULFATE DE CHAUX HYDRATÉ (*gypse*) $=$ CaS³ $+$ 2 *aq*. Cristaux comprimés, dérivant d'un prisme droit à base parallélogrammique; clivage complet, parfait dans un sens, imparfait dans l'autre; tendre, blanchit par le feu. P. S., 2,3.

SULFATE DE STRONTIANE (*célestine*) $= SrS^3$. Crist. dérivant d'un prisme droit à base rhomboïdale; fusible. P. S. 3,9.

SULFATE DE BARYTE (*barytine*) $= BaS^3$. Crist. dérivant d'un prisme droit à base rhomboïdale; clivage complet, parfait. P. S., 4,4.

SULFATE DE MAGNÉSIE (*epsomite*) $= MS^3 + 5\ aq$. Crist. dérivant d'un prisme droit à base carrée; très soluble, très sapide; saveur amère.

SULFATE D'ALUMINE ET DE POTASSE (*alunite*) $= NS + 15AS + 3\ aq$. Crist. dérivant d'un rhomboïde aigu; non dissoluble, raie le calcaire. P. S., 2,7.

(b) *A bases métalliques.*

SULFATE DE PLOMB $= PbS^3$. Crist. dérivant d'un octaèdre rectangulaire; aspect lithoïde; cassure et éclat vitreux. P. S., 6,3.

SULFATE DE FER (*couperose*) $= FeS^3 + 7\ aq$. Crist. dérivant d'un rhomboïde aigu, verdâtre, dissoluble.

SULFATE DE CUIVRE $= CuS^3 + 5\ aq$. Crist. dérivant d'un parallélipipède obliquangle; couleur bleue, dissoluble.

6ᵉ GENRE. NITRATES.

Caractères. Solubles dans l'eau, rutilans, lorsqu'étant mêlés à la limaille de cuivre, on les traite par l'acide sulfurique; fusant sur les charbons incandescens.

Espèce.

NITRATE DE POTASSE (*salpêtre*) $= KN^3 + aq$. Crist. prismatiques hexaèdres; saveur fraîche.

7ᵉ GENRE. CARBONATES.

Caractères. Corps solides, solubles dans les acides, avec effervescence due au dégagement de l'acide carbonique.

Espèces.

(a) *A bases terreuses.*

CARBONATES DE CHAUX (*calcaire*) $= CaC^3$. Crist. rhomboïdaux, prismatiques, dodécaèdres, bipyramidaux, à triangles scalènes et à triangles isocèles, dérivant d'un rhomboïde de 105°,5; clivage complet, facile, parfait; réfraction double. P. S., 2,7.

VARIÉTÉS. *Spathique*, cristallisé confusément, *saccharoïde*; texture grenue.

— *Aragonite* $= CaC^2$. Crist. prismatiques, ou dodécaèdres, pyramidaux, dérivant d'un octaèdre rectangulaire; clivage incomplet; cassure raboteuse; raie le calcaire; réfraction double. P. S., 2,9.

CARBONATE DE MAGNÉSIE (*giobertite*) $= MC^2$. Texture terreuse; effervescent, infusible; se ramollit dans l'eau. P. S., 2,45.

CARBONATE DOUBLE DE CHAUX ET DE MAGNÉSIE (*dolomie*) $= CaC + MC^2$. Cristaux rhomboïdaux; clivage complet, parfait; raie le calcaire; effervescence lente avec l'acide nitrique. P. S., 2,9.

CARBONATE DE STRONTIANE (*strontianite*) $= SrC^2$. Cristaux rhomboïdaux. P. S., 3,7.

CARBONATE DE BARYTE $= BaC^2$. Crist. dérivant d'un rhombe; fusible. P. S., 4,3.

CARBONATE DE SOUDE (*natron*) $= NaC^2 + 10\,aq$. Saveur urineuse, dissoluble, effervescent; crist. dérivant d'un octaèdre rhomboïdal.

(*S*) *A bases métalliques.*

CARBONATE DE ZINC (*calamine*) $= ZnC^2$. Crist. dérivant d'un rhomboïde obtus; aspect lithoïde; dissoluble avec effervescence dans l'acide nitrique. P. S., 4,3.

CARBONATE DE FER (*fer spathique*) $= FeC^2$. Cristaux dérivant d'un rhomboïde, se colorant par l'air ou par le feu. P. S., 3,7.

CARBONATES DE CUIVRE.

AZURITE $= Cu\,aq + 2\,CuC^2$. Crist. dérivant d'un prisme rhomboïde oblique, couleur bleu d'azur. P. S., 3,6.

— MALACHITE $= 2\,CuC + aq$. Crist. dérivant d'un prisme droit, couleur d'un beau vert; structure fibreuse. P. S., 3,5.

CARBONATE DE PLOMB $= PC^2$. Crist. dérivant d'un octaèdre rectangulaire; aspect lithoïde; éclat diamantaire. P. S., 6,5.

8e GENRE. BORATES.

Caractères. Corps solides, décomposables par l'acide nitrique, en laissant un résidu qui a la propriété de se dissoudre dans l'alcool et d'en colorer la flamme en vert.

Espèces.

BORATE DE MAGNÉSIE (*boracite*) = MB⁴. Crist. dérivant du cube; plus dur que l'acier, pyro-électrique. P. S., 2,7.

BORATE DE SOUDE (*borax*) = NaB 8 + 11 *aq*. Crist. dérivant d'un prisme rectangulaire oblique, fusible.

9ᵉ GENRE. SILICATES.

Caractères. Solides, déposant la silice sous forme de gelée, quand, étant fondus avec le carbonate de potasse, on les dissout dans un acide, et qu'on évapore ensuite la dissolution.

Espèces.

(a) *A bases terreuses prédominantes.*

SILICATE DE ZIRCONE (*zircon*) = ZrS². Crist. prismatiques, dérivant d'un prisme à base carrée, ou d'un octaèdre à triangles isocèles; réf. double. P. S., 4,4.

— STAUROTIDE = 6A³S + f2S. Crist. souvent croisés, dérivant d'un prisme à base rhomboïdale ; dureté supérieure au quarz. P. S., 3,3.

— ANDALOUSITE (*macle*). Crist. dérivant d'un prisme quadrangulaire ; deux clivages parallèles aux faces du prisme, et d'autres obliques. Les cristaux se pénétrent souvent en croix. La couleur est le bleu grisâtre ou légèrement jaunâtre. Fond difficilement au chalumeau, raie le verre. P. S., 3.

— PINITE = A³S. Crist. prismatiques dérivant d'un prisme hexaèdre régulier; poussière onctueuse. P. S., 2,92.

— DISTHÈNE = AS. Crist. prismatiques dérivant d'un prisme oblique, très dur. P. S., 3,3.

SILICATES ALUMINEUX DE GLUCYNE.

— ÉMERAUDE. Vert pur coloré par le chrome; crist. dérivant d'un prisme hexaèdre régulier; cassure transversale vitreuse, plus dure que le quarz. P. S., 2,75.

— AIGUE-MARINE. Vert-d'eau coloré par le fer.

— EUCLASE = GS + 2AS. Crist. prismatiques dérivant d'un prisme droit à base rectangulaire ; clivage complet, parallèle à l'axe, facile. P. S., 3.

SILICATES ALUMINEUX DE CHAUX, etc.

— GRENAT. Crist. dérivant d'un dodécaèdre rhomboïdal. Couleurs variées, orange brun dominant; plus dur que le quarz. P. S., 3,5 à 4.

— AMPHIGÈNE $= KS^3 + 3AS^3$. Crist. dodécaèdres, rhomboïdal, dérivant du cube ou du rhombe; raie le verre, infusible. P. S., 2,5.

— ANALCIME $= NS^3 + CS^3 + 9AS^3 + 16$ $aq.$ Crist. dérivant du cube; raie le verre. P. S., 2.

— SODALITE $= NS^3 + 2AS$. Crist. dérivant d'un dodécaèdre rhomboïdal; raie le verre, gelée dans les acides. P. S., 2,4.

— MICA. Potasse, alumine, magnésie et fer silicatés. Crist. dérivant d'un prisme droit à base rhomboïdale; éclat vif; lames très minces, flexibles, élastiques; tendre, fusible. P. S., 2,8.

— CHLORITE. A peu près mêmes substances composantes; couleur verdâtre, tendre; texture écailleuse ou terreuse; poussière onctueuse; fusible.

— NÉPHÉLINE. Crist. dérivant d'un prisme hexaèdre très court, plus dur que le verre; un peu fusible. P. S., 3,3.

— CHABASIE $= CS^3 + 3AS^3 + 6$ $aq.$ Crist. dérivant d'un rhomboïde voisin du cube; fusible. P. S., 2,7.

— HARMOTOME $= BS^4 + 4AS^3 + 7$ $aq.$ Crist. dérivant d'un octaèdre à triangles isocèles, souvent agrégés en croix. P. S., 2,3; fusible.

— STILBITE $= CS^3 + 3AS^3 + 6$ $aq.$ Crist. tabulaires, flabelliformes, nacrés, dérivant d'un prisme droit rectangulaire; fusible avec boursouflement. P. S., 2,5.

— ÉPIDOTE $= CS + 2AS$. Crist. prismat. dérivant d'un prisme droit à base parallélogramme obliquangle; raie le verre, fusible. P. S., 3,4.

— MÉSOTYPE $= NS^3 + 3AS + 2aq.$ Crist. en prisme à quatre pans, dérivant d'un prisme droit à base rhomboïdale; fusible avec bouillonnement; gelée dans les acides. P. S., 2.

— FELDSPATH (*orthose*) $= KS^3 + 3AS^3$. Crist. prismat. à base ou arête terminale oblique; fusible, raie le verre. P. S., 2,6.

— FELDSPATH (*albite*) $= NS^3 + 3AS^3$. Structure laminaire; clivage conduisant à un parallélipipède irrégulier, oblique, à base rhomboïdale; plus dur que le précédent. P. S., 2,7.

— Feldspath (*labrador*) = NS³ + 3CS³ + 12 AS. Structure laminaire ; clivage indiquant un parallélipipède, obliquangle, moins dur que l'orthose ; peu fusible, décomposé par l'acide muriatique concentré. P. S., 2,7.

— Jade. Texture compacte ; éclat gras ; fusible, tenace, plus dur que le quarz. P. S. 3.

Silicates magnésiens.

— Péridot = 4MS + FS. Crist. primat. dérivant d'un prisme droit à base rectangulaire ; clivage imparfait ; cassure conchoïde ; éclat vitreux ; réf. double ; raie le verre. P. S., 3,4.

— Talc = 2MS³ + *aq.* Syst. crist. conduisant à un prisme droit à base rhomboïdale ; poussière douce et savonneuse ; fusible. P. S., 2,8.

Trois variétés.

— 1. *Laminaire*, en lames.

— 2. *Stéatite*. Compacte, jaunâtre.

— 3. *Serpentine*. Compacte, vert.

— Magnésite = MS³ + 5*aq.* Aspect terreux ; infusible, solide ; se ramollit dans l'eau.

Silicates de chaux, etc.

— Pyroxène = CS³ + MS³. Crist. à arête terminale inclinée sur l'axe, dérivant d'un prisme oblique à base rhomboïdale ; clivage peu net ; réf. double. P. S. 3,3.

— Augite = CS³ + MS³ + FS³. Syst. cristallin du pyroxène, noir ou vert très foncé ; cristaux courts, texture presque vitreuse.

— Diallage = 3MS² + FS³. Lames rhomboïdales, brillantes sur les bases, ternes sur les bords, conduisant à un prisme oblique rectangulaire ; fusible, rayée par le verre. P. S., 3.

— Hyperstène = MS³ + FS³. Structure laminaire, conduisant à un prisme droit rhomboïdal, plus dur que le verre. P. S., 3,4.

— Amphibole. Chaux, magnésie, alumine et fer sursilicatés. Crist. dérivant d'un prisme rhomboïdal ; clivage parfait, parallèle aux pans ; plus dure que le verre ; couleur noire ou verdâtre. P. S., 3,5.

— Grammatite = CS³ + 3MS². Crist. prism. dérivant d'un prisme oblique rhomboïdal ; clivage parallèle aux pans ; plus dure que le verre ; couleur blanche grise ou vert pur.

Deux variétés : 1. *Actinote*. Prismes allongés, rarement terminés ; éclat vitreux. 2. *Asbeste*. Filamens flexibles.

SILICATES AVEC FLUORURES.

— TOPAZE $= A^3Fl + 3AS$. Crist. prismat. dérivant d'un octaèdre rectangulaire ou d'un prisme droit rhomboïdal ; clivage perpendiculaire à l'axe, très net, électrisable par frottement et chaleur ; plus dure que le quarz. P. S., 3,5.

SILICATES D'ALUMINE, DE FER, etc.

— TOURMALINE. Crist. prismatiques dérivant d'un rhomboïde obtus ; éclat vitreux ; plus dure que le quarz ; clivage imparfait ; pyro-électrique. P. S., 3,ŏ.

— AXINITE $= CS^2 + FS^2 + 5AS^2$. Prisme rhomboïdal terminé par une base oblique non symétrique. Faces striées parallèlement aux arêtes du prisme ; éclat vitreux, couleur rouge brun ou violâtre ; pyro-électrique. P. S., 3,3.

10ᵉ GENRE. ALUMINATES.

Caractères. Corps solides, donnant, après avoir été fondus avec la soude, dissous dans un acide et traités par l'ammoniaque, un précipité gélatineux, soluble dans la potasse caustique.

Espèces.

ALUMINATE DE MAGNÉSIE (*spinelle*) $= MA^6$. Crist. dérivant d'un octaèdre régulier ; plus dur que le quarz, infusible. P. S., 3,7.

Deux variétés.

— 1. *Rubis*, rougi par l'acide chromique.

— 2. *Pléonaste*, bleuâtre, noirâtre ou violâtre, par l'oxide de fer.

ALUMINATE DE PLOMB (*plomb gomme*) $= Pb^2Al^2 + 3aq$. Jaunâtre, aspect gommeux ; texture compacte, plus dure que le fluor.

11ᵉ GENRE. TUNGSTATES.

Caractères. Corps solides, donnant, par la fusion avec la soude, une matière soluble dans l'eau, dont la dissolution précipite, par l'acide nitrique, une poudre qui devient jaune quand on fait bouillir la liqueur.

Espèces.

TUNGSTATE DE CHAUX (*schéelite*) $= CW^2$. Crist. octaèdres dérivant d'un octaèdre aigu à triangles isocèles. P. S., 6.

— TUNGSTATE DE FER ET DE MANGANÈSE (*wolfran*) $= MnW^2 + 3FeW^2$. Crist. dérivant d'un prisme droit à base rectangulaire ; structure laminaire ; couleur noire ; éclat métallique ; infusible. P. S., 7,3.

Telles sont les espèces minérales dont la connaissance est tout à fait indispensable pour l'étude de la géologie. Nous allons maintenant décrire les roches, les grandes masses que ces espèces forment, soit en prenant séparément un développement considérable, soit en se réunissant entre elles de différentes manières.

CLASSIFICATION DES ROCHES.

§ 36. Nous ne pouvons pas baser la classification des grandes masses minérales sur les mêmes principes que celle des espèces oryctognostiques, et cela se conçoit parfaitement, puisque ces masses sont souvent composées de la réunion de ces mêmes espèces.

Notre but, en classant minéralogiquement les roches, n'est point de conserver les rapports naturels qui existent entre elles, c'est celui de leur classification géognostique, mais bien de donner des moyens pour les reconnaître facilement dans quelque position qu'on les rencontre. La classification minéralogique des roches doit être bien distinguée de leur classification géognostique : la première est un système, une méthode artificielle pour faciliter l'étude ; la seconde, au contraire, est la méthode naturelle ; on y décrit la manière dont les roches se présentent dans la nature et les diverses relations qui existent entre elles.

De toutes les classifications proposées, la plus simple est celle de M. Brongniart [1], que nous adopterons, en y faisant néanmoins quelques modifications ; nous supprimerons surtout beaucoup d'espèces, qui ne sont réellement pas des roches, dans l'acception rigoureuse de la définition que nous avons donnée de ce terme, § 34.

M. Brongniart divise toutes les roches en deux grandes classes, d'après leur structure.

Iʳᵉ CLASSE. *Roches homogènes ou simples.* Masses minérales dans lesquelles on ne distingue à l'œil nu qu'une seule

---

[1] Classification et caractères minéralogiques des Roches. Paris, 1827.

matière composante, abstraction faite, bien entendu, des minéraux qui s'y trouvent engagés de diverses manières.

IIe CLASSE. *Roches hétérogènes ou composées.* Mélanges naturels, fréquens, constans et en masses très étendues, de minéraux appartenant soit à des espèces rigoureusement déterminées, soit à des espèces imparfaites, qui ne peuvent être rapportées à aucune des premières.

Ces deux classes de roches ne sont point séparées dans la nature comme dans une collection; au contraire, elles sont intimement liées l'une à l'autre par des passages insensibles. Il existe beaucoup de masses composées de parties homogènes et de parties hétérogènes; on voit aussi souvent des roches homogènes intercalées au milieu de roches hétérogènes, *et vice versâ.*

Ire CLASSE. ROCHES HOMOGÈNES.

§ 37. Parmi les roches homogènes, les unes peuvent se rapporter à des espèces minérales connues; les autres ne peuvent se rapporter avec certitude à aucune espèce minérale : de là, deux ordres dans cette classe, que Haüy a désignés par les noms de *phanérogènes* et d'*adélogènes.*

ORDRE 1er. ROCHES PHANÉROGÈNES.

Dans le plus grand nombre des cas, elles doivent porter le nom des espèces minérales dont elles sont une variété; dans quelques cas, cependant, on peut leur donner un nom particulier, dérivant de celui de l'espèce, et qui indique que l'on considère cette espèce comme roche : elles sont caractérisées essentiellement comme les espèces minérales aux-quelles elles appartiennent.

Minéraux combustibles.

1. HOUILLE. Noir solide, combustible, avec fumée, odeur bitumineuse.

Deux variétés :

H. *schistoïde.* Structure schistoïde.

H. *compacte.* Texture compacte.

2. A*nthracite*. Noir; éclat métalloïde; difficilement combustible, sans presque de fumée ni d'odeur.

Trois variétés :

A. schistoïde. Structure schistoïde.

A. compacte. Texture compacte.

A. piciforme. Aspect résineux.

3. L*ignite* (*braunkohle*). Noir ou brun; structure ligneuse, qu'on fait presque toujours reparaître par la distillation quand elle n'est pas évidente; combustible avec fumée et odeur très piquante.

Deux variétés :

L. schistoïde. Structure schistoïde.

L. piciforme. Aspect résineux.

Minéraux fusibles.

4. T*alc.* Structure schistoïde ou texture sublamellaire; toucher onctueux; éclat souvent soyeux.

On peut distinguer trois variétés principales de cette espèce :

T. laminaire.

T. fibreux.

T. endurci.

5. P*yroxène* l*herzolithe*. Dur; texture sublamellaire; couleur verdâtre; fusible en scorie noirâtre.

6. E*urite.* L'eurite est de l'orthose, ou feldspath compacte, presque pur; ses couleurs varient : il est blanchâtre, gris, rose, brun, verdâtre, etc.; sa texture est très compacte ou légèrement grenue, il prend des cristaux et passe au porphyre.

Cette espèce comprend tous les pétrosilex (hornstein) des anciens minéralogistes.

Nous en distinguerons quatre variétés principales :

E. compacte. Texture compacte, schistoïde ou non schistoïde, la sous-variété schistoïde, très commune dans les terrains volcaniques modernes, a reçu le nom de phonolithe (klingstein), parce qu'elle a la propriété de sonner sous le marteau.

E. grenu. Texture grenue.

E. agatoïde. Ayant l'aspect de l'agate.

E. jaspoïde. Offrant des nuances rubanées comme le jaspe.

7. A*mphibolite*. L'amphibole presque pur forme des roches reconnaissables à leur couleur vert noirâtre, et leur texture lamellaire; elles sont dures, tenaces et fondent en émail noir.

8. GYPSE. Tendre, non effervescent ; perd son eau par la chaleur et donne du plâtre ; chaux hydrosulfatée.

Trois variétés :

G. saccharoïde. Cristallin ; texture lamellaire ou grenue.

G. fibreux. Texture fibreuse ou lamellaire.

G. grossier. Aspect grossier ; texture compacte ou sublamellaire.

9. KARSTÉNITE. Chaux sulfatée sans eau ; moins tendre que le gypse, ne donnant ni plâtre, ni eau par la chaleur.

10. CÉLESTINE. Strontiane sulfatée ; texture fibreuse, plus dure que le calcaire, fusible, non effervescente.

11. BARYTINE. Baryte sulfatée, très pesante, non effervescente.

Deux variétés :

B. lamellaire. Structure lamellaire.

B. compacte. Texture compacte.

Minéraux frittés.

Les carbonates donnent tous une effervescence plus ou moins vive dans l'acide nitrique.

12. CALCAIRE. Chaux carbonatée ; dureté moyenne ; rayé par l'acier ; effervescence vive dans l'acide nitrique ; donnant de la chaux par la chaleur. P. S., 2,7.

On distingue un grand nombre de variétés de cette espèce dont nous ne citerons que les principales.

C. spathique. Cristallisé confusément.

C. lamellaire (marbre statuaire de Paros). Texture lamellaire ; couleur blanche ou grisâtre.

C. saccharoïde (marbre statuaire de Carrare). Texture grenue ; cristalline ; couleur blanche, grise ou veinée.

C. concrétionné (travertin). Structure concrétionnée en grand, texture compacte, à grains fins, celluleuse.

C. marbre. Texture compacte, principalement à grains fins, polissable ; cassure conchoïde, écailleuse ; couleurs variées, vives ; des veines de calcaire spathique.

C. compacte. Texture compacte à grains fins, non ou peu polissable ; cassure ou conchoïde, ou inégale, écailleuse ; couleurs très variées.

C. sublamellaire. Texture compacte, avec quelques parties lamellaires, quelques veines spathiques ; couleurs variées.

C. oolitique (oolite). Composé de petits globules plus ou moins gros ; cassure droite; couleurs variées.

C. oolite miliaire. De la grosseur des grains de millet.

C. oolite cannabine. De la grosseur de la semence du chanvre.

C. oolite. Noduleuse, depuis la grosseur d'un pois jusqu'à celle d'un œuf.

C. craie. Texture terreuse, à grains fins, friable; couleur blanche, grisâtre ou jaunâtre pâle. — *Craie blanche.* Blanche, grains fins, texture serrée. — *Craie tufau.* Grise, grains moins fins; texture lâche, quelques lamelles de mica.

C. grossier. Texture terreuse, à grains grossiers, souvent lâches; cassure droite, raboteuse; couleur jaunâtre pâle et sale.

C. marneux. Texture à grains fins plus ou moins serrés, cohésion variable; se désagrégeant facilement par les météores atmosphériques, couleurs et cassure très variables.

C. siliceux. Texture compacte, grains variables, demi-dur, rayant l'acier et se laissant rayer; résidu siliceux par la dissolution dans l'acide nitrique; couleur grisâtre ou jaunâtre sale.

13. GIOBERTITE. Carbonate de magnésie blanchâtre; texture compacte, fine, demi-dure, opaque.

14. DOLOMIE. Carbonate de chaux et de magnésie; texture lamellaire, cristalline, grenue ou compacte; plus dure que le calcaire, lentement effervescente dans l'acide nitrique.

Trois variétés :

D. granulaire. Texture grenue; couleur blanche, jaunâtre ou brunâtre.

D. compacte. Texture compacte, fine; cassure conchoïde.

D. ferrugineuse. Couleur brune; structure lamellaire, composée de dolomie, d'un peu de manganèse, et de $^1/_4$ de fer oligiste; en masse dans le terrain subatlantique d'Oran (Afrique). L'analyse faite par M. Leplay conduit à la formule

$$CaC' + \left.\begin{matrix} Mg \\ Mn \end{matrix}\right\} C'.$$

15. MAGNÉSITE. Magnésie hydrosilicatée ; texture compacte, fine, demi-dure, opaque ou translucide, donnant de l'eau par la chaleur.

Deux variétés :

M. plastique. Faisant pâte avec l'eau.

V. schistoïde. Structure schistoïde.

16. SEL GEMME (sel marin rupestre). Même composition que le sel ordinaire. Couleurs variées ; saveur salée, agréable ; se dissolvant dans l'eau.

Minéraux infusibles.

Les quarz.

17. QUARZITE. Quarz en roche, grès quarzeux ; texture sublamellaire ou grenue, dense, translucide, dur ; cassure raboteuse, subvitreuse dans ses parties.

18. GRÈS. Texture essentiellement grenue, lâche ou serrée ; dur, faiblement translucide.

Quatre variétés :

G. lustré. Texture dense, offrant un léger éclat.

G. blanc. Blanchâtre ; texture grenue, lâche.

G. rougeâtre. Rougeâtre ; texture grenue, variable.

G. bigarré. Couleurs variables avec des taches ; texture grenue.

19. SILEX MEULIÈRE. Cassure droite ; texture caverneuse ou cellulaire ; couleurs blanchâtre, jaunâtre, rougeâtre, pâles et ternes : c'est la pierre des meules de moulin.

20. SILEX CORNÉ. Éclat mat ; texture dense ; cassure cireuse.

21. SILEX PYROMAQUE. Texture compacte ; cassure conchoïde, écailleuse, translucide ; couleurs ternes.

22. JASPE. Éclat mat ; texture fine et dense, opaque ; couleurs vives, ordinairement rubanées.

ORDRE 2°. ROCHES AGRÉGOGÈNES.

La composition de ces roches est cachée pour l'œil ; leur base ne se rapporte pas à des espèces minérales proprement dites, et leur formation est due, en tout ou en partie, à la réunion de plusieurs particules minérales. M. Brongniart fait dans cet ordre deux divisions : *roches terreuses tendres*; *roches terreuses dures.*

1re division. *Roches terreuses tendres.*

23. KAOLIN. Alumine, silice et eau ; aspect terreux ; texture lâche, friable ; blanc, faisant une pâte courte avec l'eau, infusible : c'est la terre à porcelaine.

24. ARGILOLITE. Texture terreuse, lâche ; structure massive, rude au toucher, presque infusible. Ces deux espèces paraissent

provenir de la décomposition des roches feldspathiques : l'argilolite n'est qu'un kaolin impur.

25. ARGILE. Alumine, silice et eau ; texture terreuse, serrée, solide, tendre, faisant pâte avec l'eau, non effervescente. Cette espèce ne diffère probablement des deux précédentes que parce qu'elle n'a pas la même origine.

Trois variétés :

A. plastique. Terre de potier, douce au toucher ; pâte tenace avec l'eau, infusible.

A. smectique (terre à foulon). Douce au toucher, très désagréable par l'eau ; pâte courte, fusible.

A. schisteuse. Structure schisteuse, solide ; pâte courte avec l'eau.

26. MARNE. Combinaison d'argile et de calcaire, par conséquent effervescente, solide ou friable ; aspect terreux ; texture lâche ; pâte avec l'eau, fusible.

Trois variétés :

M. calcaire, quand le calcaire domine.

M. argileuse, quand l'argile domine.

M. siliceuse, quand elle contient une certaine quantité de silice.

27. OCRE. Combinaison d'argile et d'oxide de fer. Texture et aspect terreux ; couleurs variées ; délayable dans l'eau ; pâte courte ; rougissant au feu. Suivant la couleur, on en distingue trois variétés :

O. rouge.

O. jaune.

O. brune (terre de Sienne, terre d'ombre).

28. SCHISTE. Structure essentiellement feuilletée ; texture terreuse, terne ; ne se délayant pas dans l'eau.

Six variétés principales :

S. luisant, aspect métallique.

S. ardoisé. Semblable à l'ardoise dont on couvre les maisons.

S. coticule (pierre à rasoir).

S. argileux (thonschiefer). A base d'argile.

S. bitumineux (brandschiefer). Imprégné de bitume.

S. marneux. Faisant effervescence dans l'acide nitrique.

29. AMPÉLITE. Structure feuilletée, solide ; noir, tachant, rougissant par le feu.

Deux variétés :

A. alumineux. Renfermant beaucoup d'alumine.

A. graphique. Pierre noire à dessiner.

3o. Vake. Texture terreuse; structure massive, tendre, facile à casser, fusible en émail noir.

31. Aphanite. Couleur noire, brune ou verdâtre foncé; texture terreuse, presque compacte; cassure inégale ou largement conchoïde; structure fragmentaire, dont les parties sont ordinairement rhomboédriques, fusible en émail noir.

L'*aphanite* est un composé d'amphibole et de feldspath, à l'état compacte, mélangé d'une certaine quantité de talc qui le rend un peu tendre : en perdant son talc, il se granule et passe au diorite; il perd aussi quelquefois son amphibole en même temps, et passe à l'eurite grenu. On a nommé *trapps* beaucoup d'eurites grenus, noirâtres, qui ne sont réellement que des variétés de cette espèce; quand l'aphanite devient grenu, il raie le verre.

2e *division. Roches terreuses dures. Toutes les roches de cette division raient le verre.*

32. Basalte. Composé de pyroxène et d'un peu de feldspath ; noir; texture sublamellaire, grenue, presque compacte; structure massive, difficile à casser, fusible en émail noir; renfermant presque toujours des cristaux de pyroxène et d'olivine dans son intérieur. Les masses basaltiques sont ordinairement divisées en prismes irréguliers (roches prismatiques noires de l'Auvergne et du Vivarais).

33. Dolérite. Ressemblant beaucoup au basalte, dont elle ne paraît différer que parce qu'elle renferme une plus grande quantité de feldspath. Dans cette espèce, le feldspath et le pyroxène y sont à peu près en parties égales; les dolérites et les basaltes se trouvent dans les mêmes circonstances géognostiques, et renferment les mêmes minéraux (roche du Kaiserstuhl, du volcan de Beaulieu, en Provence, etc.)

34. Diorite. Composé essentiellement d'amphibole et de feldspath compactes, également disséminés; structure compacte ou grenue; cassure inégale, très difficile à déterminer. Quand dans le diorite les élémens deviennent distincts, c'est alors une roche composée. Cette espèce a beaucoup d'analogie avec les deux précédentes.

Deux variétés :

D. lamellaire. Structure lamellaire.

D. schistoïde. Structure schisteuse. (Roches vertes dures de la partie méridionale des Vosges, et presque toutes les roches verdâtres associées avec les eurites et les porphyres.)

35. RÉTINITE. Silice, alumine, alcali et eau (pechstein); texture et éclat résineux ; tendre, très fusible, donnant de l'eau par la chaleur (en masse dans les terrains volcaniques).

36. PHTANITE (*kieselschiefer, jaspe schisteux*). Noir opaque; texture compacte; cassure à surface terne, droite ou conchoïde; structure souvent schistoïde; plus dur que l'acier, infusible, veiné de quarz blanc.

N. B. Je supprime l'espèce roses de M. Brongniart, parce que ce n'est point une roche proprement dite, mais bien un état celluleux et filamenteux, sous lequel plusieurs espèces de roches feldspathiques, et particulièrement celles des volcans modernes, peuvent se présenter.

IIᵉ CLASSE. ROCHES HÉTÉROGÈNES.

§ 38. Mélanges naturels, fréquens, constans et en masses étendues, des minéraux appartenant soit à des espèces rigoureusement déterminées, soit à des espèces imparfaites, qui ne peuvent être rapportées à aucune des premières.

Pour former cette classe de roches, les minéraux se sont réunis de deux manières : 1° par voie de cristallisation totale ou partielle, mais dominante; 2° par voie d'agrégation mécanique.

De là deux ordres : *roches de cristallisation* et *roches d'agrégation.*

ORDRE Iᵉʳ. ROCHES DE CRISTALLISATION.

Ces roches ont été formées par voie de cristallisation totale ou partielle, mais dominante : nous commencerons leur description par celles qui ont pour base les roches de la première classe, dans l'intérieur desquelles se sont développés des cristaux.

1. PORPHYRE. Pâte d'eurite compacte de toutes les couleurs, renfermant des cristaux déterminables de feldspath, et quelquefois d'amphibole; fusible en émail de différentes couleurs. Suivant la couleur, on distingue plusieurs variétés de cette espèce.

P. d'un brun-rouge, vif et foncé, est nommé *porphyre antique,* parce qu'il a été très employé par les anciens; il en existe des vases et de fort belles colonnes au Musée de Paris.

P. noir, qui paraît être coloré par le fer et l'amphibole, est décrit par M. Brongniart comme une espèce particulière, sous le nom de *mélaphyre*. (Schwarzer porphyr de Buch, trapporphyr Wer.)

P. vert (grünporphyr, serpentin), à base de diorite compacte, est nommé *ophite* par le même auteur, et décrit comme une espèce particulière.

Les différentes espèces de porphyres sont très bien développées dans la partie méridionale des Vosges, dans les montagnes dé la Bourgogne, et dans toutes celles du centre de la France.

2. EURITE. Quand, avec les cristaux de feldspath, l'eurite contient du mica et du quarz, avec ou sans amphibole, elle donne naissance aux trois variétés suivantes de roches hétérogènes :

E. porphyroïde. Qui ne diffère du porphyre que parce que la pâte, un peu grenue, renferme du mica, de l'amphibole et du quarz.

E. granitoïde. La variété précédente dans laquelle les cristaux de quarz, de feldspath et d'amphibole sont devenus plus gros et plus nombreux ; texture grenue.

E. granitique. Les cristaux sont presque aussi distincts que dans le granite et la siénite ; mais le feldspath conserve encore un aspect compacte ; texture granitique.

Les eurites sont les compagnons fidèles des granites et des porphyres.

3. TRAPPITE. Base d'aphanite enveloppant du feldspath, de l'amphibole et du mica ; texture compacte ou sublamellaire. On dit que le trappite est feldspathique, quand le feldspath domine ; alors il est sonore et offre une texture grenue sublamellaire.

Au fond des vallées de la partie méridionale des Vosges, en Écosse sous les porphyres, etc.

4. BASANITE. Base de basalte renfermant des cristaux de pyroxène disséminés, assez nombreux : deux variétés.

B. variolitique. Pâte presque terreuse, avec des cavités remplies de calcaire, de mésotype, etc.

B. feldspathique (*lavique*). Quand le feldspath domine ; on trouve alors quelques cristaux de cette substance disséminés dans l'intérieur de la masse.

5. DOLÉRITE. Quand la dolérite prend des cristaux, elle produit les trois variétés suivantes :

D. porphyroïde. Des cristaux de pyroxène, ou de feldspath, dans une base de dolérite plus ou moins compacte.

D. granitoïde. Quand les élémens de la dolérite deviennent distincts, cette variété renferme souvent du fer oxidulé.

D. néphélinique. De nombreux cristaux de néphéline grisâtre enveloppés dans une pâte de dolérite.

Volcans du Brisgaw, de Beaulieu en Provence, de la Guadeloupe, etc.

6. WAKITE. Base de wake empâtant du mica et du pyroxène.

En Auvergne, au Puy-de-Dôme, au Kaiserstuhl, etc.

7. DIORITE (*grünstein; granitel*). Base de diorite renfermant des cristaux disséminés. Quand la base est très compacte, c'est le porphyre vert, ophite. Trois variétés :

D. porphyroïde. Des cristaux de feldspath et d'amphibole disséminés dans un diorite à grains fins.

D. orbiculaire. Des sphéroïdes d'amphibole et de feldspath dans un diorite à grains moyens.

D. granitoïde. Feldspath, amphibole en cristaux distincts, avec un peu de quarz. Cette variété passe bientôt à la siénite ; elle renferme souvent du mica noir brillant, surtout quand elle est voisine du granite.

Les diorites renferment assez souvent du calcaire, et font effervescence dans les acides : M. Brongniart les nomme alors *hémitrènes*, et en fait une espèce particulière ; nous ne partageons point son opinion.

Les diorites accompagnent ordinairement les eurites et les porphyres.

8. PYROMÉRIDE. Base de feldspath compacte et de quarz enveloppant des sphéroïdes à structure radiée ; porphyre orbiculaire de Corse.

9. DOMITE. Pâte d'argilolite âpre et poreuse, enveloppant des cristaux de mica ; presque infusible, blanchâtre, verdâtre, grisâtre, ou brunâtre : on peut en distinguer plusieurs variétés d'après sa couleur.

Puy-de-Dôme (en Auvergne), d'où elle tire son nom, les îles Ponces, etc.

10. TRACHYTE. Pâte d'orthose ou d'eurite compacte, d'aspect

terne et mat, enveloppant des cristaux de feldspath vitreux; toucher âpre; couleur blanche ou grisâtre, quelquefois rosâtre; on y rencontre, comme parties accessoires, du mica, de l'amphibole, du fer oligiste, et même du quarz. On distingue plusieurs variétés de cette espèce, d'après la couleur. Le trachyte est commun dans tous les anciens terrains volcaniques : Auvergne, Vivarais, bords du Rhin, etc.

11. TÉPHRINE (laves des volcans actuels). Le feldspath est dominant; couleur grisâtre, rude au toucher, présentant beaucoup de cavités; fusible en émail blanc picoté de noir; on en distingue plusieurs variétés : *feldspathique, pyroxénique, amphibolique, variolitique*, etc.

12. LEUCOSTINE. Base d'orthose; couleurs pâles; beaucoup de cristaux de feldspath disséminés. Cette espèce ne diffère de la précédente que parce que ses couleurs sont moins foncées, ce qui provient de ce qu'elle renferme très peu de pyroxène, tandis que ce minéral entre en quantité notable dans la composition de l'autre.

Trois variétés :

L. compacte. Lave pétrosiliceuse, peu ou point de cavités.

L. schistoïde. Structure schistoïde.

L. porphyroïde (lave porphyroïde). Cristaux de feldspath vitreux distincts; dans tous les produits des volcans modernes.

13. STIGMITE (pechstein, obsidian porphyr.). Pâte de rétinite ou d'obsidienne, renfermant des grains ou des cristaux de feldspath. Deux variétés.

S. perlaire (perlstein). D'un gris bleuâtre, verdâtre ou pur; éclat nacré, très fragile; des sphéroïdes vitreux nacrés, engagés dans la masse, et s'en détachant difficilement.

S. amygdaloïde. Des noyaux à texture radiée, disséminés dans...

14. ARGILOPHYRE. Toutes les roches porphyriques, dans lesquelles le feldspath domine, s'étant décomposées sous l'influence de causes quelconques, ont produit les *argilophyres, thonporphyr* des Allemands; ceux-ci sont formés d'une pâte d'argilolite, dont la couleur varie suivant celle de la roche d'où ils proviennent, renfermant des cristaux de diverses natures, qui ont aussi, assez souvent, été eux-mêmes décomposés.

Idoonosie.

                                                              9

Les quatorze espèces de roches que nous venons de décrire sont souvent scoriacées, c'est à dire qu'elles présentent, dans certaines parties de leur surface, des cavités nombreuses, de grandeur variable et de forme irrégulière. Ces cavités sont tantôt vides, et tantôt remplies par diverses substances minérales (calcaire, zéolithe, etc.) Quand les cavités sont pleines, on dit que la portion de la roche dans laquelle elles existent est *amygdaloïde*. On peut distinguer (avec M. Brongniart) deux variétés principales parmi les amygdaloïdes :

Variolite. Quand les noyaux sphéroïdaux sont de pétrosilex d'une couleur différente de la pâte; en fragmens roulés dans la Durance, au pied des montagnes du Champ-du-Feu, Vosges, etc.

Spilite. Lorsque les noyaux, d'une forme quelconque, sont calcaires. M. Brongniart fait deux espèces distinctes de ces variétés; nous ne sommes point de son avis : les spilites ni les variolites ne sont des roches particulières, mais bien des états particuliers sous lesquels plusieurs roches peuvent se présenter.

15. OPHIOLITE. Pâte de serpentine, ou de talc et de diallage; enveloppant du fer oxidulé, du fer chromé, en veines et en grains et quelques autres cristaux; structure massive, presque compacte.

Quatre variétés :

O. diallagique (gabbro). Pâte compacte de serpentine, avec de nombreuses lamelles de diallage.

O. granatique. Des grenats pyropes disséminés. (Zœblitz en Saxe.)

O. grammatiteux. Des aiguilles de grammatite disséminées.

O. quarzeux. Des noyaux de quarz blanc disséminés.

Les ophiolithes sont communs dans les Vosges, près de Remiremont, Gérardmer, etc.; en Italie, dans les environs de Gènes et de Florence.

16. OPHICALCE. Base de calcaire avec serpentine, talc ou chlorite, texture empâtée.

Trois variétés :

O. réticulé. Des noyaux de calcaire serrés les uns contre les autres, et liés par un réseau de serpentine talqueuse.

O. veiné. Des taches irrégulières de calcaire.

O. grenu. Talc ou serpentine disséminés dans un calcaire saccharoïde; structure massive.

Tous les marbres verts sont des ophicalces : Campan, dans les Pyrénées, val de Saint-Christophe (Isère), Gleatilt, en Écosse, etc.

17. CIPOLIN. Base de calcaire saccharoïde, renfermant du mica ou du talc comme partie constituante essentielle; texture grenue, cristalline; structure souvent fissile.

Marbre de Baréges, dans les Pyrénées, Laveline et Sainte-Marie-aux-Mines, dans les Vosges, etc.

18. CALCIPHYRE. Pâte de calcaire enveloppant des cristaux de feldspath, de pyroxène, etc.; texture empâtée.

Trois variétés.

C. feldspathique. Crist. de feldspath.

C. pyroxénique. Crist. de pyroxène.

C. amphibolique. Crist. d'amphibole.

19. EUPHOTIDE. Base d'eurite compacte ou de jade enveloppant des cristaux de diallage; texture grenue.

Deux variétés :

E. jadien. Base de jade.

E. pétrosiliceux. Base d'eurite.

Environs de Nantes. Côtes occidentales de Gênes, etc.

20. AMPHIBOLITE (hornblendegestein). Base d'amphibole empâtant du mica, du feldspath, des grenats, etc.; texture lamellaire; structure tantôt massive et tantôt fissile.

Trois variétés :

A. granitoïde. Structure massive; texture grenue.

A. ophioline. Serpentine verte ou diallage disséminés.

A. schistoïde. Structure fissile; texture un peu fibreuse.

Sur le Bréven, en Savoie; dans les Vosges, avec les diorites; ophite des Pyrénées, etc.

21. GRANITE. Composé essentiellement de feldspath lamellaire, de quarz et de mica; cristaux imparfaits, distincts; texture grenue.

Trois variétés :

G. commun. Feldspath, quarz et mica, à peu près également disséminés; couleurs variables.

G. porphyroïde. Des cristaux de feldspath dans un granite à petits grains.

G. siénitique. Des cristaux d'amphibole, quelquefois assez nombreux.

Tout le monde connaît le granite ; ses différentes variétés sont très bien développées, dans les Vosges, les montagnes de la Bretagne, les Cévennes, etc.

22. SIÉNITE. C'est un granite dans lequel le mica est remplacé par l'amphibole; le feldspath y est souvent dominant.

Trois variétés :

S. schistoïde. Ordinairement à petits grains ; structure feuilletée.

S. porphyroïde. De gros cristaux de feldspath bien déterminés.

S. granitoïde, quand il se trouve une certaine quantité de mica avec l'amphibole.

S. hypersténique. Hypersthène brun, rougeâtre, remplaçant l'amphibole en tout ou en partie. Cette variété est très importante, comme nous le verrons dans la description des terrains.

Ballons d'Alsace, de Servance, etc., dans les Vosges; cataracte de Sienne dans la Haute-Égypte, etc.; la pierre de l'obélisque de Louqsor.

23. PROTOGINE. C'est encore un granite dans lequel le mica est remplacé par le talc, la stéatite ou la chlorite.

On peut en distinguer trois variétés principales :

P. schistoïde.

P. granitoïde.

P. porphyroïde.

Roche du Mont-Blanc, du Brezouars dans les Vosges, d'Issoire en Auvergne, etc.

24. PEGMATITE. On peut considérer cette roche comme un granite dans lequel le mica aurait disparu : elle est donc essentiellement composée de feldspath lamellaire et de quarz; elle renferme accidentellement du mica et de la tourmaline.

Deux variétés principales :

P. graphique, quand le quarz se trouve disposé en lignes brisées, imitant des caractères hébraïques.

P. granulaire. Quarz en grains et feldspath lamellaire, mêlés.

Les pegmatites gisent principalement à la partie inférieure du granite, on les trouve dans cette position aux environs d'Oderen, de Raon-l'Etape en Vosges; près d'Autun en Bourgogne; dans les Pyrénées sur la face méridionale du Pic-du-Midi; à Geyer, en Saxe, etc.

Les quatre espèces précédentes sont intimement liées dans la nature, passent insensiblement les unes aux autres, et constituent un même groupe.

25. LEPTINITE (weisstein). Base de feldspath grenu, renfermant du quarz sableux, et enveloppant différens minéraux disséminés; texture grenue.

Trois variétés :

L. granatique. Des grenats nombreux, et souvent très petits, disséminés.

L. siénitique. Renfermant de l'amphibole en plus ou moins grande quantité. Cette variété passe souvent au diorite schistoïde.

L. gneissique. Un peu de mica, structure fissile.

Les différentes variétés de leptinite sont très abondantes aux environs de Remiremont, le long des vallées de la Moselle et de la Vologne (Vosges). Ces roches, qui forment le passage du granite au gneiss, se retrouvent dans toutes les contrées où ces deux grandes masses sont développées.

26. GNEISS. Composé essentiellement de feldspath lamellaire ou grenu, et de mica en paillettes distinctes plus ou moins abondantes ; structure feuilletée, stratiforme.

Quatre variétés :

G. quarzeux. Du quarz en lits ou en veines.

G. talqueux. Feldspath grenu, avec talc.

G. porphyroïde. Des cristaux de feldspath plus ou moins bien déterminés.

G. graphiteux. Du graphite écailleux remplaçant en partie le mica.

Le gneiss est commun dans les Vosges, les Cévennes, les montagnes de la Bretagne, le centre des Alpes, etc.

27. MICASCHISTE (*glimmerschiefer*), Composé essentiellement de mica abondant et de quarz ; le mica domine ; structure fissile.

Six variétés principales :

M. quarzeux. Le quarz très apparent.

M. feldspathique. Du feldspath lamellaire en petits lits.

M. porphyroïde. Des cristaux de feldspath, plus ou moins gros.

M. granatique. Des grenats assez abondans.

M. talqueux, quand le mica devient onctueux et passe au talc.

M. phylladien. Mica très abondant, cendré ; cassure esquilleuse.

N. B. Il ne faut point confondre les *micaschistes* avec les schistes *micacés* : ces derniers sont des schistes d'une nature quelconque, contenant plus ou moins de mica en paillettes disséminées.

Les micaschistes sont très bien développés dans les Pyrénées, les Cévennes, les montagnes de la Bretagne, etc. ; on n'en trouve que quelques lambeaux dans les Vosges.

28. STÉASCHISTE (*talkschiefer*). Base talqueuse renfermant différens minéraux disséminés ; structure schisteuse.

Cinq variétés :

S. porphyroïde. Noyaux ou cristaux de feldspath disséminés, souvent pyriteux.

S. granatique. Grenats abondans disséminés.

S. noduleux. Des noyaux informes de quarz hyalin, de feldspath, enveloppés par les feuillets talqueux.

S. chloritique. Tendre ; vert mêlé de chlorite.

S. diallagique. Diallage disséminé ; verdâtre ou brun.

Les localités les plus communes où se trouvent les stéaschistes sont : Chamouni, dans les Alpes ; Chessy, près de Lyon ; Freiberg, en Saxe ; les environs d'Alger, sur la côte d'Afrique, etc.

29. PHYLLADE (*thonschiefer mélangé*). Base de talc compacte renfermant du mica, et souvent des cristaux de fer oxidulé : c'est l'ardoise ordinaire, celle dont les maisons de Paris sont couvertes.

On en distingue un grand nombre de variétés, parmi lesquelles nous ne citerons que les cinq principales :

P. satiné. Aspect satiné.

P. pailleté. Des paillettes de mica distinctes.

P. carburé. Noir, tachant ; décolorable par l'action du feu.

P. pétrosiliceux. Structure stratiforme ; cassure transversale écailleuse ; mica quelquefois continu.

P. porphyroïde. Des cristaux de feldspath disséminés.

3o. **Calschiste.** Phyllade renfermant du calcaire, et par conséquent effervescent dans les acides.

Les Ardennes sont les montagnes de France dans lesquelles les phyllades sont les mieux développés ; il en existe des collines au pied méridional des Vosges, et on en trouve aussi beaucoup dans les Pyrénées, les Alpes, les environs d'Alger, d'Oran, et les montagnes du Petit Atlas, sur la côte d'Afrique, etc.

3t. **Hyalomicte** (*greisen*). Composé essentiellement de quarz hyalin dominant et de mica en lames plus ou moins étendues ; structure grenue. On peut en distinguer deux variétés :

H. schistoïde. Structure un peu schisteuse.

H. granitoïde. Structure massive.

Je place cette espèce après toutes les autres, parce que j'ai de fortes raisons pour ne pas la considérer comme une véritable roche : je ne l'ai jamais vue qu'en filons ou en masses peu étendues dans le leptinite et le gneiss, et je ne sache pas que, nulle part, elle constitue des montagnes à elle seule, comme toutes les autres roches.

Roche ou non, ce composé de quarz et de mica est trop important pour qu'on puisse le passer sous silence. C'est lui qui forme la gangue des minérais d'étain. Le gneiss d'Alger, ceux des Vosges, de la Bretagne, de l'Angleterre, etc., renferment de l'hyalomicte en filons et en masses subordonnées.

ORDRE 2e. — ROCHES D'AGRÉGATION.

Ces roches sont principalement formées par voie d'agrégation mécanique ; elles sont généralement composées de débris de minéraux ou de roches réunis ensemble par adhérence de juxtaposition, ou au moyen d'un ciment minéral, visible ou invisible.

32. **Arkose.** Ce sont les élémens du granite, moins une partie du mica, qui ont été réagglutinés par un ciment. Cette roche est essentiellement composée de grains de quarz et de feldspath.

Deux variétés :

A. granitoïde, Quarz, feldspath et mica ; ce dernier étant en quantité notable.

A. miliaire, quand les grains de quarz et de feldspath sont très petits.

L'arkose se trouve principalement dans les régions granitiques, où elle lie intimement les roches d'agrégation aux roches de cristallisation.

33. PSAMMITE (*grauwacke*). Grès des houillères; roche grenue, essentiellement composée de sable quarzeux distinct et de mica réunis par une petite quantité d'argile.

Trois variétés :

P. rougeâtre. Couleur rougeâtre; beaucoup de roches nommées grès rouge et grès bigarré.

P. schistoïde. Structure schisteuse.

P. sablonneux, renfermant beaucoup de sable; peu solide.

Le grès des houillères est le meilleur exemple de psammite qu'on puisse citer.

Cette espèce comprend une partie des roches nommées *grauwakes* par les Allemands. Ce nom de *grauwake* est très mauvais : on comprend sous cette dénomination plusieurs espèces de roches fort différentes : des eurites *grenus*, *des grès*, *des psammites*, etc., etc. : il faut donc se garder de l'employer.

34. MACIGNO. Cette espèce ne diffère de la précédente que parce qu'elle contient du calcaire, et fait, par conséquent, effervescence dans les acides.

Trois variétés :

M. schistoïde. Structure un peu fissile.

M. mollasse. Renfermant toujours une certaine quantité d'argile et de mica; presque friable.

M. compacte. Texture compacte; calcaire dominant; mica rare.

Les macignos sont communs en Italie, dans les environs de Florence, autour de Genève, au pied oriental des Vosges, etc.

35. GLAUCONIE. Texture grenue, composée essentiellement de calcaire non cristallisé et de grains verts; peu solide, souvent même à l'état sableux.

Trois variétés :

G. compacte. Texture presque compacte; couleur brune ou noirâtre.

G. craïeuse. A base de calcaire craïeux; grains verts, et beaucoup de sable.

G. sableuse (*greendsand, sable vert*). Friable; beaucoup de sable et de grains verts, et peu de calcaire.

Les roches à grains verts, qu'on trouve au dessous de la craie, sont de bons exemples de cette espèce.

36. PÉPÉRINE (*pépérino, tuf volcanique*). Roche à texture grenue, composée essentiellement de grains de téphrine, de wake et pyroxène.

Suivant la couleur, on peut en distinguer un grand nombre de variétés ; mais il y en a deux surtout qu'il est important de mentionner :

P. ponceuse. Grains de ponce réunis par un ciment.

P. pisolitique. Pâte pulvérulente enveloppant des *pisolites* (grains ronds, plus ou moins gros, à couches concentriques).

Les pépérines sont très communes dans tous les terrains volcaniques ; on les a souvent désignées sous les noms de *tufs* ou de *conglomérats volcaniques*.

37. PSEPHITE. Roche à texture grenue, composée essentiellement d'une pâte argiloïde, enveloppant des fragmens plus ou moins gros de schistes divers : il en existe deux variétés, *rougeâtre* et *verdâtre*.

Cap Cepet, près Toulon ; vallée de Baréges, dans les Pyrénées ; Chemnitz, en Saxe, etc.

38 ANAGÉNITES (*grauwacke à gros grains*). Parties arrondies, de toutes les grosseurs, de roches cristallines, réunies par un ciment euritique renfermant quelquefois un peu de calcaire. Cette espèce pourrait être considérée comme une variété de la suivante.

Les anagénites sont très communes dans les Vosges, à la partie inférieure du grès rouge. Les célèbres poudingues de Valorsine, en Valais, sont de véritables anagénites.

39. POUDINGUE. Parties arrondies, de toutes les grosseurs, de roches diverses, réunies par un ciment calcaire, siliceux, psammitique, ferrugineux, etc. : de là quatre variétés :

P. calcaire (gompholite, Brongt. ; nagelfluc des Suisses). Ciment calcaire.

P. siliceux. Ciment siliceux.

P. psammitique (pouddingstone des Anglais). Noyaux de quarz dans une pâte de psammite.

P. ferrugineux. Ciment ferrugineux ; très commun dans les dépôts de l'époque actuelle.

40. BRÈCHE. Les brèches ne diffèrent des poudingues que parce que les fragmens sont anguleux, au lieu d'être arrondis. On peut distinguer autant de variétés dans cette espèce que dans la précédente.

41. BRECCIOLE. M. Brongniart nomme ainsi les brèches dont les fragmens sont très petits; il en distingue trois variétés:

B. d'argilolite. Ciment d'argilolite.

B. d'alunite. Ciment d'alunite siliceuse.

B. variée. Ciment et fragmens variés indéterminables.

42. MIMOPHYRE. Roche d'agrégation, renfermant des grains et des cristaux de feldspath : on en distingue autant de variétés que de cimens différens.

Manière d'être des roches dans la nature.

§ 39. Maintenant que nous savons bien ce que l'on entend par *roches*, et que nous en connaissons les principales espèces, nous pouvons étudier la manière dont elles se présentent dans la nature.

Les grandes masses minérales dont la réunion constitue la partie solide de notre planète ont presque toutes une structure particulière : les unes sont divisées en couches, les autres en prismes, d'autres en feuillets, etc. Nous allons examiner successivement ces différentes structures.

STRUCTURE DES ROCHES.

Stratification.

(Pl. 1 , fig. 8.) La plus grande partie des roches, et particulièrement les calcaires, sont composés de couches souvent très bien réglées et parallèles entre elles, mais dont l'épaisseur varie dans la même masse.

En examinant une roche de cette nature, on remarque, abstraction faite de quelques inégalités, que chaque couche est comprise entre deux surfaces parallèles entre elles, et à la direction générale de ces mêmes couches. Ces surfaces sont ordinairement à très peu près planes ; mais quelquefois elles sont courbés, et présentent des sinuosités qui ne se correspondent pas toujours dans l'une et dans l'autre.

Dans la disposition des couches les unes sur les autres, à cause des inégalités de faces terminales, il reste un espace vide, plus ou moins considérable, entre deux couches con-tiguës.

Chaque couche est ce que l'on nomme un *strate* : les surfaces terminales sont les *faces de joint*, et les fissures qui les séparent sont appelées *fissures de stratification*.

La disposition de toutes les couches qui composent une masse minérale, séparées les unes des autres par les fissures de stratification, est ce que l'on nomme la *stratification* de cette masse.

On remarque souvent dans chaque couche une infinité de fissures qui, ayant une direction différente de celle de la stratification générale, ne peuvent pas être confondues avec celles de stratification, surtout quand ces dernières sont bien marquées. Il arrive cependant aussi que des fissures acci-dentelles, assez étendues, sont parallèles à la direction des couches ; alors on pourrait les confondre avec les véritables fissures de stratification ; mais un examen attentif fait bien-tôt reconnaître qu'elles existent dans l'intérieur des strates, soit par un changement brusque dans leur direction, soit parce qu'elles ne se continuent que pendant un certain temps : l'aspect seul suffit quelquefois pour les faire recon-naître ; en un mot, elles ne séparent pas deux couches l'une de l'autre, ce qui est le caractère essentiel des fissures de stratification. Il y a plus, on observe souvent entre les strates d'une même roche de minces couches de marne, d'argile, etc. ; or bien, cette substance n'existe pas dans les fissures acci-dentelles, ou, si elle s'y trouve, son aspect est tout à fait différent de celui de la partie comprise entre les surfaces de joint des strates.

J'insiste beaucoup sur la détermination exacte des fissures de stratification, parce que cet objet est de la plus haute importance en géognosie ; ces fissures sont d'un grand secours pour déterminer l'âge relatif des masses minérales.

La stratification est régulière ou irrégulière :

Régulière : tous les strates , d'épaisseur égale ou variable, sont parallèles entre eux et à la direction générale (fig. 8);

Irrégulière , quand les strates ne sont pas régulièrement disposés (Pl. 1 , fig. 9) : des strates contournés affectent différentes formes ; des parties de la masse stratifiée, et d'autres, dans lesquelles on ne remarque aucune structure déterminée ; des *failles ,* ou grandes fissures, produites par des bouleversemens, qui divisent la masse en plusieurs parties, dans chacune desquelles les couches ont une direction différente.

L'*inclinaison* varie depuis le plan horizontal jusqu'au plan vertical. Dans les descriptions , il faut toujours tenir compte de sa valeur , et du sens dans lequel elle a lieu par rapport aux points cardinaux. Les strates s'étendent ordinairement dans une direction perpendiculaire à celle suivant laquelle ils plongent ; souvent, après s'être inclinés , ils redeviennent horizontaux ou se relèvent ; ils présentent aussi quelquefois beaucoup de plis et de contournemens : toutes ces circonstances doivent être notées avec soin.

Les masses qui composent la partie solide du globe sont superposées les unes aux autres : dans cette superposition, les stratifications peuvent être parallèles entre elles, ou former des angles quelconques.

Dans le premier cas, on dit que les stratifications sont *concordantes* ; dans le second , qu'elles sont *discordantes.* Les stratifications discordantes sont *transgressives ,* lorsqu'une des roches repose horizontalement, ou presque horizontalement , sur la tranche des couches de l'autre (Pl. 1 , fig. 10).

La concordance de stratification est souvent une preuve que les roches doivent leur existence au même concours de circonstances, surtout quand on ne voit entre elles aucune séparation tranchée ; très rarement la stratification est identique pour deux roches entre lesquelles il existe une séparation bien tranchée, et qui n'ont aucun rapport l'une avec l'autre.

Division en feuillets. Toutes les roches schisteuses sont divisées en feuillets plus ou moins étendus, et, en général, parallèles entre eux et à la stratification. On pourrait peut-être Penser que dans ces roches les deux divisions ne diffèrent pas l'une de l'autre ; il n'en est point ainsi : considérée dans la masse tout entière, la division schisteuse en est la texture et la stratification la structure, bien que la structure de chaque strate, pris isolément, soit schisteuse ; ainsi, la division en feuillets diffère essentiellement de celle en strates.

Division prismatique.

Les formes prismatiques, si communes dans les espèces oryctognostiques, se présentent aussi assez fréquemment dans les espèces géognostiques. On connaît beaucoup de masses (les basaltes, les trachytes) composées de prismes de différentes formes appliqués les uns contre les autres, et dont les axes sont généralement parallèles entre eux. A Montmartre, dans les couches de gypse que les ouvriers nomment *hauts piliers*, les structures prismatique et strati-forme se trouvent réunies ; elles peuvent donc se présenter ensemble dans la même roche (Pl. II, fig. 2). D'autres masses (les granites, les porphyres, etc.) sont coupées par une infinité de fissures, qui les divisent en prismes irréguliers de toutes les grosseurs.

Division globulaire.

Plusieurs roches se divisent en sphéroïdes souvent très gros : les calcaires pisolitiques présentent des exemples de ce fait. Les diorites et les basaltes affectent aussi quelquefois cette forme · on l'observe dans les roches stratifiées et non stratifiées ; c'est très souvent le résultat de la décomposition de ces roches.

Des fissures.

Nous avons déjà dit ce que nous entendons par fissures accidentelles dans les roches stratifiées ; nous étendrons cette définition à toutes les masses minérales en général. Je le répète, les fissures accidentelles diffèrent essentiellement de celles dont l'ensemble détermine la structure de la roche, en ce qu'elles se trouvent pratiquées dans les parties mêmes résultant de cette structure. Les fissures sont très importantes à considérer ; elles peuvent souvent donner des renseignemens précieux sur la position primitive des strates, et c'est dans leur intérieur que gisent une grande partie des espèces minérales exploitées pour les arts. On observe souvent dans les roches de grandes fissures qui les divisent en plusieurs portions, quelquefois complétement séparées les unes des autres ; ces fissures se nomment *failles*.

Indépendamment des divisions que nous venons de signaler dans les masses minérales, la substance qui compose chacune a une texture et une structure particulières qu'il faut toujours faire connaître, quoique l'on ait dit d'abord à quelle espèce elle pouvait se rapporter.

Gîtes des minéraux.

§ 40. Les roches sont les gisemens des espèces oryctognostiques : ces espèces y sont engagées de différentes manières, dont l'étude doit être l'objet spécial de ceux qui se destinent à l'exploitation des mines : nous allons exposer succinctement les principales.

Les gîtes des minéraux sont de deux sortes : 1° ceux dont la formation est contemporaine de celle de la roche qui les contient (les *couches*, *amas*, *stockwerks* et *nids*) ; 2° ceux qui sont d'une formation postérieure (les *filons*, les *veines* et les *géodes*).

1°. *Gîtes de formation contemporaine.*

Une *couche* est une masse minérale assez étendue en longueur et en largeur, mais d'une petite épaisseur relativement aux autres dimensions, et qui, sous cette forme plate, semble être une assise de la masse qui la contient.

Les couches sont généralement parallèles à la stratification,
ce qui les distingue des filons, qui la coupent toujours sous
des angles plus ou moins grands. Les minéraux qui se trouvent le plus fréquemment en couches sont les différentes
mines de fer, la galène, etc.

Amas. Quand une couche d'une médiocre étendue prend
une épaisseur considérable, elle devient un amas. M. de
Buch a découvert, en Laponie, des amas de fer oxidulé par
formant des montagnes : il suppose que ces masses n'étaient,
originairement, que de gros blocs ou amas renfermés dans
la gangue, qui ont plus résisté que lui à l'action destructive
des agens atmosphériques.

Nids. Quand les minéraux forment de petits amas disséminés dans la roche, on les appelle *nids*.

Stockwerks. On donne ce nom, avec Werner, à des
masses de roche pénétrées et traversées dans tous les sens
par une immense quantité de veines : les petites veines de
certains marbres en donnent une idée exacte.

Enfin, les minéraux se trouvent aussi en petites parties
tellement disséminées dans la roche, qu'on pourrait les regarder comme principes constituans : l'or, l'argent, le fer
pyriteux, etc.

2°. *Gîtes de formation postérieure.*

Filons. Ce sont des masses minérales peu épaisses, qui
coupent toujours les strates qui les renferment, et qui sont
formées d'une matière distincte de celle de la roche environnante : on s'en fera une idée exacte en se les représentant
comme de grandes fentes dans les roches, qui ont été remplies
ensuite (Pl. 1, fig. 10) : ce sont de grandes plaques présentant diverses inflexions, et coupant les roches sous diverses
inclinaisons. Les deux faces de la plaque se nomment *salbandes*, et les deux parois de la fente qui les renferme
aboutent. Quand le filon n'est pas exactement vertical, l'éponte
du bas en est *le mur* et celle du haut *le toit* ; le bord supérieur

du filon en est la *tête* : quand elle se rencontre à la surface, on la nomme *affleurement* ; les autres bords en sont les extrémités. L'épaisseur d'un filon se nomme *puissance*.

Les filons se terminent en coin, ou se ramifient en une multitude de petits filets qui se perdent dans les roches ; ils se divisent quelquefois en deux ou plusieurs grosses branches. *La direction d'un filon* est l'angle que fait une ligne menée par le milieu de la salbande avec le méridien ; son inclinaison est l'angle que fait cette même ligne avec le plan horizontal.

Les filons ont une *allure* régulière ou irrégulière ; ils présentent fréquemment des renflemens et des étranglemens. Lorsque deux filons se croisent, celui qui est coupé par l'autre est évidemment le plus ancien. Les intersections des filons sont ordinairement les points les plus riches en minéral. Quand les filons sont très petits, on les nomme *veines*.

Géodes. Les roches présentent souvent des cavités sphéroïdales, remplies par des minéraux d'une autre nature ; les sphéroïdes qui en résultent sont toujours plus ou moins creux, et l'intérieur est tapissé de cristaux plus ou moins parfaits. Les substances qui se trouvent le plus communément en géodes sont le quarz hyalin et la chaux carbonatée.

Groupement des roches.

§ 41. Maintenant que nous connaissons bien les roches et leurs différentes manières d'être dans la nature, nous allons étudier les groupes naturels formés par leur réunion.

On pourrait croire que ces groupes sont composés de roches dont la nature minéralogique est la même ou diffère peu : cela arrive quelquefois ; mais, en général, le même groupe réunit des roches dont la composition est la plus différente : par exemple, des calcaires et des argiles, des calcaires et des grès, des schistes et des porphyres, etc. Réciproquement, la même roche, minéralogiquement parlant, se présente dans des groupes qui appartiennent à des époques très différentes et très éloignées les unes des autres dans l'ordre naturel.

Ainsi, il faut se garder de juger d'un groupe d'après sa composition minéralogique, dont on doit cependant toujours tenir compte ; mais il faut en même temps avoir recours à d'autres caractères, que nous étudierons dans ce chapitre.

Les couches des masses minérales stratifiées sont souvent très inclinées, ce qui prouve que, postérieurement à leur dépôt, la croûte solide du globe a éprouvé des bouleversemens qui ont brisé les couches et changé leur position. En effet, il est tout à fait absurde de supposer qu'une couche régulière ait pu se former dans une position verticale ou même fort inclinée : Saussure, qui l'avait d'abord cru, abandonna bien vite cette idée à la vue des poudingues de Valorsine, qui sont en couches verticales ; et il suffit d'avoir observé un peu la nature pour être convaincu de ce fait.

Ainsi, une couche inclinée n'est pas dans sa position primitive, et chaque couche n'enveloppe pas le globe ; l'observation prouve que des masses entières disparaissent subitement pour ne reparaître qu'à des distances souvent très considérables.

Nous avons donc des traces non équivoques des bouleversemens qui ont affecté le globe ; ces bouleversemens, et quelques autres causes dont nous parlerons dans le second volume, ont divisé sa formation en plusieurs époques distinctes, quoiqu'elles soient ordinairement intimement liées entre elles. Dans chacune de ces époques, les roches ne sont pas toujours complétement séparées les unes des autres ; on voit souvent les strates de l'une alterner avec ceux de l'autre, et il y a même des masses entières formées ainsi ; plusieurs se lient par quelques alternances seulement au point de contact, et ensuite il n'existe plus que des couches d'une seule espèce.

D'après cela, on conçoit très bien qu'entre les roches qui ont été déposées par le même concours de circonstances et entre deux révolutions successives, il doive exister une liaison intime, et qu'il doit y avoir, au contraire, des différences marquées entre celles qui se sont déposées dans des circonstances différentes, et entre la formation desquelles un ou plusieurs bouleversemens ont eu lieu.

C'est effectivement ce qui arrive : la nature présente des groupes dans lesquels les roches sont tellement liées entre elles, qu'il est impossible de se refuser d'admettre qu'elles ont été déposées par le même concours de circonstances; c'est à ces groupes que l'on a donné le nom de *formations* : ils résultent de la réunion naturelle des élémens géognostiques de *premier ordre* : par conséquent, ils sont eux-mêmes les élémens *du second ordre* qui entrent dans la composition de la masse solide du globe.

La formation géognostique a des caractères propres que nous allons faire connaître : les strates des différentes roches qui la composent sont tous parallèles entre eux, sauf certains résultats de bouleversemens partiels qui ont eu lieu quelquefois pendant le dépôt des formations. Les roches composantes sont quelquefois tellement disposées, qu'il en résulte des divisions naturelles dans la formation; ces divisions sont nommées *étages*. De là deux sortes de formations : *formation simple*, celle qui n'a qu'un seul étage; et *formation complexe*, celle qui en a plusieurs.

Il arrive aussi que les différentes roches d'une formation alternent entre elles et ne forment point d'étages distincts. Quelquefois une roche ne se présente qu'accidentellement dans un groupe, et on n'en voit qu'un petit nombre de couches, de filons, de masses informes, disséminés dans toute la masse ou dans certaines parties seulement : on dit alors que cette roche est *subordonnée*. Les strates subordonnés prennent les noms de *couches*, *bancs* et *lits*, suivant leur épaisseur : on les nomme *bancs* quand l'épaisseur est très considérable par rapport à celle des strates qui les renferment; *couches*, quand ils sont à peu près d'égale épaisseur, et *lits* quand ils sont très minces. Les noms de bancs, couches et lits sont aussi appliqués aux strates indépendans, suivant leur épaisseur.

L'épaisseur d'une formation en est la *puissance* ; on donne aussi ce nom à celle des différens étages : ainsi, la puissance d'une formation complexe est égale à la somme des puissances de tous les étages qui la composent.

Que les roches soient stratifiées ou non, la définition de la formation géognostique est toujours la même : elle est toujours composée de roches intimement liées entre elles, et qui se trouvent ensemble dans les circonstances les plus difficiles. Elles sont superposées de toutes les manières à toutes les roches qui leur sont inférieures ; elles sont aussi recouvertes de toutes les manières par celles qui leur sont supérieures ; elles se présentent avec les mêmes caractères géognostiques dans toutes les contrées de la terre ; en un mot, chaque formation géognostique est indépendante de toutes les autres : ce qui a fait nommer ces groupes naturels *formations indépendantes* par M. de Humboldt ; définition très rigoureuse, comme toutes celles données par cet habile observateur.

Le plus grand nombre des formations qui composent la croûte solide du globe contient des restes organiques végétaux et animaux. Dans certaines parties du globe, dans des espèces de grands bassins géologiques, on a remarqué que chaque formation avait ses espèces organiques particulières, et on en a conclu que chacune avait dû se déposer pendant une époque particulière d'organisation. Cela est vrai pour une petite étendue de pays, comme le bassin de Paris, la chaîne du Jura, etc. ; mais les paléontologistes ont tort de vouloir étendre ce principe à toute la surface du globe ; et ils ont encore bien plus grand tort quand ils veulent faire des divisions dans une formation au moyen des espèces organiques, lorsqu'ils considèrent cette formation sur une grande étendue de pays, comme, par exemple, la formation subatlantique, qui s'étend sur la plus grande partie de la surface du globe. En effet, nous avons vu, § 14, que les circonstances locales, les variations de température, de pression, etc., influaient beaucoup sur la nature des animaux qui vivent dans tel ou tel milieu. Ainsi, quand une formation se serait déposée, au même instant physique, sur toute la surface de la terre, elle ne devrait pas renfermer partout les mêmes espèces organiques : une température différente, des courans, certaines substances dissoutes dans le liquide déposant, favorisaient le développement de certaines espèces et s'opposaient à celui d'autres. Aujourd'hui, les dépôts de même nature, qui se forment en même temps aux pôles et à l'équateur, ne renferment évidemment pas les mêmes espèces d'animaux et de végétaux. En vain on viendra nous dire que, dans les temps géologiques, la température du globe était uniforme, comme toutes les observations tendent à le prouver ; mais les autres circonstances physiques n'étaient certainement pas les mêmes dans toute la masse liquide qui déposait un groupe de roches, et par conséquent les mêmes animaux ne pouvaient pas vivre partout. Mon opinion, à cet égard, est partagée par plusieurs géologues célèbres, et entre autres par M. de la Bèche [1] : « On a supposé, » dit-il, que, dans ces divisions de terrains qu'on a appelées » *formations*, on trouve certaines espèces de coquilles carac- » téristiques de chacune. Des observations multipliées pour- » ront seules démontrer la vérité de cette supposition ; mais » il ne faut pas aller jusqu'à prétendre, comme quelques » personnes le font, que si, dans une contrée, on est par- » venu, pour une série de dix ou vingt couches, à caractériser » chacune d'elles par la présence de certains fossiles parti- » culiers, on sera assuré de retrouver les mêmes fossiles ca- » ractéristiques, dans chacune des mêmes parties de la même » série, dans une autre contrée très éloignée de la première.

» Supposer que toutes les formations dans lesquelles il a » paru convenable de partager les roches de l'Europe puissent » être déterminées par les mêmes débris organiques sur dif-

---

[1] Manuel de Géologie, traduction française, p. 41.

» férens points éloignés du globe, c'est présumer que les
» animaux et les végétaux distribués à la surface de la terre
» ont toujours été les mêmes au même moment, et qu'ils ont
» tous été détruits en même temps pour être remplacés par
» une nouvelle création, différente d'espèces, sinon de genres,
» de celle qui a immédiatement précédé, etc. »

L'identité entre les espèces fossiles appartenant à une formation paraît être d'autant plus complète que cette formation
occupe un niveau plus inférieur : on admet presque généralement que la population des couches fossilifères les plus
anciennes est la même dans toutes les contrées de la terre ;
mais pour les formations nouvelles, celles supérieures à la
craie, par exemple, on trouve des variations extrêmement
sensibles, même pour de petites distances, comme de Paris
en Auvergne, de Londres à Bordeaux, etc.

Nous n'admettrons donc point, dans le cours de cet ouvrage, qu'une formation géognostique est caractérisée par
telles ou telles espèces organiques ; mais, en décrivant chacune,
nous ferons connaître sa population, autant que le permettent les bornes de notre travail, et nous aurons toujours
grand soin d'indiquer les espèces regardées jusqu'à présent
comme caractéristiques. De plus, nous admettons, avec tous
les observateurs, que les restes organiques sont parfaitement
propres à établir des divisions dans chaque localité, qu'ils
peuvent aussi faire découvrir des liaisons et des différences
entre les contrées éloignées les unes des autres, et qu'ils forment un des caractères essentiels des formations.

Quoique l'étude des restes organiques fossiles ne donne
pas à elle seule des moyens pour diviser les roches qui les
renferment en formations, elle n'a pas laissé que de conduire
à des résultats de la plus haute importance : elle nous a fait
connaître que les couches fossilifères ont été déposées tranquillement dans un liquide, que ce liquide a changé peu à peu
de nature, et que les êtres sont allés en se perfectionnant
jusqu'à notre époque, jusqu'à l'homme, qui est le dernier

terme dans l'échelle de la création ; que, depuis son apparition sur la terre, les forces de la nature sont en équilibre ; et qu'ainsi l'état actuel des choses étant le but vers lequel ont tendu tous les efforts du Créateur, il durera aussi long-temps que les lois qui régissent l'univers entier : résultat de la plus haute importance, et auquel l'étude de la géognosie organique pouvait seule conduire !

Si l'on n'a pas encore pu trouver dans les corps organisés fossiles des caractères fixes pour grouper les roches en formations, il n'en a pas été de même lorsqu'on a voulu réunir les formations entre elles : il existe des groupes naturels de formations (*les terrains*), ayant chacun une population particulière, et dont l'ensemble constitue véritablement une époque organique. C'est aussi une époque *géognostique* : un certain laps de temps pendant lequel les forces de la nature, agissant avec une intensité déterminée, produisaient des effets particuliers.

Le terrain, étant la réunion naturelle des élémens du second ordre, est lui-même *l'élément du troisième ordre* qui entre dans la composition du globe. Enfin, les terrains, en se réunissant entre eux, donnent naissance à des élémens de *quatrième ordre*, que l'on peut appeler *classes*. L'ensemble de tous les terrains connus constitue la portion de la croûte solide du globe dans laquelle l'homme a pu étendre ses observations.

Depuis long-temps cette portion a été divisée en six terrains ou grandes époques géognostiques, savoir : *terrain postdiluvien, terrain diluvien, terrain tertiaire, terrain secondaire, terrain intermédiaire* et *terrain primitif*; nous conserverons cette division, qui nous paraît parfaitement en rapport avec la nature des choses ; mais nous désignerons les époques par des numéros, en indiquant, au dessous, quelques uns des noms qui leur ont été donnés par les plus célèbres observateurs.

Les roches qui entrent dans la composition de ces terrains

et les terrains eux-mêmes peuvent être groupés en deux grandes classes, les *stratifiés* et les *non stratifiés*. Cette division est très importante pour la géogénie, mais elle l'est beaucoup moins pour la géognosie, qui doit prendre les choses telles que la nature les présente, sans s'inquiéter de leur mode de formation. Les six terrains composent la première classe. Toutes les roches de la seconde classe pénètrent, en filons et en masses tranversales de toutes les formes, dans celles de la seconde; on trouve aussi quelquefois des roches stratifiées enclavées dans des roches non stratifiées; mais il n'est pas moins vrai qu'il existe dans la nature un grand ensemble de roches stratifiées et un grand ensemble de roches non stratifiées; les premières sont évidemment des dépôts aqueux, et les secondes des produits de la voie ignée.

Dans les formations de la première classe, l'ordre d'ancienneté est de haut en bas; dans celles de la seconde, au contraire, il est de bas en haut : plus on s'enfonce dans les dépôts aqueux et plus ils sont anciens, et plus on s'enfonce dans les dépôts ignés et plus ils sont nouveaux; c'est, du reste, ce que nous prouvons dans le chapitre suivant.

Chaque classe forme une série dont les formations sont les termes; ainsi il existe deux séries *géognostiques* : l'une dont l'âge des termes croit en allant de haut en bas, et l'autre dans laquelle il diminue; mais un fait très remarquable, c'est qu'en partant du terme le plus ancien de chacune, et marchant vers le plus nouveau, on arrive des deux côtés aux phénomènes de l'époque actuelle, à ceux qui se passent sous nos yeux à la surface de la terre; phénomènes qui diffèrent cependant beaucoup entre eux.

Dans la description de chaque époque géognostique, nous étudierons tous les matériaux qui la composent, quelle que soit leur manière d'être, sans nous occuper en rien de leur origine, qui sera suffisamment démontrée par les liaisons que nous observerons dans le cours de la description, et dont nous traiterons avec détail dans le second volume. Nous désignerons chaque formation par un numéro, indiquant son ordre d'ancienneté dans le terrain dont elle fait partie, et si, par des observations ultérieures, cet ordre d'ancienneté vient à changer, on n'aura qu'à changer le numéro : nous donnerons aussi les principaux noms qui ont été appliqués à chaque formation.

AGE RELATIF DES ÉPOQUES GÉOGNOSTIQUES.

§ 42. Après avoir bien établi ce que l'on entend par formation, terrain et classe en géognosie, il faut montrer comment on est parvenu à établir l'âge relatif des différens groupes géognostiques : commençons par la série des terrains stratifiés.

On conçoit parfaitement que les dépôts successifs qui se sont formés dans une masse liquide sont d'autant plus nouveaux qu'ils sont plus supérieurs. D'un autre côté, les dépôts aqueux de l'époque actuelle, ceux que nous voyons se former tous les jours sous nos yeux, qui renferment les restes à peine altérés des végétaux et des animaux vivant actuellement sur la surface du globe, sont supérieurs à tous les autres : au dessous vient immédiatement le terrain diluvien, dont le mode de formation nous est inconnu, et qui renferme des espèces de végétaux et d'animaux qu'on ne trouve plus aujourd'hui à l'état vivant. En continuant à descendre, on rencontre des roches dont la formation devient de plus en plus difficile à expliquer, et dont la population, pétrifiée, diffère de plus en plus de celle de notre époque. Enfin, on arrive à des roches cristallines stratifiées, les micaschistes et les gneiss, dans lesquelles on n'a encore trouvé aucune trace de restes organiques, ce qui leur a fait donner le nom de *roches primitives*.

Ainsi, dans la série des groupes stratifiés, le plus ancien de deux est celui qui est placé sous l'autre : cette disposition est constante, il n'y a point d'anomalie ; jamais un groupe bien établi, dont la position sous un autre a été bien constatée, ne se trouve dessus ; tous les faits de cette nature qui avaient été avancés ont été reconnus faux, et la superposition est le meilleur moyen que l'on ait pour établir l'âge relatif des formations stratifiées. Il peut arriver que, dans un soulèvement considérable, quelques strates aient été renversés et se trouvent superposés à un groupe plus nouveau que celui auquel ils appartiennent ; mais le groupe entier n'a jamais été renversé, et en observant sur une grande étendue, on reconnaîtra toujours que l'anomalie remarquée n'est qu'un cas particulier. C'est ici le lieu de dire qu'en géologie il ne faut jamais tirer des conclusions d'observations faites sur un espace peu étendu : la nature a opéré en grand, c'est en grand qu'il faut observer ; cette vérité deviendra plus palpable à mesure que nous avancerons dans l'étude de la constitution physique du globe.

Quand on veut constater des superpositions , il faut voir les roches appliquées les unes sur les autres , les toucher de ses mains : M. Voltz a prouvé que la manière dont les couches avaient été disloquées, dans les bouleversemens, présentait souvent des apparences trompeuses , qui peuvent conduire aux plus fausses conclusions , si on ne se donne pas la peine d'examiner les choses de près.

Dans la superposition des masses minérales, les stratifications sont concordantes ou discordantes.

Lorsque les formations appartiennent au même terrain, et qu'il n'y a point de termes supprimés entre elles, les stratifications sont toujours concordantes ; mais, lorsqu'il y a suppression d'un ou de plusieurs termes, les stratifications sont généralement discordantes : je dis généralement , parce que l'on a cité plusieurs cas où elles paraissent concorder ; mais, si les observations avaient été faites avec une certaine exactitude, je suis persuadé qu'on aurait trouvé une différence. Ainsi, la différence de stratification , dans toute l'étendue ou presque toute l'étendue du groupe, car nous avons vu (§ 41) que des bouleversemens locaux avaient pu produire des discordances partielles dans l'intérieur même d'un groupe, indique toujours une différence d'âge entre les couches dans lesquelles on les observe ; mais le réciproque n'est pas vrai : toutes les roches d'âges différens ne présentent pas des stratifications discordantes entre elles : ce que nous disons pour les formations s'applique également aux terrains.

Il résulte, de ce qui précède, que, pour bien déterminer l'âge relatif d'un groupe géognostique quelconque, il faut fixer les distances en unités géognostiques, en formations, auxquelles il se trouve, de deux autres bien connus, dont l'un lui est supérieur et l'autre inférieur. Ce principe s'applique aux termes des deux séries. Pour parvenir à ce résultat, il est nécessaire d'avoir des points de départ parfaitement établis, des formations bien connues, et sur la position desquelles tous les observateurs soient d'accord. Ce sont ces points fixes que M. de Humboldt a eu l'heureuse idée d'appeler *horizons géognostiques*. Ainsi, quand on a déterminé la distance en unités géognostiques, à laquelle un groupe se trouve de deux horizons entre lesquels il est compris, son rang dans la série est fixé. Mais il arrive bien souvent, dans la nature, que cette détermination offre des difficultés insurmontables : c'est alors qu'on doit se servir des caractères fournis par les fossiles, la composition des roches, les minéraux qui s'y trouvent engagés, etc. Dans certains cas, la stratification donne le moyen d'approcher des limites : par exemple (pl. 1, fig. 10), si plusieurs formations, placées à la suite les unes des autres, présentent une concordance parfaite dans leur stratification, et qu'une formation inconnue soit superposée en stratification transgressive sur une quelconque, excepté la plus nouvelle, il est évident que son dépôt est postérieur à celui de cette dernière ; car elle n'est venue qu'après l'action qui a donné à la stratification générale son inclinaison. Par la même raison, une masse en couches horizontales, **qui** se trouve à côté d'une autre en couches inclinées, sans la recouvrir, est évidemment plus nouvelle que cette dernière ;

c'est ce principe qui a servi à M. de Beaumont pour établir l'âge géognostique des divers soulèvemens qui ont brisé la croûte solide de notre planète. Si la formation déposée transgressivement sur les autres était inclinée d'une quantité notable, et que, dans le voisinage, il s'en trouvât une ou plusieurs autres dont les strates fussent parfaitement horizontaux, elle serait plus ancienne que celles-ci. On voit donc que la stratification peut quelquefois donner les moyens d'approcher des limites entre lesquelles une formation est comprise.

Formations non stratifiées. Quand on examine les formations non stratifiées, on reconnaît que les inférieures jettent des ramifications dans les supérieures; ce sont des filons, des dykes et d'autres masses transversales qui ont pénétré dans des fissures préexistantes, ou qu'elles ont elles-mêmes déterminées. Quand deux groupes de cette nature sont en contact, il n'y a que l'inférieur qui jette des ramifications dans l'autre, et cela se continue dans toute la série. Quelques unes de ces ramifications, traversant toutes les masses qui leur sont supérieures, sont venues sortir à la surface, en recouvrant des roches de toutes les espèces ; mais ces ramifications doivent être bien distinguées de la formation, qui est toujours plus bas, et on ne peut pas leur appliquer ce que nous allons dire de celle-ci. Cette propriété des masses plutoniques, de jeter des ramifications dans celles qui leur sont supérieures, prouve que leur ordre de dépôt est inverse de celui des roches neptuniennes : c'est à dire que les plus inférieures sont les plus nouvelles ; mais il ne faut pas oublier, je le répète, qu'il ne s'agit que des formations, et point du tout des ramifications que jettent les roches qui entrent dans leur composition, ramifications traversant et recouvrant toutes les roches plus anciennes qu'elles. Cette disposition est tout à fait la même que celle des couches solides, qui se forment dans une masse en fusion qu'on laisse refroidir au contact de l'air ; et l'analogie devient encore plus grande par les traces évidentes de fusion ignée, que portent les roches entre lesquelles on l'observe.

Ainsi, dans la seconde série géognostique, les termes sont d'autant plus nouveaux qu'ils occupent un niveau plus bas; ce qui est précisément le contraire de la première.

Les superpositions sont bien loin aussi de se faire ici de la même manière que dans les roches stratifiées : les surfaces de séparation ne sont plus des plans ou des surfaces courbes qui s'en éloignent peu, mais bien des surfaces courbes extrêmement compliquées, qui offrent des dentelures très profondes (pl. 11, fig. 1), et (pl. 13, fig. 3, 4 et 5). Les roches se pénètrent réciproquement au point de contact, et, si on n'observe que sur un petit espace, il est impossible de se faire une idée de leur disposition.

Il résulte, de ce que nous venons de dire sur l'âge relatif des masses minérales composant la croûte solide de notre planète, que l'ensemble de ces masses forme deux séries distinctes, dans lesquelles l'ordre d'ancienneté des termes est inverse : dans la série des roches stratifiées, l'ancienneté augmente, et dans la série des roches non stratifiées, elle diminue en allant de haut en bas.

Cette distinction entre les roches stratifiées et les roches non stratifiées n'est pas toujours bien tranchée dans la nature : on les voit même assez souvent passer les unes aux autres par degrés insensibles (dans les trapps, les basaltes, etc.), et je me suis même long-temps refusé à l'admettre; mais, depuis que j'ai étudié les grandes masses qui composent la chaîne des Vosges, j'ai compris son importance, et je suis maintenant convaincu que, si quelques unes des roches plutoniennes sont accidentellement stratiformes, les groupes qu'elles constituent ne le sont jamais, et surtout à la manière de ceux des roches neptuniennes : c'est, du reste, ce que nous prouvera la description de ces différens groupes,

Limites des termes de chaque série géognostique.

§ 43. Avant d'entreprendre la description des groupes géognostiques, il est indispensable de faire connaître les limites qui les déterminent.

Dans la première série, lorsque les stratifications sont discordantes, il n'y a aucune espèce de difficulté pour fixer les limites d'une formation ; mais, lorsque les stratifications concordent, cela n'est plus aussi facile ; et, il faut l'avouer, les géognostes ne sont point encore parfaitement d'accord sur l'étendue des formations qui se trouvent dans ce cas : voici, cependant, les moyens que l'on doit employer pour parvenir à la déterminer.

Au point de contact, il y a souvent une si grande différence entre les formations, que l'inspection seule suffit pour fixer la limite : l'une repose brusquement sur l'autre ; entre le premier étage de l'une et le dernier de l'autre, il existe des marnes, des grès, etc., qui forment ordinairement une séparation tranchée, mais qui alternent aussi quelquefois avec les couches de l'une et de l'autre. Quoi qu'il en soit, ils forment bien séparation, et de chaque côté tout est différent : la nature des roches, les fossiles qu'elles contiennent ; et certainement on peut prononcer. De plus, dans les groupes à strates inclinés, lors du relèvement, ces espèces de matelas ont permis à ceux du groupe supérieur de glisser ; il en est résulté une vallée longitudinale qui marque parfaitement la séparation, et dont la largeur est proportionnelle à l'épaisseur du matelas (pl. 1, fig. 10).

Si les choses se passaient toujours ainsi, il n'y aurait aucune difficulté pour fixer les limites d'un groupe stratifié ; mais il arrive souvent qu'au point de contact les couches de deux formations alternent entre elles, et que les mêmes espèces organiques se propagent jusqu'à une certaine distance dans l'une et dans l'autre. Alors il n'y a plus que l'observation qui puisse nous guider : il faut examiner si, au delà du point où l'alternance a commencé, les roches qui succèdent prennent un développement assez considérable pour que l'on ne puisse pas les regarder comme formant un étage du premier groupe ; si les restes organiques diffèrent essentiellement des siens ; enfin, si tout annonce, dans la seconde partie, un état de choses différent de celui de la première. Les observations ne doivent pas être faites dans une seule localité, mais sur le plus grand nombre de points possible, dans toute l'étendue de la formation à déterminer, si on le peut ; les faits bien établis de cette manière, on peut hardiment prononcer.

Dans toutes les circonstances, il faut agir avec beaucoup de réserve ; ne pas vouloir mettre toutes les roches dans un même groupe, ni imiter certains géognostes, qui font autant de formations que d'étages.

Les limites des formations non stratifiées sont bien plus difficiles à déterminer que celles des formations stratifiées : d'abord, parce que les roches qui les composent passent presque toutes insensiblement les unes aux autres ; et ensuite, parce que les relations qui existent entre les roches de cette nature sont bien plus difficiles à saisir que celles des roches stratifiées. C'est là qu'il est tout à fait indispensable d'observer sur une grande étendue, car ce que l'on a vu dans une localité se trouve souvent contredit par ce que l'on voit dans une autre ; résultat dû aux ramifications que les masses inférieures jettent dans les masses supérieures, ramifications qui sont quelquefois si puissantes, qu'on serait tenté de les prendre elles-mêmes pour des masses ; c'est une erreur contre laquelle on ne saurait trop être prévenu.

Pour parvenir à bien déterminer les formations non stratifiées, il ne faut jamais perdre de vue qu'elles sont composées de roches intimement liées entre elles, qui se pénètrent réciproquement, passent les unes aux autres par degrés insensibles, et se retrouvent ensemble dans les circonstances les plus différentes. Prenons pour exemple le groupe des porphyres : il est composé de porphyres véritables de toutes les couleurs, et d'eurites porphyroïdes ; vers le haut, il passe aux roches granitoïdes, et vers le bas aux roches compactes ; ces dernières poussent des ramifications dans son intérieur. Quand les alluvions ou d'autres roches cachent en grande partie les roches granitoïdes, on n'en voit que quelques lambeaux, qui paraissent intercalés dans les porphyres, et on serait tenté de les rapporter à une formation inférieure. Quand les roches compactes sont en partie cachées, les porphyres paraissent aussi quelquefois s'y introduire en masses transversales ; mais, si on a le bonheur de rencontrer, sur plusieurs points, des masses bien développées, on reconnaîtra que les porphyres se trouvent compris entre les roches compactes et les roches granitoïdes, qui prennent, au dessous et au dessus d'eux, un développement considérable. En général, dans les groupes de roches non stratifiées, la structure des parties composantes est toujours la même : dans le groupe granitique, les roches sont des granites de différentes espèces ; dans le groupe porphyrique, ce sont des porphyres et des roches porphyroïdes ; dans le groupe trappéen, ce sont des eurites, des dorites compactes, des aphanites, etc.

Quand on a découvert une réunion de roches massives assez intimement liées entre elles pour qu'on puisse croire qu'elles constituent un groupe particulier, il faut la suivre et l'étudier dans un grand nombre de lieux, pour constater que, par la constance de ses caractères géognostiques et le développement qu'elle prend, elle peut être considérée comme une masse indépendante. Dans le cas contraire, il faudrait rapporter ces roches au groupe avec lequel elles se trouvent intimement liées.

Si l'on n'a pas encore pu parfaitement saisir les limites que la nature a fixées pour chaque formation, il n'en est pas de même pour les divisions d'un ordre plus élevé : les terrains se distinguent très bien les uns des autres ; il est vrai qu'ils sont développés sur une bien plus grande étendue que les formations, et que ceux de la première série, à l'exception du dernier cependant, ont chacun une population fossile particulière.

La première série comprend six grands terrains, ou époques géognostiques parfaitement distinctes les unes des autres, qui peuvent se subdiviser, à leur tour, en terrains plus petits et en formations, ou termes simples de la série.

La seconde ne comprend qu'un seul terrain, qui ne me paraît susceptible d'être divisé qu'en formations seulement.

Voici comment nous établissons les différentes époques géognostiques (voyez pl. 11, fig. 1).

1°. La première époque comprend toutes les formations dues aux causes actuellement agissantes ; tous les produits des phénomènes qui se passent maintenant à la surface de la terre ;

2°. La seconde, tout le grand terrain de transport ancien nommé *diluvium*, *atterrissement diluvien*, qui renferme en abondance des débris de grands mammifères terrestres, d'espèces perdues.

3°. La troisième, tous les dépôts stratifiés compris entre le terrain diluvien et la formation de la craie, parfaitement reconnaissable dans toutes les contrées de la terre.

4°. La quatrième époque renferme la formation de la craie, et toutes celles qui suivent, en descendant, jusqu'à la grande formation houillère exclusivement, sur laquelle les couches des groupes de cette époque sont généralement placées en stratification discordante.

5°. Dans la cinquième époque, nous plaçons la formation houillère et toutes celles qui lui sont inférieures, jusqu'aux roches cristallines stratifiées.

6°. Notre sixième époque comprend toutes les roches cristallines stratifiées : les *talcschistes, les micaschistes et les gneiss*, dans lesquels on n'a point encore trouvé de débris de restes organiques.

Enfin notre seconde série comprend toutes les roches cris-

...ines non stratifiées jusqu'aux laves des volcans, qui s'épan-
...ent encore aujourd'hui à la surface de la terre. L'action
...es forces qui lui ont donné naissance paraît avoir commencé
...u les premiers temps du globe; et comme elle n'est point
...core terminée, et que les produits viennent se mêler avec
... de l'époque la plus nouvelle, il est probable qu'il en
... également dans toutes les autres : c'est effectivement
... que leur étude nous prouvera.

M. de la Bêche, dans son *Manuel de géologie*, l'ouvrage le
... moderne et le plus complet que l'on possède, divise aussi
... croûte solide du globe en deux grandes séries (*terrains
stratifiés et terrains non stratifiés*); mais, dans la première
..., il distingue dix groupes ou époques, savoir : 1° *groupe
moderne*; 2° *groupe des blocs erratiques* (terrain diluvien);
... *groupe supercrétacé* (troisième époque); 4° *groupe crétacé*; 5° *groupe oolithique*; 6° *groupe du grès rouge* (ces trois
derniers constituent notre quatrième époque); 7° *groupe
carbonifère*; 8° *groupe de la grauwacke*; 9° *groupe fossilifère inférieur* (ces groupes-ci constituent notre cinquième
époque); 10° *groupe stratifié inférieur non fossilifère*
(sixième époque); enfin les terrains non stratifiés.

Les autres divisions nouvellement proposées ne sont généralement point en rapport avec les lois de la nature. Le
grand but de la géognosie est la découverte des lois suivant
lesquelles sont disposés les différens groupes de roches dans
l'intérieur de la terre; ces lois bien établies, on pourra, avec
quelques chances de succès, s'occuper de la recherche des
... dont le concours a donné naissance à notre planète,
... sinon résoudre ce grand problème de la création, en approcher du moins autant qu'il est permis à la faiblesse de nos
moyens et de notre intelligence.

Après ces considérations, nous sommes naturellement
... à commencer l'étude des terrains par le plus nouveau,
... celui qui, se formant tous les jours sous nos yeux, nous
permet de bien connaître les causes qui donnent naissance

aux différentes parties, et d'en apprécier parfaitement les effets.

I^e SÉRIE. FORMATIONS STRATIFIÉES.

PREMIÈRE ÉPOQUE.

ÉPOQUE ACTUELLE, TERRAIN POSTDILUVIEN, TERRAINS MODERNES, ALLUVIONS, ETC.

Caractères généraux.

§ 44. Tous les phénomènes qui se passent actuellement à la surface de la terre, et dont le commencement date probablement de l'existence de l'homme, constituent une grande époque géologique, se liant plus ou moins directement avec celles qui lui sont antérieures.

Une population particulière est maintenant répandue sur toute la surface du globe ; mais elle n'est pas identiquement la même partout ; les êtres organisés des pôles ne sont pas les mêmes que ceux de l'équateur : chaque grande contrée a ses espèces particulières, comme nous l'avons déjà fait remarquer en parlant des habitans des eaux. La population de la terre, caractérisée par le genre humain et un grand nombre de quadrupèdes connus de tout le monde, est trop variée pour qu'on puisse entreprendre d'en donner une idée dans un traité de géologie ; tous les ordres de végétaux et d'animaux s'y trouvent, jusqu'aux mollusques et même aux polypiers. Les mollusques testacés terrestres méritent surtout notre attention, parce qu'on les trouve à l'état fossile, non seulement dans les groupes modernes, mais encore dans plusieurs groupes anciens, ce qui prouve qu'à ces époques reculées, des portions de la terre étaient déjà émergées.

Les coquilles terrestres sont toutes univalves ; on en distingue beaucoup de genres, dont nous citons les principaux[*] : *hélice, cyclostome, maillot, bulime, agatine, etc.*

[*] Voyez pl. 5.

Les dépôts qui se forment actuellement à la surface de la terre, sous les eaux aussi bien qu'au contact de l'air, renferment des débris de cette population, plus ou moins bien conservés suivant leur nature, celle des agens à l'influence desquels ils ont été soumis, et le temps qu'ils ont été enfouis. Ces débris sont rarement pétrifiés, c'est à dire que la substance qui les compose n'a point été pénétrée par un suc lapidifique, comme cela a presque toujours lieu dans les autres époques. Ce suc lapidifique, quarz, calcaire, fer, etc., a détruit en tout ou en partie la matière organique, à la place de laquelle il s'est substitué, en prenant toutes les formes des êtres vivans, même dans leurs parties les plus délicates, au point que l'on peut quelquefois reconnaître parfaitement l'espèce[1].

L'altération que les débris organiques enfouis dans les dépôts modernes ont subie est de diverses natures : les coquilles deviennent friables, elles sont en partie détruites dans les eaux acides ; les os perdent leur matière animale, les végétaux se carbonisent, et cette carbonisation est quelquefois si complète, qu'il en résulte des masses compactes, les tourbes.

A l'exception des roches volcaniques, qui sont lancées des profondeurs du globe à l'état de fluidité ignée, celles qui entrent dans la composition des formations de la première époque n'ont, le plus souvent, aucune consistance ; les seules qui soient réellement agrégées sont des *travertins*, *des marnignos*, *des marnes*, *des brèches et des poudingues*, dont la solidité n'est pas comparable à celle des roches qui entrent dans la composition des terrains anciens : la plupart résultent de l'accumulation des débris provenant de la destruction des formations antérieures, transportés dans les lieux où nous les voyons aujourd'hui par les causes actuellement agissantes,

---

[1] Il faut bien distinguer les corps pétrifiés de ceux qui sont seulement incrustés, recouverts d'une couche pierreuse ; ce qui s'opère journellement dans plusieurs fontaines minérales. Dans ceux-ci, la matière organique est conservée sous la croûte pierreuse ; dans ceux-là, au contraire, elle a été détruite et remplacée par une substance minérale.

la pesanteur, les eaux et même les vents. On conçoit, d'après cela, qu'en général les formations de l'époque actuelle doivent être composées de matériaux très différens, le plus souvent mélangés sans aucun ordre, et qu'il ne doit point y exister de stratification régulière. Les caractères les plus distinctifs de ces formations sont de s'accroître encore sous nos yeux, de renfermer des débris du genre humain et des traces de son industrie.

Nous distinguons douze formations principales dans la première époque géognostique, savoir : terre *végétale*, *éboulemens, atterrissemens, dunes, tourbes et bois fossiles, travaux des zoophytes, volcans, geysers, salses, émanations gazeuses, sources de naphte et d'asphalte, dépôts des eaux minérales*. Nous allons décrire successivement chacune de ces formations.

1ʳᵉ FORMATION. *Terre végétale*.

§ 45. La terre végétale est cette couche extrêmement mince dans laquelle croissent les végétaux; elle est composée des débris des trois règnes, réduits à un degré de ténuité extrême: sa composition doit donc être très compliquée.

Sous le rapport minéral, la nature de la terre végétale participe beaucoup de celle des roches environnantes, et cela se conçoit parfaitement, puisque le détritus de ces roches vient continuellement augmenter son épaisseur, et que les travaux des hommes en mêlent, à chaque instant, les différentes parties. Dans les plaines et dans le fond des vallées, où les eaux déposent continuellement, cette nature est plus compliquée que sur les flancs des montagnes et sur les plateaux : sur ceux-ci, quand la roche est facilement décomposable par l'action des agens atmosphériques, comme les roches feldspathiques, craïeuses, etc., la couche dans laquelle croît la végétation est composée du détritus de ces mêmes roches, souvent très pur, ainsi qu'on l'observe sur les plateaux granitiques

de la Bretagne, de la Bourgogne, etc., et dans les plaines
craïeuses de la Champagne et de la Picardie.

La formation qui nous occupe, la plus mince de toutes
celles connues, est cependant la plus étendue ; on peut dire
qu'elle couvre toute la surface de la terre qui se trouve au
dessus des eaux.

La nature de la terre végétale influe certainement sur la
végétation : il est évident que les plantes ne croissent pas de
la même manière, dans une couche marneuse qui retient
facilement les eaux de l'atmosphère, que dans une couche
de sable qui les laisse filtrer : cependant cette influence est
beaucoup moins grande que celle de la température. En
Afrique (environs d'Alger), les mêmes plantes végètent à peu
près de la même manière, sur les sols les plus différens (le
gneiss, les phyllades, les calcaires et les marnes), dans les collines du littoral, dont la température moyenne est de 18°. Au sud
du Petit Atlas, il existe une masse de collines qui sont de
même nature que la plus grande partie de celles du littoral,
mais plus élevées, et par conséquent plus froides : l'*oranger*,
les *agaves*, les *cactus* et les *palmiers*, extrêmement communs
sur les premières, ne croissent plus sur les dernières. Les
montagnes calcaréo-marneuses du Petit Atlas nourrissent
toutes ces plantes jusqu'au tiers de la hauteur, et peu après
qu'elles ont disparu, on ne trouve plus que des *chênes-verts*
et des *liéges* ; cependant la nature de la terre végétale n'a pas
changé.

Les montagnes du Jura et celles des Vosges atteignent à
peu près la même élévation au dessus du niveau de la mer,
et leur végétation est sensiblement la même ; les forêts surtout sont peuplées des mêmes arbres : eh bien ! la nature minéralogique de ces montagnes diffère complétement : la
chaîne du Jura est entièrement composée de calcaires et de
marnes ; tandis que les roches qui entrent dans la constitution de celle des Vosges sont des grès, des gneiss, des granites, des eurites et des porphyres.

En prenant la température des sources qui sortent de ces différentes espèces de roches, j'ai remarqué que celle des granites et des gneiss était toujours beaucoup plus basse que celle des autres ; la différence allait quelquefois jusqu'à 5° : aussi les plantes alpines , et les arbres des pays froids (sapins, épicéas , etc.), sont-ils plus nombreux dans la région granitique que dans celle des autres roches. Enfin, la plus forte preuve que l'on puisse donner de la prédominance de l'influence de la température, sur celle de la terre végétale, se trouve dans les serres chaudes, au moyen desquelles on fait croître dans la terre de nos jardins les plantes des contrées tropicales.

En cherchant à démontrer que la terre végétale n'a pas, sur la végétation , une aussi grande influence qu'on pourrait le croire , je n'ai point pour but de faire négliger son étude, au contraire je la recommande à tous les observateurs qui entreprennent la description d'une contrée : d'après sa composition, ils pourront toujours déterminer son origine ; elle leur apprendra quelquefois que des roches regardées comme inattaquables sont cependant susceptibles de se décomposer avec le temps. Cette composition est de la plus haute importance pour le cultivateur ; c'est elle qui doit le diriger dans ses systèmes d'assolement, d'amendement et d'irrigation ; elle lui apprendra même souvent quelles sont les semences le plus convenables pour ses champs. La description d'un pays est incomplète quand on n'a pas examiné avec soin la terre végétale, les différens genres de plantes qu'elle produit, et la manière dont chacun y croît.

2ᵉ FORMATION. *Éboulemens.*

§ 46. Nous entendons par éboulemens tous les massifs formés de matériaux de nature quelconque, que l'action de la pesanteur accumule sur certain point de la surface de la terre.

Au pied de tous les escarpemens, dans les montagnes et le long des côtes, il existe de semblables amas, provenant de la destruction des roches supérieures. Ces amas affectent différentes formes ; mais la surface qui les termine se rapproche toujours de celle d'un cône qui est plus ou moins aigu, selon que la partie éboulée est moins ou plus étendue. Cependant, au pied des grandes crêtes sensiblement rectilignes, dans la chaîne du Jura, les éboulemens forment un plan incliné qui règne tout le long de la crête depuis une certaine hauteur; mais, à la rigueur, ce plan pourrait être décomposé en un certain nombre de cônes, dont chacun aurait son sommet sur un point particulier de la crête.

Quoique les matériaux qui composent un éboulement soient très mélangés, on y reconnaît cependant un certain ordre, déterminé par les lois de la mécanique : les morceaux les plus pesans sont les plus éloignés du point de départ ; aussi les grosses pierres occupent-elles toujours la base du cône, tandis que les parties meubles et légères sont à la partie supérieure.

La nature des roches qui composent les éboulemens variant avec les localités, nous ne pouvons pas nous occuper de leur composition intérieure : lorsqu'ils reposent sur les flancs des montagnes renfermant des minéraux précieux, comme en Amérique, par exemple, ils contiennent quelquefois une assez grande quantité de minérai pour donner lieu à des exploitations avantageuses. Les débris des roches donnent aussi des pierres pour la bâtisse et pour réparer les routes, que l'on se trouve ainsi dispensé d'exploiter à grands frais.

Les éboulemens sont le résultat de deux causes bien connues ; l'infiltration des eaux et les variations de température dans les masses minérales.

1°. Dans le voisinage des escarpemens, les eaux, en s'infiltrant dans les fissures des roches, détrempent les parties molles, les entraînent, et forment ainsi des vides entre les parties les plus solides qui les contenaient : celles-ci, étant traversées par des fissures, se rompent en vertu de leur propre poids, et se détruisent aussi réciproquement en tombant les uns sur les autres.

Pendant l'hiver, l'eau contenue dans les fissures des roches se gèle, et l'expansion de la glace produit souvent un effort assez considérable pour en écarter certaines parties. Dans le dégel, la glace, fondant, permet aux parties écartées de se séparer, et la roche s'éboule. Cette cause produit des effets très considérables dans les hautes montagnes, d'où, après les dégels, on voit tomber, avec un fracas épouvantable, des masses énormes de rochers, qui entraînent tout ce qui se trouve sur leur passage.

2°. Les masses minérales étant de mauvais conducteurs du calorique, les variations de température y déterminent des fractures, qui contribuent puissamment aux éboulemens : citons quelques exemples.

Le sommet du Ruffiberg, en Suisse, est composé de gros blocs de rochers reposant sur une couche argileuse très inclinée à l'horizon ; l'eau filtrant à travers ses blocs, ayant détrempé une portion de l'argile inférieure, en septembre 1806, il se fit un éboulement considérable, qui détruisit plusieurs maisons éparses, et endommagea plus ou moins quatre villages : celui de Goldau fut écrasé par des masses de rochers, et celui de Lowertz envahi par un torrent de boue. Au pied des falaises du littoral de Boulogne (Pas-de-Calais) et de celles de Lyme-Regis en Angleterre, il existe des éboulemens très considérables, qui garantissent en partie ces mêmes falaises de l'action de la mer, et qui sont déterminés par les eaux pluviales et celles des sources, qui, en s'infiltrant dans les parties supérieures, composées de roches dures, de sables et d'argiles, entraînent ceux-ci, et déterminent la chute des autres, sous lesquelles des cavités se trouvent ainsi pratiquées. J'ai vu sur la rive droite du Rhône, près de Valence, un rocher calcaire, dont une grande partie s'était éboulée après un dégel, avec un fracas épouvantable. J'ai aussi observé le résultat de semblables phénomènes, entre Digne et Castellane (Basses-

Alpes) ; non loin de la première ville, j'ai vu une vallée qui avait été en partie comblée par une chute de pierres mêlées de sables et de marnes : presque tous les arbres avaient été renversés et recouverts ; quelques uns restés debout ne montraient plus que l'extrémité des branches où étaient enfouis jusqu'à une grande hauteur.

Généralement, les éboulemens ne se font pas subitement ; les roches exposées à l'action des agens destructeurs se détruisent au contraire peu à peu, et les talus qui sont à leur pied s'augmentent insensiblement ; la formation de quelques uns de ces talus, qui a probablement commencé avec l'époque actuelle, n'est point encore terminée.

Au premier abord, on pourrait croire, et quelques hommes célèbres ont même osé soutenir, que l'effet dont nous venons de parler n'a point de limites, et que les montagnes, se détruisant peu à peu, doivent finir par se niveler. C'est là une grave erreur que le raisonnement seul suffit pour détruire : les talus qui se forment au pied des escarpemens, par les matériaux qui en tombent, s'élevant avec le temps, préservent ainsi les parties qu'ils recouvrent ; il arrivera nécessairement une époque à laquelle l'escarpement sera tout à fait recouvert par le talus, et alors l'action des forces destructives cessera. Les talus eux-mêmes, en butte aux mêmes destructions, rongés par les ruisseaux qui en contournent le pied, peuvent aussi s'ébouler ; mais cela ne fait que reculer le moment d'équilibre stable, qui finit toujours par s'établir. Ceci est frappant dans les montagnes de hauteur moyenne, où les talus forment les flancs de la plupart des vallées.

On est averti que les talus ne se détruisent plus, par la végétation qui s'en est emparée : lorsque des plantes délicates, comme les graminées, les mousses et les lichens, résistent à l'action des agens destructeurs, à plus forte raison les roches qui sont au dessous d'elles doivent-elles y résister.

On peut regarder la destruction des montagnes comme arrêtée, lorsque la surface des talus, sensiblement unie, est couverte de végétations, et qu'ils ne sont plus dominés par des escarpemens. Dans toutes les chaines de montagnes on trouve des talus terminés et d'autres qui ne le sont pas. En général, les talus sont d'autant plus avancés que les montagnes dans lesquelles on les observe sont moins élevées : dans les Vosges, les Ardennes, les montagnes du Jura, les talus sont beaucoup plus avancés que dans les Alpes et dans les Pyrénées.

Nous avons déjà dit, § 23, comment les vagues qui battent le pied des falaises y déterminent des éboulemens qui finissent par préserver entièrement ces mêmes falaises de leur action destructive ; ces éboulemens sont encore augmentés par les causes que nous venons de faire connaitre, et qui concourent avec les vagues à établir l'équilibre nécessaire à la conservation générale.

3ᵉ FORMATION. *Atterrissemens.*

§ 47. Cette troisième formation comprend tous les dépôts formés mécaniquement par les eaux douces et par les eaux salées : de là deux divisions naturelles dans le groupe : *atterrissemens d'eau douce et atterrissemens marins.*

Atterrissemens d'eau douce.

Les agens atmosphériques agissent lentement, mais sensiblement, sur les masses minérales, comme nous l'avons prouvé § 7. De la destruction de celles-ci, il résulte des blocs plus ou moins gros, des graviers, des sables et des marnes, qui sont d'autant plus abondans que les masses d'où ils proviennent se décomposent plus facilement. Les eaux sauvages entrainent ces debris en passant dessus, en même temps qu'elles attaquent les roches mal agrégées qui se trouvent également sur leur passage. Ce phénomène a lieu suivant les lois de la mécanique : tous les matériaux suspendus dans l'eau sont transportés aussi long-temps que la vitesse de ce liquide a une intensité assez considérable pour vaincre l'effet de la esanteur qui tend à les précipiter ; mais, aussitôt que cette dernière force l'emporte sur la première, les matières suspendues se déposent.

La vitesse d'un courant d'eau se détruit par les obstacles qu'il rencontre ; et, comme le nombre de ces obstacles est en raison directe de l'espace que le courant parcourt, il en résulte que les morceaux les plus pesans se déposent les premiers : ce principe renferme toute la théorie des atterrissemens qui se forment le long des cours d'eau.

Tout le monde a remarqué les atterrissemens qui existent dans les lits des rivières et des fleuves, et qui sont quelquefois assez considérables pour en obstruer le cours, ou en rendre la navigation extrêmement difficile : tels sont ceux de la Durance, du Rhône, du Rhin, etc. Les lits de ces fleuves sont remplis d'une grande quantité d'îles, presque toutes couvertes dans les débordemens, qui ne sont autre chose que le résultat des atterrissemens.

Je vais exposer la théorie générale des atterrissemens le long d'un cours d'eau quelconque.

D'après ce que nous avons dit au commencement de ce paragraphe, la quantité des matériaux qui composent les atterrissemens le long du cours d'une rivière doit aller en diminuant de sa source vers son embouchure, où il ne se dépose, en général, que des vases et des sables extrêmement fins.

Voyons maintenant comment les atterrissemens sont déterminés.

Si un obstacle quelconque vient s'opposer perpendiculairement au courant, il est évident qu'en ce point sa vitesse sera nulle, et que toutes les matières tenues en suspension, dont la densité est plus grande que celle de l'eau, vont se déposer; mais, si l'obstacle est oblique à la direction de l'eau, celle-ci ne perdra qu'une partie de sa vitesse, et ne laissera déposer que les corps dont la pesanteur l'emportera sur la vitesse restante. A un second obstacle, les choses se passeront absolument de la même manière, et ainsi de suite jusqu'à l'embouchure, où se déposent les matières les plus légères. Il résulte de là que les morceaux appartenant à la même substance, et partis du même point, sont disposés, le long des cours d'eau, par ordre de volume ; les plus gros étant au point de départ : ce qui est précisément le contraire des éboulemens.

L'observation a prouvé que la vitesse d'un cours d'eau quelconque diminue en allant du milieu vers les bords ; résultat parfaitement d'accord avec la théorie, puisque c'est vers ceux-ci que se trouvent le plus d'obstacles. C'est donc le long des bords que se forment le plus communément les atterrissemens ; ceux du milieu ne sont déterminés que par des obstacles accidentels.

Les atterrissemens des bords des fleuves, ou des rivières, présentent des faits curieux et d'une haute importance pour les établissemens qu'on veut y former, la navigation et l'art militaire.

Quand un courant est réfléchi par un obstacle, sa direction est changée, et ensuite il se dirige plus ou moins obliquement sur l'autre bord, où, par son action continuelle, il produit une berge : là, les obstacles qu'il rencontre le forcent à se réfléchir de nouveau, et à aller former, de la même manière, une seconde berge sur le premier bord, etc.; en sorte que les rivières, dans les parties sinueuses de leur cours, doivent présenter une alternative de berges et de talus, et que les talus doivent occuper les angles saillans, et les berges les rentrans (pl. 1, fig. 11) ; c'est effectivement ce qui a lieu. Dans les parties droites du lit, la vitesse étant à peu près également diminuée sur les deux bords, les talus s'établissent des deux côtés, et le fond s'élève également : aussi, est-ce ordinairement dans ces portions du cours des rivières que se trouvent les gués, tandis que, dans les parties sinueuses, la profondeur de l'eau est toujours plus considérable du côté de la berge que du côté opposé.

La disposition que nous venons de faire connaître peut être observée le long de tous les cours d'eau qui ne sont point encaissés par des roches dures. Ces principes sont d'une haute importance pour le navigateur qui voyage sur un fleuve inconnu, et pour le militaire qui, par leur moyen, peut avoir, à l'inspection d'une carte seulement, des données assez exactes pour effectuer le passage d'une rivière, ou pour prendre position sur ses bords.

Cette portion horizontale qui occupe le fond des vallées, et dans laquelle les lits des cours d'eau sont creusés, mérite de fixer notre attention d'une manière particulière : elle est formée par le cours d'eau qui la traverse.

En examinant les berges d'une rivière, on reconnaît que le terrain dans lequel elles sont excavées doit son existence à l'ordre actuel des choses : il contient des lits de sables, de cailloux roulés et de marnes, tout à fait identiques avec ceux des bords ; des débris de poterie, de briques et d'autres ouvrages humains ; des ossemens d'espèces actuellement vivantes, mélangés souvent avec des os d'homme ; des coquilles terrestres et fluviatiles qui vivent dans la contrée; des bois en partie carbonisés, etc. Une localité remarquable dans ce genre est la berge de la rive droite de la Saône, vis à vis Verdun : il existe là, au milieu de marnes argileuses noirâtres, une couche horizontale composée d'ossemens *d'hommes*, de *bœufs*, de *chevaux* et de *cochons*, mélangés de fragmens de *poterie grossière*. Un peu au dessus de Châlons-sur-Saône, j'ai trouvé, dans les berges de la même rivière, des *briques*, moitié d'un *ancien vase*, des *os* et des *dents de chevaux*, des *hélices* et des *unios* vivant encore actuellement dans la contrée. J'ai fait de semblables observations dans les berges de plusieurs autres rivières. Ainsi, la partie horizontale du fond des vallées est certainement une formation de l'époque actuelle ; elle s'accroît encore tous les jours, et voici comment.

Les eaux sauvages qui se rendent dans le lit d'une rivière, en entraînant avec elles une grande quantité de débris, élèvent momentanément son niveau, et quelquefois d'une quantité assez considérable pour la faire déborder sur le sol plat situé de chaque côté de son lit. La masse d'eau étant d'autant moins épaisse qu'elle est répandue sur une plus grande surface, et le nombre des obstacles augmentant de la même manière que la surface recouverte, la vitesse diminue de plus en plus : alors les matières tenues en suspension se déposent et forment une petite couche ; mais, dans le lit où la vitesse a augmenté au lieu de diminuer, le dépôt est beaucoup moins fort que sur les rives ; souvent même il ne s'en forme point. Les mêmes phénomènes se reproduisant à chaque débordement, il en résulte que les berges des rivières s'élèvent graduellement, et qu'elles sont d'autant plus hautes que les inondations sont plus fréquentes ; ce que l'on ne croirait pas au premier abord. J'ai très bien vérifié tous ces faits le long du cours de la Saône, qui déborde très souvent, et de ceux du Doubs et de la Dheune qui s'y jettent. Ces deux dernières présentent l'application complète des principes : en remontant le long de leur cours, on voit les berges s'abaisser, ce qui provient de ce que le nombre de leurs débordemens diminue à mesure qu'on s'éloigne du lit de la Saône, qui, dans les siens, ne peut refouler leurs eaux qu'à une certaine distance. Ainsi, à l'inspection seule du lit d'une rivière ou d'un fleuve, on peut dire si les inondations sont fréquentes, et même, par ses affluens, déterminer à peu près la distance à laquelle elles s'étendent ; ce qui est tout à fait indispensable lorsqu'on veut former quelque établissement sur les bords.

Les inondations ne sont pas toutes aussi considérables les unes que les autres ; il y en a beaucoup plus de petites que de grandes : c'est ce qui explique pourquoi, de chaque côté d'un cours d'eau sujet à déborder, le terrain, au lieu d'être parfaitement horizontal, forme un plan incliné qui s'élève en approchant du lit. Ce phénomène est extrêmement sensible sur les rives du Nil, où les débordemens produisent des dé-

beaucoup plus considérables que dans aucune autre contrée : on peut aussi très bien l'observer dans les grandes prairies qui bordent le cours de la Saône.

Ce qui prouve que, dans leurs débordemens comme
dans leur état naturel, les rivières et les fleuves déposent
sur leurs bords une grande partie des matériaux qu'ils charrient ; mais les parties les plus légères sont transportées jusqu'à l'embouchure dans la mer, ou dans des lacs, où les eaux
courantes perdent tout à fait leur vitesse ; alors il se forme
un dépôts qui obstruent souvent l'entrée des fleuves. Dans
l'Océan, l'effet du flux, combiné avec celui du courant de
l'eau douce, donne à ces dépôts la forme de grandes barres
placées devant l'embouchure des rivières, et qu'on est obligé
de détruire par des moyens artificiels, pour laisser l'entrée libre aux vaisseaux.

Dans la Méditerranée, où le mouvement de flux et de reflux est à peine sensible, les dépôts s'étendent assez uniformément sur le sol qui se trouve devant l'embouchure des
fleuves, mais, comme l'action de ceux-ci détruit continuellement les parties les plus avancées dans leurs eaux, elle
donne au dépôt la forme d'un triangle, dont le sommet se
trouve être le point le plus avancé dans le lit du fleuve. Ces
dépôts ont été nommés *delta*, à cause de leur ressemblance
avec cette lettre de l'alphabet grec : il en existe à l'embouchure de tous les grands fleuves qui se jettent dans la Méditerranée. La Camargue, célèbre par ses chevaux et ses bœufs
sauvages, n'est autre chose que le delta du Rhône. Celui du
Pô, qui se forme dans une mer peu profonde, avance avec
une grande rapidité ; M. de Prony a conclu d'un grand nombre d'observations que sa marche moyenne a été de 70 mètres par an pendant les deux derniers siècles.

Mais le delta le plus célèbre est, sans contredit, celui du
Nil, qui forme le sol de la Basse-Égypte. Ce delta présente
plusieurs solutions de continuité, il renferme plusieurs lacs,
dont quelques uns ont une surface de 20 lieues carrées, et

il est traversé par deux courans principaux qui se séparent l'un de l'autre un peu au dessous du Caire. On sait que le débordement du Nil, qui donne la vie à toute l'Égypte, est le résultat des grandes pluies tombées dans l'Abyssinie pendant le printemps. Les eaux provenant de ces pluies amènent dans le lit du fleuve le détritus des terrains qu'elles ont lavés. Les débris les plus pesans sont arrêtés par les nombreuses cataractes, que le Nil est obligé de franchir avant d'entrer en Égypte : en se répandant sur le sol de cette contrée, il en cède encore une grande partie pour former cette couche de limon qui fertilise les champs ; enfin les portions les plus ténues sont portées jusque dans la mer et vont augmenter le delta.

On a calculé que le delta s'était accru de 20,000 mètres environ depuis le temps d'Hérodote, et déduit, d'une foule de considérations très rationnelles et d'observations faites sur les lieux, que l'exhaussement était de 57 pouces par mille ans. D'après les calculs de M. Girard, le Nil aurait élevé la surface de la Haute-Égypte d'environ 2 mètres depuis le commencement de l'ère chrétienne.

Le débordement du Nil commence en juin ; il atteint son maximum dans le mois d'août, et le volume des eaux diminue ensuite jusqu'au mois de mai suivant.

Quand les cours d'eau viennent à tomber dans les lacs, ils y forment aussi des atterrissemens qui, en élevant peu à peu le fond, diminuent sensiblement la profondeur, et finissent quelquefois par les combler entièrement : j'ai vu, dans les Vosges, beaucoup de petits lacs entièrement comblés par les dépôts des eaux sauvages. C'est dans l'intérieur des chaînes de montagnes que cet effet est le plus sensible, parce qu'il existe une plus grande quantité de débris à la surface du sol, et que, les pentes étant très inclinées, les eaux, en coulant dessus, acquièrent une plus grande vitesse que dans les plaines et, par conséquent, le pouvoir de transporter plus de matériaux. Les atterrissemens sont très sensibles à l'entrée du Rhône et du Rhin dans les lacs de Genève et de Constance. Saussure, qui fit beaucoup d'observations sur ceux du premier, pensait qu'à la suite des siècles, le bassin de ce lac serait comblé par eux. On conçoit très bien que l'époque du comblement doit être d'autant plus éloignée que l'étendue du lac est plus considérable : on voit les atterrissemens s'augmenter dans les deux dont nous venons de parler, mais leur étendue n'en est point encore sensiblement diminuée; tandis que d'autres, beaucoup plus petits, sont comblés en partie : le lac de Côme, par exemple, qui reçoit les eaux de l'Adda et de la Mera.

Les dépôts mécaniques qui se forment dans le fond d'un lac ont une inclinaison égale à celle du fond, et les matériaux, dans chaque couche, sont disposés par ordre de pesanteur, à partir du bord, absolument comme dans le lit d'une rivière. Ainsi, sur les rives gisent les blocs et les cailloux roulés, tandis qu'à une certaine distance dans l'intérieur, on ne trouve plus que des sables et des marnes. M. de la Bèche a reconnu les traces du dépôt sableux et limoneux du Rhône, jusqu'à la distance d'une lieue et un quart de l'entrée de ce fleuve, à 76 mètres de profondeur.

On voit souvent, après les grandes pluies et la fonte des neiges, des amas d'eau considérables dans les lieux bas, qui finissent par se dessécher entièrement après un temps plus ou moins long. Les eaux sauvages qui sont venues former ces amas ont apporté avec elles une partie du détritus des roches sur lesquelles elles ont passé, et formé ainsi un dépôt d'une certaine épaisseur, qui se renouvelle autant de fois que l'amas d'eau, et élève de plus en plus le sol, de telle manière que, si le réservoir n'est pas très profond, il arrivera un moment où les eaux ne pourront plus s'y rassembler.

Dans leurs inondations, les rivières remplissent un certain nombre de semblables réservoirs, dans lesquels il se forme un dépôt vaseux qui élève très rapidement le fond : il en existe beaucoup sur les rives de la Saône, dont les cultivateurs enlèvent de temps en temps le fond pour amender les terres sableuses.

Dans les matériaux que charrient les courans d'eau, il y a une distinction très importante à faire : beaucoup proviennent des montagnes environnantes, mais beaucoup aussi sont arrachés au lit même du courant. Le Rhône et le Rhin offrent des exemples bien frappans de ce fait : le sol dans lequel le lit de ces deux fleuves est creusé se compose de cailloux roulés, de sables et de marnes ; l'action de l'eau contre les berges détache une partie de ces matériaux, qui sont transportés, en vertu de la vitesse acquise, jusqu'à une certaine distance ; c'est ainsi qu'une partie des îles qui obstruent le cours de ces fleuves a été formée. Les courans d'eaux sauvages, en passant sur les cailloux roulés, déposés antérieurement à l'ordre actuel des choses, les mettent à découvert et les transportent même aussi : ces cailloux sont souvent identiques avec les roches des montagnes voisines ; en sorte que, si l'on n'était pas prévenu, on pourrait les croire arrachés à celles-ci et arrondis par le torrent.

Nous avons dit, § 15, qu'il existait dans l'intérieur des continens plusieurs lacs d'eau salée ; il se forme dans ces lacs des dépôts qui présentent un mélange d'êtres organiques marins, d'eau douce et terrestres. Ces dépôts élèvent aussi le fond des lacs, et lorsqu'ils sont peu étendus, la diminution dans le volume des eaux est extrêmement sensible. On conçoit que, dans cette circonstance, la quantité d'eau douce qui se renouvelle continuellement doit sensiblement diminuer la salure, et qu'il peut arriver une époque où le lac marin sera transformé en lac d'eau douce. On connaît plusieurs exemples de ce fait : dans les environs de Narbonne, il existe plusieurs lacs marins dont la salure de quelques uns a diminué, depuis les temps historiques, au point qu'aujourd'hui, des batraciens et des mollusques d'eau douce commencent à y vivre. On a trouvé *le cardium edule*, coquille marine, vivant dans un marais tourbeux aux environs de Gretabridge.

Il est probable que ce marais n'est autre chose que les restes
d'un lac salé, qui a été comblé en se transformant en lac d'eau
douce.

Les mers Caspienne et d'Aral sont beaucoup trop considérables pour que la quantité d'eau qu'y amènent es rivières
puisse diminuer sensiblement la salure, d'autant plus que, leur
urface étant très étendue, elles perdent beaucoup par l'éva-
oration.

Les phénomènes dont nous venons de parler sont pro-
ressifs, et les causes qui les produisent agissent d'une ma-
ière continue, ou à très peu près ; mais des phénomènes du
même genre sont aussi produits par des causes subites et vio-
ntes. Des masses de neige (les avalanches) se précipitent des
autes montagnes et entraînent avec elles des masses de ro-
hers qui leur aident à détruire tout ce qu'elles rencontrent
ar leur passage ; des torrens d'eaux, résultat de grandes pluies
u d'éruptions souterraines, se précipitent quelquefois dans
e fond des vallées, qu'elles couvrent d'une masse de débris ar-
achés aux roches sur lesquelles elles ont passé ; j'ai vu dans
s Alpes de nombreux exemples de ce fait.

Les lacs des hautes montagnes, permanens ou acciden-
ls, doivent souvent leur existence à une barre d'alluvions
ui retient les eaux, et contre laquelle celles-ci exercent un
ffort continuel tendant à la rompre. Une augmentation suite du volume de ces eaux, ou toute autre cause, détermine
uelquefois la rupture de cette barre ; alors, le lac, en se vi-
ant, produit des effets analogues à ceux des masses d'eau qui
e précipitent sur les flancs des montagnes.

Dans la vallée de Bagnes (Valais), le cours de la Drance
yant été obstrué par des avalanches de glace et de neige, il
e forma, en avant de la barre, un lac considérable qui me-
açait de ravager tout le pays situé au dessous, aussitôt que la
haleur, venant détruire la glace, permettrait aux eaux de
'échapper. Les habitans eurent l'idée de percer une galerie
ans la glace, pour faire écouler lentement les eaux, et

échapper ainsi au danger qui les menaçait. De cette manière,
ils parvinrent à faire écouler un tiers de la quantité d'eau
retenue ; mais la digue étant venue à se rompre, un torrent
d'eau s'échappa tout à coup avec une violence extrême, entraînant d'énormes blocs de rochers, des arbres et des maisons, détruisit une partie du bourg de Martigny, et alla se
réunir au Rhône en perdant graduellement sa vitesse. La
surface du pays qu'il traversa fut couverte de débris ; plusieurs arbres, qui avaient été enlevés avec presque toute la
terre attachée à leurs racines, restèrent debout.

Au printemps de 1818, le lac de Sauvando, au nord de
Saint-Pétersbourg, se vida par la rupture d'une digue qui
retenait ses eaux, et donna lieu à des phénomènes semblables.

Atterrissemens marins.

Les atterrissemens marins se lient à ceux d'eau douce par
les dépôts qui se forment à l'embouchure des fleuves, auxquels les eaux douces et marines travaillent ensemble ; dans
les grandes tempêtes et les fortes marées, la mer fait souvent
éruption dans des lacs d'eau douce, amenant avec elle des
matériaux arrachés aux roches qui forment son fond, et le
dépôt de ceux-ci, s'opérant dans le lieu où ils ont été transportés, forme encore une liaison entre les deux espèces
d'atterrissemens.

Les vagues de la mer rongent continuellement les dépôts
que les eaux douces forment dans son intérieur ; elles attaquent, dans le même temps, les roches peu agrégées du fond,
et se trouvent ainsi chargées de sables, de marnes et de fragmens solides plus ou moins gros, qu'elles portent continuellement sur la côte. Voici comment le dépôt s'effectue : à mesure
que la vague s'étend sur le sol plat, elle perd sa vitesse, et il
arrive un moment où, cette vitesse étant tout à fait nulle, les
matières suspendues se déposent ; la vague, qui se retire lentement, n'en remmène que peu ou point, surtout quand

l'inclinaison du sol est peu considérable. Les mêmes phénomènes se reproduisant à chaque ondulation, on conçoit que les dépôts formés de cette manière doivent croître très rapidement, et que si le fond de la mer n'est pas très éloigné de la surface, en peu de temps il peut se trouver porté au dessus. C'est ainsi qu'a été formée la plus grande partie du sol de la Hollande, et toute cette grande bande plate qui s'étend depuis Calais jusqu'au delà de Dunkerque ; qu'Aigues-Mortes, où s'embarqua saint Louis partant pour la Terre-Sainte, est maintenant à plus d'une lieue de la mer.

Il ne faut pas vouloir s'emparer trop tôt des atterrissemens marins, et voici pourquoi : après qu'ils ont été découverts, ils se dessèchent, les matériaux qui les composent se tassent, et ils s'abaissent assez pour que la mer puisse les envahir de nouveau. Les envahissemens ajoutent de nouvelles couches aux premières, et cela se continue jusqu'à ce que la mer ait enfin porté le sol à une assez grande élévation, pour qu'en se desséchant il ne baisse plus au dessous de son niveau. C'est pour n'avoir pas eu égard à ce principe qu'une grande partie de la Hollande est exposée à être envahie de nouveau par la mer : sur les côtes de ce royaume, les atterrissemens marins croissent avec une grande rapidité ; lorsque les habitans s'aperçoivent que ces dépôts commencent à se montrer au dessus de la surface des eaux, ils profitent de la marée basse pour enfermer, dans des digues, une certaine étendue de terrain, qu'ils enlèvent ainsi à la mer. Mais ce terrain humide s'abaisse beaucoup en se desséchant ; au bout de quelques années seulement, il se trouve à plusieurs mètres au dessous du niveau des eaux, et aussitôt que les digues viennent à se rompre, il est submergé.

Des villages entiers, bâtis sur de semblables sols, sont enfouis dans les eaux depuis un grand nombre d'années, et beaucoup d'autres, et même des villes populeuses, éprouveront le même sort si les digues viennent à se rompre.

Conglomérats marins modernes. Dans quelques cas particuliers, la mer jette sur ses bords des sables mêlés d'une plus ou moins grande quantité de débris de coquilles et de coraux, qui se trouvent agglutinés par un ciment calcaire, et qui finissent par prendre une consistance assez considérable. On cite des roches de cette nature qui se forment journellement sur les côtes de la Sicile ; en Morée, le capitaine Boblaye a observé, sur le bord de la mer, des brèches à ciment de calcaire spathique, ayant toute la dureté des roches anciennes, qui renferment de nombreux débris de poteries.

Les roches solides formées par la mer actuelle sont surtout communes dans l'archipel des Antilles, où les nègres désignent ce phénomène sous le nom de *Maçonne-bon-Dieu.*

Le dépôt de ce genre le plus remarquable se trouve sur la côte nord-ouest de la Guadeloupe, près du port du môle ; la roche, qui se forme encore, contient des squelettes humains plus ou moins mutilés. Cette formation occupe une espèce de glacis appuyé sur la côte escarpée de l'île, et que l'eau recouvre en partie à marée haute : on la voit s'accroître journellement par les débris très menus de coquillages et de coraux qu'apportent les vagues, et dont l'amas prend ensuite une grande consistance.

Les ossemens humains engagés dans ce dépôt proviennent probablement d'hommes noyés dans les naufrages, apportés par les vagues avec les autres matériaux. Le général Donzelot a fait extraire un squelette entier que l'on voit au Muséum de Paris, et dont Cuvier a donné un dessin à la fin de son discours sur les révolutions du globe. La roche qui renferme les os humains contient aussi des coquilles de la plage voisine, des coquilles terrestres de l'île, et notamment le *bulimus guadalupensis* (Férussac).

Sur le littoral de l'île Saint-Dominique, il existe des formations absolument semblables à celle-ci, dans lesquelles on a trouvé des débris de vases et d'autres traces de l'industrie humaine, à plus de 20 pieds dans l'intérieur des terres. On remarque que l'accroissement de ces dépôts est d'autant plus rapide, que le mouvement des vagues est plus violent.

Plages de galets. Les plages des bords de la mer sont quelquefois couvertes de galets (cailloux roulés aplatis) qui peuvent avoir été accumulés par les vagues, ou par d'autres causes dont l'action a cessé. La mer actuelle a une action très sensible sur ces galets; elle les pousse toujours dans l'intérieur des terres, suivant la direction des vents dominans de la contrée. La côte sud de l'Angleterre offre de nombreux exemples de ce phénomène : sur cette côte, les vents dominans sont ceux de l'ouest et du sud-ouest, et les galets s'avancent vers l'est jusqu'à ce que, rencontrant un obstacle insurmontable, ils s'accumulent et élèvent une barrière contre euxmêmes, qui préserve en même temps la côte de l'action des vagues. La marche des galets est proportionnelle à la force du vent et à la hauteur des marées. Le *Chesil-Bank*, qui réunit l'île Portland avec l'Angleterre, et le banc de la côte méridionale du Devonshire, sont des barres de galets qui préservent le terrain situé derrière elles de l'action des vagues.

Les galets qui couvrent les plages, s'ils n'appartiennent pas à la seconde époque géologique, proviennent des fragmens de rochers arrachés par la mer à son propre fond, qu'elle brise et roule en les transportant sur la côte, ou à des blocs tombés de la partie supérieure des falaises, qu'elle réduit en fragmens en les poussant les uns contre les autres. Aux îles Scilly, les blocs de granite qui se détachent des escarpemens tombent dans la mer, où les vagues, en les frottant les uns contre les autres, les réduisent en fragmens arrondis de toutes les grosseurs. Les galets calcaires qui gisent au pied des falaises de Boulogne ont la même origine. Dans la tempête qui ravagea la côte méridionale de l'Angleterre en 1824, un bloc énorme fut arraché de la jetée, à Lyme-Regis, et porté dessus par la force d'un brisant. Au mois de novembre 1830, une forte tempête démolit une partie du môle d'Alger, construit avec d'énormes cubes de pierre calcaire.

Amas de coquilles. Sur les galets et les sables qui couvrent les plages, ainsi que dans leur intérieur, on trouve toujours une certaine quantité de coquilles et d'autres animaux marins, appartenant aux espèces qui vivent sur la côte, plus ou moins brisés. Il arrive assez souvent que des amas considérables de mollusques testacés ont été accumulés sur certains points des côtes, dans de petites anses, sur des plages sableuses ou marneuses, etc., amas dans lesquels les coquilles sont généralement très bien conservées. L'identité des espèces avec celles du voisinage et la continuation de la formation de ces dépôts prouvent assez qu'ils sont dus aux causes actuellement agissantes. Il y a quelques amas tout à fait identiques avec eux, et qui se trouvent cependant assez élevés au dessus des hautes eaux pour que la mer ne puisse plus les atteindre : on suppose qu'ils ont été portés à cette hauteur par des soulévemens locaux ; mais ce n'est point ici le lieu de discuter cette question. M. Lesson observa de pareils bancs de coquillages sur les côtes de la Conception. M. Brongniart a vu, près d'Uddevalla, en Suède, un grand amas de coquilles identiques avec celles de la mer actuelle, à 70 mètres au dessus du niveau de la mer ; sur les rochers environnans, il trouva des balanes qui y étaient encore adhérentes, preuve incontestable de l'immersion de ces rochers à une époque peu reculée.

Enfin on voit très souvent des amphibies et de grands cétacés, lancés par la mer, venir échouer sur les côtes ; on a plusieurs fois pris, sur les côtes de France, des baleines et des troupes de dauphins échouées de cette manière. Pendant que j'étais à Oran, sur la côte de Barbarie, nos soldats s'emparèrent de plusieurs phoques, que les vagues avaient jetés fort loin sur le sable.

Quand ces animaux ne sont pas recueillis par les hommes, leurs chairs se putréfient, et les sables, accumulés sur leurs squelettes, les enfouissent au bout d'un certain temps. On découvre souvent, dans les vases et les sables des bords de la mer, des squelettes entiers de grands animaux qui ont été enfouis de cette manière ; il est évident qu'ils doivent être accompagnés de coquilles et de végétaux marins. Dans les fortes marées et les grandes tempêtes, la mer, passant par dessus les digues naturelles qui arrêtent ses eaux dans les temps ordinaires, forme dans l'intérieur des terres des étangs qui, en se desséchant, laissent un dépôt marin imprégné de sel : la côte de Gascogne offre de nombreux exemples de ce fait. Dans les mêmes circonstances, elle envahit quelquefois les lacs d'eau douce, sur le fond desquels il doit se former ensuite un dépôt marin, dont l'épaisseur est en rapport avec la quantité de matériaux amenés par la mer. On voit, d'après cela, que si les eaux douces amènent des productions terrestres et fluviatiles au milieu des dépôts marins, la mer transporte également ses produits au milieu des dépôts d'eau douce.

Dépôts formés par les courans. Les courans que nous avons signalés dans l'intérieur de la mer, § 12, agissent continuellement sur les bas-fonds et les dégradent ; ils emportent aussi les débris de coquilles, de coraux et une partie du détritus charrié à la mer par les eaux douces, vont déposer tous ces matériaux sur les points où leur vitesse se perd entièrement ou en partie, et forment ainsi des dépôts souvent très considérables, dont plusieurs sont des écueils dangereux pour les navigateurs. Les courans marins transportent aussi de grandes quantités de bois, qu'ils accumulent dans de petites baies, où il s'en forme des dépôts considérables. Nous avons déjà cité, § 12, les bois accumulés par le Gulf-Stream sur les côtes des régions boréales.

Les bancs formés par les courans marins sont très nombreux sur les côtes de Hollande et d'Angleterre, il en existe aussi plusieurs dans la Méditerranée ; les géographes en marquent sur les cartes un considérable, qui s'étend depuis la côte d'Alger jusque dans le golfe de Lyon.

Nous n'avons aucune preuve directe de la formation de dépôts chimiques sous les eaux des mers actuelles ; mais comme ces eaux tiennent en dissolution plusieurs substances minérales, et que, très probablement, des sources minérales sourdent aussi dans leur intérieur, on peut croire que des dépôts chimiques s'y opèrent encore. Dans les conglomérats que nous avons cités précédemment, l'action mécanique et l'action chimique paraissent agir simultanément : je crois à la formation de semblables dépôts dans les profondeurs de la mer.

Restes organiques des dépôts marins.

Tous les dépôts marins que nous venons d'étudier contiennent des débris des êtres organisés qui vivent dans la mer, et surtout de ceux qui habitent le voisinage des contrées où ils gisent ; des productions terrestres et fluviatiles, jusqu'à des os d'homme et des produits de l'industrie humaine, se trouvent souvent mélangés dans ces dépôts avec les êtres marins, surtout dans le voisinage des côtes : on y voit quelquefois, comme nous le dirons plus bas, des amas de végétaux considérables, qui forment des couches de combustibles exploitables.

4ᵉ FORMATION. *Dunes.*

§ 48. Dans les contrées où les vents soufflent vers la terre avec une certaine violence, les sables que la mer rejette sur les plages sont transportés par eux jusqu'à une certaine distance dans l'intérieur des îles et des continens, où ils vont former de petits monticules, nommés *dunes.* Ce phénomène se produit sur une grande échelle tout le long du littoral de France, depuis Bayonne jusqu'à Dunkerque.

A l'inspection d'une masse de dunes, on reconnaît qu'elle se compose de monticules souvent fort élevés, placés à côté et à la suite les uns des autres, en se liant quelquefois entre eux à la manière des parties constituantes des chaines de montagnes. La longueur des monticules, pris en général, a une direction parallèle à celle suivant laquelle la masse s'avance dans l'intérieur des terres, direction qui est toujours celle du vent dominant dans la contrée : depuis Bayonne jusqu'à Calais, les masses de dunes affectent la forme d'un triangle, dont la base est appuyée sur la côte et le sommet se trouve à une certaine distance dans les terres; la ligne qui joint le sommet avec le milieu de la base est dirigée du sud-ouest au nord-est, précisément comme le vent le plus violent et le plus commun sur tout le littoral; mais depuis Calais jusqu'à Dunkerque, où la côte, qui a brusquement tourné à l'est, est à peu près parallèle à cette direction, les dunes ne s'avancent plus en pointe dans les terres, mais elles forment un long cordon parallèle à la côte. (Voyez pl. IV.)

J'ai eu occasion d'observer quelques masses de dunes sur le littoral de la Barbarie, elles s'avancent toutes dans la direction du sud-est, et le vent le plus fréquent dans ces parages est celui du nord-ouest.

Les différentes parties d'une masse de dunes sont séparées les unes des autres par des vallées ou des petits bassins. Dans ceux-ci il arrive souvent que les eaux sauvages forment de petits lacs, dont les eaux sont quelquefois stagnantes, mais qui souvent aussi donnent naissance à des ruisseaux coulant à la mer ou dans l'intérieur des terres, suivant l'inclinaison du sol inférieur : ceux des dunes, depuis Boulogne jusqu'à Calais, se rendent tous à la mer.

L'étude de la structure intérieure des dunes du littoral de la Manche et de celles des côtes d'Afrique m'a fait reconnaître qu'elles sont composées d'un sable très fin, disposé quelquefois par couches ondulées. Il existe, dans certaines parties, de petits lits d'une tourbe sableuse entièrement composée de végétaux herbacés; j'en ai vu jusqu'à trois placés au dessus les uns des autres. Cette tourbe provient des végétaux croissant dans les petits lacs dont j'ai parlé, qui ont été remplis plusieurs fois par les sables, jusqu'à ce qu'enfin il se soit formé une dune à la place.

En analysant le sable des dunes des environs de Boulogne, M. Marquet, ingénieur en chef des ponts et chaussées, l'a

trouvé entièrement siliceux, à l'exception de 0,03 de son
poids de matière calcaire, provenant probablement de débris
de coquillages dont on ne trouve, du reste, que de petits
fragmens infiniment rares. Dans d'autres contrées, au contraire, les sables sont presque entièrement formés de débris de
coquillages ; sur la côte occidentale des Hébrides extérieures,
par exemple ; dans l'intérieur des dunes de l'embouchure de
l'Arrach, près d'Alger, j'ai trouvé des amas de coquilles marines presque toutes entières.

La formation des dunes par les sables que les vents transportent est évidente : le transport est quelquefois si considérable que l'air en est obscurci. Ce phénomène a été observé
par tous les voyageurs qui ont visité la côte d'Afrique : les
soldats de l'armée d'Égypte en ont souvent été témoins.

Les sables, arrêtés par un obstacle quelconque, se déposent et forment, en s'amoncelant, un monticule que chaque
nouvelle partie vient accroître, et la dune atteint enfin une
hauteur au dessus de laquelle les vents ne peuvent plus
élever les sables, même ceux qu'ils prennent aux monticules
voisins : à ce terme, l'élévation de la dune ne peut plus
augmenter, mais elle ne laisse pas que de continuer à se
porter encore en avant. En effet, le sable du côté du vent,
poussé sur le sommet, tombe par la vitesse acquise et son
propre poids sur le côté opposé ; de là vient que les dunes
sont ordinairement très escarpées du côté du vent. On conçoit
d'après cela que, si rien ne vient s'opposer à leur marche,
ces masses de sable doivent s'avancer continuellement dans
l'intérieur des terres et causer de grands ravages ; c'est ce
qui arrive en Afrique et dans la Gascogne.

A l'embouchure de la Garonne et de l'Adour, les sables
s'avancent avec une grande rapidité vers l'est, en couvrant
les champs, les forêts et les villages ; plusieurs villages,
mentionnés dans les titres du moyen âge, sont engloutis sous
leur masse ; la petite ville de Mimizan, en partie détruite
aujourd'hui, lutte depuis vingt ans contre eux. M. de Bre-

Montier, qui a fait beaucoup d'observations sur ces dunes, en estime la marche à 20 mètres par an.

Dans le Boulonnais, les dunes n'ont point fait de progrès sensibles depuis les travaux de Cassini, et sur beaucoup de points on peut les regarder comme fixées. Les habitans y plantent une espèce de cypéracée (*arundo arenaria*), nommée *oya* dans le pays, qui végète fort bien sur les sables et les fixe. Ce procédé est d'autant plus avantageux que chaque dune fixée est un obstacle opposé aux sables qui viennent de la mer. Les habitans de la Gascogne n'ont point encore pu parvenir à arrêter la marche de leurs dunes, quoiqu'ils aient déjà tenté un grand nombre de moyens; ils sont allés jusqu'à se servir du vent lui-même pour les détruire, et voici comment : quand il souffle dans une direction à peu près opposée à celle de leur marche, ils s'arment de pelles de bois, vont agiter fortement les sables, et forcent ainsi le vent à en remporter une certaine quantité; mais comme les vents du sud-ouest sont beaucoup plus fréquens que les autres, il en résulte que les sables envahissent le pays, malgré tous les efforts des habitans.

Le seul moyen de se préserver de ce fléau est la culture : il faut planter dans les dunes des végétaux qui puissent y croître, leur opposer des forêts touffues, disposées suivant des lignes perpendiculaires à la route qu'elles suivent, etc.

5ᵉ FORMATION. *Tourbes et forêts fossiles.*

§ 49. Dans les parties basses des plaines, où les eaux séjournent, dans le fond de certaines anfractuosités des flancs des montagnes, même sur quelques sommets qu'ils recouvrent en manteau, il existe des amas plus ou moins considérables d'une substance noire, charbonneuse, brûlant avec une odeur empyreumatique, en laissant beaucoup de cendres pour résidu, qui est évidemment d'origine végétale. Cette substance, que l'on nomme *tourbe*, a un mode de formation très facile à saisir, et que l'étude de sa structure intérieure dévoile, du reste, complétement.

Dans les parties supérieures d'une masse de tourbe, on remarque des racines, des tiges minces et des feuilles, provenant en grande partie de végétaux herbacés, marécageux, dans les tourbes des lieux bas ; de mousses, de graminées et de lichens, dans celles qui gisent sur les flancs et les sommets des montagnes. Dans les premières couches, les végétaux sont à peine décomposés, à mesure que l'on descend la décomposition augmente de plus en plus ; on arrive enfin à une masse noire et très compacte, dans laquelle on ne distingue plus les substances composantes. C'est la véritable tourbe, celle que l'on exploite pour brûler ; celle-ci renferme cependant encore des fragmens de végétaux très reconnaissables, des feuilles, des branches, et même des troncs d'arbres entiers, qui n'ont éprouvé qu'un commencement de décomposition.

Dans plusieurs contrées (les vallées du Jura, celles des Vosges, les plaines et les vallées de la Picardie, etc.), les tourbes forment des couches très étendues, dont l'épaisseur excède rarement 10 mètres, et qui sont souvent élevées d'une certaine quantité au dessus du sol environnant. A la surface de ces couches, croissent encore les végétaux qui les augmentent chaque année, soit sur la terre, soit dans des flaques d'eau et des mares.

Les tourbes ont deux modes de formation bien distincts, suivant la position qu'elles occupent :

1°. Dans les lieux bas, où les eaux peuvent séjourner pendant un certain laps de temps, elles nourrissent une grande quantité de végétaux d'une substance pulpeuse, tendre et spongieuse, et d'une décomposition très facile. Ces végétaux meurent en partie pendant l'hiver, et par leur propre poids, tombent au fond de l'eau, où ils forment une couche mince ; l'année suivante, une nouvelle couche vient s'ajouter à la première, et ainsi de suite. Les végétaux qui composent ces couches se trouvant soumis aux lois des décompositions chimiques, il en résulte une matière d'autant plus homogène, et dans laquelle les traces d'organisation sont d'autant moins reconnaissables, qu'elle est déposée depuis plus long-temps. On conçoit facilement que la qualité de la tourbe doit varier avec la nature des végétaux qui entrent dans sa composition.

Les tourbes de cette première espèce sont très communes dans les lieux bas et marécageux, autour des lacs, des étangs, et sur les bords des rivières ; on en trouve beaucoup dans les vallées des Vosges et celles du Jura ; celles des vallées de la Somme et de la rivière d'Essonne sont exploitées depuis un temps immémorial.

2°. Les variations de température, l'abondance des eaux pluviales et le séjour des neiges, font périr la couche de végétation sur certaines parties des montagnes. Après les frimas, une nouvelle pousse couvre le sol de végétaux qui périssent l'hiver suivant, et ainsi de suite. Ces végétaux morts sont soumis aux lois des décompositions chimiques, et quoique l'atmosphère fournisse à chaque instant de l'eau pour améliorer cette décomposition, elle n'est jamais aussi rapide que celle qui s'opère dans le fond des marais ; d'abord parce que l'action de l'eau n'est pas aussi continue, et ensuite parce que les plantes, mousses, graminées, lichens, etc., ne se décomposent pas aussi facilement que celles qui habitent les eaux dormantes. Néanmoins, il ne laisse pas que de se former, de cette manière, des couches de tourbe très épaisses sur les flancs et jusque sur le sommet des montagnes, où il est impossble à l'eau de séjourner.

Les Vosges présentent une grande quantité de semblables tourbières, qui fournissent un assez bon combustible ; j'en ai vu sur les sommets les plus élevés qu'elles recouvrent en manteau [1], et sur les flancs des montagnes, dans

---

[1] Description géologique de la partie méridionale des Vosges. Paris, Beret, 1834.

des endroits nullement marécageux. Ces tourbières renferment dans leur intérieur beaucoup de branches et de troncs de sapins et d'épicéas, auxquels la décomposition a enlevé les sucs végétaux, et qui sont devenus extrêmement légers. Les arbres tiennent encore aux racines, mais ils sont tous renversés.

Il existe donc deux espèces de tourbe : l'une qui se forme dans l'eau et l'autre dans l'air ; l'une et l'autre résultent de la décomposition des végétaux.

Lorsque les eaux sauvages entraînent dans les marais tourbeux les débris des roches, il s'y dépose une couche d'alluvions.

Si ce phénomène se reproduit plusieurs fois dans la formation de la tourbe, on aura un dépôt formé de couches alternatives de tourbes, de sables, de graviers et de marnes, absolument comme les dépôts de houille anciens.

Les tourbières des marais présentent un phénomène curieux ; on y remarque souvent des îles flottantes. Ces îles ne sont autre chose que des portions de tourbe entourées d'eau, soit naturellement, soit par des fossés creusés de main d'homme, et dont la partie supérieure, étant formée de végétaux encore peu décomposés, se met à flot. Elles sont très communes dans les grandes tourbières du nord de l'Allemagne : on en cite une sur le lac Gerdon, en Prusse, qui porte des arbres, des maisons et sert de pâture à un troupeau de cent moutons.

Les substances minérales contenues dans la tourbe sont peu nombreuses ; on y remarque des couches de graviers, de sables et de marnes, quelquefois des blocs de rochers, du fer pyriteux, et quelques cristaux isolés de chaux sulfatée.

Les restes organiques de cette formation, comme tous ceux des autres groupes de l'époque actuelle, appartiennent à des espèces vivantes ; ils méritent cependant une mention particulière.

On a retiré, des tourbières d'Essonne, de celles d'Écosse et d'Irlande, des os et des bois de cerf, de chevreuil, de sanglier et de bœuf, des cornes d'aurochs, des coquilles terrestres et des coquilles fluviatiles. Une grande espèce de cerf (*cervus giganteus*) qu'on a trouvée en Irlande, et connue sous le nom d'élan fossile d'Irlande, avait été regardée comme antérieure à l'existence de l'homme ; mais on a démontré depuis que cette espèce, qui paraît éteinte aujourd'hui, a vécu jusqu'en 1550 dans les forêts d'Allemagne, et peut-être même plus tard. Beaucoup de monumens de l'industrie humaine viennent encore attester l'origine moderne des tourbes dont nous parlons : dans celles de la Somme, on a découvert des barques provenant de la navigation des lacs dont elles occupent la place ; en 1833, trois canots ressemblant parfaitement aux pirogues des sauvages de l'Amérique ont été trouvés dans les tourbes du Lancashire. Aux environs de Saint-Quentin, on a découvert sous la tourbe une chaussée romaine de 8 mètres de longueur et un amas d'armes anciennes.

Forêts fossiles.

Nous avons déjà dit qu'on trouvait des arbres entiers dans les tourbières ; ces arbres sont quelquefois si nombreux, qu'ils forment de véritables forêts fossiles. Dans la vallée de la Somme, la masse de tourbe est assise sur une immense quantité de branches et de troncs d'arbres dicotylédons entassés, et reposant sur un lit de glaise. Sur les bords du Rhin, il existe de semblables amas dans lesquels les troncs sont tellement aplatis, que des arbres d'un pied de diamètre n'ont plus qu'un ou deux pouces d'épaisseur. Les bords de la mer, et surtout dans les régions boréales, offrent de semblables amas de bois, recouverts de couches de sables et de graviers, dans lesquels les arbres ont à peine éprouvé un commencement de décomposition.

Les côtes de l'Écosse présentent plusieurs forêts sous-marines, mais qui peuvent bien ne pas appartenir toutes à l'époque actuelle. Celle de la baie de Largo, composée de *bouleaux*, de *noisetiers* et *d'aulnes*, paraît être moderne. Il est à remarquer que ces trois espèces d'arbres se trouvent, en plus ou moins grande abondance, dans toutes les forêts fossiles, aussi bien celles de l'époque actuelle que celles de la seconde époque. M. de la Bèche décrit un grand nombre de forêts fossiles situées sur les côtes d'Angleterre ; mais, d'après les circonstances de leur gisement, je suis porté à croire qu'elles doivent être plutôt rangées dans la seconde époque géologique que dans la première : il faut cependant avouer qu'on n'y a point encore trouvé d'animaux d'espèces perdues. La plus remarquable de ces forêts est celle de *Mount'sbay*, dans le Cornouailles : elle est formée d'une masse brune, composée d'écorces, de petites branches et de feuilles d'arbres, au milieu desquelles on trouve un grand nombre de branches et de troncs de *noisetiers*, *d'aulnes*, *d'ormes* et de *chênes*. On y remarque aussi des filamens de *mousses*, des petites *graminées*, des *enveloppes de graines*, enfin des *élytres d'insectes* qui ont encore conservé leurs couleurs.

Les tourbes sont répandues par places sur toute la surface de la terre ; on a observé qu'elles sont beaucoup plus communes dans les pays du nord que dans ceux du sud, et dans l'intérieur des chaînes de montagnes que dans les plaines ; le froid paraît favoriser particulièrement leur formation.

La France est riche en tourbières ; on en exploite dans presque tous les départemens ; mais ce sont ceux du Nord, du Pas-de-Calais, de la Somme, des Vosges, du Haut-Rhin, de la Haute-Saône, du Doubs et du Jura qui en renferment davantage. Les îles Britanniques, l'Islande, l'Allemagne et la Russie en possèdent aussi beaucoup. Nous avons reconnu de la tourbe sur la côte d'Afrique, dans les parties marécageuses de la Métidja ; mais les habitans du pays n'en font aucun usage.

En Europe, on exploite les tourbes comme combustible, partout où elles sont d'une assez bonne qualité ; on coupe, avec une bêche, dans la masse compacte, de petits parallépipèdes rectangles, de 0^m,4 de long sur 0^m,03 d'épaisseur, que l'on dispose les uns sur les autres, de manière à ce qu'ils puissent sécher facilement, et ce n'est que lorsqu'ils sont parfaitement secs qu'on les emporte pour brûler. La tourbe ainsi préparée se conserve pendant plusieurs années.

6e FORMATION. *Calcaires madréporiques.*

§ 50. Nous avons dit, § 14, que la mer, et surtout dans les régions méridionales, nourrissait une grande quantité de zoophytes, qui s'établissent sur les bas-fonds, où ils construisent des bancs calcaires qui s'élèvent souvent au dessus de la surface des eaux, et qui souvent aussi, restant à une certaine distance au dessous, forment des récifs dangereux pour le navigateur.

M. Lesson, qui a fait de nombreuses observations sur cette classe d'animaux, pense que ceux qui construisent des murailles n'appartiennent qu'à quatre ou cinq petits genres de madrépores proprement dits ; il les divise en deux ordres : *zoophytes saxigènes,* bâtissant les murailles extérieures et zoophytes *saxigènes délicats,* qui, protégés par les premiers, ne construisent jamais que dans des bassins peu profonds, et où l'eau est très échauffée.

Jusqu'à ces derniers temps, les auteurs qui ont écrit sur les travaux des zoophytes ont beaucoup exagéré leur importance : ces énormes masses de calcaires madréporiques, citées par tous les voyageurs dans l'Océan indien, n'ont jamais plus de cent mètres d'élévation, et tout annonce que ce niveau est celui que la mer occupait à une certaine époque. Les récifs de coraux n'affectent que trois formes principales : des ceintures simples autour de grandes îles volcaniques ; des bancs à fleur d'eau et des îlots couverts de végétation, enfin des bancs et des îles circulaires, dont l'intérieur est rempli par un vaste bassin communiquant avec la mer par des canaux étroits.

Dans tous les récifs, l'épaisseur de la couche de corail surpasse rarement dix ou douze mètres.

On voit, d'après cela, que les zoophytes ne bâtissent qu'à de petites profondeurs au dessous des eaux. Ces animaux établissent leurs travaux sur les fonds élevés et la pente déclive des sols qui s'avancent dans la mer. Les plus robustes, et que l'on pourrait appeler les ouvriers extérieurs, s'avancent graduellement en formant leur noyau calcaire, et les autres travaillent sous leur protection. Les tubes qu'ils construisent sont hexagones, et le calcaire en est toujours rayonné. Chaque année, ils allongent leurs cellules, élèvent ainsi leurs édifices de plusieurs centimètres, et de cette manière finissent par le porter au dessus des eaux. Trois autres causes viennent encore concourir à cette élévation : les chocs que les saxigènes reçoivent des vagues et des autres agens extérieurs, qui en brisent certaines parties, produisent des sables fins, qui, s'introduisant dans les interstices des productions, élèvent encore l'édifice. Des graines de plantes marines et des polypiers frondescens commencent la première végétation ; enfin les cocotiers et les mangliers finissent par s'en emparer, et quelques années suffisent pour que la surface devienne une île ou un îlot couvert de verdure.

On trouve des travaux de zoophytes dans presque toutes les mers ; mais c'est surtout dans celles du sud qu'ils sont les plus nombreux, et là seulement qu'ils acquièrent une importance géognostique. Ces longs rubans qui s'étendent sur l'eau dans une longueur de huit à dix lieues, sur une largeur de deux à trois cents mètres seulement, sont des crêtes sous-marines élevées par eux ; les *îles groupes* des Anglais, à forme circulaire, avec un bassin intérieur, ne sont autre chose que des travaux de saxigènes placés sur le rebord d'une vaste enceinte (cratère volcanique), dont le milieu est très profond. On observe que ces îles sont généralement dirigées de l'est à l'ouest, et que les zoophytes ne placent jamais leurs travaux devant les rivières, les vases les faisant périr : les espaces vides qu'ils laissent ainsi sont ordinairement assez larges pour le passage d'un vaisseau, et se nomment les *entrées des ports dans ces îles.*

La plupart des îles de la mer du sud sont d'origine volcanique, et on voit quelquefois les produits des zoophytes alterner avec ceux des volcans. Sur les côtes de l'Ile-de-France, il existe un banc de corail de plus de trois mètres d'épaisseur, compris entre deux coulées de lave. Dans une des *îles Sandwich*, les coraux pénètrent un peu dans l'intérieur des terres. A la Jamaïque, M. de la Bêche a vu un semblable banc de 6 mètres d'épaisseur, qui ne fait que border l'île, et qui paraît avoir été soulevé au dessus de l'eau par les agens intérieurs. Il pourrait bien se faire que l'élévation d'un grand nombre de ceux de la mer du sud soit due à l'action des forces volcaniques, qui ont toujours agi dans ces contrées avec une grande intensité.

Le corail rouge, employé dans la bijouterie, et tous les coraux de diverses formes, que l'on trouve en si grande abondance dans les cabinets d'histoire naturelle, sont les produits de zoophytes qui peuvent vivre à de grandes profondeurs; mais ceux-ci n'élèvent point de murailles; leurs productions ne sont jamais réunies les unes avec les autres : souvent la mer les brise et s'en sert pour former, avec d'autres matériaux, les conglomérats dont nous avons parlé (§ 47).

L'intérieur de la terre renferme une grande quantité de zoophytes fossiles, certaines couches calcaires en sont presque entièrement formées : ceci prouve que cette classe d'animaux était, au moins, aussi nombreuse dans l'ancienne mer que dans celle d'aujourd'hui, et qu'elle travaillait absolument de la même manière.

7e FORMATION. *Volcans.*

§ 51. On appelle *volcan* une ouverture dans l'écorce du globe, superficielle ou sous-marine, qui émet par intervalles ou continuellement, avec bruit, mouvement, chaleur et vapeurs, des matières altérées par le feu, et souvent même dans un état de fusion complète.

Les volcans connus sont presque tous situés sur le sommet de montagnes isolées ; ces sommets ont une ouverture infundibuliforme, qui porte le nom de *cratère*, et par où se font les éruptions. Ces montagnes, qui sont toujours le résultat des matières rejetées par les bouches ignivomes, sont ordinairement assises sur d'anciennes couches volcaniques, qui diffèrent minéralogiquement et géognostiquement des produits des volcans actuels. M. de Buch prétend que ces couches, redressées par des forces intérieures, forment ordinairement un grand cirque qu'il nomme *cratère de soulèvement*, dans l'intérieur duquel sont venues s'ouvrir les bouches volcaniques (*cratères d'éruption*). La théorie du savant prussien, qui paraissait généralement admise, trouve aujourd'hui de nombreux opposans, qui osent même nier la plupart des faits avancés ; c'est ce qui nous oblige à renvoyer au second volume l'exposition des idées de M. de Buch.

Le cratère de chaque volcan ne rejette pas continuellement des matières embrasées ; la même montagne peut rester des siècles entiers dans l'inaction : le Vésuve, éteint depuis un temps immémorial, se ralluma tout à coup sous le règne de Titus, et ensevelit les villes de Pompéia et d'Herculanum. Ses éruptions cessèrent entièrement vers la fin du quinzième siècle, et lors de celle qui arriva en 1630, la montagne était cultivée et couverte d'habitations. La population de Catane vivait dans la plus grande sécurité, malgré tout ce que l'on racontait des éruptions de l'Etna, lorsque cette montagne vomit, avec un fracas épouvantable, des torrens de matières fondues, qui ravagèrent la ville et la campagne. Nous allons exposer les principaux phénomènes que présentent les déflagrations volcaniques.

Éruptions.

Chaque crise volcanique est toujours précédée de phénomènes qui en sont les symptômes certains : ce sont des bruits souterrains, dont l'intensité augmente progressivement ; le tarissement des sources voisines, l'apparition ou l'augmentation de la fumée au dessus du cratère, l'inquiétude que manifestent tous les animaux, la sortie des reptiles qui habitent sous terre, et enfin l'agitation de la mer.

A mesure que le moment de la crise approche, les bruits augmentent, la terre tremble, la fumée redouble, s'épaissit et se mêle de cendres. Si l'air est agité, elle se disperse de tous les côtés, et forme d'épais nuages qui couvrent de ténèbres le pays environnant ; mais quand l'atmosphère est calme, la fumée forme une immense colonne, qui s'élève à une grande hauteur et se termine en s'épanouissant. Des jets de matières embrasées, semblables à des fusées d'artifice, traversent dans tous les sens ces colonnes et ces nuages ; ils sortent du volcan avec une forte explosion, s'épanouissent dans l'air, et retombent souvent à de grandes distances sous forme de pluies de cendres et d'une grêle de pierres mêlées de scories. Quelquefois c'est à ces seuls phénomènes que se bornent les éruptions ; mais ordinairement une masse de matières fondues (*lave*) s'élève dans le cratère, déborde par dessus, ou sort par des crevasses qu'elle détermine dans les flancs de la montagne. Alors il se produit un grand nombre d'autres phénomènes curieux.

Sortie de la lave. Les secousses et les tremblemens de terre augmentent en continuant ; dans ces convulsions, la matière fondue est soulevée, elle monte en oscillant dans le cratère, le remplit, déborde, et se répand sur les flancs du volcan, le long desquels on la voit descendre avec une vitesse proportionnelle à sa fluidité et à leur inclinaison. Il arrive souvent, et surtout dans les grands volcans, que les flancs crèvent par l'effet de la pression ; alors la lave jaillit par les crevasses avec une vitesse considérable : des torrens de feu gagnent le pied de la montagne, et, en se répandant sur le sol voisin, entraînent et brûlent tout ce qui se trouve sur leur passage. D'énormes courans d'eau et de boue sortent aussi quelquefois des volcans ; les pluies de l'atmosphère et les neiges fondues viennent encore augmenter le ravage ; des gaz méphitiques s'accumulent dans les lieux bas, et font périr les animaux et les végétaux ; en un mot, les environs d'un volcan en éruption présentent le plus horrible spectacle que l'on puisse imaginer.

Immédiatement après l'émission de la lave, les secousses cessent, les explosions et les déjections diminuent, le volcan paraît vouloir s'assoupir, et il jouit même de quelques instans de repos ; mais bientôt à ce calme trompeur succède un nouvel accès plus terrible que le premier, et dans lequel l'on voit reparaître les mêmes phénomènes. Enfin, au bout d'un temps plus ou moins long, la tranquillité se rétablit entièrement ; quelques années après, la végétation et la culture ont repris leur activité, et il ne reste plus d'autres traces du désordre que les amas de cendres, de scories, et les courans de laves qui s'étendent souvent à des distances considérables. Examinons les différentes substances rejetées par les bouches volcaniques.

Produits des éruptions.

Fumée. La fumée qui sort du cratère est en grande partie composée de vapeurs aqueuses, chargées de gaz sulfureux, de gaz hydrogène sulfuré, d'acide carbonique et d'acide hydrochlorique ; aussi les nuages de fumée sont-ils ordinairement très acides, et détruisent-ils la végétation des contrées sur lesquelles ils passent ; la fumée noire et fuligineuse répand souvent une odeur asphaltique.

Cendres. Les cendres volcaniques ne sont autre chose que la matière des laves dans un état de division extrême : les cendres sont pulvérulentes, grises et très fines ; elles font pâte avec l'eau ; les torrens de gaz et de vapeurs les portent dans l'atmosphère, où elles forment d'épais nuages qui obscurcissent quelquefois le soleil : dans l'éruption du Vésuve de 1794, à quatre lieues de distance, on ne pouvait pas marcher en plein jour sans avoir un flambeau à la main. Les cendres volcaniques sont souvent transportées par les vents à des distances considérables : en 472, suivant Procope, celles du Vésuve allèrent jusqu'à Constantinople, à 250 lieues ; plusieurs voyageurs assurent que celles des volcans de l'Amérique et de l'Asie sont portées à plus de 100 lieues. Dans les pays où les cendres tombent, elles forment des couches terreuses, souvent très épaisses, qui, pénétrées par les eaux, prennent une certaine consistance, et forment des masses plus ou moins solides que l'on appelle tufs volcaniques (*pépérines*).

Sables. Les Italiens les nomment *rapilli* : en les examinant avec soin, on reconnaît qu'ils sont formés de petits fragmens scorifiés, mêlés de cristaux de pyroxène et de feldspath ; ce sont, pour ainsi dire, de grosses cendres : ils résultent de la matière ténue des laves, qui, lancée au milieu de l'atmosphère dans un état de division extrême, s'est coagulée en retombant ; tous les volcans en rejettent une immense quantité. Dolomieu dit que les sables forment la majeure partie des déjections de l'Etna ; Pompéia et Herculanum furent enfouis sous un amas de sables et de cendres volcaniques.

Scories. Les scories des volcans ressemblent tout à fait à celles de nos fourneaux de forge ; ce sont des portions de la matière fondue soulevées et projetées souvent à une grande distance par les gaz, qui les boursouflent en les traversant : de là ce grand nombre de cavités qu'elles présentent. Ces scories renferment souvent des cristaux de pyroxène et de feldspath. La surface des courans de lave est ordinairement scoriacée, ce qui est également dû au dégagement des fluides élastiques.

Bombes. Des portions de la matière fondue, lancées dans l'air, prennent en se figeant la forme sphéroïdale, et se brisent quelquefois en plusieurs morceaux en retombant, c'est ce qui les a fait surnommer *bombes volcaniques* : on en trouve une certaine quantité autour de tous les volcans actifs, et même des cratères qui n'ont point fourni d'éruption depuis les temps historiques ; M. d'Aubuisson en découvrit beaucoup au milieu des anciens volcans de l'Auvergne.

Pierres lancées. Dans les déflagrations volcaniques, des pierres qui ne portent aucun indice de fusion sont quelquefois projetées à une grande distance ; ces pierres ont probablement été arrachées des parois extérieures du cratère par la force d'ascension. Il existe, autour du Vésuve, une certaine quantité de fragmens de calcaire grenu et de roches micacées, rejetés ainsi par le volcan. En 1822, un des volcans de l'île Sumatra lança une quantité de grosses pierres ; en 1828, il se forma dans le Vésuve trois nouvelles bouches, qui lancèrent des pierres et de la matière bitumineuse avec un bruit sourd, etc.

Force de projection. D'après les faits que nous venons de rapporter, on pourrait croire que, dans les éruptions, la force de projection est immense ; cependant M. d'Aubuisson, en appliquant le calcul à un grand nombre d'expériences, a trouvé que la vitesse des masses lancées était moindre que celle d'un boulet de canon, qui parcourt 400 à 500 mètres par seconde. Les plus grands effets du Vésuve sont de grosses pierres lancées, dit-on, à 1200 mètres au dessus du cratère, hauteur égale à celle de la montagne. Le Cotopaxi a porté à trois lieues une pierre d'environ 100 mètres cubes.

Lave. On conçoit qu'au moment de l'éruption il est impossible d'examiner la lave dans le cratère ; après, elle redescend très vite ; aussi les observations sur cette matière en fusion sont-elles rares et très précieuses ; nous allons rapporter le petit nombre qu'on en possède.

En 1753, on vit, dans le bas du cratère vésuvien, une matière fondue qui bouillonnait continuellement avec violence : de moment en moment, de gros jets s'élançaient à 30 ou 40 pieds de hauteur, et s'épanouissaient en retombant.

En 1788, Spallanzani entra dans le cratère de l'Etna ; dans le bas, il aperçut des colonnes de fumée, et, au fond de cette ouverture, la lave fondue qui bouillonnait légèrement : elle montait et descendait ; les pierres qu'il y jetait frappaient comme si elles fussent tombées sur de la pâte.

Le même observateur vit sur le Stromboli la lave remplissant le cratère : elle avait l'aspect du bronze fondu ; elle s'abaissait et s'élevait par oscillations, dont les plus grandes n'excédaient pas 7 mètres. Lorsqu'elle montait à 10 mètres des bords supérieurs du cratère, on voyait la surface se tuméfier, et il s'y formait de grosses bulles qui détonaient fortement en crevant : alors des portions de lave s'élançaient avec une vitesse extrême, en jetant beaucoup de fumée et d'étincelles ; aussitôt après, la lave descendait, puis remontait ; il se faisait une nouvelle détonation, etc. La lave descendait en silence, mais en remontant elle faisait entendre un bruissement semblable à celui d'un liquide qui s'extravase par une ouverture. Ceci prouve que l'explosion et l'élévation sont l'effet de la production et du dégagement des fluides élastiques.

Le célèbre Davy, au mois de mars 1815, put rester quelque temps sur les bords du cratère du Vésuve en éruption : « Avant l'éruption, dit-il, le cratère paraissait parfaitement tranquille, et son fond, sans aucune ouverture apparente, était couvert de cendres. Bientôt des bruits sourds se firent entendre, comme s'ils venaient d'une grande distance ; peu à peu le bruit s'approcha et ressembla bientôt à celui de plusieurs pièces d'artillerie qui auraient joué sous mes pieds. Alors des cendres et de la fumée commencèrent à s'échapper du fond du cratère ; enfin les laves et des matières incandescentes furent projetées avec les plus violentes explosions. » Aussitôt que l'explosion avait eu lieu, les cendres et les débris qui retombaient dans le fond du cratère paraissaient en combler l'ouverture. Le savant anglais dut l'avantage de pouvoir rester sur le cratère à un vent violent qui emportait loin de lui les cendres, la fumée et les vapeurs acides. Lorsque l'intensité du bruit souterrain lui annonçait une explosion violente, il s'éloignait en courant de toutes ses forces, et revenait ensuite.

Sortie et marche des laves.

Rarement, dans les grands volcans, la force de projection est assez intense pour élever la lave jusqu'au dessus du cratère, ou plutôt la solidité des flancs n'étant pas assez considérable pour leur permettre de résister à l'énorme pression qu'ils éprouvent, ils crèvent, et la lave sort avec une rapidité extraordinaire. Alors la surface est nette, incandescente, et semblable à celle d'un métal fondu. Le pic de Ténériffe et les grands volcans d'Amérique n'ont peut-être jamais élevé les laves au dessus de leur cratère. Sur dix éruptions de l'Etna, neuf se font par les flancs ; mais au Vésuve et dans les autres volcans plus petits, la lave déborde par dessus le cratère, et couverte des scories qui nagent à sa surface, coule avec une vitesse qui n'est pas toujours très grande.

Le 4 décembre 1820, pendant une petite éruption, Davy put encore approcher le cratère du Vésuve ; un ruisseau de lave coulait avec une grande activité par une ouverture située un peu au dessous des bords du cratère. Le 5, le volcan jetait beaucoup de fumée mêlée de vapeurs acides ; il tombait aussi, toutes les deux ou trois minutes, une pluie abondante de pierres incandescentes. La lave, qui continuait à couler avec un bruit semblable à celui que produit la vapeur qui s'échappe d'une machine à haute pression, paraissait expulsée par des fluides élastiques. Elle avait une fluidité parfaite, formait un courant de 5 à 6 pieds de diamètre, et tombait brusquement, comme une cataracte, dans un gouffre d'environ 40 pieds. Là, elle se perdait dans une sorte de dépôt de lave refroidie, pour reparaître à une distance de 60 à 70 yards plus bas. A l'endroit où la lave sortait de la montagne, elle était presque d'un rouge blanc, et offrait aux yeux le spectacle dont on est témoin quand une perche de bois est introduite dans du cuivre fondu ; sa surface paraissait dans une grande agitation ; de forts bouillonnemens jaillissaient, et, en éclatant, produisaient une fumée blanche ; mais la lave n'était plus que rouge, quoique toujours visible à la clarté du soleil. A l'endroit où elle sortait de dessous le pont de lave refroidie, la violence du courant était si grande, qu'un homme vigoureux n'y pouvait pas maintenir une longue baguette de fer. L'étendue de la course de la lave, en comptant deux ou trois interruptions, pendant lesquelles le courant passait sous une surface refroidie, était de 3/4 de mille (1,200 mètres). De son sein il s'échappait des nuages de fumée blanche qui diminuaient à mesure que la lave se refroidissait et devenait pâteuse. Cependant, à l'endroit même où le courant s'arrêtait, en poussant devant lui des masses de scories, la fumée était toujours visible ; elle devenait encore plus apparente toutes les fois qu'on remuait les scories, ou que l'on mettait à nu la matière incandescente contenue dans l'intérieur.

Suivant les observations de Dolomieu, le mouvement de la lave se fait de deux manières : tantôt elle roule sur elle-même, tantôt elle coule, comme sous un pont, sous une surface déjà figée. Si alors la source vient à tarir, et que la lave continue à descendre, on aura une longue galerie creuse ; mais le plus souvent la matière augmente au lieu de diminuer ; alors la voûte crève et le courant en emporte les débris. Quelquefois il chemine tranquillement en conservant une surface unie, qui fume et lance de temps à autre des jets de flamme ; mais, le plus ordinairement, il bouillonne en s'avançant , et lance des jets de tous les côtés ; la surface se tuméfie, et il s'y forme de petits tourbillons qui produisent des dépressions infundibuliformes : si elle vient à se figer dans cet état, elle est raboteuse et scoriacée ; mais l'intérieur, étant soumis à une plus forte pression, éprouve beaucoup moins d'agitation, et la masse est plus homogène.

Dans leur descente le long des flancs de la montagne, les courans se creusent un lit en entraînant une partie des scories qui se trouvent sur leur passage. Au pied, la vitesse diminue ; ils s'étendent en largeur et se divisent en branches, dont chacune est déterminée par la forme du sol.

Vitesse. La vitesse des courans de lave présente les plus grandes variations, et cela se conçoit parfaitement, car son intensité dépend de l'inclinaison de la surface du sol, de la quantité et de la fluidité de la matière fondue ; très grande à la sortie du cratère, celle-ci est presque nulle à l'extrémité du courant, et le décroissement ne se fait pas d'une manière continue.

De la Torre vit, au Vésuve, les courans parcourir 800 mètres par heure. En 1776, Hamilton en observa un qui s'avança de 1800 mètres dans le même temps. En 1805, M. de Buch en vit un autre qui parcourut 7000 mètres en trois heures ; il se dirigeait directement vers la mer. Cet observateur fait remarquer, à ce sujet, que l'histoire du Vésuve offre à peine un second exemple d'une pareille rapidité. En général, les laves marchent lentement : dans les plaines, les courans emploient des jours entiers pour s'avancer de quelques mètres ; ceux de l'Etna, qui coulent sur un sol incliné, passent pour aller vite quand ils parcourent 400 mètres par heure. Dolomieu en cite un qui mit deux ans pour faire 3800 mètres.

Viscosité. Ce peu de vitesse est dû principalement à la viscosité de la matière fondue ; cependant, en sortant, comme Davy l'a fort bien constaté, sa fluidité ressemble à celle d'une eau jaillissante à travers une ouverture ; mais cette fluidité se perd bientôt, et la matière devient d'une viscosité et d'une ténacité extraordinaires : Spallanzani y lança des pierres qui ne produisirent presque aucune impression ; Hamilton enfonça, avec beaucoup de peine, un bâton dans la lave de 1765; il a même traversé un courant de 20 pas de large qui coulait encore; mais il ne faut pas oublier que les courans sont toujours couverts d'une croûte plus ou moins épaisse.

Chaleur des laves. La chaleur se conserve pendant des années dans l'intérieur des coulées : on en a vu qui coulaient encore dix ans après leur sortie du cratère. A l'Etna, des laves fumaient encore 26 ans après l'éruption; sur cette montagne, Spallanzani aperçut, à travers les gerçures d'un courant, arrêté depuis 11 ans, de la matière incandescente, et un bâton qu'il y enfonça prit feu.

Quoique les laves conservent si long-temps leur chaleur, celle qu'elles répandent autour d'elles n'est pas très considérable, et c'est ce qui a fait penser à plusieurs observateurs qu'elles doivent leur fluidité à un autre principe que le calorique; Dolomieu l'attribue au soufre en grande partie. Mais c'est la croûte superficielle, comme nous l'avons déjà fait remarquer, qui empêche la chaleur rayonnante; car, au sortir du cratère, la surface nette et incandescente répand une chaleur si considérable, que l'on peut à peine en approcher; et, quand on enlève une partie de la croûte d'un courant qui chemine, la chaleur se fait fortement sentir. On a vu, dans les laves, des silex fondus ou vitrifiés à la superficie; on en a retiré des morceaux de fer malléable qui avaient triplé de volume, et dont l'intérieur était cristallisé en octaèdres; enfin, l'homogénéité des laves et leur parfaite cristallisation, qui supposent la parfaite fusion des matières composantes, sont encore des preuves de l'intensité de leur chaleur. Voici un fait rapporté par Breislack qui semblerait cependant la contredire : « Si une lave, dans son cours, rencontre » un arbre de quelque grosseur, dit-il, si elle l'enveloppe et » serre de toutes parts, les branches prennent feu et brûlent » en partie; mais le tronc ne brûle ni ne s'enflamme, il ne » fait que se dessécher, quoique la lave continue à être rouge » et brûlante autour de lui. » Ce fait explique comment il peut se faire que l'on trouve des débris de végétaux dans l'intérieur des roches qui ont été à l'état de fluidité ignée ; mais il ne prouve pas contre l'intensité de la chaleur des laves : l'arbre ne brûle pas, parce qu'il est recouvert par la matière fondue qui le préserve du contact de l'air.

L'étendue des courans de lave, considérée dans le même volcan, présente les plus grandes variations ; mais d'un volcan à l'autre, elle paraît être proportionnelle aux dimensions du volcan. Suivant Hamilton, le plus grand courant sorti du Vésuve avait 14,000 mètres de longueur ; celui de 1794 en avait 4,200 sur une largeur variant de 100 à 400 mètres, et une épaisseur de 8 ou 10 ; celui de 1805 avait 8000 mètres de longueur. On a calculé que le courant sorti de l'Etna, en 1787, avait un volume quatre fois plus considérable que celui du Vésuve de 1794, et Dolomieu rapporte que sa longueur était de 10 lieues. Mais le courant le plus considérable que l'on connaisse est celui qui couvrit l'Islande en 1783 ; il occupait un espace de 20 lieues de long sur 4 de large. Dans cette circonstance, la lave ne sortait pas du cratère, mais par des crevasses· pratiquées dans un sol peu élevé. On a encore cité quelques autres faits du même genre. En général, les bouches volcaniques ne paraissent former des cônes élevés autour d'elles que lorsqu'elles lancent des pierres et des matières pulvérulentes. Les courans de lave, en s'entassant les uns sur les autres autour des cratères, et s'y entremêlant avec les autres produits des déjections, forment des montagnes plus ou moins allongées, qui divergent toutes du volcan comme centre, en sorte qu'un sol volcanique dans lequel il existe plusieurs cratères se trouve composé de massifs assez semblables à ceux que nous avons dit exister dans les montagnes de soulèvement (§ 28).

Les éruptions ne se font pas toujours par le même cratère, on voit souvent une et même plusieurs nouvelles bouches s'ouvrir à côté de l'ancienne. Au Vésuve, les nouveaux cratères se rapprochent de plus en plus de la mer ; leurs dimensions diminuent et leur activité paraît, au contraire, beaucoup augmenter. La Somma et l'Ottajano, que M. de Buch avait regardés comme les restes d'un cratère de soulèvement, paraissent n'être que les restes de l'ancien cratère d'éruption, dans l'intérieur duquel se sont ouverts tous ceux qui lui ont succédé. On voit sur les flancs de l'Etna les restes de plusieurs cratères anciens : M. Leyell remarque que celui auquel donna lieu la destruction du sommet de cette montagne, en 1444, avait des dimensions aussi considérables que plusieurs des cirques nommés cratères de soulèvement par le savant prussien.

Dykes. Les matières volcaniques accumulées autour d'un cratère sont souvent crevassées par les secousses que leur font éprouver les éruptions. La lave incandescente, en s'introduisant dans les crevasses, les remplit entièrement ou en partie, et forme des espèces de filons que les Anglais nomment *dykes*. M. de la Bêche dit que la matière de ces dykes diffère sensiblement de celle des laves : l'augite y est en plus grande quantité, tandis que la leucite, si commune dans les laves, est rare dans les dykes. Ceux-ci paraissent contenir des cristaux de feldspath avec une substance jaune qui doit être de l'olivine : la roche est à grains fins près des parois du dyke, et d'une structure plus cristalline dans le milieu. M. Necker de Saussure a observé plusieurs dykes coupant les couches de la Somma ; l'Ottajano présente un dyke remarquable dont la largeur dépasse 3 mètres.

Suivant le docteur Daubeny, on voit dans les îles Lipari, à Stromboli et Vulcanello, des dykes d'une lave trachytique celluleuse traverser une masse de tuf ; en Islande, des dykes d'une roche assez semblable au diorite traversent des lits alternatifs de tuf et de lave scoriacée. Les anciennes laves de l'Etna sont coupées par des dykes d'une roche porphyritique. Dans l'éruption de 1669, on vit s'ouvrir, sur les flancs de l'Etna, une crevasse de 19,000 mètres de long sur 2 à 3 de large seulement, qui, étant remplie, jusqu'à une certaine hau-

teur, de la lave incandescente, jetait une vive lumière que
l'on apercevait de fort loin.

Éruptions aqueuses et boueuses.

§ 52. On voit souvent les bouches volcaniques vomir de
torrens d'eau mêlée d'une grande quantité de matières fan-
geuses. Quelquesobservateurs doutent que ces torrens sortent
réellement des volcans : Breislack remarque que ceux qu'on
dit être sortis de l'Etna et du Vésuve sont dus aux grandes
averses qui accompagnent souvent les crises volcaniques, et
dont les eaux, se mêlant avec les cendres et les sables, forment des courans plus ou moins chargés de matières terreuses,
qui coulent le long des flancs de la montagne et se répandent
à son pied. Les volcans de l'Islande et de l'Amérique, dont la
cime s'élève au dessus de la région des neiges perpétuelles,
répandent souvent autour d'eux des torrens qui inondent le
pays ; mais c'est presque toujours le produit des neiges fondues
par la chaleur.

Cependant, il existe quelques récits assez positifs de pareils
torrens évidemment sortis des bouches volcaniques : dans
un procès-verbal qu'ils dressèrent de l'éruption de 1751, les
magistrats des environs de l'Etna disent qu'il sortit du cratère
un grand courant d'eau brûlante et salée qui coula pendant
sept minutes ; Dolomieu et Hamilton observèrent, sur les
flancs de la même montagne, les traces d'un énorme courant
d'eau chaude qui sortit du grand cratère ; Spallanzani pense
qu'une partie des tufs de l'Italie méridionale doit son origine
à des éruptions boueuses.

Dans sa dernière éruption, le mont Idjen, situé à l'est de
l'île de Java, lança une si grande quantité d'eau, que le pays
fut inondé à vingt lieues à la ronde, et il en naquit deux
grandes rivières. La température de cette eau était très élevée,
elle contenait une si grande quantité de soufre et d'acide
sulfurique, qu'elle fit périr tous les arbres et les plantes qui
se trouvèrent sur son passage.

Voici comment M. de Humboldt rend compte des éruptions aqueuses des volcans des Andes : « Les inondations qui ac-
» compagnent toujours les éruptions du Cotopaxi, du Tun-
» guragua et d'autres volcans enflammés des Andes, dit-il,
» ne sont pas dues, comme au Vésuve, aux torrens d'eaux
» pluviales que répandent les nuages qui se forment pendant
» l'éruption ; elles sont principalement le résultat de la fonte
» des neiges et des lentes infiltrations qui ont lieu sur la pente
» des montagnes, dont la hauteur dépasse 2,460 toises (celle
» de la limite des neiges perpétuelles). Les secousses des violens
» tremblemens de terre, qui ne sont pas toujours suivies d'é-
» ruption de flammes, ouvrent les cavernes remplies d'eau,
» et ces eaux entraînent des trachytes broyés, des argiles,
» des ponces et d'autres matières incohérentes : c'est là peut-
» être ce que l'on pourrait appeler des *éruptions boueuses*,
» si cette dénomination ne rapprochait pas trop un phéno-
» mène d'inondation des phénomènes essentiellement volca-
» niques. Lorsque, le 10 juin 1698, le pic du Carguairazo
» s'affaissa, plus de quatre lieues carrées d'alentour furent
» couvertes de boues argileuses, que dans le pays on appelle
» *lodozales* ; de petits poissons, connus sous le nom de *pren-*
» *nadillas* (*pimelodes cyclopum*), et dont l'espèce habite
» les ruisseaux de la province de Quito, se trouvaient enve-
» loppés dans les déjections liquides du Carguairazo : ce sont
» là les poissons que l'on dit lancés par les volcans, parce
» qu'ils vivent par milliers dans les lacs souterrains, et parce
» que, au moment des éruptions, ils sortent par des crevasses,
» entraînés par l'impulsion de l'eau boueuse qui descend sur
» la pente des montagnes. Le volcan presque éteint d'Imba-
» buru a vomi, en 1691, une si grande quantité de prenna-
» dillas, que les fièvres putrides qui régnaient à cette époque
» furent attribuées aux miasmes qu'exhalaient ces pois-
» sons. »

Les faits rapportés plus haut prouvent que les volcans lancent des torrens d'eau qui ont une autre origine, et qui viennent certainement des profondeurs du globe, comme les autres matières volcaniques.

La matière des laves modernes est à peu près la même sur toute la surface de la terre, M. Brongniart la rapporte à l'espèce téphrine ; il en distingue plusieurs variétés : *téphrine feldspathique*, Etna, Pouzzole, etc. ; *téphrine pyroxénique*, Etna, Vésuve, etc ; *téphrine scoriacée*, la plupart des laves scoriacées ou scories volcaniques. Les volcans actifs produisent aussi des *basaltes* et des *trachytes ; les ponces* ne sont autre chose que des portions de ces différentes roches qui se présentent sous un état filamenteux particulier ; les *obsidiennes* ou verres volcaniques, des portions vitrifiées.

Les laves renferment dans leur intérieur un grand nombre d'espèces minérales dont je cite les principales : *soufre, galène, cuivre pyriteux, cuivre sulfaté* et *cuivre muriaté, fer oligiste, fer oxidulé, manganèse, zircon, péridot (olivine), fluor, aragonite, dolomie, amphibole, pyroxène, épidote, grenat, tourmaline, alun, feldspath, mica, hydrochlorates de soude, de potasse* et *d'ammoniaque.*

Ces trois dernières substances sont quelquefois très abondantes, et on en recueille souvent une grande quantité après les éruptions : on recherche surtout le sel ammoniac qui a une grande valeur dans le commerce. Plusieurs volcans, et particulièrement ceux de l'intérieur de l'Asie, le produisent en abondance : dans une plaine près de la rivière de Koback, s'élève une colline criblée de fentes chaudes, dans l'intérieur desquelles il se sublime beaucoup de sel ammoniac en lames, que les habitans vont recueillir. Le Vésuve et l'Etna donnent aussi une quantité notable de ce même sel.

Le soufre se trouve aussi rejeté quelquefois en fort grande quantité par les bouches ignivomes, surtout par celles dont l'action est lente et continue : on a vu dans le lac de Patocha se former une île presque entièrement composée de soufre.

Les acides muriatique et carbonique se dégagent aussi en abondance dans toutes les éruptions : les neiges qui couvrent les hautes montagnes volcaniques sont souvent imprégnées de vapeurs muriatiques. L'acide carbonique, en vertu de sa grande pesanteur, tombe dans les lieux bas, où il fait périr les végétaux et les animaux : M. Boussingault, ayant analysé les gaz réunis dans les fentes ouvertes au pied et sur les flancs de certains volcans des Andes, les trouva composés de 94 parties d'acide carbonique, de 5 d'air atmosphérique et de 1 d'hydrogène sulfuré.

On conçoit bien que les matières rejetées par les bouches volcaniques, arrivant à la surface de la terre à l'état liquide ou pulvérulent, recouvrent souvent des restes organiques et des objets de l'industrie humaine : Pompéia et Herculanum ont été enfouis sous les déjections du Vésuve avec la plus grande partie de leur population.

En 1772, le Papandayang, un des plus grands volcans de Java, s'abîma avec un fracas épouvantable, et lança une si grande quantité de matières volcaniques, que 40 villages furent engloutis avec la plus grande partie de leur population. Le 26 août 1834, des torrens de laves sortis par plusieurs bouches, entre le Vésuve et l'Ottajano, ont détruit en partie les villages de San Giovanni et de Caposicco.

Comme nous l'avons vu plus haut, § 51, les laves, pouvant englober les matières organiques sans les détruire, doivent renfermer des débris de la population animale et végétale vivant sur le sol qu'elles viennent recouvrir. Quand les éruptions sont sous-marines, leurs produits doivent recouvrir des coquilles, des poissons, des végétaux et des polypiers marins ; nous avons cité, § 50, un banc de calcaire madréporique enfermé entre deux coulées de lave.

Volcans dans l'état de calme.

§ 53. Nous avons déjà dit que les crises volcaniques n'étaient que passagères, et que les volcans restaient en repos pendant des années et même des siècles. M. de Humboldt a observé que la fréquence des éruptions est en raison inverse de la

grandeur des volcans : un des plus petits de ceux connus,
le Stromboli, lance continuellement des matières embrasées.
Un grand nombre de faits tendent à prouver que les dimensions du cratère vésuvien ont beaucoup diminué depuis l'é-
poque de la destruction de Pompéia et d'Herculanum, et le
nombre de ses éruptions s'est sensiblement accru dans le
même temps : alors ce volcan n'entrait en fureur que de
demi-siècle en demi-siècle, aujourd'hui c'est presque tous
les ans. Les éruptions de l'Etna, plus considérable que le
Vésuve, sont assez rares; celles du pic de Ténériffe le sont
plus encore, et les cimes colossales du Cotopaxi et du Tun-
guragua fournissent à peine une éruption dans un siècle.

Quand au moment de la tourmente succède un calme parfait, on voit quelquefois le cratère s'obstruer et les alentours
se couvrir de forêts; il se forme souvent dans les cratères des
lacs dont les eaux se peuplent de poissons, et dans les hautes
régions, comme en Amérique et à l'Etna, les flancs de la
montagne se couvrent de neige. On a remarqué que la neige
s'établissait sur les cônes volcaniques très peu de temps après
les éruptions, ce qui annonce que les montagnes ne conservent pas long-temps la chaleur qui leur a été communiquée
dans les momens de tourmente. Dans les volcans où les éruptions sont fréquentes, il est bien rare que le calme soit parfait
(le Vésuve actuel, les volcans de l'Islande, etc.); le plus souvent il sort du cratère, par intervalles, de la fumée et des vapeurs, qui attaquent fortement les masses sur lesquelles elles
passent et détruisent la végétation.

Solfatares. Il existe des sols volcaniques qui n'ont point
fourni d'éruptions depuis les temps historiques, et d'où on
voit encore sortir une grande quantité de vapeurs et des
eaux très chaudes. Les champs phlégréens de Pouzzole, dans
le royaume de Naples, offrent un bel exemple de ce fait : c'est
une espèce de plaine de laquelle sort, par des crevasses, une
grande quantité de fumerolles qui répandent une odeur de
soufre très forte, et déposent un enduit sulfureux sur tous

les corps environnans ; c'est pourquoi on a donné le nom de *solfatare* à cette localité.

La solfatare de Pouzzole paraît n'être qu'une dépendance du Vésuve, c'était du moins l'opinion de Davy, et voici les faits sur lesquels il s'appuie : en 1814, 1815 et 1819, lorsque le Vésuve était à peu près tranquille, il a vu la solfatare dans une très grande activité ; elle vomissait des colounes de fumée chargée d'hydrogène sulfuré ; au contraire, lors de l'éruption du Vésuve arrivée en février 1820, le 21, deux jours avant que la crise volcanique eût atteint son maximum, le même observateur remarqua que la quantité de fumée, qui couvre ordinairement le sol de la solfatare, avait beaucoup diminué ; un morceau de papier, qu'il laissa tomber dans une crevasse, ne fut point rejeté, ce qui lui fit présumer qu'il existait un courant d'air descendant qui devait emporter la fumée dans la cheminée du Vésuve : « Enfin, dit-il, le tonnerre souterrain, que l'on entend à de si grandes distances sous le Vésuve, à l'approche des éruptions, est presque une démonstration de l'existence de grandes cavités souterraines remplies de substances aériformes. »

Dans l'intérieur de l'Asie, il existe une solfatare considérable (solfatare d'Ormutzi) située au pied du colossal Bagdo-Sola, à 30 milles, à l'ouest, du méridien d'Hotschen. De presque tous les sols anciennement volcanisés, on voit sortir des fumerolles, ou des eaux thermales, ou des vapeurs acides : les volcans éteints de l'Italie, de l'Auvergne, de l'Amérique, etc., donnent un grand nombre de semblables produits. Une grande quantité de soufre ou de vapeurs sulfureuses paraît être un des caractères les plus distinctifs des volcans, dont les éruptions ont cessé depuis le commencement de l'époque actuelle.

Volcans éteints. On connaît un grand nombre de volcans à cratères parfaitement conservés, autour desquels se trouvent accumulés des courans de lave, accompagnés de scories de cendres et de tous les autres produits volcaniques actuels, qui n'ont point fait éruption depuis les temps historiques. Sous les déjections de ces sortes de volcans, dans l'Auvergne et dans le Vivarais, on a découvert de nombreux restes d'animaux dans un état de conservation assez parfait pour bien déterminer les espèces. Quelques uns des animaux qui caractérisent la seconde époque géologique, se trouvant mêlés avec ceux de l'époque actuelle, sans que, néanmoins, on ait reconnu parmi eux des traces de l'espèce humaine, me semblent annoncer que ces volcans ont fait éruption dans le commencement de l'époque actuelle ; d'ailleurs, la conservation de leur cratère, celle des coulées de lave, et la nature de tous leurs produits, les identifient tellement avec les volcans actuels, que ce serait rompre un des liens les mieux établis par la nature, que de vouloir les en séparer. Peut-être un jour ces volcans reprendront-ils leur activité, et, de même que celles de l'Etna et du Vésuve, les populations, qui vivent maintenant dans la plus grande sécurité à leur pied et sur leurs flancs, seront-elles enfouies sous des torrens de feu. Les anciennes bouches sont toutes obstruées et ne laissent plus échapper la moindre trace de vapeurs ; mais, autour, jaillissent de nombreuses sources thermales, et des vapeurs acides corrodent encore les roches à travers les crevasses desquelles on les voit s'échapper.

Il existe des volcans éteints dans presque toutes les contrées de la terre, en Amérique, en Asie, dans la mer du Sud, et dans les îles de l'Afrique. Les localités les plus célèbres du continent européen sont la Grèce, l'Italie, les bords du Rhin, la Catalogne, et, en France, la Provence, le Vivarais et l'Auvergne.

L'Auvergne est, sous ce rapport, la contrée la plus remarquable de toutes celles connues ; c'est là que l'observateur doit aller étudier les phénomènes volcaniques anciens ; et, s'il les a bien compris, il aura une idée assez exacte de ce qui se passe à l'Etna et au Vésuve ; il ne lui restera plus qu'à contempler une éruption de ces volcans fameux pour compléter ce que l'étude de l'Auvergne lui aura montré des phénomènes volcaniques : cratères parfaitement conservés, courans de lave intacts, scories, cendres, tufs, bombes, etc., tout se trouve dans une étendue de quelques mille mètres ; et, dessous ces produits, les restes de l'ancienne population qu'ils ont détruite. Les tufs ponceux renferment une grande quantité de débris de végétaux et d'animaux. Les coulées de nature basaltique alternent avec des couches de galets remplies des mêmes débris, ce qui annonce qu'il y a eu alternance entre les produits de la voie ignée et ceux de la voie aqueuse. Les eaux qui ont déposé les galets ont pu être vomies par les bouches volcaniques (Pl. 11, fig. 4).

En général, les volcans éteints ne sont point isolés comme ceux actuellement en activité ; ils sont, au contraire, réunis par groupes : en Auvergne et en Amérique, ils se trouvent placés à la suite les uns des autres sur un même alignement. En Islande, dans les Açores, les îles Canaries, etc., ils sont disposés par groupes, dont chacun paraît avoir un point central. Lorsque, dans le second volume, nous exposerons la théorie de M. de Buch, nous dirons que cette manière d'être des volcans lui en a fait distinguer de deux sortes : *volcans centraux et volcans en série.*

Nous ne pousserons pas plus loin l'examen des volcans éteints, parce que, je le répète, les phénomènes qu'ils présentent sont absolument les mêmes que ceux des volcans actifs ; je ferai seulement remarquer que leurs laves, qui, par leur nature minéralogique, se rapprochent beaucoup des basaltes, lient ces roches, produits des volcans de la seconde époque géologique, avec celles de nos volcans actuels.

Localités. L'Europe possède peu de volcans actifs, et un seul est sur le continent, le Vésuve ; en face, sur les côtes de la Sicile, l'Etna s'élève à 3400 mètres au dessus du niveau de la mer. Entre eux, dans les îles Lipari, on a le petit volcan de Stromboli, dont les déflagrations sont continuelles, et les volcans anciens, Vulcano et Vulcanello, qui fument encore. En juillet 1831, un volcan parut au milieu de la mer, sur la côte nord-est de la Sicile, s'abîma sous les eaux et reparut en 1834. L'Archipel grec renferme des montagnes que les anciens ont vues en activité, Milo et Santorin, par exemple. Au milieu de ses neiges perpétuelles, l'Islande nous présente l'Hécla, qui s'élève à 1200 mètres, et cinq autres volcans plus petits. La côte du Groenland renferme plusieurs bouches ignivomes; au mois d'avril 1818, on en vit une faire éruption dans l'île de Van Mayen, située à la partie orientale de cette région glacée.

Les volcans actifs sont plus nombreux en Asie qu'en Europe; quatre sont situés sur les côtes méridionales et sur les bords de la mer Caspienne. M. de Humboldt a visité, dans l'intérieur de ce continent, un district volcanique situé à 300 ou 400 milles géographiques des rivages de la mer, dont la principale montagne le Peschan, encore lumineuse, a vomi jadis des laves. Suivant ce grand observateur, le siége principal des actions volcaniques paraît être dans les montagnes célestes. La partie orientale du Kamtschatka est un sol volcanique qui renferme encore cinq montagnes actives; mais c'est dans les îles de cette partie du monde que le nombre des volcans brûlans est surtout considérable; on en compte plus de cent, dont les principaux sont situés dans les îles du Japon, les îles Philippines, les Moluques, les îles Mariannes; dans l'île de Java, où se trouvent des volcans actifs et d'autres qui paraissent éteints, il se fait, dans l'intérieur de la terre, un travail continuel qui se manifeste par des vapeurs, de la fumée, l'apparition de fontaines bouillantes et de violentes secousses de tremblement de terre.

Je ne sache pas que l'on ait encore découvert un seul volcan actif sur le continent d'Afrique; mais ses îles en présentent plusieurs : Bourbon, Madagascar, les îles du cap Vert, les Açores et les Canaries, sont presque exclusivement volcaniques. Parmi les cratères que renferment ces îles, le plus remarquable est celui du pic de Ténériffe, qui atteint une élévation de 3710 mètres au dessus du niveau de la mer, et dont nous avons déjà eu occasion de parler.

L'Amérique contient beaucoup de volcans, qui sont dans une position vraiment remarquable, sur le dos de la grande cordilière qui borde la partie occidentale de ce nouveau continent. Ces volcans ne sont point isolés, mais disposés par groupes à la manière des volcans éteints; leur nombre est d'environ 50 : le royaume de Guatimala en renferme une vingtaine, dont le plus considérable, le Guatimala, s'élève à 4600 mètres; on en compte six dans le Mexique, au nombre lesquels est le fameux volcan moderne de Jorullo. Les volcans du Pérou sont les plus considérables de tous ceux connus : le Pichincha s'élève à 5000 mètres au dessus de la mer, le Cotopaxi à 5750, et l'Antisana à 6000 mètres. Enfin les Antilles et les autres îles de l'Amérique renferment encore des bouches volcaniques, dont les éruptions sont plus ou moins fréquentes.

§ 54. *Volcans sous-marins*. Un fait très remarquable et très important pour la théorie des phénomènes que nous venons d'exposer, c'est que presque tous les volcans actifs sont situés sur les bords de la mer. Ceux de l'Amérique qui s'en trouvent à une distance de 30 et même 50 lieues, et ceux du centre de l'Asie qui en sont à 300 et 400 milles géographiques, prouvent cependant que les actions volcaniques peuvent s'exercer à une grande distance de la mer; il est important de faire remarquer ici que les volcans asiatiques dont nous venons de parler se trouvent dans le voisinage du grand enfoncement, si remarquable, de cet ancien continent. Sur 210 volcans brûlans, 108 sont situés dans les îles, et il existe beaucoup de volcans sous-marins, dont les effets se manifestent tous les jours. On voit souvent, dans le voisinage des Açores, de l'Islande, etc., des éruptions volcaniques se produire au milieu des eaux et donner naissance à des îles qui, le plus souvent, disparaissent peu de temps après. Les anciens nous apprennent que Santorin et Chio sont le produit des volcans. La plus grande partie de l'Archipel indien doit son existence à de semblables phénomènes. Ces grands bassins circulaires sur les bords desquels les saxigènes construisent leurs murailles, § 50, sont des cratères de volcans sous-marins ; leur forme et les matières qui le composent le prouvent complétement.

Dans l'éruption de 1783, qui ravagea une grande partie de l'Islande, on vit sortir de la mer plusieurs iles desquelles s'élevèrent, pendant plusieurs mois, des colonnes de fumée traversées par des jets de matières embrasées.

En juin 1811, un volcan sous-marin fit éruption près de l'ile Saint-Michel, une des Açores ; il lançait, par momens, dans l'atmosphère, de noires colonnes de cendres ; et d'immenses quantités de vapeurs et de fumée se répandaient en tourbillons sur la surface de la mer. Au commencement de juillet, on aperçut une ile qui s'était élevée à 100 mètres au dessus des eaux et au centre de laquelle existait un cratère rempli d'eau bouillante, qui s'échappait par une ouverture placée vis à vis l'ile Saint-Michel : cette ile disparut peu de temps après.

Un phénomène du même genre vient de se passer sous nos yeux, dans la Méditerranée, non loin des côtes de Sicile.

Le 2 juillet 1831, des secousses de tremblement de terre se firent sentir sur la côte occidentale de la Sicile, dans la direction S.-O.-N.-E., parallèlement à la ligne des phénomènes volcaniques de cette contrée. Le vaisseau de l'amiral anglais, Sir Pultney Malcolm, traversant, le 28 juin, la place où le volcan surgit ensuite, éprouva des secousses comme s'il avait touché sur un banc de sable.

Le 8 juillet, Jean Corrao, capitaine d'un navire marchand sicilien, entendit une détonation violente et vit aussitôt s'élever de la surface de la mer une masse d'eau jusqu'à la hauteur de 20 mètres ; la colonne d'eau fut remplacée presque aussitôt par une des vapeurs aqueuses, qui atteignit une hauteur de 500 à 600 mètres.

Le même capitaine étant revenu, le 18, sur la place où il avait vu l'éruption commencer, dit avoir trouvé une île haute de 40 mètres seulement, qui présentait, vers son centre, un cratère duquel s'élançaient continuellement des matières embrasées et d'immenses colonnes de vapeurs. A l'entour, la mer était couverte de scories, de cendres et de poissons morts. L'éruption atteignit son maximum du 13 au 20 juillet; le cratère vomissait alors d'énormes colonnes de vapeurs noires, traversées par des jets de matières pierreuses et de cendres rouges, offrant l'apparence de flammes. Les explosions se renouvelaient toutes les deux heures; elles étaient toujours accompagnées de violentes détonations.

Le capitaine anglais Swinborne, qui vint reconnaître le volcan vers la fin de juillet, trouva qu'il avait de 50 à 90 pieds de hauteur, et $\frac{3}{4}$ de mille anglais de circonférence. Sa forme était presque circulaire, le cratère ne vomissait plus que des vapeurs aqueuses, qui répandaient une forte odeur de soufre : le 25 août, les vagues en avaient déjà détruit une partie et formé une espèce de grève à l'entour; on ne voyait plus, dans le cratère, que de l'eau bouillante d'où s'échappaient toujours d'épaisses vapeurs.

M. Prévost, envoyé par l'Institut de France pour reconnaître le nouveau volcan, n'arriva que le 28 septembre. « A » un mille de distance, dit-il, nous commençâmes à traverser » des courans d'eau jaunâtre; des courans pareils semblaient » partir comme des rayons d'une zone semblable qui entou- » rait l'île; cette île avait 700 mètres de tour sur 70 mètres » de haut. Il y avait un cratère en entonnoir presque central, » duquel s'élevaient d'épaisses colonnes de vapeurs, et dont » les parois étaient enduites d'efflorescences salines blanches; » il était rempli d'une eau roussâtre et bouillonnante, for- » mant un lac d'environ 80 pieds de diamètre. Un monticule, » dont la base était peut-être à 500 ou 600 pieds de profon-

» deur, était entièrement composé de matières pulvérulen
» tes, de fragmens de scories de toutes les dimensions jus
» qu'à celle de 2 pieds cubes au plus; il y avait quelques
» blocs dont le centre, très dur, avait l'aspect et la consis
» tance de la lave, mais ces masses globulaires avaient été
» projetées [1]. »

Le cratère parut à M. Prévost, comme tous les cratères
d'éruption, un amas conique autour d'une cavité également
conique, mais renversée. Le thermomètre, placé sur le sol
baigné par la mer, monta jusqu'à 85°; la température de l'eau
contenue dans l'intérieur du bassin était de 95° à 98. Ce volcan a dû produire des coulées sous-marines.

Le savant français et l'état-major du vaisseau qui l'avait
amené donnèrent à l'île nouvelle le nom d'île *Jullia*, parce
qu'elle avait paru dans le mois de juillet. La mer, venant briser contre les flancs du cône, le détruisit peu à peu, et, au
commencement de l'année 1833, il avait disparu sous les
eaux. En février, on trouva une hauteur de 150 pieds d'eau
à l'endroit où il avait existé. Quelques observateurs pensent
que le Vésuve, qui fit éruption peu de temps après la dispa-
rition de l'île Jullia, pourrait bien y avoir puissamment
contribué. Cette île a reparu en 1834.

Il est donc parfaitement établi que des volcans font éruption dans le fond de la mer, et que les matières accumulées
peuvent s'élever souvent au dessus de la surface des eaux. Les
coulées de laves qui en sortent, en s'étendant sur le fond,
doivent recouvrir une grande quantité d'êtres marins. Lorsque les coulées sont refroidies, il vient se déposer sur elles
une couche de sédiment, provenant des matériaux que les
vagues enlèvent continuellement aux flancs du volcan, et
de ceux que les courans apportent d'une certaine distance.
Cette couche renferme aussi des débris de végétaux et d'animaux marins, au milieu desquels peuvent se trouver des pro-

[1] Voyez les Dessins et les Cartes publiés par M. C. Prévost. (*Mémoires
de la Société géologique de France*, tome 2.)

ductions terrestres, surtout quand les phénomènes se passent à une petite distance des côtes. Si, plus tard, une nouvelle éruption a lieu, le dépôt aqueux se trouvera recouvert par la lave, en sorte qu'au bout d'un laps de temps plus ou moins long on aura un certain nombre de dépôts aqueux et ignés alternant entre eux. Ceci donne l'explication de plusieurs phénomènes que nous aurons occasion d'étudier dans les époques suivantes.

Position des foyers volcaniques.

Toutes les observations faites jusqu'à ce jour tendent à prouver que les foyers volcaniques sont situés à de grandes profondeurs au dessous de toutes les masses minérales connues : cela est annoncé par la position immédiate de plusieurs cratères sur les roches les plus inférieures du globe ; en outre, des filons de lave traversent très souvent ces roches, et les éruptions en rejettent de nombreux fragmens.

D'un autre côté, les produits des déjections sont sensiblement les mêmes sur toute la surface de la terre ; ils sont composés de feldspath mêlé de pyroxène et d'amphibole, substances qui entrent toutes dans la composition des roches inférieures ; et, de plus, les espèces minérales disséminées dans celles-ci se retrouvent également dans les roches volcaniques.

Tremblemens de terre.

§ 55. Il est assez bien démontré aujourd'hui que le phénomène des tremblemens de terre, dans lequel certaines parties de la croûte du globe éprouvent des secousses plus ou moins violentes, est encore un effet de la grande cause qui produit les déflagrations volcaniques. Les régions les plus sujettes aux tremblemens de terre sont les pays volcanisés : le midi de l'Italie, l'Islande, les Canaries, les Antilles, le Pérou, etc. On a vu, ainsi que nous le dirons bientôt, de violentes secousses de tremblemens de terre terminées par l'ou-

verture de nouveaux volcans, et nous savons déjà qu'ils précè
dent toujours les éruptions volcaniques. En réunissant le
tremblemens de terre aux phénomènes volcaniques, nou
conservons donc les rapports établis par la nature.

Werner a distingué deux sortes de tremblemens de terre
les uns, qui paraissent appartenir à un volcan particulier
et dont le foyer est dans la même région que le sien, n
s'étendent qu'à une distance de dix lieues au plus ; les autres
au contraire, paraissent avoir leur foyer à de grandes pro
fondeurs : leurs effets sont beaucoup plus considérables et s
propagent à des distances immenses avec une si grande célé
rité, qu'une même secousse se fait sentir presque en même
temps sur des points éloignés de mille lieues ; les faits suivan
prouvent que ceux-ci sont encore intimement liés aux phéno
mènes volcaniques.

Un des plus terribles tremblemens de terre que l'on ai
éprouvés, celui qui renversa Lima en 1746, et se propage
jusqu'en Europe, fut terminé par quatre volcans qui s'ouvri
rent pendant la nuit.

Dans les environs de Pouzzole, en 1558, après deux an
de secousses et de bruits souterrains presque continuels, l
sol se crevassa, vomit des flammes et des vapeurs ; une de
ouvertures lança, pendant sept jours, une grande quantit
de scories et de cendres. Ces matières, en tombant dans le la
Lucrin, le comblèrent presque entièrement, et formèrent l
monte Nuovo, dont la hauteur est de 140 mètres.

En 1759, au Mexique, on vit se produire de la mêm
manière le volcan de Jorullo, situé à 30 lieues de la mer : su
un sol volcanique, et dans une plaine toute plantée d
cannes à sucre, des tremblemens de terre, accompagnés d
bruits souterrains, continuaient depuis plusieurs jours ; l
tranquillité paraissait entièrement rétablie, lorsque, avec u
fracas horrible, le sol s'ouvrit et vomit, par différentes bou
ches, des matières embrasées et des nuages de fumée mêlé
de cendres. Tout le pays, à une lieue à la ronde, se couvri

d'une infinité de petits cônes (*hornitos*) ; six grandes buttes s'élevèrent dans la direction d'une crevasse, et la plus considérable, le Jorullo, atteignit une hauteur de 100 mètres au dessus de la plaine ; les éruptions de ce volcan continuèrent pendant plusieurs années, mais elles ont diminué progressivement, et il n'en sort plus maintenant que de la fumée, ainsi que des hornitos qui l'environnent.

Nous avons déjà dit (§ 51) que, dans les îles de Java, il se faisait un travail intérieur continuel, annoncé par une grande quantité de vapeurs et de fumée ; il occasione de temps à autre de violentes secousses de tremblement de terre qui se propagent à des distances énormes : en 1821, la terre et la mer furent si violemment agitées, que l'île de Sumbawa fut submergée en partie ; les vaisseaux mouillés dans le port furent lancés jusqu'à une grande distance dans les terres. En 1815, l'éruption d'un volcan de la même île agita presque tout l'Archipel indien.

Ces faits suffisent pour démontrer la liaison intime des tremblemens de terre avec les effets volcaniques ; nous allons maintenant donner la description du phénomène.

Presque tous les tremblemens de terre sont précédés par les bruits sourds, souvent très forts et sans direction déterminée : en 1746, ils annoncèrent la destruction de Lima, et les habitans, prévenus de la catastrophe qui les menaçait, purent se sauver dans la campagne ; un bruit semblable à celui de plusieurs chars roulant sur un pont de pierre, dit Spallanzani, préluda au tremblement de terre qui détruisit Messine en 1755 ; mais rien n'annonça celui de Lisbonne. La sortie des reptiles qui habitent sous terre, l'agitation des eaux, le tarissement des sources et des puits, les mouvemens extraordinaires des oiseaux, les hurlemens de certains animaux, etc., sont, comme pour les éruptions volcaniques, les signes certains des agitations que la terre va éprouver.

La manière dont le sol est agité varie : tantôt c'est un mouvement ondulatoire analogue au roulis d'un vaisseau, mais beaucoup plus rapide ; tantôt c'est une trépidation, comme si le sol était violemment attaqué en quelques points ; le premier mouvement est le plus dangereux. Pendant la crise, les secousses se succèdent avec plus ou moins de force et de rapidité. A Lisbonne, trois secousses se succédèrent assez rapidement ; la dernière dura plusieurs minutes et fut la plus terrible : les forces perturbatrices paraissaient agir en sens opposé. Il en fut de même à Cumana, en 1812. On a vu des secousses se reproduire pendant plusieurs jours, et même pendant plusieurs mois. Les édifices les plus solides résistent rarement aux fortes commotions ; cependant, à Lisbonne et à Messine, la plupart des églises furent conservées.

La mer participe presque toujours aux mouvemens de la terre ; on l'a vue s'élever quelquefois à des hauteurs très considérables ; d'autres fois elle se retire précipitamment, et, revenant ensuite avec une extrême violence, elle détruit tout ce qui se trouve sur son passage. Pendant le tremblement de terre de Lisbonne, la mer fut très agitée sur toute la côte de la péninsule ; dans le port de cette ville, elle s'éleva plus haut que dans les fortes tempêtes ; à Cadix, elle passa par dessus la digue qui unit la ville au continent, et ses mouvemens se propagèrent jusque sur la côte d'Angleterre et de Norwége ; au Pérou, en 1446, dans le port de Callao, la mer se retira fortement, revint ensuite avec impétuosité, et noya les habitans.

En 1821, les îles de Java éprouvèrent un violent tremblement de terre et de mer ; Sumbawa fut submergé, les navires mouillés dans le port de cette île furent lancés à une grande distance dans les terres, plusieurs passèrent même par dessus les maisons.

En 1828, à l'île de la Grande-Canarie, on éprouva une secousse de tremblement de terre dans laquelle les bâtimens mouillés dans le port ressentirent un choc comme s'ils eussent touché sur des rochers ; enfin, pendant un tremblement de terre qui eut lieu à la Colombie, en 1827, plusieurs rivières sortirent de leur lit et inondèrent la campagne environnante.

L'atmosphère reste ordinairement tranquille pendant la durée des tremblemens de terre. M. de la Bèche dit que, dans quatre tremblemens de terre dont il a été témoin, l'atmosphère lui a paru rester à peu près étrangère au phénomène; on l'a vue cependant aussi quelquefois violemment agitée : en 1829, on éprouva, dans la Nouvelle-Galles du sud, de fortes secousses de tremblement de terre, accompagnées d'un ouragan épouvantable qui renversait les arbres et les maisons. Le mugissement s'apaisa graduellement pendant une heure environ ; mais il recommença ensuite avec d'affreux coups de tonnerre, des torrens de pluie et des traînées d'éclairs rapides et blanchâtres.

On observe une grande diversité dans la manière dont se propagent les secousses de tremblement de terre : celui de Lisbonne, dans l'espace d'une heure seulement, ébranla tout le Portugal et l'Andalousie ; il se fit sentir en Afrique, où il détruisit en partie les villes de Maroc, de Fez et de Méquinez; dans la plus grande partie de l'Espagne et de la France, de la Suisse et de l'Allemagne, jusqu'en Islande et même aux Antilles : celui de Lima ébranla une partie de l'Europe ; enfin, le 8 septembre 1601, dans la nuit, des secousses considérables se propagèrent dans presque toute l'Europe et l'Asie. D'un autre côté, des secousses violentes ne s'étendent qu'à de très petites distances : celles de la Calabre ne furent ressenties que sur un espace de 15 lieues carrées, et l'Etna n'éprouva aucune agitation ; ce qui fait penser à M. d'Aubuisson qu'il n'existait point de communication entre le foyer du tremblement et celui du volcan. En 1828, de très fortes secousses se propagèrent depuis la Hollande jusque dans les Alpes suisses, et en France on n'éprouva absolument rien. Nous avons déjà dit que les éruptions volcaniques étaient annoncées par des tremblemens de terre qui ne s'étendaient qu'à une petite distance de chaque volcan.

Les tremblemens de terre produisent souvent des changemens très notables à la surface de la terre : dans celui qui bouleversa les deux Calabres en 1783, le sol éprouva des mouvemens ondulatoires qui y déterminèrent un grand nombre de fractures ; des montagnes furent soulevées et des masses énormes détachées et transportées à plusieurs milles de distance ; on vit se former plusieurs lacs, dont un, résultat de l'accumulation de deux ruisseaux qui se trouvèrent barrés, avait deux milles de long sur un de large. Au Pérou, en 1746, il se forma une crevasse d'une lieue de long et de 1 à 2 mètres de large. Durant les secousses qui engloutirent Lisbonne, on vit près de Méquinez, en Afrique, deux montagnes se crevasser et vomir des torrens d'une eau rouge et puante.

En Calabre, en 1783, il se forma sur la surface des plaines un grand nombre de trous circulaires de 1 à 2 mètres de diamètre, par lesquels jaillit une forte quantité d'eau. En mars 1829, dans la province de Murcie, des secousses accompagnées de bruits semblables à celui du tonnerre durèrent pendant trois quarts d'heure ; 300 édifices publics furent renversés et 800 personnes tuées ou blessées ; la terre se crevassa en plusieurs endroits, et dans une plaine voisine de la mer il se forma un grand nombre d'ouvertures circulaires, qui vomirent avec plus ou moins de force une vase noirâtre mêlée d'eau salée et de coquilles marines. Des phénomènes semblables ont été observés au cap de Bonne-Espérance en 1809, au Chili, etc. ; on a toujours vu des eaux colorées jaillir par ces ouvertures avec une certaine force : les tremblemens de terre tarissent d'anciennes sources, en ouvrent de nouvelles et changent souvent la direction des ruisseaux.

Des portions de terrain quelquefois très étendues ont été soulevées par les tremblemens de terre : M. de la Bèche rapporte, d'après madame Maria Graham, qu'au Chili, en 1822, une violente secousse se fit sentir sur une étendue de plus de mille milles (1,600,000 mètres) ; toute la contrée comprise entre la mer et les montagnes fut soulevée sur une longueur de cent milles ; le rivage, ainsi que le fond de la mer sur les côtes, s'éleva de plus d'un mètre, une grande quantité de coquillages fut mise à sec : il paraît que des tremblemens de terre antérieurs avaient déjà, à plusieurs reprises, élevé le sol de cette contrée ; car la côte présente une disposition générale en terrasses, que leur parallélisme avec le rivage actuel, et les coquilles qui y sont renfermées çà et là, doivent faire considérer comme d'anciens rivages, bien qu'elles s'élèvent maintenant à 50 pieds au dessus de la mer.

En 1820, une baie de l'île de Banda, ayant 60 brasses de profondeur, fut comblée, et il se forma un promontoire à la place.

Parmi les ruines du temple de Sérapis à Pouzzole, il existe trois colonnes encore parfaitement verticales, dont la base est actuellement au dessus des eaux, et qui, à une hauteur de 3 mètres au dessus de cette base, et dans une zone de 3 mètres de large, sont criblées de trous de lithophages marins. Pour expliquer ce singulier phénomène, on suppose que le temple, après avoir été abaissé au dessous du niveau de la mer par un tremblement de terre, a été relevé ensuite par la même cause.

Les terrains soulevés par les tremblemens de terre n'ont jamais une bien grande étendue, et on ne peut rendre compte ainsi que de phénomènes locaux ; mais un certain nombre d'observations tendent à prouver que des contrées entières se soulèvent progressivement depuis un temps immémorial. Il est de notoriété publique qu'aux environs de Rimogne, dans les Ardennes, des clochers que l'on ne voyait pas de tel point, il y a 50 ans seulement, sont aujourd'hui très visibles. Le soulèvement graduel du fond de la Baltique est connu de tout le monde : il y a 2500 ans, la Suède et la Norwége formaient une île. En 45 ans la ville de Piëta s'est trouvée éloignée à 2 milles de la mer, et celle de Loulea s'en est retirée de 1 mille en 28 ans. Les îles Engsoë, Apso et Testeroë sont réunies depuis un grand nombre d'années, et d'autres comme Louisoë, Psalmodi et Magdelone, se sont réunies à la terre. En se fondant sur ces faits, Linnée et Celsius avaient conclu que la hauteur des eaux de la Baltique diminuait de 4 pouces par siècle, et que dans 2000 ans cette mer devait disparaître entièrement. M. Lyell, qui vient de visiter récemment le littoral du golfe de Bothnie, ainsi que, sur la côte occidentale de la Suède, les districts cités par Celsius, a reconnu que le niveau de la mer était maintenant inférieur de plusieurs pieds aux marques faites sur les rochers il y a 160 ans, et de plusieurs pouces à celles tracées en 1820 par les pilotes suédois sous la direction de l'Académie des sciences de Suède; il a vu, comme M. de Buch, sur les côtes de l'Océan, des dépôts épais de coquilles marines à des hauteurs qui varient de 10 à 200 pieds, et sur les côtes du golfe de Bothnie de semblables dépôts s'étendre jusqu'à 50 milles dans les terres : les coquilles sont en partie marines et en partie fluviatiles. Le savant géologue anglais conclut de tous ces faits que certaines portions de la Suède éprouvent actuellement un soulèvement graduel de 2 à 3 pieds par siècle, tandis que d'autres parties qu'il a visitées, vers le sud, paraissent n'éprouver aucun changement sensible. Dans le port de Pétersbourg, on a remarqué que, pendant les 25 dernières années, les eaux ont considérablement diminué. Ce soulèvement graduel nous paraît devoir s'opérer sur toute la surface du globe avec une intensité qui semble croître à mesure que l'on approche des pôles, et être le résultat d'une cause générale dont nous parlerons dans le second volume.

Tous les phénomènes volcaniques qui se manifestent encore maintenant sur la surface du globe, tant ceux des volcans proprement dits que ceux qui en sont une dépendance directe, comme les tremblemens de terre, produisent des effets qui nous paraissent gigantesques lorsque nous les envisageons avec une imagination frappée, mais qui ne sont réellement que fort peu de chose quand on les compare aux dimensions de la terre. 50 pieds, hauteur à laquelle a été élevée la côte du

Chili par les tremblemens de terre, n'est pas la $\frac{1}{374354}$ partie du rayon terrestre. M. Cordier, ayant cubé, à Ténériffe et en Auvergne, les matières rejetées par différentes éruptions, a trouvé que le volume produit par chacune était fort inférieur à un kilomètre cube : d'après ces données et celles du même genre recueillies sur d'autres points, il se croit fondé à prendre un kilomètre cube comme le terme extrême des produits des éruptions considérées en général. Or une telle masse est bien peu de chose relativement à celle du globe ; répartie à sa surface, elle formerait une couche qui n'aurait pas $\frac{1}{500}$ de millimètre d'épaisseur : il faudrait donc le produit de 500 grandes éruptions pour augmenter d'un millimètre la longueur du rayon terrestre. Il résulte de là que les phénomènes que nous venons de décrire n'ont pas produit dans notre planète les changemens considérables que leur attribue l'imagination de certains géologues. Nous allons étudier maintenant d'autres phénomènes qui, sans dépendre aussi directement de l'action volcanique que celui des tremblemens de terre, s'y rattachent cependant d'une manière évidente.

8ᵉ FORMATION. *Geysers.*

§ 56. Dans tous les pays volcanisés, on voit sortir de l'intérieur de la terre des eaux chaudes, qui jaillissent quelquefois avec une certaine force, et s'élèvent en colonnes comme les vapeurs qui sortent d'un cratère. C'est en Islande, pays presque entièrement volcanique, que ce phénomène est le mieux développé, et qu'il se présente avec des caractères spéciaux qui le font distinguer particulièrement.

Dans cette île, au pied de petites collines, et sur un sol plat, il existe plusieurs monticules diversement colorés, d'où sortent des masses d'eau chaude chargée de beaucoup de silice, qui s'élèvent en jaillissant à une hauteur plus ou moins considérable. Ces sources se nomment *geysers* dans le pays.

La plus remarquable, le *grand geyser*, sort d'un monticule de 2 ou 3 mètres de hauteur, dont la partie supérieure, creusée en forme de soucoupe, présente un bassin presque circulaire de 15 mètres de largeur et de 1 de profondeur. Vers le milieu de ce bassin, se trouve une ouverture formant l'extrémité d'un énorme tube cylindrique de 3 mètres de diamètre, et qui a été reconnu jusqu'à une profondeur de 20. La matière qui compose le bassin et le monticule est de la silice plus ou moins pure, les parois intérieures sont aussi revêtues d'une couche lisse de matière siliceuse.

Le bassin est presque toujours plein de l'eau la plus limpide, dont la température s'élève jusqu'à 100°; cette eau oscille : on la voit s'enfoncer dans le tube, puis remonter et se verser par dessus les bords ; mais, dans les paroxysmes, l'eau sort du tube avec une grande vitesse, et s'élève dans l'air en formant une immense colonne, dont la hauteur moyenne est de 30 mètres, et souvent on a vu des jets s'élever à plus de 100 mètres.

La grande quantité de vapeurs que les colonnes répandent autour d'elles annonce une température très considérable ; ce qui est encore confirmé par la silice qui se trouve dissoute dans l'eau, et qui, en se déposant par le refroidissement, forme des incrustations dans le bassin et tout autour du monticule.

Cette circonstance, jointe à la force d'ascension de la colonne d'eau, rapproche beaucoup ce phénomène de celui des volcans dont l'île est remplie : chaque paroxysme n'est autre chose qu'une éruption aqueuse.

Depuis une quinzaine d'années, à 120 mètres de cette source, il s'en est ouvert une autre tout aussi considérable, et qui présente absolument les mêmes phénomènes : on l'a nommée *nouveau geyser*.

L'Islande est jusqu'à présent la seule contrée où l'on ait observé le phénomène des geysers avec toutes les circonstances que nous venons de rapporter. Un des volcans de

Madagascar lance, dit-on, une colonne d'eau assez forte et assez élevée pour être vue de 20 lieues ; mais on ne sait pas si c'est un véritable geyser. Dans l'île Saint-Michel, l'une des Açores, il existe un fort dépôt siliceux formé par des sources thermales non jaillissantes ; ce dépôt renferme des feuilles de fougères qui croissent maintenant dans l'île, entièrement pétrifiées, des roseaux et des fragmens de bois qui ne le sont souvent qu'en partie. Dans les dépôts siliceux des geysers, on a aussi découvert des feuilles de bouleau, de saule, des graminées et des joncs pétrifiés.

9° FORMATION : Salses.

§ 57. Les salses, qui ont été nommées *volcans de boue*, *volcans d'eau*, *volcans d'air* et *volcans volans*, ne sont réellement pas des volcans dans l'acception rigoureuse du terme ; cependant les phénomènes qu'ils présentent ont une certaine analogie avec ceux des volcans. Voici ce qu'en a dit M. Brongniart dans le *Dictionnaire des sciences naturelles*, à l'article *Salses.*

« On voit, dans certaines contrées, immédiatement sur
» le sol, ou élevés sur un plateau, des monticules d'argile
» ayant la forme de petits cônes percés et creusés en enton-
» noir vers leur sommet, d'où sortent habituellement et de-
» puis long-temps, mais avec des paroxysmes très variés en
» action, des gaz et de la boue argileuse : ces monticules
» doivent leur existence à la consolidation de la boue qui
» sort de l'entonnoir.

» Il s'élève, par intervalles plus ou moins longs, du fond
» de ces entonnoirs, une boue argileuse grisâtre, qui s'é-
» panche sur les parois des cônes, les agrandit faiblement,
» mais qui s'étend à leur pied jusqu'à une certaine distance,
» et de cette manière augmente et élève en plateau le sol
» qui les porte.

» Du milieu de ces cônes, et quelquefois du milieu des
» entonnoirs creusés immédiatement dans le sol, s'élève une

» grosse bulle qui soulève la boue avant de crever, ou plu-
» sieurs bulles qui semblent faire bouillir cette vase : ces
» bulles sont dues à un dégagement de gaz hydrogène car-
» boné, bitumineux et quelquefois sulfuré. Dans certains
» cas, ce gaz prend feu, et fait paraître au dessus des salses
» des flammes qui ne sont ordinairement que passagères.

» La vase est uniquement composée de matières terreuses,
» principalement argileuses ; elle est presque toujours accom-
» pagnée de bitume, de naphte, de pétrole, et souvent de sel
» marin ; c'est même cette dernière circonstance qui a fait
» donner, dans le Modenois, le nom de *salses* aux monti-
» cules.

» La température de la vase, et par conséquent de l'eau
» qui la délaie, n'est pas supérieure à la température ordi-
» naire du sol et du lieu ; même quelquefois elle lui est in-
» férieure.

» Les paroxysmes des salses consistent en une éruption de
» vase beaucoup plus abondante, élevée quelquefois en une
» espèce de gerbe qui atteint une hauteur de plus de 60 mè-
» tres, et accompagnée de sifflement, de bruits souterrains
» et de tremblemens de terre, comme dans les véritables vol-
» cans, mais faibles et très limités. »

Suivant les anciens auteurs, la salse de Sassuolo, petite ville
du Modenois, vomissait, à une certaine époque et avec fracas,
des pierres, de la fange et de la fumée ; néanmoins on doit
croire que ces phénomènes se sont passés sur une très petite
échelle, car le monticule s'élève au plus à un mètre, et son
ouverture n'a que 0^m,6 de diamètre : Pallas en a observé une
en Crimée, en 1794, qui s'ouvrit avec un bruit de tonnerre, de la fumée et des flammes qui s'élevèrent à plus de
100 mètres. Ces deux faits tendraient à rapprocher les salses
des phénomènes volcaniques.

Les paroxysmes ont lieu à des intervalles différens dans
les diverses salses ; quelquefois ils sont très rares et d'autres
fois très fréquens.

Localités. Les salses sont rarement isolées dans un canton; elles sont, au contraire, très multipliées, non seulement dans le même canton, mais encore dans le pays dont il fait partie : ainsi elles sont assez nombreuses aux environs de Sassuolo, et assez répandues au pied septentrional de la chaîne des Apennins ; c'est là que se trouvent les salses les plus célèbres, les mieux connues et les plus nombreuses, dans les environs de Parme, de Reggio, de Modène et de Bologne.

La Sicile possède, près de Girgenti (Agrigente), une des salses les plus célèbres même dans l'antiquité, et la mieux connue par la description qu'en a donnée Dolomieu sous le nom de *volcan d'air de Macaluba* : on y retrouve toutes les circonstances particulières qui caractérisent ce phénomène ; il s'y fait quelquefois un dégagement d'air très considérable, ce qui lui a fait donner le nom de *volcan d'air.*

Pallas a observé plusieurs salses en Asie ; nous avons déjà parlé de celle de Crimée, qui s'ouvrit avec des circonstances si extraordinaires ; aujourd'hui c'est une véritable salse, dans le voisinage de laquelle il existe des sources d'asphalte ; on en cite aussi sur les bords de la mer Caspienne et dans le voisinage de Java.

Enfin on retrouve encore ce phénomène en Amérique, où il se présente avec un grand développement ; il a été décrit, par M. de Humboldt, sous le nom de *volcan d'air de Turbaco* ; les circonstances susceptibles d'être représentées par dessin et le sol ont été très bien figurés dans une planche jointe à la description. L'air qui se dégage de ces salses est de l'azote presque pur.

Dans toutes les contrées où le phénomène des salses a été observé jusqu'à présent, il s'est présenté avec les mêmes circonstances ; il doit donc encore être l'effet d'une cause générale.

Plusieurs observations tendent à prouver que les foyers des salses gisent à une très petite profondeur, comparative-

ment à ceux des véritables volcans ; de plus, la températur
des déjections n'excède jamais celle du lieu : ainsi cette caus
n'est probablement pas la même que celle qui produit le
déflagrations volcaniques ; mais elle pourrait bien s'y ratta
cher plus ou moins directement.

10ᵉ FORMATION. *Émanations gazeuses.*

§ 58. En décrivant les phénomènes volcaniques (§ 51
nous avons parlé des émanations gazeuses qui accompagnei
toujours les éruptions et qui se continuent même long-tem]
après qu'elles ont cessé. Dans tous les pays volcanisés on vo
sortir de l'intérieur de la terre, par des crevasses plus ou moir
considérables, quelques uns des gaz qui se produisent ord
nairement dans les éruptions, et qui, attaquant en passai
les roches qu'ils traversent, les détruisent lentement. E
Auvergne, où, comme nous l'avons déjà dit, les volcans sor
éteints depuis un temps immémorial, il se dégage, par l
fentes des roches anciennes, une grande quantité d'acide car
bonique libre, qui corrode en passant les substances min
rales attaquables.

Dans les contrées anciennement volcanisées des bords d
Rhin, on observe aussi de semblables dégagemens ; les ga
sont souvent dissous dans l'eau et donnent ainsi naissance
des sources minérales, qui ont des propriétés médicinales pai
ticulières.

Il existe aussi des émanations gazeuses dans beaucoup d
contrées, qui ne présentent aucune trace de roches volcani
ques. Dans toutes les mines de houille il se fait un dégage
ment considérable *d'hydrogène carboné*, qui paraît prove
nir de l'intérieur même du charbon. Ce gaz, que les ouvrier:
nomment *grisou*, s'accumule souvent dans les galeries, où
avant la belle invention de Davy, il produisait d'horrible:
catastrophes : les lumières dont se servaient alors les mineurs enflammant spontanément ce gaz, un grand nom-

de malheureux périssaient chaque année en proie aux plus cruelles douleurs.

L'hydrogène carboné, qui se dégage en si grande abondance dans les houillères, jaillit quelquefois à la surface du sol par des crevasses ; il s'enflamme souvent en arrivant en contact avec l'air atmosphérique, et produit ainsi des jets de flamme qui paraissent sortir des entrailles de la terre : les prêtres de l'antiquité ont tiré grand parti de ce phénomène pour en imposer aux peuples. Sur la côte de la Caramanie, le capitaine Beaufort a vu un jet de gaz enflammé, nommé *yanar*, qui sortait, dans l'intérieur d'un ancien temple, d'une ouverture en maçonnerie ayant la forme d'une bouche de four. Le major Rennell dit qu'au Bengale il existe, dans un temple, un jet de gaz inflammable que les prêtres emploient à différens usages, et entre autres pour faire cuire leurs alimens. Dans l'état de New-York, le village de Fredonia est éclairé par un jet de gaz hydrogène carboné, qu'un tuyau conduit dans un gazomètre. En Chine, on se sert de ces sortes d'émanations pour l'évaporation des eaux salines.

Sur les bords de la mer Caspienne on voit des jets de gaz inflammable sortir d'un terrain imprégné de pétrole et de naphte. Dans un rayon de deux lieues autour de la ville de Bakou, le gaz souterrain est si abondant, qu'il suffit aux habitans d'enfoncer un roseau dans le sol, pour donner naissance à un jet de gaz qu'ils enflamment pour s'éclairer ou pour cuire leurs alimens. Enfin les flammes que l'on voit souvent paraître au dessus des salses, dans leurs paroxysmes (§ 57), ne sont que le résultat de la combustion des gaz inflammables.

L'hydrogène carboné et l'hydrogène sulfuré se dégagent aussi souvent à la surface de terrains marécageux et donnent quelquefois naissance aux feux errans, connus sous le nom de *feux follets*, et que nos paysans croient encore être des âmes condamnées à errer sur la terre.

L'acide carbonique se produit aussi en abondance dans

l'intérieur de la terre ; toutes les eaux en contiennent une plus ou moins grande quantité, et celles de plusieurs fontaines en renferment deux et trois fois leur volume. Dans quelques contrées, ce gaz, qui se dégage par des fissures, s'accumule dans les lieux bas, où il tue les animaux qui ont le malheur d'y passer : la fameuse Grotte du Chien, dans le royaume de Naples, est constamment remplie d'acide carbonique jusqu'à une certaine hauteur ; dans la Prusse rhénane, sur les bords du lac de Laach, il existe une fosse dans laquelle on remarque un grand nombre d'animaux, d'oiseaux, de reptiles et d'insectes tués par le dégagement du gaz acide carbonique. Sur la Kyll, près de Birresborn, un violent dégagement d'acide carbonique se fait à travers les fissures d'un rocher, dans un étang, avec un bruissement qui s'étend à une grande distance ; une couche de gaz mortel se trouve répandue sur la surface et les bords de cet étang, de telle sorte que les oiseaux et les animaux qui viennent trop près de l'eau tombent asphyxiés.

L'acide carbonique, ayant une densité beaucoup plus grande que celle de l'air atmosphérique (1.524), doit naturellement s'accumuler dans les lieux bas, et comme, d'après ce que nous venons de dire, il se produit continuellement et en grande abondance dans l'intérieur de la terre, il ne faut jamais pénétrer dans une cavité nouvellement découverte, sans s'être assuré auparavant, en y descendant des animaux et des corps en combustion, qu'elle n'est pas remplie d'acide carbonique.

Il se dégage encore de l'intérieur de la terre plusieurs autres substances gazeuses, mais en beaucoup moins grande quantité que celles dont nous venons de parler. Parmi ces substances, l'azote, que nous avons déjà cité dans les salses, et que le docteur Daubeny a reconnu dans presque toutes les eaux thermales, mérite particulièrement de fixer notre attention. Ce savant anglais a constaté que la quantité d'azote qui se dégage des eaux thermales était en proportion à peu près semblable à celle de l'air atmosphérique, et que ce gaz se trouvait toujours contenir un peu d'oxigène et d'acide carbonique : ces faits le portent à penser que, dans l'intérieur du globe, il s'opère, sur les corps simples, une oxidation lente, alimentée par l'air atmosphérique. Nous discuterons cette question dans le second volume ; quoi qu'il en soit, le fait du dégagement de l'azote parfaitement établi par M. Daubeny n'en est pas moins extrêmement curieux et important ; ce dégagement est quelquefois très considérable : on a calculé que les eaux thermales de Bath laissent échapper 223 pieds cubes de gaz azote en 24 heures.

11ᵉ FORMATION. *Sources de naphte et d'asphalte.*

§ 59. Les sources de naphte et d'asphalte ont une certaine liaison avec les émanations gazeuses, surtout celles de gaz hydrogène carboné : nous avons vu, dans le paragraphe précédent, que, sur les bords de la mer Caspienne, des jets de gaz inflammable sortent d'un terrain imprégné de pétrole et de naphte ; ces deux substances se trouvent aussi dans les carrières de houille, de l'intérieur desquelles sortent un grand nombre de gaz.

Les sources de matières bitumineuses sont extrêmement nombreuses à la surface de la terre ; on connaît aussi beaucoup de roches (calcaires et marnes) qui en sont imprégnées, et qui en peuvent fournir une certaine quantité en les chauffant légèrement.

Les sources de naphte et d'asphalte de l'île de Zante, dont la connaissance remonte à la plus haute antiquité, ont été décrites par Hérodote : il dit que cette île renferme plusieurs lacs dans lesquels, en enfonçant une perche portant une branche de myrte, on la retire chargée de poix qui a l'odeur du bitume, et qui est préférable à celle de Macédoine. Le docteur Holland, qui a visité ces contrées, dit que les parois et le fond de ces étangs se recouvrent continuellement d'un enduit épais de pétrole, que l'on amène encore à la surface, comme du temps d'Hérodote, en agitant l'eau avec quelques branches d'arbre. Les habitans recueillent ainsi environ 100 barils de pétrole par an, qu'ils emploient au calfatage des bâtimens : on le mélange avec du goudron de résine, pour lui donner plus de consistance. Ces lacs de pétrole sont situés dans une petite plaine mouvante ; quand on creuse un trou dans le voisinage des sources bitumineuses, il en jaillit aussitôt une source d'eau chargée d'une plus ou moins grande quantité de pétrole. En Albanie, depuis le temps de Pline, on exploite, au pied septentrional des monts Chimarats, des mines de poix minérale d'une grande étendue : cette substance, excellente pour calfater les vaisseaux, s'y trouve en si grande quantité, qu'on pourrait en retirer assez pour l'approvisionnement de l'Europe entière.

On recueille de grandes quantités de naphte sur les bords de la mer Caspienne : les habitans de Bakou n'ont d'autre combustible que celui que leur procurent le naphte et le pétrole, dont la contrée est imprégnée. Les îles de l'Inde sont riches en sources de naphte. Suivant le docteur Nugent, le lac de poix de la Trinité, dont le périmètre est d'environ 4800 mètres, est recouvert en partie par une couche d'asphalte, qui prend une grande consistance dans les temps froids et humides, mais que les chaleurs rendent presque fluide. Enfin, la mer Morte (lac Asphaltite) produit une grande quantité d'asphalte ; c'est même de là que cette substance tire son nom ; elle est connue, dans le commerce, sous le nom de bitume de Judée.

M. Virlet, qui a fait à la Société géologique plusieurs communications sur les matières bitumineuses qui sortent de la terre, insiste sur la liaison des sources de cette nature avec les volcans : en Auvergne, c'est dans les wakites à pépérites que l'on rencontre le plus ordinairement le bitume ; au Puy-de-Poix, par exemple, il s'écoule de cette roche de l'eau salée, accompagnée d'une quantité de bitume d'autant plus grande que la température est plus élevée. Le bitume se trouve souvent nageant à la surface des eaux, dans les contrées volcaniques, comme autour du Vésuve, des îles du cap Vert, etc.

Les bitumes minéraux sont employés dans les arts pour remplacer le goudron ; on en fabrique aussi des mortiers en les mêlant avec certaines substances pierreuses.

12ᵉ FORMATION. *Dépôts formés par les sources.*

§ 60. En parlant des eaux minérales et thermales (§ 18 et 19), nous ne nous sommes point du tout occupé des dépôts formés par ces eaux, parce qu'alors il n'était question que de l'eau considérée à l'état liquide ; nous allons les étudier avec détail dans ce paragraphe.

Toutes les eaux qui coulent, tant à la surface de la terre que dans son intérieur, ne sont jamais parfaitement pures ; elles contiennent toujours certaines substances en dissolution, qui s'y trouvent être en plus ou moins grande quantité. Dans les eaux ordinaires, celles de puits, des rivières, des lacs et des sources qui servent aux usages de la vie commune, les substances dissoutes sont en trop petite quantité pour qu'elles puissent former des dépôts étendus ; cependant on voit encore souvent, sur les parois des tuyaux qu'elles traversent, des incrustations de fer oxidé, de fer sulfuré, de chaux carbonatée, etc. Les eaux minérales qui tiennent en dissolution plusieurs substances en quantité notable forment souvent des dépôts assez considérables, mais dont l'étendue ne peut cependant pas être comparée à celle des couches minérales des époques antérieures à la nôtre. Nous allons décrire ces dépôts d'après l'ordre de leur importance.

Travertins. On désigne ainsi tous les calcaires déposés actuellement par les eaux. Ces roches ont ordinairement un aspect infacé ; mais elles sont quelquefois aussi compactes que les calcaires des époques antérieures.

Tout le monde connaît les fontaines incrustantes de l'Auvergne, surtout celle de Saint-Alyre, auprès de Clermont; on sait fort bien qu'il suffit d'exposer à l'action de l'eau, pendant un temps assez court, un corps solide quelconque pour qu'il soit recouvert d'une couche pierreuse, dont l'épaisseur est proportionnelle au temps qu'il a été plongé. Les mêmes eaux, en se répandant sur le sol, y déposent des masses de travertins remplies d'un grand nombre de cavités; sur quelques points la roche est très compacte, et elle finit par prendre une consistance assez considérable pour servir comme pierre de construction. Suivant M. d'Aubuisson, les incrustations de cette fontaine ont formé un pont de cent pas de long et dont la voûte a 0^m,6 d'épaisseur dans sa partie la plus mince.

Plusieurs autres fontaines de l'Auvergne déposent également des travertins, mais en moins grande quantité que celle de Saint-Alyre. MM. Jobert, Croiset et Bravard, qui se sont beaucoup occupés de l'étude de ces roches, ont découvert dans leur intérieur des veines d'aragonite de deux pouces d'épaisseur; près des bains de Saint-Nectaire, une planche enduite de ciment romain était toute pénétrée de cristaux de la même substance et des silex qui ont tout l'aspect et la dureté des quarz-résinites, et offrent, comme eux, des couleurs très variées. Ces faits importans prouvent la continuité jusqu'à nous de la formation de deux substances qui se trouvent dans les roches anciennes.

Ces mêmes travertins renferment aussi un grand nombre de débris organiques, végétaux et animaux : ce sont des plantes et des feuilles d'arbres qui vivent dans la contrée, des coquilles terrestres et fluviatiles d'espèces vivantes; enfin des ossemens humains.

Dans la vallée du Tarn, près de la ville de Milhau, j'ai vu une masse énorme de travertin, augmentée encore journellement par les sources qui coulent des montagnes supérieures, et dont les parties les plus anciennes sont exploitées pour bâtir. Cette roche forme un massif dans lequel on ne remarque aucune espèce de structure ; elle est extrêmement poreuse et présente beaucoup de cavités cylindroïdes ; j'y ai reconnu des empreintes de feuilles de noyer parfaitement caractérisées.

Dans une des vallées du Petit-Atlas, sur la route de Médeya, entre la Métidja et le col de Ténia, j'ai aussi remarqué une grosse masse de travertin semblable à celui de Milhau ; mais je n'ai pas eu le temps de l'observer.

Les eaux thermales de San-Philippo, qui contiennent de la silice, du sulfate et du carbonate de chaux, du sulfate de magnésie et du soufre, et dans lesquelles croissent des conferves, malgré leur haute température, ont couvert le sol environnant d'une couche de travertin qu'elles augmentent encore tous les jours ; et, par des crevasses qui existent dans cette couche, on peut voir qu'elle a plus de 10 mètres d'épaisseur : par quelques unes de ces crevasses, il sort des vapeurs sulfureuses et il se sublime du soufre ; dans quelques endroits, la surface du travertin est recouverte d'une légère croûte siliceuse.

Les travertins sont très nombreux dans la région volcanique des Apennins : le Vélino, qui, en passant dans un canal creusé de main d'homme, forme les célèbres cascades de Terni, tombe en écumant dans le lit de la Néra, dont il obstrue en partie le cours par les dépôts calcaires qu'il y forme ; et toute la contrée environnante présente un grand nombre de dépôts calcaires formés par des sources chargées de carbonate de chaux.

La plaine qui s'étend depuis Rome jusqu'au pied des montagnes de Tivoli est couverte, dans une grande partie de son étendue, d'un dépôt de travertin que M. d'Omalius d'Halloy a retrouvé jusqu'à l'entrée des marais Pontins ; la roche renferme des *lymnées* et des *hélices*. Les fontaines de Tivoli produisent encore du travertin, les eaux en sont fort agitées, et il se forme dans leur intérieur de petits globules calcaires nommés *dragées de Tivoli*, composés de couches concentriques : ce sont de véritables pisolithes, tout à fait semblables à ceux des terrains calcaires anciens ; les sources de Carlsbad, en Bohême, produisent aussi de pareils pisolithes.

Des dépôts de même nature que ceux que nous venons de décrire se forment aussi dans l'intérieur de certains lacs, surtout ceux qui se trouvent dans les régions volcaniques; dans ces lacs, sourdent des fontaines minérales qui donnent naissance à ces dépôts.

Le fameux *Logo di Zolfo*, près de Rome, offre un bel exemple de ce phénomène : on voit, dans l'intérieur des eaux de ce lac, des plantes qui végétent encore très bien et dont la partie inférieure est enveloppée par l'incrustation ; M. de la Bèche pense qu'elles peuvent ainsi devenir fossiles sans que la structure délicate soit altérée, et que leurs ramifications soient comprimées.

M. Beudant cite, dans les marais de la grande plaine de la Hongrie, un travertin qui se forme continuellement, et devient bientôt assez solide pour être employé comme pierre à bâtir ; il renferme des *planorbes* et autres coquilles à peine altérées.

Le travertin qui se dépose dans le lac Bakie, en Écosse, renferme une grande quantité de coquilles et de végétaux lacustres, dont quelques uns sont véritablement pétrifiés : la substance organique a été entièrement remplacée par la substance minérale : on y cite surtout des graines de chara pétrifiées, comme celles des calcaires lacustres de la troisième époque géologique.

Puisque nous parlons de pétrifications modernes, citons les faits qui prouvent incontestablement que ce phénomène, auquel nous devons la conservation des genres d'animaux et de végétaux qui ont paru depuis le commencement de la vie sur la terre jusqu'à notre époque, se continue encore aujourd'hui.

Dans les dépôts siliceux des geysers d'Islande, on trouve pétrifiées des feuilles de bouleau et de saule dont on distingue toutes les fibres, des joncs et de la tourbe présentant toutes sortes de variétés de pétrifications.

On a retiré du sein de la Méditerranée des coquilles vivantes en partie pétrifiées. Dans les sables des environs de Paris, on trouve des racines d'arbres en partie calcaires et en partie ligneuses. Les bois du pont de Trajan, déterrés dans ces derniers temps, étaient silicifiés. Enfin on cite, dans la Nouvelle-Hollande, des arbres qui se pétrifient debout. Il paraît que ce singulier phénomène est le résultat d'une poussière siliceuse qui s'introduit dans les pores de la substance végétale.

Stalactites et stalagmites. Ces belles colonnes calcaires, de toutes les formes et de toutes les grandeurs, qui décorent un grand nombre de grottes célèbres, ne sont autre chose que du travertin, souvent très pur, que les eaux ont déposé dans l'intérieur de ces grottes, en filtrant à travers les fissures de la voûte et des parois. Les portions qui tombent sur le sol des grottes forment une couche mamelonnée, d'épaisseur variable, que l'on nomme *stalagmites*. Les stalactites sont composées de couches coniques de spath calcaire, souvent d'une blancheur éblouissante ; quand elles ont une couleur jaunâtre, elles la doivent à la présence de l'oxide de fer. Les stalagmites sont formées de couches ondulées, mais point enveloppantes comme celles des stalactites : telle est la seule différence entre ces deux productions ; c'est, du reste, la même matière qui les compose, de la chaux carbonatée plus ou moins pure.

Les stalagmites, en se formant sur le fond des grottes, incrustent et recouvrent les corps qui y gisent, et les conservent en les préservant du contact des agens extérieurs : c'est ainsi qu'ont été conservés, depuis un temps immémorial, un grand nombre d'ossemens, de poteries et d'autres objets d'art, que l'on trouve maintenant en brisant la couche de stalagmites dont le fond de certaines grottes est couvert : nous parlerons avec détail de ces grottes dans le chapitre suivant.

Dépôts siliceux. Nous avons déjà parlé des dépôts siliceux qui se forment autour des geysers d'Islande ; ils s'étendent dans un rayon de 800 à 900 mètres autour de chaque fontaine : leur épaisseur dépasse 3 mètres, à en juger d'après celle qu'ils présentent dans un escarpement près du grand geyser.

Dans l'île Saint-Michel, une des Açores, il existe des sources chaudes, dont la température va jusqu'à 97°, qui déposent des quantités considérables d'argile et de matières siliceuses, dans lesquelles on trouve les feuilles des arbres et les herbes qui croissent autour, pétrifiées : le docteur Webster y a reconnu des branches de fougères complétement pétrifiées. Il existe beaucoup de fragmens de bois qui sont plus ou moins transformés en pierre : on connaît un lit de 5 pieds d'épaisseur, composé de roseaux d'une espèce très commune dans l'île, qui sont complétement minéralisés, et remplis, vers le centre de chaque nœud, de petits cristaux de soufre. L'épaisseur de ces dépôts n'est jamais très considérable, elle dépasse rarement 0ᵐ.3 ; on y remarque des cavités tapissées de petits cristaux de quarz très brillans.

Les sources thermales de Woshita dans les monts rocheux, aux États-Unis, dans une région non volcanique, forment un dépôt abondant, composé de silice de chaux et de fer.

Suivant M. de Buch, sur les parois du cratère de Lancerotte, une des îles Canaries, des vapeurs d'eau bouillante forment des concrétions siliceuses qui ont une certaine étendue ; enfin, en Auvergne, les eaux du Mont-d'Or contiennent de la silice gélatineuse, qu'elles déposent en concrétions dans les canaux où elles coulent.

Dépôts ferrugineux. L'oxide de fer se trouve en dissolution dans presque toutes les eaux de la nature : celles qui contiennent une grande quantité de cette substance l'abandonnent dans certaines circonstances, et forment des dépôts qui sont toujours moins considérables que ceux dont nous venons parler. L'oxide de fer ne se dépose jamais pur ; il est toujours mélangé d'une certaine quantité de chaux et de matières terreuses : dans cet état, il agglomère des sables, des cailloux roulés, etc., et forme des macignos et des poudingues peu solides. J'ai vu des anneaux de fer et une épée gauloise, qu'on avait retirés de la Saône, qui étaient revêtus d'une croûte épaisse d'un poudingue ferrugineux. Dans l'intérieur des tuyaux des fontaines de la ville de Grenoble, il se forme des concrétions ferrugineuses, que M. Fournet a démontré être dues à du protocarbonate de fer, apporté par l'eau elle-même, qui se dépose à l'état de peroxide par l'influence du contact de l'air, auquel cette eau se trouve exposée avant d'entrer dans les tuyaux.

Fer limoneux. Le dépôt de fer le plus considérable, et qui l'est souvent assez pour donner lieu à des exploitations avantageuses, dont la formation se continue encore maintenant, est celui du fer limoneux : les eaux qui coulent dans les régions abondantes en molécules de fer en font passer une partie à l'état d'hydroxide, qu'elles entraînent et vont ensuite déposer dans les lieux bas, où elles deviennent stagnantes. Les couches formées de cette manière sont quelquefois très étendues et très riches : au pied des montagnes de la Suède, on en a exploité qui rendaient 60 pour 100 de métal ; autour d'un grand nombre de fontaines, dans les montagnes comme dans les plaines, on remarque un dépôt de fer limoneux. Au pied du Petit-Saint-Bernard, le torrent des eaux rouges forme un travertin très coloré par l'oxide de fer.

D'autres substances ferrugineuses se forment encore aujourd'hui ; nous avons déjà cité des pyrites dans les tourbes modernes. M. Deslongchamps a recueilli du fer pyriteux dans les canaux où coulent les eaux de Chaudes-Aigues. Dans les mines de Chessy près de Lyon, et de Silberberg en Bavière, on trouve des cristaux de sulfate de fer groupés sur les boisages.

Dépôts de sulfate de chaux. Le sulfate de chaux se trouve souvent en dissolution dans les eaux minérales, mais rarement en assez grande quantité pour former des dépôts à lui seul ; cependant on en connaît quelques exemples.

« Les sources de San-Philippo, dit M. de la Bèche, contien- » nent une si grande abondance de sulfate de chaux, qu'a- » vant de conduire les eaux pour former les empreintes en » relief que tout le monde connaît, on les retient en sta- » gnation dans des bassins, afin qu'elles y déposent le sulfate » de chaux qu'elles contiennent. »

Les eaux salines de Lons-le-Saulnier, au pied du Jura, ren- ferment avec le muriate de soude une quantité notable de sulfate de chaux, qu'elles déposent sur les épines à travers lesquelles on les fait passer pour augmenter leur degré de sa- lure par l'évaporation. Ce dépôt est tel qu'en quatre ou cinq ans il s'est formé autour d'une petite branche de $0^m,002$ de diamètre une stalactite de $0^m,015$ d'épaisseur, et d'une lon- gueur égale à celle de la branche, dont elle suit exactement toutes les ramifications. L'intérieur de ces productions n'est point composé de couches concentriques, mais de cristaux rayonnant autour de l'axe ; à l'extérieur, on remarque beau- coup de cristaux plus ou moins parfaits.

Je crois devoir faire observer ici que les épines dont on se sert dans les sources d'eau chargée de sel marin rem- plissent deux fonctions : elles débarrassent l'eau des matières étrangères qui nuiraient à la qualité du sel, en même temps qu'en la divisant beaucoup elles favorisent l'évaporation et en augmentent ainsi considérablement le degré de salure ; ce qui procure une économie de combustible, sans laquelle les exploitations ne seraient pas souvent possibles.

Il se forme encore du sulfate de chaux dans les roches cal- caires par la décomposition des sulfures métalliques, et par- ticulièrement de ceux de fer ; dans ce cas, il y a toujours une certaine quantité de sulfate métallique produite en même temps. Le sulfate de chaux est ordinairement fibreux ; mais cette formation, comme du reste tous les dépôts gypseux de notre époque, n'a lieu que sur une très petite échelle.

Dépôts sulfureux. Toutes les solfatares, celles de l'Italie et de ses îles, celles de l'Islande, de la Guadeloupe, etc., déposent une assez grande quantité de soufre; une partie des eaux thermales des régions volcaniques en déposent aussi. On voit encore de semblables dépôts au milieu des eaux sulfureuses, chaudes et froides, dans le voisinage desquelles il n'existe aucune trace de volcan, comme à Digne en Provence, à Aix en Savoie, à Aix-la-Chapelle, Enghien près Paris, etc.; mais tous ces dépôts sont aujourd'hui très peu considérables; jadis ils ont pu se former sur une plus grande échelle.

Dépôts dans la mer et les lacs. Nous savons que dans l'intérieur de la mer il jaillit des sources comme à la surface de la terre, probablement en moins grande quantité à cause de la pression de la masse liquide. Celles de ces sources qui contiennent une certaine quantité de carbonate, de sulfate de chaux ou de toute autre substance minérale peu soluble, doivent former sur le fond des dépôts analogues à ceux que nous venons de décrire. Ces dépôts agglomèreront les sédimens marins, quand les sources qui les forment viendront à les traverser; ils enfermeront aussi dans leur intérieur les débris de testacés, de poissons, etc., et formeront ainsi des couches remplies de restes organiques, tout à fait analogues à celles que nous présentent les 2ᵉ, 3ᵉ, 4ᵉ et 5ᵉ époques. Si l'action des fontaines minérales vient à cesser pendant quelque temps, et que sur la couche formée il se dépose des sédimens, qu'ensuite l'action de la fontaine recommence, etc., on aura ainsi une alternative de couches de sables ou de marnes et de roches compactes solides; ce que l'on rencontre fréquemment dans les terrains anciens.

Les eaux de la mer tiennent en dissolution, § 10, une certaine quantité de substances salines; soit par l'évaporation ou toute autre cause, ces substances peuvent se précipiter, former elles-mêmes des dépôts peu considérables, il est vrai, augmenter ceux des sources minérales, ou cimenter les atterrissemens formés dans certaines parties de son fond.

Le *sel marin*, mélangé d'une plus ou moins grande quantité d'autres sels et de substances marneuses, se dépose sur les plages dans des cavités plus profondes, où l'eau a été jetée par une tempête ou une forte marée, lorsque la dissolution a assez perdu par l'évaporation pour que la précipitation puisse avoir lieu : c'est probablement ce phénomène qui a donné l'idée des marais salans. Quand les côtes sont bordées de rochers, comme sur une grande partie du littoral de la Méditerranée, l'eau que les tempêtes accumulent dans les cavités de ces rochers y laisse, en s'évaporant, une croûte de sel blanc, que les habitans vont recueillir pour leur usage.

Ce que je viens de dire pour la mer s'applique également aux lacs, dans l'intérieur desquels sourdent des eaux minérales : il se trouve sur leur fond des dépôts formés d'une alternance de couches de marnes, de sables et de roches plus ou moins compactes.

Suivant M. Lyell, le dépôt du lac *Bakie-Loch* en Écosse, dont nous avons déjà parlé, présente la succession des couches suivantes :

1°. Tourbe contenant des arbres : 1 à 2 pieds ;

2°. Marne coquillière contenant par places un calcaire tufacé : 1 à 16 pouces ;

3°. Sable fin, sans cailloux, cimenté, dans quelques endroits, par du carbonate de chaux : 2 pieds ;

4°. Marne coquillière de bonne qualité pour l'agriculture, les coquilles étant presque toutes altérées : 1 à 2 pieds ;

5°. Sable fin, sans cailloux, reposant sur un détritus de transport : au moins 9 pieds.

M. Tournal a vu se déposer dans les lacs des environs de Narbonne, dont la salure a sensiblement diminué depuis les temps historiques, une marne bleue, renfermant des coquilles marines, qui ressemble tout à fait à la marne subapennine de la troisième époque géognostique.

Le mode de formation des différens dépôts dont nous avons

donné la description dans ce chapitre étant bien connu, et devant, par cela même, rentrer dans la classe des faits, nous pouvons l'exposer ici.

On démontre, en chimie, que l'eau peut dissoudre une assez grande quantité d'acide carbonique et d'acide hydrosulfurique, qu'elle laisse dégager en partie lorsqu'on l'agite ou qu'elle vient à frapper contre un corps solide : cet acide donne à l'eau la propriété de dissoudre en partie les calcaires que l'on y plonge, et même ceux sur lesquels on la fait couler ; mais si on l'agite, une portion de l'acide se dégage, et le calcaire se dépose.

Un grand nombre d'observations ont démontré que, dans la nature, les choses se passaient absolument de la même manière : l'eau de certaines sources se charge d'acide, qu'elle prend dans l'intérieur de la terre, ou qui provient de la décomposition des matières organiques ; en passant sur les calcaires, elle en dissout une certaine partie qu'elle dépose, en sortant de terre, sur les corps qu'elle vient frapper. Les travertins formés par les eaux chargées d'acide carbonique ont un aspect différent de ceux provenant des eaux sulfureuses : M. Pentland, qui a beaucoup observé ceux de l'Italie, dit que les premiers ont une couleur jaunâtre, tandis que les seconds sont toujours blancs.

Quand les eaux chargées d'acide carbonique passent sur les oxides ou les carbonates de fer, elles en transforment une partie en bicarbonate, qui est très soluble ; et quand elles viennent au contact de l'air, l'acide se perd, le bicarbonate est décomposé, et le dépôt ferrugineux se forme.

Le dissolvant de la silice paraît être le calorique, car ce n'est que dans les sources dont la température est très élevée, que cette substance se trouve dissoute en quantité notable ; elle se dépose alors par suite du refroidissement : les acides que renferment quelquefois ces eaux peuvent bien encore augmenter la force dissolvante.

Quant au sulfate de chaux, on sait que les eaux acides

peuvent en dissoudre une assez grande quantité : ainsi il n'est pas étonnant de le trouver dans les eaux de cette nature, et de le voir se déposer quand elles perdent une partie de leur acide. Ce sulfate peut s'y trouver de deux manières : par la dissolution d'une portion des masses de sulfate de chaux, sur lesquelles les eaux acides ont passé, ou par la décomposition des calcaires par des eaux contenant de l'acide sulfurique.

Quant au soufre, il est souvent sublimé dans les profondeurs du globe, et ses dépôts ne sont que le résultat de la condensation des vapeurs sulfureuses à la surface de la terre ; mais, dans les eaux sulfureuses, il provient de la décomposition de l'acide hydrosulfurique par l'oxigène de l'air atmosphérique, qui le transforme en eau, en acide sulfurique et en soufre qui se dépose. Ce phénomène est surtout évident dans les eaux sulfureuses chaudes : dans celles de Digne, j'ai vu des dépôts de soufre nager à la surface, et les instrumens en bois, employés dans les bains, carbonisés en partie par l'acide sulfurique.

Ici cet acide se produit en petite quantité ; mais on connaît des contrées où il en existe des sources très abondantes : près de la ville de Byron, à 10 milles au sud du canal Érié, il existe une petite colline d'alluvion d'une couleur grisâtre, contenant une immense quantité de fer pyriteux en grains extrêmement petits. En creusant des trous dans cette colline, on rencontre un liquide trouble, qui est de l'acide sulfurique étendu d'eau. Cette colline est presque recouverte dans son entier par une croûte noire de 4 à 5 pouces d'épaisseur, formée de matières végétales carbonisées. A deux milles environ, à l'est de ce lieu, on rencontre plusieurs sources d'acide sulfurique, dont une est si abondante qu'elle pourrait faire tourner un moulin. M. Eaton, qui a observé ces sources, admet que l'acide est le résultat de la décomposition des pyrites. On a vu plusieurs volcans lancer, dans leurs éruptions, des torrens d'eau chargée d'acide sulfurique.

Nous avons dû étudier presque minutieusement les phénomènes qui se produisent maintenant à la surface de la terre, parce qu'il est extrémement probable que ces phénomènes, résultats des grandes lois universelles, ont beaucoup d'analogie avec ceux des époques antérieures, s'ils ne sont pas tout à fait les mêmes. Je sais bien que l'étendue des petites formations que nous observons maintenant dans leur naissance, n'est point comparable à celle de ces grandes masses qui entrent dans la composition des époques antérieures ; mais cela prouve seulement que, dans les premiers temps de la construction de l'édifice, on employait plus de matériaux qu'aujourd'hui, et aucunement que le mode de construction n'était pas le même : au reste, ce n'est point ici le lieu de traiter cette question. Nous ferons remarquer, en décrivant les formations des autres époques dans lesquelles les causes productrices ont cessé d'agir, les rapports qu'elles ont avec celles de l'époque actuelle, sans en tirer d'abord aucune conséquence.

Si l'on a bien saisi tout ce que nous avons exposé dans ce chapitre, on doit parfaitement comprendre maintenant ce que les géologues entendent par *époque géologique*, et ce que c'est que les *formations*, d'un certain nombre desquelles les époques sont composées. Une formation est l'ensemble des dépôts dû à un même ordre de phénomènes, et la période de temps pendant laquelle tous ces phénomènes se sont produits, sans éprouver de modification notable, est l'époque géologique. Si maintenant un bouleversement venait apporter la mer sur les continens et mettre à sec des terres qui sont aujourd'hui submergées, notre époque serait terminée, et une autre recommencerait, dans laquelle les phénomènes ne se produiraient probablement pas exactement de la même manière qu'aujourd'hui.

Débris organiques de la première époque.

§ 61. Dans la description de la plupart des formations de cette époque, nous avons à peine parlé des restes organiques qu'elles renferment. Ces restes doivent évidemment appartenir aux animaux et aux végétaux vivant actuellement sur la surface du globe, et varier avec les latitudes, car nous avons dit que chaque climat avait son organisation particulière. Des traces de l'industrie humaine doivent accompagner les restes organiques dans toutes les contrées qui ont été habitées par l'homme.

Nous voyons sous nos yeux des espèces d'animaux disparaître entièrement d'une île, et même d'un continent : les loups ont été entièrement détruits dans les Iles-Britanniques depuis peu d'années, les ours ont jadis habité les montagnes de la Forêt-Noire et des Vosges, et leur nombre diminue journellement dans les Alpes et dans les Pyrénées, où ils paraissent s'être réfugiés. L'élan des tourbières d'Irlande (*cervus giganteus*) a été regardé, pendant long-temps, comme une espèce détruite antérieurement à l'existence de l'homme ; et on est certain aujourd'hui qu'il a vécu dans les forêts de la Germanie depuis les temps historiques. L'oiseau dodo, que l'on ne connaît plus aujourd'hui, existait dans l'Ile-de-France, lors des premiers voyages des navigateurs aux Indes orientales : quelques uns de ces animaux si extraordinaires, dont les débris caractérisent les formations de la seconde époque géologique, n'ont-ils pas pu vivre dans les premiers temps de la nôtre ? et en outre, leurs ossemens, arrachés par les torrens des roches qui les renfermaient, ont certainement été apportés quelquefois au milieu des dépôts modernes. Ainsi donc, les formations de l'époque actuelle peuvent renfermer des restes organiques appartenant à des espèces qui ont disparu de la surface de la terre ; et les débris des animaux de la seconde époque, trouvés dans des dépôts renfermant des ossemens humains, ne prouvent pas toujours qu'alors l'homme existait déjà.

Plusieurs faits extrêmement curieux, rapportés plus haut, tendraient à prouver que la variété de l'espèce humaine qui habite maintenant entre les tropiques a vécu dans les zones tempérées, où elle a été remplacée par celles qui les occupent maintenant.

En Europe, on trouve presque partout dans les alluvions des haches en silex et autres pierres dures, qui sont semblables à celles dont se servent encore les sauvages de l'Amérique et de la mer du Sud. Dans plusieurs tourbières, on a rencontré des canots faits d'un tronc d'arbre, qui ont exactement la même forme que ceux de ces mêmes peuples. Enfin, dans les alluvions des plaines de l'Allemagne, on a découvert des têtes humaines offrant tous les caractères de celles des Caraïbes. Dans les premiers temps de l'époque actuelle, ces régions auraient-elles conservé une température assez élevée pour permettre aux Caraïbes d'y vivre, ou ces peuples y auraient-ils fait une irruption ?

DEUXIÈME ÉPOQUE.

TERRAIN DILUVIEN, DILUVIUM, ALLUVIONS ANCIENNES, GROUPE DES BLOCS ERRATIQUES, ETC.

§ 62. Nous voici arrivé à des groupes géognostiques dont les causes productrices ont cessé d'agir bien avant les temps historiques, renfermant une population sensiblement différente de celle qui existe maintenant sur la terre, et parmi laquelle on ne trouve aucune trace de l'homme. En décrivant ces groupes, nous ne nous occuperons donc point du tout de leur mode de formation ; mais nous ferons remarquer les rapports qu'ils présentent avec ceux de notre époque.

Les groupes qui composent la seconde époque géognostique ont une grande analogie avec ceux de la première, et ils sont même souvent intimement liés les uns aux autres ; mais, ce qui les distingue parfaitement, c'est qu'ils sont tellement placés, qu'il est facile de comprendre, au premier coup d'œil, qu'ils ne peuvent pas être le résultat des causes actuellement agissantes : ce sont de grands dépôts d'alluvions couvrant d'immenses plaines plus ou moins ondulées, qui se retrouvent sur des plateaux et des sommets élevés dominés par aucune montagne, à laquelle les débris auraient pu être arrachés ; des sables et des masses de travertin remplis de coquilles marines, gisant à une grande hauteur au dessus de l'Océan actuel, et même fort loin des côtes ; des tourbières recouvertes de 7 à 8 mètres d'alluvions ; des basaltes, des dolérites, des trachytes, etc., roches évidemment d'origine ignée, qui sont liées aux laves des volcans modernes, mais sur le mode de formation desquelles nous sommes réduit à des conjectures.

Un autre caractère distinctif de ces dépôts, c'est qu'ils renferment presque tous des ossemens de grands animaux, d'espèces et même de genres entièrement perdus, quoiqu'ils se trouvent souvent mélangés avec d'autres débris qui ont appartenu à des espèces peu différentes des nôtres.

La seconde époque géologique n'a point encore été parfaitement étudiée, et les observateurs ne sont pas d'accord sur ses limites ; nous croyons devoir y distinguer huit groupes principaux ou formations, savoir :

1°. Formation diluvienne terrestre ;

2°. Formation diluvienne marine ;

3°. Cavernes et brèches à ossemens ;

4°. Calcaires, marnes, etc., avec ossemens de grands animaux ;

5°. Fer pisiforme ;

6°. Tourbes et forêts fossiles ;

7°. Basaltes ;

8°. Trachytes.

1re FORMATION. *Groupe diluvien terrestre.*

§ 63. La surface de toutes les grandes plaines est couverte d'un dépôt de transport, dans lequel on remarque deux parties bien distinctes, placées en étage l'une au dessus de l'autre. Le premier étage est composé d'argiles, de marnes, ou de sables fins, renfermant accidentellement quelques gros blocs de pierre et des cailloux roulés. Son épaisseur varie avec les localités ; elle dépasse souvent 12 mètres dans la vallée du Rhin. Le second étage est composé de cailloux roulés, de grosseurs variables, dont les dimensions augmentent ordinairement à mesure que l'on s'enfonce ; des blocs énormes, de même nature que les cailloux, ou de nature différente, se montrent çà et là au milieu d'eux ; ils s'y trouvent quelquefois en très grande quantité. Des sables, des marnes et des argiles remplissent ordinairement les vides que les cailloux laissent entre eux, et sont quelquefois assez abondans pour que l'on puisse dire que les cailloux sont compris dans leur intérieur. Ces substances forment aussi de petites couches, dont l'épaisseur dépasse rarement un mètre ; elles sont horizontales ou légèrement inclinées. La puissance de ce second étage est souvent très considérable ; elle dépasse 100 mètres dans la plaine du Rhin.

Des lits et des nodules de calcaire marneux, de travertin, des productions calcaires se bifurquant plusieurs fois, se montrent presque partout dans le premier étage ; dans le second, on voit, en outre, de minces lits de psammite et de macigno plus ou moins solides ; le travertin y est souvent très abondant. Dans la grande alluvion de la vallée du Rhône, les cailloux roulés sont cimentés par du spath calcaire, qui a cristallisé dans les interstices qu'ils laissent entre eux ; la même substance cimente aussi les brèches calcaires de la même époque, occupant le fond des vallées du Jura qui viennent déboucher dans la plaine de la Saône. Des masses énormes de travertin se trouvent au milieu des marnes diluviennes de la vallée de l'Ain, aux environs de Champagnole, dans l'intérieur des mêmes montagnes.

Si, en étudiant la formation diluvienne qui recouvre le sol des plaines, on marche droit vers les chaînes de montagnes au pied desquelles ces plaines se trouvent, on verra la puissance des deux étages diminuer, et principalement celle du premier, qui même finit souvent par disparaître. Les matériaux du second iront en augmentant de grosseur, au point qu'à une certaine distance dans l'intérieur des vallées, ce seront de véritables blocs plus ou moins arrondis. On remarquera sur les pentes des montagnes, et même jusqu'auprès des sommets, des blocs de même nature gisant épars sur le sol, généralement moins arrondis que ceux qui se trouvent dans le dépôt d'alluvions. Toutes les vallées ni toutes les montagnes ne présenteront pas ces débris en égale quantité, et la puissance de la formation diluvienne ne sera pas la même dans toutes les parties de la plaine.

En examinant les roches qui composent les montagnes dans lesquelles on aura suivi la formation diluvienne, on reconnaîtra que ce sont elles qui ont fourni les matériaux dont elle est composée. Ces roches portent toute l'empreinte d'une action violente qui les a détruites en partie, et transporté leurs débris dans l'intérieur des plaines.

Sur les deux versans et aux extrémités des chaînes de montagnes, les mêmes phénomènes se reproduisent ; et, ce qui est bien remarquable, c'est que la nature du dépôt diluvien varie comme celle des roches qui composent les chaînes : si sur les deux versans opposés les roches sont différentes, les débris diluviens sont aussi différens, et pour chaque zone de roche de l'intérieur de la chaîne il existe une zone correspondante dans la formation diluvienne de la plaine, qui ne s'étend, il est vrai, que jusqu'à une certaine distance du pied des montagnes ; dans le milieu des plaines, les roches sont ordinairement toutes mélangées.

Sur les deux versans de la chaîne des Vosges, vis à vis la région des eurites et des porphyres, les blocs et les cailloux diluviens appartiennent à ces roches ; vis à vis les granites et les siénites, ce sont des fragmens de granite et de siénite, au milieu desquels on voit encore des eurites et des porphyres, qui proviennent de masses transversales intercalées dans les granites ; enfin, un peu avant d'arriver à la hauteur de Strasbourg, où commence le grès rouge, qui forme ensuite, presque à lui seul, toutes les montagnes jusque dans la Bavière rhénane, les cailloux et les sables du dépôt diluvien proviennent tous de ce grès, qui se détruit très facilement.

Les choses se passent absolument de la même manière sur la côte de Barbarie, dans la grande plaine de la Métidja (Pl. x, fig. 5), qui est bordée, au sud, par les montagnes calcaréo-marneuses du Petit-Atlas, et, au nord, par une bande de petites collines composées de grès et de calcaires d'une nature bien différente de ceux de l'Atlas : du côté sud, les débris diluviens proviennent des montagnes, et, du côté du nord, ce sont les collines qui les ont fournis. En parcourant la plaine dans sa longueur, on voit, de chaque côté, la nature de ces débris varier avec celle des montagnes ; ce phénomène est surtout très évident vis à vis les grandes vallées.

Les faits que je viens de rapporter, plus ou moins bien développés, peuvent être observés au pied de toutes les chaînes de montagnes : celles qui bordent les cours du Rhône et du Rhin sont des localités classiques pour l'étude de la formation qui nous occupe. Le dépôt diluvien des bords du Rhin s'étend fort loin sur le versant occidental des Vosges ; on le retrouve dans les vallées des montagnes de la Forêt-Noire, et couvrant le sol des plaines qui gisent à leur pied. La vallée du Danube en renferme un tout à fait semblable, composé également de deux étages, que M. Boué a suivi jusque dans la Hongrie. Le même observateur en a aussi étudié un semblable sur les bords de la Garonne. Toutes les chaînes de montagnes connues offrent de semblables dépôts sur leurs flancs, d'où ils partent pour s'étendre ensuite fort loin sur le sol des plaines. Les descriptions que l'on a données de ceux du nord de l'Europe, de l'Asie, de l'Amérique et de la portion de l'Afrique parcourue par les observateurs, prouvent qu'ils présentent partout les mêmes caractères : ils atteignent quelquefois la crête des montagnes, et se trouvent sur des sommets isolés et sur des plateaux fort élevés. Leur surface n'est pas toujours unie, souvent elle présente des groupes de collines (bords du Rhône, du Rhin et du Danube) qui paraissent être le résultat du travail des eaux. Le long du cours du Rhin, on remarque de grandes berges dirigées dans le même sens que ce cours, excavées dans les marnes et les cailloux, qui semblent marquer les anciens lits de ce fleuve ; la plaine de la Métidja est coupée, dans le sens de sa largeur, par des rivières et des fleuves très peu considérables aujourd'hui, et qui coulent dans un lit extrêmement large, bordé par des berges très hautes (Pl. x, fig. 5), ce qui annonce qu'à une certaine époque un courant immense a passé par là. Le long d'un grand nombre de cours d'eau, on remarque de semblables berges, disposées en étages les unes au dessus des autres, qui semblent annoncer que le volume de la masse liquide, d'abord très considérable, a diminué successivement.

Restes organiques. Les différentes parties de la formation diluvienne terrestre renferment un grand nombre de restes organiques, végétaux et animaux, terrestres et fluviatiles, mais point ou très peu de débris d'êtres marins ; ceux qu'on y rencontre sont des fragmens roulés des formations plus anciennes, ou quelques coquilles marines qui gisent sur les bords d'anciens rivages.

Les fossiles de cette formation présentent un assemblage très remarquable d'êtres organiques appartenant à des espèces actuellement vivantes, et à d'autres qui ont entièrement disparu de la surface du globe, antérieurement aux temps historiques.

Les végétaux se trouvent quelquefois réunis en assez grande quantité pour former des couches de tourbe et des forêts fossiles dont nous parlerons plus bas. Le plus grand nombre appartient à des espèces peu différentes de celles qui vivent encore actuellement dans les contrées sous le sol desquelles ils gisent ; mais aussi plusieurs genres, ceux de la famille des palmiers, n'habitent plus maintenant que les pays chauds, et on les trouve à l'état fossile, ordinairement changés en silex, dans les plaines du nord de l'Allemagne, et jusque dans celles de la Sibérie. Ces végétaux sont accompagnés d'ossemens de rhinocéros, d'*éléphans*, de *mastodontes*, etc., dont les genres n'existent plus, ou sont maintenant relégués entre les tropiques.

Voici la liste des divers animaux dont les débris paraissent caractéristiques de la formation diluvienne.

Éléphans, *E. primigenius* (Blum.), en Europe, en Asie et en Amérique.

Mastodonte [1]. Genre perdu, dans lequel Cuvier a distingué six espèces : *Mastodon maximus*; — *angustidens*; — *Andium*; — *Humboldtii*; — *minutus*; — *tapiroïdes*. Il a été trouvé dans plusieurs contrées de l'Europe, de l'Asie et de l'Amérique.

Hippopotame. Deux espèces : *H. major* et *H. minutus*.

Rhinocéros. Quatre espèces.

Elasmotherium. Genre perdu.

Tapir, *T. giganteus* (Cuvier), en France et en Allemagne.

Cerf, *cervus giganteus*, et plusieurs autres espèces peu différentes de celles qui vivent en Europe.

Bœuf. Espèces peu différentes de la nôtre.

Aurochs fossile (Cuvier). Sibérie, Allemagne, Italie.

Hyène fossile (Cuvier).

Mégathérium. Genre perdu, à l'état fossile dans l'Amérique du sud.

Ours. Une espèce différente de la nôtre.

Cheval. Une grande quantité de débris de chevaux, d'une espèce peu différente de la nôtre, se trouvent dans presque toutes les contrées avec ceux des animaux que nous venons de citer, particulièrement ceux d'éléphans et de mastodonte, dont ils paraissent avoir été les compagnons fidèles dans les derniers temps géologiques.

Avec tous ces débris d'espèces et de genres perdus, on en trouve un grand nombre d'autres provenant d'animaux identiques avec ceux qui vivent encore actuellement, ou du moins peu différens : des *daims*, des *buffles*, des *moutons*,

[1] Voyez Planche VIII.

des *chiens*, des *chats*, des *rats* et même des *poulets*; mais point d'ossemens humains, ou, s'il y en a, ils sont extrêmement rares, et le fait n'a pas encore été parfaitement constaté.

Les sables, les argiles et les marnes diluviennes renferment des coquilles terrestres et fluviatiles de mêmes espèces que celles qui vivent encore maintenant, ou d'espèces peu différentes. Dans le Lehm des bords du Rhin, ce sont des *hélices*, des *succinées*, des *pupa*, etc. (V. Pl. v.)

Citons les principales contrées où la formation diluvienne est riche en débris de grands animaux.

Dans la plaine au nord de Paris, au milieu d'une terre noirâtre, recouverte par une couche de sable contenant des coquilles d'eau douce, on a trouvé des os d'*éléphans*, de *rhinocéros*, de *chevaux* et de *bœufs*. Les plaines de la Provence, du Dauphiné, du Languedoc, de la Bourgogne présentent aussi des dépôts des mêmes ossemens. J'ai vu, dans le beau Muséum de Strasbourg et la collection de la Société industrielle de Mulhausen, des défenses et des os d'éléphans, des mâchoires et des os de rhinocéros, des débris d'hyènes, de chevaux et de bœufs, retirés des marnes et des graviers diluviens de la vallée du Rhin.

La formation diluvienne des vallées de l'Auvergne est peut-être la plus curieuse de la France, tant sous le rapport des restes organiques qui y sont enfouis, que sous celui des roches volcaniques qui paraissent avoir fait éruption, à différentes reprises, pendant la durée de la seconde époque et au commencement de la première : c'est aussi celle qui a été le mieux étudiée. Elle présente un assemblage singulier de grands mammifères antédiluviens, et de presque tous les animaux qui vivent maintenant sur le sol de la France, *mammifères, oiseaux, reptiles, poissons, insectes, mollusques*[1]. Les matières fécales (*coprolites*) de plusieurs de ces animaux,

[1] Voyez les beaux travaux de MM. Jobert et Croiset, Lecoq, Bouillet, Bravard, etc.

surtout des mammifères, passées à l'état pierreux, sont assez bien conservées pour qu'on puisse parfaitement les reconnaître. Ces mêmes matières, dont on doit la découverte à M. Buckland, qui a tiré les plus ingénieuses conséquences des caractères qu'elles présentent, se rencontrent aussi au milieu des ossemens d'animaux dans les dépôts diluviens de l'Angleterre et ceux de plusieurs autres contrées.

Les plaines de l'Allemagne offrent également beaucoup de dépôts d'ossemens, souvent accompagnés de végétaux pétrifiés appartenant à la famille des palmiers : sur les bords du Necker, près de la petite ville de Canstadt, on a déterré une immense quantité d'os d'*éléphans*, de *rhinocéros*, d'*hyènes*, de *chevaux*, etc., dont j'ai vu une partie dans la collection du musée de Stuttgard. Les ossemens gisaient pêle-mêle et en partie brisés, dans une masse d'argile jaunâtre mêlée de grains de quarz, de galets calcaires et de beaucoup de coquilles d'eau douce ; à une très petite distance, on a découvert une forêt fossile composée de palmiers.

Dans les sables ossifères des environs de Vienne (Autriche), on a trouvé des têtes et des os d'hommes mélangés avec ceux d'éléphans, d'ours, de cerfs et de chevaux. Les têtes se rapprochent de celles des Caraïbes, ou des anciens habitans du Pérou et du Chili.

Le dépôt qui les renferme pourrait bien être dû aux causes actuellement agissantes, qui auraient remanié quelques parties du dépôt diluvien. S'il n'en est pas ainsi, il formerait liaison entre la première et la seconde époque, et présenterait un fait en faveur de l'opinion de Pallas et de Richard, qui pensaient que le genre humain avait commencé par la race nègre. M. Boué a aussi trouvé des ossemens humains dans le Lehm des bords du Rhin et du Danube. MM. Marcel de Serres, Tournal, etc., ont vu non seulement des ossemens humains, mais encore des fragmens d'instrumens, et jusqu'à des débris de poteries étrusques mélangés, dans les cavernes du midi de la France, avec les restes des ani-

maux antédiluviens. Ces derniers faits prouvent complètement le remaniement de certains dépôts de la seconde époque par les causes actuellement agissantes.

Quand le fait des ossemens humains dans les parties les
plus modernes des dépôts diluviens serait parfaitement constaté, il ne ferait que prouver encore ce que les observations
géognostiques ont démontré depuis long-temps, la liaison
de ces dépôts avec ceux de l'époque actuelle ; mais il n'en
resterait pas moins vrai qu'il n'y avait point d'hommes sur
la surface du globe dans presque toute la durée de la seconde
époque, pendant laquelle la terre nourrissait une immense
quantité de grands pachydermes et d'animaux carnassiers :
puisque des os aussi frêles que ceux des oiseaux et des
rats ont été conservés, ceux de l'homme l'auraient été à plus
forte raison.

Un fait extrêmement remarquable, c'est que ce sont les
régions du Nord, même celles couvertes de glaces éternelles,
qui sont les plus riches en débris de ces grands animaux, dont
les analogues ne vivent plus aujourd'hui qu'entre les tropiques.
« Depuis le Don jusqu'à l'extrémité du promontoire de Tchut-
» chis, dit Pallas, toutes les rivières et les fleuves, surtout
» ceux qui coulent dans les plaines, contiennent sur leurs
» rives et dans leurs lits des os d'éléphans et d'autres animaux
» étrangers aux climats. » L'Angleterre et ses îles, l'Islande,
la Norwége, les îles de la mer Glaciale abondent en pareils
dépôts d'ossemens : les défenses d'éléphans et de rhinocéros
sont encore assez bien conservées pour fournir de l'ivoire ;
ce sont elles qui donnent tout l'ivoire fossile.

Les îles Liaikos, situées à l'embouchure de la Léna, peuvent être considérées comme des amas de sables et d'os d'éléphans, de rhinocéros, de buffles, etc. Dans la glace on trouve
encore des os garnis de chair : en 1799, on découvrit, près
de ces îles, un éléphant entier engagé dans la glace ; en 1804,
les glaces fondirent, et il vint échouer sur la côte, où il
fut mutilé par des pêcheurs, il servit encore de pâture aux

animaux carnassiers. C'était un jeune mâle dont la taille dépassait celle des éléphans vivans ; il avait une longue crinière, dont on voit encore un morceau au Muséum de Paris : la racine des crins est garnie d'une laine grossière, ce qui fit dire à Cuvier que cet éléphant, différant par là de celui des Indes, avait pu vivre dans les climats froids.

Pallas parle aussi d'un rhinocéros entier, avec sa peau et ses poils, qui fut découvert, en 1770, dans les sables glacés des bords du Wilni, rivière qui se jette dans la Léna. M. Hedenstrom, qui, dans ces derniers temps, a visité, par ordre du Gouvernement russe, les côtes de la mer Glaciale comprises entre la Léna et le Kolyma, a découvert des milliers d'éléphans, de rhinocéros, de buffles, et autres animaux antédiluviens ensevelis dans la glace ou le terrain glacé de ces contrées. Ces faits extraordinaires tendent à prouver que la température de ces régions a beaucoup diminué depuis la période diluvienne ; car, malgré les observations de Cuvier, on n'y a pas trouvé, depuis les temps historiques, un seul de ces animaux vivant.

L'Italie est aussi fort riche en dépôts ossifères : ceux du val d'Arno et des plaines du Milanais sont depuis long-temps célèbres ; le dépôt qui les renferme est composé de cailloux roulés, de sables et d'argiles ; les cailloux sont d'autant plus gros et plus abondans qu'on s'approche davantage des montagnes environnantes, d'où ils proviennent.

La formation diluvienne qui gît au pied des grandes chaines de l'Asie renferme aussi çà et là les mêmes débris d'animaux que l'on trouve en Europe : dans l'empire des Birmans, on a déjà fouillé plusieurs gisemens, dans lesquels ont été trouvés réunis, avec des coquilles fluviatiles et terrestres, ainsi que des bois pétrifiés, des ossemens d'éléphans, de rhinocéros, d'hippopotames, de mastodontes, de porcs, de chevaux, de buffles et de crocodiles.

Des ossemens d'éléphans et de mastodontes, avec des débris d'autres animaux particuliers à cette contrée, ont aussi été trouvés dans les alluvions anciennes de la Nouvelle-Hollande.

Je pourrais citer encore un grand nombre de faits semblables aux précédens ; mais en voilà assez, je pense, pour démontrer que, pendant la durée de la seconde époque géologique, toute la surface de la terre a été habitée par une grande quantité d'animaux et de végétaux dont les principaux genres n'ont plus maintenant d'analogues qu'entre les tropiques ; ce qui prouve aussi qu'alors la température de la surface terrestre était à peu près uniforme et plus élevée qu'aujourd'hui.

Métaux. Certaines parties de la grande formation diluvienne terrestre renferment des métaux, et surtout des métaux précieux, en assez grande quantité pour donner lieu à des exploitations très avantageuses.

Dans les deux Amériques, l'or, l'argent, le platine et le diamant se trouvent au milieu des alluvions anciennes qui gisent au pied des chaînes de montagnes, auxquelles ces richesses ont probablement été arrachées par les courans diluviens.

Les terrains aurifères d'Afrique sont composés d'un immense dépôt de sables et de graviers, dans lequel on est obligé de creuser jusqu'à une profondeur de 3 à 4 mètres pour trouver les sables aurifères, que l'on lave afin d'en extraire l'or qu'ils renferment.

Au pied des monts Ourals, l'or et le platine se trouvent disséminés dans une alluvion ancienne composée de sable et de limon marneux, qui renferme, en outre, des morceaux de lignite, des galets de granite, de silex corné, d'agate, etc. ; ce dépôt est recouvert par des tourbes et des alluvions modernes. M. de Humboldt a observé, sur certains plateaux de cette même chaîne, des alluvions aurifères et platinifères, renfermant des ossemens des grands animaux, si nombreux dans le sol des plaines de la Sibérie.

Les graviers stanifères du Cornouailles, qui gisent sur un terrain de roches cristallines contenant des filons d'étain, renferment, dans leurs parties supérieures, des ossemens de grands mammifères.

Dans la presqu'île de l'Inde, l'étain, accompagné de fer argileux, se trouve dans un terrain de transport composé de graviers et de sables.

Dans le grand-duché de Luxembourg, les marnes et les sables diluviens contiennent des couches horizontales de minérai de fer en morceaux anguleux et roulés, ainsi que des grains agglutinés par une pâte ferrugineuse : ces minérais alimentent seuls les forges du grand-duché.

Dans plusieurs parties de la plaine du Rhin, on exploite des couches de minérais de fer en grains et en fragmens plus ou moins gros, qui gisent dans les marnes diluviennes.

Je devrais peut-être placer ici les minérais de fer pisiforme ; mais comme ils présentent un certain nombre de caractères particuliers, j'ai cru devoir en faire un groupe à part.

Il est très important de faire observer que la plupart des substances métalliques dont nous venons de parler gisent dans le voisinage des montagnes où se trouvent des mines de ces mêmes substances, surtout les métaux pesans, comme l'étain, qui, à cause de cette propriété, sont toujours tombés au fond du liquide qui transportait les débris au milieu desquels ils gisent. Ceci peut servir à découvrir le gisement primitif de l'or, de l'argent et des diamans, que l'on trouve plus particulièrement dans les terrains d'alluvions.

Beaucoup de gemmes, des *diamans*, des *corindons* de toutes les couleurs, des *spinelles*, des *cymophanes*, des *topazes*, des *zircons*, etc., se trouvent aussi disséminés au milieu des sables et des graviers diluviens, dont on les retire par le lavage : il n'y a guère qu'en Asie et en Amérique où les pierres précieuses soient assez belles et en assez grande quantité pour couvrir les frais qu'entraîne leur recherche. Les sables aurifères de l'Oural renferment aussi quelques diamans. En 1833, les Arabes ont apporté quelques diamans à Alger, qu'ils ont dit provenir des graviers de la rivière de Constantine.

Le sel marin se rencontre quelquefois en assez grande quantité dans les parties supérieures de la formation diluvienne terrestre : en Arabie et en Afrique, les eaux des déserts sont saumâtres ; le grand désert de Barbarie est recouvert, en quelques endroits, d'une croûte de sel très souvent blanche et assez épaisse pour être coupée en grosses masses cubiques, dont on se sert comme pierres de taille pour bâtir les maisons ; dans les sables de l'Égypte, le sel se trouve en bancs et en masses.

Le terrain argileux qui constitue le grand plateau du Mexique est comme imprégné de sel, dit M. de Humboldt ; je connais plusieurs parties de la grande plaine qui traverse la Saône, dans les environs de Châlon, dont le sol est sensiblement salé.

Blocs erratiques. Le phénomène des blocs erratiques, qui est général sur la surface du globe, me paraît devoir être rangé dans la formation diluvienne terrestre, à cause des caractères géognostiques communs entre lui et cette formation.

Des blocs erratiques provenant de l'intérieur des chaînes de montagnes gisent au milieu des dépôts diluviens qui se trouvent sur les deux versans de ces chaînes, et des blocs tout à fait identiques se trouvent épars à la surface dans le fond des vallées, sur les plateaux, sur les pentes des montagnes et dans les plaines, reposant sur la formation diluvienne. Sur les deux versans des Vosges et des Ardennes, à une fort grande distance dans le sol des plaines, on remarque une très grande quantité de blocs erratiques, provenant tous des roches dont ces chaînes sont formées, et dont une certaine quantité est engagée dans le dépôt diluvien qui est au dessous d'eux. Les Cordilières, les Alpes et, en général, toutes les grandes chaînes de montagnes, présentent des faits analogues.

On trouve beaucoup de blocs erratiques sur les *deux versans des Alpes*, appartenant aux roches dont ces montagnes sont composées. Du côté de l'ouest, ces blocs sont arrivés jusqu'à une grande hauteur sur les pentes du Jura, qui sont cependant séparées des Alpes par des vallées extrêmement profondes. Ces blocs appartiennent aux roches cristallines, *gneiss*, *granite*, *protogine*, *siénite*, *diorite*, *eurite*, etc., qui ne se trouvent que dans l'intérieur des Alpes; ils gisent à la surface du sol, ou tout au plus sous la terre végétale. Il y en a de toutes les grosseurs, quelques uns ont plus de mille mètres cubes: ils se présentent quelquefois sur la surface des roches calcaires comme si on les avait posés avec la main. Les blocs de chaque canton sont assez semblables entre eux, et diffèrent de ceux des autres cantons; mais ils paraissent tous mélangés dans la grande vallée de l'Aar. Ces blocs, répandus sur tout le versant oriental du Jura, sont réunis en plus grande quantité qu'ailleurs, vis à vis les débouchés des grandes vallées alpines ; c'est là aussi qu'ils ont été portés le plus haut sur la pente des montagnes, jusqu'à 1,200 mètres au dessus du niveau de la mer.

M. de Buch, après avoir étudié la nature minéralogique de ces blocs, a suivi leurs traces par les grandes vallées des Alpes, au moyen des traînards restés en chemin, dans l'intérieur de la chaîne jusqu'aux roches en place d'où ils proviennent; il a reconnu ainsi des divisions en rapport avec les régions minéralogiques, comme celles que nous avons indiquées dans la formation diluvienne : les blocs du bassin du Rhin sont de même nature que les roches des Grisons ; ceux de la vallée du lac de Zurich et de la Limonat sont identiques avec celles des environs de Glaris ; ceux du bassin de la Reuss ont été arrachés aux roches qui entourent la source de cette rivière ; enfin les blocs du bassin de l'Aar et des pentes orientales du Jura viennent des hautes montagnes du canton de Berne. J'ai aussi suivi ces blocs en 1834, depuis les pentes du Jura, par les vallées du Rhône et de l'Arve, jusqu'aux roches en place, dans l'intérieur des Alpes, d'où ils proviennent , ce qui est très facile au moyen de tous ceux restés le long du chemin : je les ai reconnus en grande quantité dans le lac de Genève, où deux ou

trois énormes sortent de plusieurs mètres au dessus de l'eau;
ils auraient donc été transportés après la formation du lac,
par dessus lequel un grand nombre a passé?

Une autre masse de blocs erratiques, aussi instructive que
la précédente, pour l'histoire de cet important phénomène,
et qui prouve également son origine diluvienne, est celle qui
gît sur la surface des plaines de la Basse-Allemagne et de la
Russie, et sur tout le littoral de la Baltique. Ces blocs appartiennent encore à des roches cristallines, *granite*, *gneiss*,
eurite et porphyre, que l'on ne retrouve plus en place que
dans la presqu'île Scandinave, de l'autre côté de la Baltique;
en sorte qu'on est obligé d'admettre qu'ils ont été transportés
avant le creusement du bassin de cette mer, ou qu'ils ont
passé par dessus. Dans son voyage en Suède, M. Brongniart
a retrouvé ces blocs dans les environs d'Elsinborg; il les a
vus épars sur le sol de la Scanie, et formant aussi de petites
collines auxquelles les géographes suédois donnent le nom
de *ôse* et de *sandosar*, suivant la prédominance du sable
ou des blocs; car dans ces collines il se trouve toujours avec
eux une certaine quantité de sable. Ces collines très allongées, que le savant professeur compare à des gueuses de
fonte, sont constamment dirigées dans le sens du N.-N.-E. au
S.-S.-O. : ce sont, dit-il, de véritables traînées de matières de
transport arrêtées par des obstacles, comme il arrive souvent
dans le lit des rivières. On voit des traces, des espèces d'or-
nières, laissées sur les roches en place par les masses transportées : les gneiss et les granites des environs de Stramstad,
de Hogdal, etc., offrent des sillons, placés à côté les uns des
autres, de largeur et de profondeur inégales, dont les parois
sont polies, et qui suivent aussi la direction N.-N.-E et S.-S.-O.
comme les ôses. C'est du grand plateau granitique de la Scandinavie que tous les blocs sont partis; c'est là aussi qu'ils ont
laissé plus de traces de leur passage.

M. Murchison a observé, sur les collines oolithiques de Buam-
bury et de Hare, des sillons qu'il regarde aussi comme des

traces qu'ils doivent avoir laissées des cailloux transportés par des courans rapides et violens ; ces sillons sont parallèles entre eux et dirigés du N.-O. au S.-E. Je suis persuadé qu'en examinant avec soin la surface des roches, dans le voisinage des grands amas de blocs erratiques, on reconnaîtra de semblables traces dans beaucoup de contrées ; elles ont souvent dû être recouvertes par la terre végétale et les autres formations de l'époque actuelle.

Il existe sur la surface des roches calcaires, dans plusieurs parties de la France, et particulièrement dans la chaîne du Jura, des sillons d'une nature bien différente de ceux dont nous venons de parler : ils divergent presque toujours d'un ou de plusieurs trous verticaux pratiqués dans les roches ; ils n'ont jamais que quelques mètres de longueur, vont se terminer à quelque grande fente, ou se perdent sous la terre végétale, et suivent toujours exactement l'inclinaison des strates calcaires : quand ceux-ci forment un berceau offrant deux pentes dirigées en sens contraire, les sillons, qui partent de l'arête culminante, prennent aussi des directions diamétralement opposées. La profondeur est quelquefois de plus d'un mètre, mais la largeur ne dépasse guère 0^m,50 ; souvent elle n'est que de quelques centimètres. Les coquilles et les parties spathiques renfermées dans la roche se trouvent en saillie sur la surface des sillons, et celle-ci est rude au toucher, comme si elle avait été rongée par un acide, tandis que les autres parties de la roche sont comparativement très douces. Je crois ces sillons formés par des courans d'eau acide sortis de l'intérieur de la terre pendant la période diluvienne, comme j'essaierai de le prouver dans le second volume ; c'est au résultat de leur action sur les calcaires, que j'attribue la formation des travertins, si abondans au milieu des dépôts de la seconde époque.

Les blocs erratiques se trouvent répandus dans presque toutes les contrées de la terre ; en suivant leurs traces, on peut toujours découvrir les roches d'où ils proviennent, bien que, quelquefois, ils n'aient aucun rapport avec celles qui se montrent à la surface du sol jusqu'à une grande distance. Les blocs erratiques paraissent manquer dans les Pyrénées, les Apennins, les Carpathes et les montagnes de la Bohême.

La présence des blocs erratiques dans l'intérieur de toutes les vallées des chaînes, sur les flancs et au pied desquelles ils gisent, ainsi que des autres matériaux de la formation diluvienne, prouve que son existence est postérieure au creusement de ces vallées, qu'elle qu'en soit la cause.

Emploi dans les arts. Les blocs diluviens étant débités donnent très souvent d'excellentes pierres pour la bâtisse. Les cailloux sont employés pour réparer les routes ; les sables servent pour les mortiers ; les argiles sont exploitées pour la poterie et la briqueterie. On se sert quelquefois des marnes pour amender les champs ; les métaux précieux et les gemmes sont exploités en Amérique, en Asie, en Afrique, et dans quelques parties de l'Europe.

Les défenses d'éléphans et de rhinocéros, des régions boréales, fournissent tout l'ivoire fossile que l'on emploie dans les arts.

Les argiles et les marnes, retenant bien les eaux, offrent ordinairement un assez grand nombre de sources et de ruisseaux ; le sol qu'elles constituent est alors assez fertile : celui de la plupart des grandes plaines de l'Europe ; mais quand ce sont les sables et les cailloux qui se montrent à la surface, comme ils laissent facilement filtrer l'eau, le sol est sec et aride : ce fait est très évident dans les plaines du Rhône et du Rhin, où, sur les parties argileuses, on remarque des bois, des prés et des champs fertiles, tandis que les parties sableuses sont arides, ou ne présentent qu'une pauvre végétation. Dans quelques circonstances, on pourrait améliorer le sol en creusant, pour rapporter à la surface les couches d'argile et de marne qui se trouvent souvent au milieu des sables.

2e **FORMATION.** *Groupe diluvien marin.*

§ 64. Cette formation comprend tous les dépôts marins antérieurs à ceux de l'époque actuelle, plus nouveaux que le calcaire d'eau douce des environs de Paris, décrits avec beaucoup de soin par M. Desnoyers [1], qui a cru devoir en former une époque particulière qu'il appelle *époque quaternaire.*

La ressemblance des caractères géognostiques de ces dépôts avec ceux de la formation précédente, et la présence, dans leur intérieur, des débris de presque tous les quadrupèdes de la période diluvienne, sont, pour moi, des raisons suffisantes pour les rapporter à la même époque. Les dépôts diluviens terrestres et les dépôts diluviens marins sont, très probablement, l'effet d'une même cause ; mais ceux-ci se trouvant presque toujours dans le voisinage de la mer, ou sur des points qui paraissent avoir été d'anciens rivages, et renfermant, en outre, une grande quantité d'animaux marins, tandis que ceux-là en sont presque totalement dépourvus, j'ai cru devoir en faire un groupe à part.

Les roches prédominantes dans ces dépôts, celles qui les caractérisent particulièrement, sont des *agrégats, des sables* et des graviers quarzeux coquilliers, des brèches coquillières, cimentées plus ou moins grossièrement par un gluten tantôt calcaire blanc et spathique, tantôt terreux, argileux et ferrifère. L'abondance du ciment est très variable, il manque même quelquefois ; de là résultent différentes variétés de roches, qui sont :

Des *breccioles coquillières* à ciment calcaire et à ciment ferrugineux ; *calcaire moellon* des Bouches-du-Rhône et de l'Hérault ; *crag solide* d'Angleterre ; des *agrégats de polypiers* faiblement agglutinés ; des *faluns* incohérens ; en Touraine et en Angleterre, dans les comtés de Suffolk et de Norfolk, des *sables quarzeux* sans coquilles qui alternent avec des faluns et des galets ; des *galets incohérens* ou réunis en *poudingues* par des incrustations calcaires ; des marnes

[1] Annales des Sciences naturelles, février 1829.

argileuses avec bancs d'huîtres presque sans mélange d'autres coquilles : ces huîtres paraissent encore occuper la place où elles ont primitivement vécu ; enfin des *calcaires granuleux et concrétionnés*, dont la structure rappelle assez bien certaines roches pisolithiques des sources incrustantes.

Toutes ces roches forment des amas ou des bancs très puissans non stratifiés et représentent des plages récemment abandonnées par la mer. La nature des fragmens qui entrent dans leur composition varie avec les localités, et se trouve assez en rapport avec la composition des montagnes voisines.

Elles sont situées sur les bords de la mer et élevées jusqu'à 40 mètres au dessus de son niveau actuel, ou à une certaine distance dans l'intérieur des terres, dans des localités que tout annonce avoir été anciennement des rivages ou le fond de grands lacs salés.

Ces roches passent insensiblement l'une à l'autre : elles alternent, s'isolent ou prédominent, ce qui indique une continuité complète dans leur formation ; elles sont indistinctement superposées à toutes celles des époques plus anciennes ; mais les calcaires lacustres supérieurs de la 3e époque sont les couches les plus nouvelles, recouvertes par elles : leur puissance est très variable ; après avoir dépassé 50 mètres, elle se réduit souvent à 2 ou 3 mètres : leur inclinaison indique des plans de pente assez constans dans chaque bassin, et dirigés le plus souvent de l'intérieur des terres vers certains bords de mer ; on les voit souvent s'enfoncer au dessous des eaux et se relever à l'approche des montagnes.

Minéraux. Si on en excepte l'oxide de fer, qui les colore assez souvent, ces roches ne renferment point de substances métalliques : le spath calcaire, en cristallisant dans les vides que les fragmens laissent entre eux, a formé des géodes tapissées de cristaux.

Restes organiques. Les restes organiques de cette formation présentent un assemblage de corps terrestres, lacustres et marins, dont le mélange est libre et complet ; ce qui annonce des dépôts formés sur les rivages des mers. Parmi les corps lacustres se trouvent des débris de tous les animaux qui caractérisent la seconde époque géognostique ; ce qui confirme complétement notre opinion sur la place que les caractères géognostiques nous ont porté à assigner à cette formation.

Les espèces marines diffèrent peu ou point de celles qui vivent encore maintenant, et sont assez en rapport avec celles des contrées qu'occupent les dépôts : ce sont des *poly-piers*, parmi lesquels on distingue de grosses *favotites globu-leuses*, des *échinides* et surtout plusieurs grandes *scutelles*, que M. Desnoyers regarde comme caractéristiques ; des *ba-lanes* (voyez Pl. viii), qui annoncent que les dépôts ont été formés dans des mers peu profondes ; beaucoup de bivalves et d'univalves, de presque toutes les espèces vivantes : on y rencontre aussi des débris de poissons, des dents de *squales*, de *raies* et de *spares*, des restes de grands *mammifères marins*. Suivant M. Desnoyers, ce serait à cette formation qu'appar-tiennent, pour la plupart, les grands *cétacés* et les *amphibies* fossiles décrits par Cuvier. Un des gisemens les plus célèbres est celui de Doué et des bords du Layon (Maine-et-Loire).

Les coquilles fluviatiles sont des *lymnées*, des *planorbes*, des *néritines* et des *paludines* très communes ; les terrestres, des *hélices*, des *cyclostomes*, et le curieux genre *strophos-tome* (Desh.).

Mammifères terrestres. Le fait le plus remarquable que présente cette formation, c'est de voir les débris des grands animaux, les mêmes que ceux de la formation diluvienne terrestre, mélangés avec tous les fossiles que nous venons de citer. Ils peuvent se rapporter aux espèces suivantes : *ele-phas primigenius*, *mastodon angustidens*, *hippopotamus major*, — *medius* — *minus*, *rhinoceros thicorinus* — *lepto-rhinus*, avec des ossemens de *chevaux*, de *cochons*, de *lapins*, et de *sangliers*. Parmi les ruminans, on cite des *cerfs*, un *élan*, des *bœufs*, un *antilope* et un *mouton*. Les carnassiers sont une *hyène* et un grand *lynx* ; les rongeurs, un *castor* et un *lapin*.

Formes du sol. Les différentes parties du groupe que nous décrivons forment, sur les bords de la mer, de grandes bandes étroites, généralement plates; dans l'intérieur des terres, elles constituent quelquefois de petites collines aplaties, peu élevées au dessus du sol environnant.

Emploi dans les arts. Dans les contrées où le calcaire manque, on calcine les coquilles des dépôts diluviens marins pour obtenir de la chaux : les faluns, composés de coquilles broyées et en partie calcinées, servent pour amender les champs; les calcaires, les psammites et les poudingues, sont souvent employés comme pierres de construction. Toutes les constructions d'Aix, en Provence, et une grande partie de celles de Montpellier, sont faites avec le calcaire moellon.

Localités. Tout le littoral de la Méditerranée, aussi bien dans toutes les îles que sur les bords des continens, présente des amas de coquilles, les mêmes espèces que celles qui vivent encore maintenant dans cette mer, réunies par un ciment calcaire plus ou moins pur et souvent ferrugineux. Quelquefois les coquilles sont passées à l'état spathique, mais quelquefois, aussi, elles sont encore comme si elles venaient de sortir de la mer. Ces amas gisent à la partie supérieure des falaises, à 25 et 30 mètres au dessus du niveau actuel des eaux, sur les plages où elles sont recouvertes pendant lés gros temps; on les voit aussi s'enfoncer quelquefois sous les eaux.

Le calcaire moellon de la Provence, qui se présente en grosses masses non stratifiées, au dessus des couches les plus modernes de la troisième époque, fait partie de la formation qui nous occupe. Dans les environs d'Aix, on le voit reposer transgressivement sur les roches du lias, et atteindre une hauteur de 300 mètres au dessus de la mer. Entre lui et le lias, il existe souvent une couche de sable remplie de grandes huîtres, *Ostrea elongata et virginica* (Lamk), qui caractérisent les couches marines supérieures de la 3ᵉ époque. Ces huîtres sont encore dans la place où elles ont vécu; elles pénètrent peu ou point dans le calcaire qui les recouvre : celui-ci contient beaucoup d'hélices et quelques coquilles marines : *pecten, cardium, ostrea.*

Les amas de coquilles brisées du plateau de Sainte-Maure, en Touraine, connus depuis long-temps sous le nom de *faluns,* offrent tous les caractères des dépôts diluviens marins. Parmi le grand nombre d'espèces qu'ils renferment, les suivantes sont regardées comme caractéristiques : *Voluta Lamberti, Ancillaria glandiformis, Ovula spelta, Cyprea pisolina, Nassa Desnoyersi, Murex suberinaceus, Monodonta Araonis* (V. Pl. v).

Dans les environs de Narbonne et les plaines basses de la vallée de l'Aude, il existe un immense dépôt d'*huîtres* et de *pecten variabile,* qui ont conservé leurs couleurs et leurs deux valves. Ce dépôt, qui ne s'élève qu'à 15 ou 20 mètres au dessus de la mer actuelle, n'est jamais recouvert que par la terre végétale.

Les côtes des Iles-Britanniques offrent aussi des lambeaux de la formation diluvienne marine. Le crag, qui occupe la surface des plaines des comtés de Suffolk et de Norfolk, appartient à cette formation : on en trouve également sur les bords de l'Atlantique et ceux de la mer du Nord, jusqu'à une grande hauteur au dessus du niveau actuel; sur les côtes de la Norwége, dans les îles du Spitzberg, sur le littoral de tout le continent américain, et dans toutes les iles qui le bordent; les côtes méridionales de l'Afrique, de l'Asie, et celles de l'Océanie offrent aussi le même phénomène développé sur une grande échelle : donc il est général, et le titre de *formation géognostique* lui convient parfaitement.

3ᵉ FORMATION. *Cavernes et brèches à ossemens.*

§ 65. Dans les roches calcaires des troisième, quatrième et cinquième époques géognostiques, il existe un grand nombre de cavernes et de fentes plus ou moins considérables, qui sont remplies entièrement ou en partie par des roches de la seconde époque, renfermant des ossemens d'animaux des formations diluviennes.

Les ossemens se trouvent dans les cavernes, au milieu d'amas de sables et de cailloux roulés, et empâtés dans un limon marneux, de couleur variable, qui couvre le sol de la caverne jusqu'à une certaine hauteur. Souvent le sol est recouvert d'une forte couche de stalagmites qui cache les ossemens, et que l'on doit toujours briser pour les découvrir. C'est le célèbre professeur Buckland, auquel on doit de si belles observations sur les animaux fossiles des cavernes, qui le premier est venu nous montrer que cette couche de stalagmites renfermait souvent des trésors cachés.

Les ossemens des cavernes se trouvent tantôt roulés et brisés en partie, tantôt dans un état de conservation parfaite : l'*Album græcum* des animaux auxquels ils ont appartenu les accompagne souvent ; on trouve aussi avec eux des coquilles terrestres et fluviatiles, mais jamais de coquilles marines, si ce n'est des fragmens roulés appartenant à des formations plus anciennes. Dans plusieurs cavernes, on a vu des ossemens humains, et même des fragmens de poterie romaine, mélangés avec ceux des animaux diluviens ; et de là on a conclu que l'homme était contemporain de ces animaux ; nous examinerons plus bas cette question, en parlant des cavernes du midi de la France.

D'après les observations du professeur Buckland, quelques-uns des dépôts ossifères des cavernes offrent des caractères qui semblent indiquer que des carnassiers, les hyènes, par exemple, les ont habitées pendant un temps assez long, et y ont entraîné leur proie, qui consistait souvent en morceaux d'éléphans, de rhinocéros et d'autres animaux de la seconde époque. C'est dans la caverne de Kirkdale, dans le Yorkshire, que M. Buckland a fait ses premières observations. Cette caverne, creusée dans une masse calcaire, a 245 pieds anglais de longeur ; sa voûte est si basse, qu'il n'y a que deux ou trois endroits où un homme puisse se tenir debout. Lorsqu'elle fut découverte, on y remarqua un dépôt limoneux sensiblement horizontal, recouvert çà et là par des stalagmites; des stalactites étaient suspendues à la voûte, et décoraient aussi les parois latérales. En fouillant dans le limon, on trouva une grande quantité d'ossemens d'*hyène*, de *tigre*, d'*ours*, de *loup*, de *renard*, de *belette*, d'*éléphant*, de *rhinocéros*, d'*hippopotame*, de *cheval*, de *bœuf*, de *lièvre*, de *lapin*, de *rat*, et enfin de plusieurs espèces d'*oiseaux*; beaucoup de ces ossemens portaient des traces évidentes de la dent des carnassiers. D'après la prédominance des os d'hyènes sur ceux des autres animaux de cette classe, et la manière dont les os avaient été fracturés et rongés, les excrémens des hyènes parfaitement reconnaissables, trouvés dans le limon avec les ossemens, M. Buckland avança que cette caverne leur avait servi d'asile pendant fort long-temps, et qu'enfin une masse d'eau bourbeuse était venue tout recouvrir d'un limon. Un grand nombre d'os se trouvant polis et frottés d'un seul côté, le savant anglais expliqua cette circonstance en disant que les hyènes marchaient et se roulaient sur les ossemens qui jonchaient le fond de la caverne. Des faits du même genre ont encore été observés dans plusieurs autres contrées; mais, en général, les ossemens des cavernes ne portent point l'empreinte de la dent des carnassiers, et on se tromperait grandement si on croyait que leur accumulation dans les antres souterrains est due à ces animaux : ils ont pu y en apporter quelques uns, mais la grande masse y est venue à la suite d'une catastrophe violente, avec les limons, les sables et les galets, au milieu desquels ils sont enfouis.

L'Angleterre renferme beaucoup de cavernes à ossemens, qui sont creusées dans les formations calcaires de toutes les époques; on en trouve aussi beaucoup en Allemagne, dans les calcaires du terrain jurassique : Cuvier, qui a examiné avec soin les ossemens des cavernes de ce pays, a reconnu qu'ils sont identiques sur une étendue de 200 lieues, et que la plus grande partie se rapporte à deux espèces d'ours perdues : *ursus spelæus* et *U. arctoïdeus*. On y voit, en moins grande quantité, des os d'*hyène*, de *chat*, de *loup*, de *renard* et de *putois*. Ces cavernes présentent souvent plusieurs chambres placées à la suite les unes des autres, et séparées par des passages étroits. La caverne de Baumann, dans le Blankenbourg, et celle de Scherzfeld, creusée dans un calcaire gris jaunâtre, sur la pente méridionale du Hartz, présentent 5 à 6 chambres communiquant entre elles par des couloirs.

Les cavernes d'Aldelsberg en Carniole, célèbres depuis long-temps par leur immense étendue, par les amas et cours d'eau qui s'y trouvent, ont été fouillées en 1816, et on y a découvert une grande quantité d'ossemens mélangés avec des fragmens de roches calcaires.

Les pentes méridionales des monts Crapachs, en Hongrie, sont percées de plusieurs cavernes nommées, dans le pays, *Grottes des Dragons*, dont plusieurs renferment des ossemens mélangés avec des marnes, des sables et des cailloux.

La France renferme beaucoup de cavernes à ossemens dont quelques unes sont connues depuis fort long-temps ; mais ce n'est que depuis que M. Buckland a su attirer l'attention des observateurs sur ce phénomène, qu'elles ont été étudiées par des hommes capables avec un soin particulier, et tous les jours on en découvre encore de nouvelles. C'est dans la Provence et le Languedoc que les cavernes à ossemens sont les plus nombreuses, qu'elles ont été le mieux observées et où leur étude a soulevé les questions les plus importantes : MM. Marcel de Serres, Tournal et Cristol, se sont livrés à cette étude avec un zèle et une ardeur qui leur ont acquis l'estime de tous les naturalistes.

Le gisement des ossemens dans les cavernes du midi de la France présente les mêmes circonstances que dans les autres contrées de l'Europe ; mais là, des ossemens humains, des objets d'art : poteries, bijoux, lampes et fragmens de statues, etc., dont quelques uns sont évidemment d'origine étrusque, se trouvent mélangés avec les débris des animaux de la formation diluvienne. Dans le plus grand nombre des cas, les restes de notre espèce, avec les fragmens de son industrie, se sont trouvés au milieu d'un limon noir supérieur au limon rouge avec cailloux roulés, renfermant des ossemens d'animaux d'espèces perdues ; mais, dans quelques cas aussi (caverne de Bize et quelques unes de celles du Gard), les os humains se sont trouvés dans le même limon avec ceux d'*éléphant, de rhinocéros, d'hyène, de cerf*, etc. M. Roulland prétend que, dans les cavernes de Rancogne, près la Rochefoucault, les circonstances géologiques sous l'influence desquelles se sont formés les dépôts d'ossemens, accompagnés de restes de l'espèce humaine et de débris de son industrie, se continuent encore maintenant. En effet, on peut supposer que les ossemens des animaux perdus étaient accumulés depuis long-temps sur le sol des cavernes, dans lesquelles les eaux diluviennes et les carnassiers les avaient entraînés, lorsque les causes actuellement agissantes, des torrens passagers, des débordemens de rivières, etc., sont venus y amener des débris humains, et brasser le tout ensemble. On sait que, dans les temps antiques, les cavernes ont souvent servi de refuge aux habitans du pays, surtout pendant la conquête des Gaules par Jules César : Florus rapporte qu'à cette époque, les habitans de l'Aquitaine s'étant réfugiés dans les cavernes, le général romain en fit murer l'entrée, et qu'ils y périrent tous.

M. Desnoyers, après avoir communiqué ce passage de Florus dans une séance de la Société géologique, ajouta qu'un grand nombre de cavernes du Périgord, du Quercy et de la Guienne offraient, en effet, des traces d'habitations, et même de clôtures fort anciennes ; on peut ajouter à cela que ces cavernes ont quelquefois servi de sépulture, comme l'annoncent plusieurs urnes cinéraires trouvées dans leur intérieur ; et enfin, dans quelques contrées du globe, comme nous l'avons déjà dit, l'homme a bien pu vivre avec les derniers animaux de la seconde époque.

Dans le calcaire ancien des environs de Liége, M. Schmerling a découvert quinze cavernes à ossemens, dans une desquelles des os humains se trouvaient mélangés avec ceux d'*ours*, de deux espèces de *souris* et de quatre espèces d'*oiseaux*. Tous ces os étaient enterrés dans une couche argileuse mêlée de cailloux de quarz, de silex et de calcaire; mais là il ne se trouvait aucun débris des grands pachydermes qui caractérisent la formation diluvienne. Je laisse cette question sur laquelle je me suis peut-être déjà trop étendu, sa discussion appartenant au second volume.

Les départemens de la Côte-d'Or, du Jura, de la Haute-Saône[1] et du Doubs renferment plusieurs cavernes à ossemens récemment étudiées, mais dans lesquelles on n'a point encore découvert d'ossemens humains. On connaît aussi des cavernes à ossemens dans l'Amérique méridionale; celles d'une partie du Canada ont été décrites par M. Bigsby : les os sont renfermés dans une brèche calcaire, dont les fragmens sont identiques avec la roche dans laquelle les cavernes ont été creusées.

Dans nos courses, sur la côte de Barbarie, nous avons visité quelques unes des cavernes qui se trouvent dans les falaises du Littoral, et nous n'y avons jamais trouvé d'ossemens: ce phénomène, qui se reproduit, comme nous venons de le voir, sur une grande partie de la surface du globe, doit cependant être général, et je suis certain qu'on découvrira des cavernes à ossemens dans toutes les contrées de la terre.

Brèches osseuses.

Des brèches osseuses semblables à celles qui couvrent le sol des cavernes et les remplissent quelquefois, renfermant les

---

[1] Voyez Pl. II, fig. 5, et la description, par M. Thirria, de celles de la Haute-Saône, dans le 1ᵉʳ volume, 1ʳᵉ partie, des Mémoires de la Société d'Histoire naturelle de Strasbourg.

mêmes débris d'animaux, gisent dans les fentes des roches calcaires (Pl. 1, fig. 12), et se trouvent répandues çà et là sur toute la surface du globe. Le ciment de ces brèches est ordinairement calcaréo-sableux, plus ou moins ocracé; il enveloppe des fragmens de différentes roches et des ossemens brisés de diverses espéces d'animaux, des coquilles terrestres et des coquilles fluviatiles, mais point de coquilles marines, si ce n'est cependant sur les bords de la mer où l'on en trouve quelques unes. Les cavités de la roche et celles des os sont souvent remplies de calcaire concrétionné; elles comblent, en totalité ou en partie, les fentes dans lesquelles elles gisent; les dimensions de ces fentes varient.

Les brèches osseuses paraissent situées principalement dans le voisinage de la mer, sur les rives des iles et des continens; elles sont nombreuses sur le littoral de la Méditerranée.

La brèche osseuse du rocher du château, à Nice, est depuis long-temps célébre. M. de la Béche pense que ce sont les restes d'une caverne qui aurait été détruite par les travaux d'exploitation des carrières ouvertes dans ce rocher. Cette brèche renferme, avec les ossemens de quadrupédes, des coquilles terrestres et quelques coquilles marines. Dans une brèche semblable située à une petite distance de là, près Villefranche, on trouve des fragmens de polypiers marins. M. de la Béche, faisant remarquer, en outre, que les parois des fentes sont percées par des lithophages, pense que ces brèches ont été formées sous les eaux de la mer.

Une brèche semblable à celle de Nice remplit en partie les fentes de la dolomie jurassique du cap Notre-Dame, près d'Antibes, et, bien qu'elle soit sur le bord de la mer, on n'y a point encore trouvé de coquilles marines (Pl. 1, fig. 12).

A Cette, un calcaire compacte gris de fumée est coupé de fissures verticales remplies d'une brèche osseuse à ciment jaunâtre, dans laquelle on n'a encore trouvé aucun débris d'animaux marins.

Le rocher calcaire de Gibraltar, percé de cavernes remplies de stalactites, est traversé par des fentes presque verticales, contenant une brèche osseuse rougeâtre à ciment calcaire, qui renferme des coquilles terrestres et surtout l'*helix algira*.

Des brèches osseuses tout à fait semblables à celles-ci, mais ne contenant jamais de coquilles marines, se trouvent aussi dans les parties méridionales de l'Europe, à une assez grande distance de la mer : on en connaît à Villefranche lauraguais, dans la Haute-Garonne, à Bittargues, à Pésénas (Hérault), à Anduse et à Saint-Hippolyte (Gard), à Aix (Bouches-du-Rhône), etc. Dans les environs de Pise, une brèche, composée de fragmens de la roche qui la renferme et d'ossemens très brisés avec des coquilles terrestres, gît dans les fentes d'un calcaire blanchâtre et grenu.

Les îles de la Méditerranée renferment aussi des brèches osseuses : on en a observé en Sicile, en Sardaigne et en Corse. Ce phénomène se reproduit sur plusieurs points du littoral du Grand Océan, jusque dans l'Australie : dans les os d'une brèche de cette partie du monde, apportés à Paris, Cuvier a reconnu une espèce d'*éléphant*, de *phascolomys*, d'*hypsiprymnus* ou *kangaroo rat*, deux espèces de *kangaree* et d'*halmaturus*, enfin un *thylacinus* : les halmaturus et les hypsiprymnus paraissent être des animaux inconnus jusqu'à présent.

Le spath calcaire en cristaux, et formant des stalactites et des stalagmites, est à peu près la seule substance minérale un peu abondante dans les cavernes et les brèches osseuses : elles sont dépourvues de minérais métalliques ; on devrait peut-être y rapporter ceux de fer pisiforme, dont nous faisons un groupe à part : je ne doute pas qu'ils doivent leur existence au même concours de circonstances ; mais les caractères géognostiques de ces dépôts nous ont paru assez tranchés pour autoriser cette séparation. Les brèches osseuses ne sont ordinairement pas très élevées au dessus du niveau de la mer : mais les cavernes atteignent souvent une hauteur absolue assez forte : celles de l'Allemagne sont à plus de 600 mètres au dessus de l'Océan.

Les roches de ce groupe sont peu ou point employées dans les arts ; leur surface est généralement aride.

4ᵉ FORMATION. *Calcaires, marnes, macignos, etc., renfermant des ossemens des grands animaux diluviens.*

§ 66. Les roches qui composent ce groupe forment évidemment le passage entre la seconde et la troisième époque géologique ; elles constituent des dépôts stratifiés qui ont toute l'apparence de ceux de la troisième époque et une population identique avec ceux de la seconde. Quand ces roches sont superposées à celles de la troisième époque, elles y passent insensiblement, et il est impossible de fixer la ligne de séparation ; telles sont certaines parties des sables et grès supérieurs des collines subapennines, certaines mollasses du bassin du Rhône, les calcaires compactes et les travertins, avec ossemens de mammifères terrestres, supérieurs aux premières couches de la troisième époque.

Les différentes parties de ce groupe n'ont pas encore été bien étudiées ; on les a confondues et on les confond même encore avec les roches de la troisième époque. Les calcaires d'eau douce avec schistes bitumineux d'Auvergne, si bien décrits par MM. Jobert et Croiset, renfermant avec des coquilles fluviatiles des ossemens des grands animaux diluviens, de petits rongeurs, de gallinacés, et même des œufs pétrifiés parfaitement conservés, appartiennent à notre quatrième groupe de la seconde époque.

Dans un beau mémoire récemment publié, M. Croiset a fait, de ces dépôts, l'étage supérieur de la troisième époque, dans laquelle il en distingue trois. Nous savons bien que ces trois étages sont intimement liés entre eux, mais nous pensons que la troisième époque ne commence réellement qu'au dessous du premier étage, avec les marnes gypseuses palæothériennes. Un grand nombre des calcaires lacustres récens que l'on a classés, avec M. Brongniart, dans l'étage supérieur de la troisième époque, pourraient bien appartenir à la formation qui nous occupe : il n'y a aucun doute, il me semble, pour ceux qui renferment des débris des grands pachydermes diluviens : ce seraient des travertins formés, pendant la seconde époque, par les sources incrustantes, soit dans les lacs, soit sur le sol découvert.

Je ne pousserai pas plus loin l'examen de cette formation, à l'existence de laquelle personne n'a encore pensé, du moins à ma connaissance : je la signale pour engager les observateurs à s'en occuper.

5ᵉ FORMATION. *Fer pisiforme.*

§ 67. Les mines de fer en grains que l'on exploite avec avantage en Alsace, en Suisse, dans la Franche-Comté, la Bresse, etc., paraissent appartenir à plusieurs époques géognostiques ; mais bien certainement un grand nombre peut se rapporter à la seconde : ce sont celles qui remplissent des fentes et des cavités plus ou moins considérables, dans les calcaires de l'époque jurassique, à la manière des brèches osseuses avec lesquelles elles ont une grande analogie ; celles qui forment des amas et de petites couches au milieu de marnes et des sables diluviens, et qui se trouvent aussi quelquefois à la surface du sol : tous ces dépôts portent bien le caractère d'une formation due à des causes violentes, comme la plupart de ceux de la seconde époque, et les ossemens de quadrupède, qu'ils renferment très souvent, démontrent tout à fait qu'ils en font partie.

Dans les cantons de Bâle et d'Arau, le fer pisiforme remplit, dans le calcaire jurassique, des fentes dont les parois semblent avoir été corrodées par un acide ; toutes ces fentes communiquent avec la surface du sol, elles ne sont recouvertes par aucune roche solide : M. Schubler y a trouvé des dents d'éléphans et de rhinocéros. (*Voyez* Pl. 1, fig. 13.)

Dans la Carniole, il existe plusieurs amas superficiels d

fer pisiforme, dans lesquels M. Neker Saussure a découvert des os et des dents de l'*ursus spelæus*.

Aux environs de Thionville (Moselle), les fentes de la roche calcaire qui forme le sol de cette contrée sont souvent remplies par des minérais de fer pisiforme mélangés de matières argileuses. A Roppe et à Châtenois, dans le Haut-Rhin, il existe des fissures remplies par de semblables minérais ; on en connaît aussi beaucoup dans le département de la Haute-Saône : le fer pisiforme se présente quelquefois en bancs subordonnés dans de grandes assises argileuses. L'Angleterre renferme aussi des minérais de fer en grains, en amas dans la formation diluvienne, et remplissant les fentes des roches calcaires de quelques contrées de ce pays, mais ils ne sont point exploités.

D'après les observations de M. Voltz, toutes les mines de fer en grains n'appartiennent pas à la seconde époque : à Liel, duché de Bade, il a vu un de ces dépôts recouvert par des assises de mollasse, roches appartenant à la troisième époque; celui des environs de Schaffouse est recouvert par un calcaire d'eau douce. En Alsace, les dépôts de fer en grains atteignent souvent une puissance de 40 mètres ; ils se composent d'une matière argileuse renfermant des grains de fer (*Bonherz*), de fer *réniforme* (*Eisenmine*), et des *concrétions massives géodiques*, dont l'intérieur est tapissé de cristaux de quarz; ils sont accompagnés de concrétions siliceuses jaspoïdes, présentant des couleurs variées et des silex géodiques. Les minéraux et les jaspes renferment çà et là des coquilles marines changées en minérai, et qui paraissent appartenir à la quatrième époque, par exemple des *hamites* et des *ammonites*. Ces faits ont porté M. Voltz à avancer que plusieurs des mines de fer en grains sont plus anciennes qu'on ne le pense généralement, et qu'elles pourraient bien appartenir aux sables verts, partie supérieure de notre quatrième époque; mais il dit en même temps, et nous avons eu occasion de nous en convaincre l'un et l'autre, en observant quelques uns de ceux

de la plaine du Rhin, que ces dépôts ont souvent été remaniés par les eaux diluviales, qui en ont transporté les débris
au milieu de ceux qu'elles formaient. Quelquefois la masse
entière a été remaniée ; d'autres fois, ce n'est que la partie
supérieure. Dans le département du Bas-Rhin, la partie inférieure des masses ferrugineuses est généralement intacte ;
mais le haut a presque toujours été remanié, et l'on observe
un passage insensible des argiles ferrugineuses aux marnes
diluviennes (lehm) ; les assises inférieures de ce lehm sont
alors riches en minérai pisiforme, et elles renferment plusieurs coquillages terrestres *helix sericea*, *pupa secalis*,
succinea oblonga, etc., qui vivent encore dans le pays ; avec
des ossemens de *rhinocéros*, d'*éléphans*, de *chevaux*,
d'*ours*, etc. Ces minérais sont accompagnés de beaucoup de
sables et de cailloux roulés. Les grains métallifères se trouvent rarement entiers, mais ordinairement usés ou brisés :
ce sont, en général, des hydroxides ; quelquefois, des hydro-
silicates d'oxide ou d'oxidule ; les derniers sont magnétiques ;
on y trouve, accidentellement, du titane, ou de l'acide arsé-
nique, ou de l'acide phosphorique, ou, enfin, de l'acide
sulfurique. Le minérai contient souvent du manganèse, et,
quelquefois même, c'est du manganèse pur (Frétigney,
Haute-Saône).

Emploi dans les arts. Dans toutes les contrées qui renferment des mines de fer en grains, excepté l'Angleterre,
elles sont exploitées avec avantage pour les hauts-fourneaux
Le minérai qu'elles fournissent est ordinairement très fusible
et quand il ne renferme ni arsenic, ni soufre, ni phosphore
ni mélange de gypse, il donne un fer de première qualité.

6ᵉ FORMATION. *Tourbe et forêts fossiles.*

§ 68. Il existe, dans la seconde époque géognostique
des tourbes et des forêts fossiles tout à fait semblables à
celles de la première, et qui n'en diffèrent que parce qu'elles
sont réellement plus anciennes ; elles ne contiennent ni osse-

mens humains ni aucune trace de l'industrie de notre espèce, et on y rencontre souvent des blocs et des cailloux roulés semblables à ceux de la formation diluvienne environnante, en outre, des débris de ces grands quadrupèdes que nous croyons avoir vécu sur la terre avant l'apparition de l'homme.

Les tourbes de cette époque, au premier coup-d'œil, paraissent plus anciennes que celles de la nôtre : d'abord, elles sont toujours situées au dessous des formations modernes ; ensuite, elles sont si compactes, qu'on les prendrait quelquefois pour des lignites. Elles ne sont jamais liées avec des végétaux qui annoncent que leur formation se continue encore ; elles renferment beaucoup de branches et de troncs d'arbres aplatis en partie bituminisés ; on y trouve aussi des veines de fer pyriteux et des cristaux de gypse.

Les rives de la Manche offrent beaucoup de tourbes de cette époque ; elles y sont recouvertes par les sables et les dépôts de la mer actuelle : j'en ai observé dans les environs de Boulogne une masse fort puissante qui fournit un très bon combustible. C'est une matière charbonneuse renfermant des branches et des troncs d'arbres très aplatis, des feuilles assez bien conservées, des élytres de coléoptères ayant conservé leurs couleurs, et, enfin, plusieurs petites veines de fer pyriteux.

En Angleterre, on trouve, à une grande profondeur sous les alluvions, des dépôts tourbeux qui viennent souvent affluer sur les côtes, et qui renferment des os de mammifères terrestres avec des coquilles fluviatiles. M. de la Bèche parle, d'après Smith, d'un dépôt tourbeux de l'île de Tirée, l'une des Hébrides, qui occupe une étendue très considérable : il est recouvert par une couche diluviale de 12 à 16 pieds d'épaisseur. La puissance de la tourbe est de plusieurs pieds ; mais, à son affleurement sur le rivage, elle n'excède pas 4 ou 5 pouces : sa consistance est ferme, et elle adhère fortement à une argile sur laquelle on la voit reposer. Cette tourbe contient un grand nombre de débris d'arbres, de petites plantes, et des graines qui paraissent tout à fait fraîches, mais qui deviennent noires par leur exposition à l'air. Dans le Cornouailles, près de Penzance, sous une couche de galets appartenant à des roches cristallines, gît une masse de tourbe, composée d'écorce, de petits rameaux et de feuilles d'arbres, qui paraissent appartenir presque entièrement au *noisetier*. Cette tourbe renferme aussi beaucoup de branches d'arbres, des débris d'insectes ayant conservé leurs couleurs, etc.; dans les parties inférieures, la matière charbonneuse prend un tissu plus serré et finit par devenir terreuse et schisteuse, comme certains lignites de la troisième époque.

Enfin, les sables avec cailloux roulés de la plaine du Rhin renferment quelques couches de tourbe, dans lesquelles on trouve des branches et des troncs de bouleaux très aplatis.

Forêts fossiles. Les forêts fossiles de la seconde époque sont encore plus nombreuses que les tourbes; il est vrai qu'elles sont toujours accompagnées d'un dépôt tourbeux plus ou moins considérable, provenant des feuilles, des petits rameaux des arbres, et des plantes herbacées qui croissaient à leur pied lorsqu'ils étaient debout. Dans ces forêts, les arbres sont toujours bouleversés, comme s'ils avaient été abattus par une cause violente; quelques uns tiennent encore au sol par leurs racines; le bois noirci a pris la couleur de l'ébène, et souvent il est encore assez solide pour pouvoir être travaillé, mais ordinairement il est devenu bitumineux; quelquefois il est pétrifié entièrement ou en partie.

Des forêts d'arbres appartenant à la famille des palmiers se trouvent à l'état fossile dans nos contrées, comme celle des bords du Necker, dont nous avons déjà parlé (§ 63), qui gît tout près d'un amas d'ossemens de grands animaux. En Asie, les dépôts de cette nature sont souvent accompagnés de palmiers pétrifiés; mais la plupart des forêts fossiles diluviennes de l'Europe sont composées d'arbres semblables à ceux qui y croissent encore maintenant, et dont les espèces paraissent être très peu différentes.

Une des plus célèbres et des plus anciennement connues est celle de la côte occidentale du Lincolnshire, en Angleterre ; elle a plusieurs lieues de large, et on l'a reconnue sur une longueur de 30 lieues. Ce dépôt repose sur une glaise molle, et il est recouvert par une couche de cette même substance : en creusant des puits, on l'a rencontré à 5 mètres au dessous du sol ; il est composé de racines, de troncs, de branches et de feuilles d'arbres mêlés de quelques plantes aquatiques. Les branches et les troncs sont souvent aplatis ; des arbres encore debout sur leurs racines, des branches très délicates et des feuilles parfaitement conservées, annoncent que ces arbres vivaient sur les lieux mêmes où on les trouve aujourd'hui : on y reconnaît très bien des *bouleaux*, des *pins* et des *chênes*, dont plusieurs peuvent encore servir à la charpente. En 1825, une très forte marée mit à découvert, sur la côte de Norfolk, une forêt fossile de 4 pieds d'épaisseur, composée de conifères, de chênes et d'ormes. On trouva des os de daim et d'éléphant dans les sables et les tourbes qui accompagnent ces arbres.

Les dépôts du même genre sont très nombreux dans les Iles-Britanniques, et particulièrement en Écosse ; on les voit souvent affleurer dans les escarpemens des falaises, d'où ils s'étendent ensuite jusqu'à une grande distance dans l'intérieur des terres. Les arbres sont à peu près les mêmes partout : *bouleaux*, *chênes*, *ormes*, *noisetiers* et *pins*. On y a trouvé des ossemens de cerfs, et surtout de l'espèce *cervus giganteus* ; mais point d'ossemens d'hommes, ni de traces de l'industrie humaine.

Sur les côtes de France, la mer met souvent à découvert des forêts fossiles : en 1811, il en parut une près de Morlaix, qui fut observée par M. de la Fruglaye : il y reconnut des *ifs*, des *chênes*, et surtout des *bouleaux*. Les parties tourbeuses renfermaient des insectes qui avaient conservé leurs couleurs. Depuis on en a découvert deux autres, l'une dans les environs de Sainte-Honorine, et l'autre près des rochers des Vaches noires.

A Saint-Germer (près Beauvais), sous une couche de tourbe de l'époque actuelle, de 5 mètres d'épaisseur, il existe une masse d'arbres très peu bituminisés (*bouleaux*, *saules*, *coudriers* et *noisetiers*), espèces semblables à celles qui croissent encore actuellement dans le pays. Au dessous de ces arbres, se trouve un gravier noir incrusté de fer sulfuré, renfermant une couche de lignite d'un mètre d'épaisseur, reposant sur un lit de galets siliceux. Ce dépôt contient des ossemens de *chevaux*, de *bœufs* et de *chevreuils* ; les pyrites sont exploitées pour fabriquer de la couperose.

Les arbres qui gisent sous les tourbes récentes de la vallée de la Somme doivent avoir été enfouis pendant la seconde époque géologique.

En Italie, dans une vallée près de Rovna (sept communes), on a découvert une vaste forêt fossile, composée d'un grand nombre de troncs aplatis, dont l'écorce est en partie changée en lignite. Les couches intérieures ont conservé leur structure ligneuse, mais elles sont devenues pesantes et noires comme de l'ébène. Le bois peut être encore facilement travaillé et prend un beau poli ; les troncs sont horizontaux, et les racines de plusieurs encore enfoncées dans le sol. Elles sont transformées en lignite terreux, au milieu duquel on remarque de petits grains de résine succinique, mais qui ne se trouvent que sur les racines des conifères : ce fait curieux peut jeter un grand jour sur l'origine des résines succiniques, qui gisent dans les formations de lignite plus anciennes.

Minéraux. Les substances minérales du groupe qui nous occupe sont peu nombreuses ; elles se réduisent à des pyrites de fer, des cristaux de gypse, du silex, qui forme la substance des arbres pétrifiés, et à quelques incrustations calcaires.

Restes organiques. Nous n'admettons point de restes de l'espèce humaine, ni aucune trace de son industrie, dans le

tourbes et les forêts fossiles de la seconde époque géognostique : tous les dépôts de ce genre qui en renferment doivent
être rapportés à la première. Parmi les débris de quadupèdes,
un certain nombre appartient à des espèces perdues, et un
autre à des animaux qui vivent encore maintenant ; ce qui,
d'après l'exemple de la formation diluvienne, n'est point
une objection contre notre classification. Les coquilles fluviatiles et terrestres, souvent parfaitement conservées, sont
ordinairement de mêmes espèces que celles qui vivent dans
le voisinage ; il en est de même pour les insectes. Les fruits
des arbres et les graines des plantes se présentent souvent
dans un état de conservation parfaite, et permettent ainsi
de voir qu'elles proviennent d'espèces peu ou point différentes
des nôtres ; les fruits noircissent presque toujours par l'exposition à l'air. Les résines succiniques qu'on trouve sur les
conifères ne sont autre chose, pour moi, que les résines de
ces arbres, qui ont subi certaines altérations depuis leur en-
fouissement.

Les circonstances de gisement des tourbes et des forêts
fossiles de la seconde époque, l'état de conservation d'un
grand nombre des végétaux qui entrent dans leur composition, prouvent qu'elles ont été formées d'une manière peu différente de celles de l'époque actuelle. D'un autre côté, des arbres en partie bituminisés et en partie ligneux, de véritables
couches de lignite, auxquelles on voit même la tourbe passer
insensiblement, lient les dépôts charbonneux diluviens avec
ceux de la troisième époque ; et ceux-ci offrent une analogie
parfaite avec ceux des époques antérieures. On peut donc
soupçonner une grande similitude entre les causes qui ont
produit ces différens dépôts.

Emploi dans les arts. Les tourbes de cette formation sont
souvent exploitées pour brûler, et donnent un excellent combustible ; les arbres eux-mêmes brûlent aussi parfaitement :
quelques-uns peuvent encore servir pour la charpente ; ceux
qui ont une couleur très noire sont travaillés comme l'ébène.

Dans les environs de Beauvais, le fer pyriteux est exploité pour la fabrication de la couperose.

Roches cristallines non stratifiées.

§ 69. Les roches qui entrent dans la composition des deux groupes suivans diffèrent complétement de toutes celles des groupes précédens, ce sont des roches cristallines : *basaltes, dolérites, trachytes*, etc., qui ne sont jamais stratifiées, et doivent, par conséquent, être rangées dans la seconde série géognostique ; mais leur superposition aux couches les plus récentes de la troisième époque, et les ossemens de grands pachydermes qu'elles recouvrent et renferment même quelquefois, prouvant qu'elles ont été formées pendant la durée de la seconde, nous devons les décrire ici, sauf à y revenir encore plus tard : nous en agirons de même pour toutes les roches de cette nature, qui se montrent continuellement au milieu des formations de la première série.

Par leurs caractères extérieurs et leur composition minéralogique, toutes les roches de ces formations ressemblent beaucoup à celles vomies par les bouches volcaniques actuelles ; dans les coulées de l'Etna, du Vésuve et de presque tous les volcans actifs, on rencontre des basaltes, des trachytes, etc., qui, minéralogiquement, ne diffèrent point des basaltes et des trachytes anciens. M. Prévost parle de grandes nappes de basaltes recouvrant les flancs du cône de l'Etna, et qui sont de même nature que des basaltes anciens, étendus en nappes beaucoup plus considérables au pied de cette montagne. En Auvergne, les basaltes et les trachytes rejetés par les volcans à cratère, se lient avec ceux qui couvrent en nappe des plaines très étendues, ou forment des montagnes coniques n'offrant aucune trace de bouches ignivomes. De leur côté, les basaltes et les trachytes offrant des parties scoriacées sont accompagnés de scories et de conglomérats comme les véritables laves ; ils ont rempli, comme celles-ci, des fentes et des cavités plus ou moins considérables dans des roches plus anciennes qu'eux ; quelquefois même ils paraissent avoir coulé à la surface de la terre, à peu près comme les matières liquides de nos volcans. Enfin, dans toutes les contrées où il existe des volcans à cratère en activité ou éteints, on observe de grandes masses basaltiques et trachytiques, à travers lesquelles les éruptions modernes paraissent s'être fait jour. L'analogie entre les roches cristallines de la seconde époque et celles de nos volcans actuels est donc parfaitement démontrée ; mais nous n'en tirerons ici aucune conséquence. Nous allons décrire les groupes que ces roches constituent.

L'Auvergne est peut-être le pays du monde le plus riche en basaltes, trachytes et roches qui en dérivent ; c'est celui aussi où elles ont été le mieux étudiées ; nous ne pouvons donc mieux faire que de prendre dans ce pays les caractères géognostiques de ces groupes de roches.

Jusqu'à présent, on a formé deux groupes dans les roches cristallines de la seconde époque : nous conserverons ces groupes, quoique ces roches soient souvent tellement mélangées qu'on est forcé de convenir qu'elles ont été formées ensemble.

7ᵉ FORMATION. *Groupe basaltique.*

§ 70. Le basalte est la roche dominante de ce groupe ; il est ordinairement accompagné de dolérite et de wakite, de *leucostines* (phonolithes), de parties scoriacées et de conglomérats qui forment quelquefois des collines isolées, mais gisant le plus généralement sur les pentes et au pied des montagnes basaltiques. Dans quelques contrées (Hongrie, Auvergne), ils forment souvent le premier étage du groupe, dans lequel on en distingue alors deux.

Les masses basaltiques sont fréquemment divisées en prismes qui offrent, dans leur ensemble, une régularité très remarquable (Pl. xi, fig. 10). Ces prismes ont depuis trois jusqu'à sept pans ; ils sont disposés parallèlement à côté les uns des autres, et forment ainsi des masses dont l'inclinaison varie avec les localités. Quelquefois la même masse présente plusieurs systèmes de prismes, qui font, entre eux, d'assez grands angles : dans les basaltes de Rochemaure (Vivarais), j'en ai remarqué deux, dont les axes des prismes étaient presque perpendiculaires entre eux (Pl. xi, fig. 10). Le diamètre des prismes basaltiques n'est jamais très considérable ; il dépasse rarement 0".4 ; mais ils sont souvent très longs, et alors toujours divisés en plusieurs tronçons par des fissures à peu près perpendiculaires à l'axe. Quand ces prismes se trouvent placés verticalement, ils offrent l'aspect d'une immense colonnade.

La structure globulaire se montre aussi très fréquemment dans les masses basaltiques : les sphéroïdes sont quelquefois énormes, et ordinairement formés de couches concentriques ; ils se décomposent très facilement sous l'influence des agens atmosphériques. Les basaltes en masses, sans structure déterminée, sont coupés par des fissures qui se croisent dans tous les sens et déterminent des prismes irréguliers ; quelquefois plusieurs de ces fissures sont parallèles entre elles, et donnent une fausse apparence de stratification, qu'on reconnaît facilement en observant sur une grande étendue : dans les montagnes du Kaiserstuhl, par exemple ; quelques observateurs soutiennent cependant avoir vu des basaltes réellement stratifiés : l'île Sainte-Hélène, entièrement volcanique, paraît composée de dépôts successifs, de matières basaltiques régulièrement stratifiées ; mais il y a, dans l'intérieur de cette île, un vaste bassin qui pourrait bien être l'ancien cratère d'où sont sorties toutes les masses qui la composent : chaque couche représenterait alors le produit d'une éruption. On voit souvent, dans la formation basaltique, des masses compactes dont la surface est scoriacée, et qui ressemblent beaucoup aux laves des volcans actuels.

La *dolérite*, qui accompagne le basalte, n'est qu'une modification de cette roche : ce sont des portions de la masse,

, dans lesquelles les élémens, le pyroxène et le feldspath, se présentent en petits cristaux.

Les *leucostines* (*phonolithes*), qui ressemblent beaucoup aux eurites des terrains anciens, sont, au contraire, d'autres portions dans lesquelles la compacité est plus grande que dans le basalte et le feldspath en plus grande quantité que le pyroxène.

La *wakite* est une roche d'apparence argileuse, qui forme le passage entre les roches ignées et celles de sédiment ; elle me paraît n'être autre chose que les précédentes, dans lesquelles le feldspath aurait éprouvé un commencement de décomposition. Elle présente souvent l'apparence stratiforme, et prend un si grand développement dans quelques localités, qu'on pourrait la considérer comme roche principale ; mais elle est ordinairement subordonnée aux basaltes. Ces trois espèces de roches renferment des cristaux de pyroxène parfaitement réguliers, et qui s'y rencontrent quelquefois en si grande quantité, qu'elles deviennent de véritables porphyres (Kaiserstuhl) : souvent, alors, la quantité de pyroxène diminue dans la pâte à mesure que le nombre des cristaux s'accroît, et on a ainsi de véritables trachytes porphyriques, dans lesquels de grands cristaux de feldspath vitreux remplacent çà et là ceux de pyroxène.

La surface intérieure de ces roches est souvent scoriacée, et diverses substances minérales remplissant les cavités forment différentes espèces d'amygdaloïdes. M. Brongniart nomme *spillites* celles dont les amandes sont calcaires.

De véritables scories, des conglomérats (*pépérines, brecciples, tufs basaltiques*) recouvrent ordinairement les dernières pentes des montagnes basaltiques, et forment aussi des collines à leur pied. Ces roches sont des débris des autres, remaniés par les eaux et déposés ensuite en couches plus ou moins horizontales, suivant l'inclinaison du sol inférieur. Dans plusieurs contrées, on les voit alterner avec les véritables basaltes, et comme elles renferment souvent des restes organiques, elles servent à établir d'une manière précise l'époque géognostique pendant laquelle s'est formé le groupe dont elles font partie.

Les roches d'agrégation sont infiniment moins nombreuses que les basaltes; elles constituent souvent des masses particulières, des collines et des buttes, très éloignées des plateaux basaltiques; elles sont composées de fragmens de toute espèce, et surtout d'une grande quantité de scories quelquefois réunies par un ciment calcaire (Hongrie), ce qui produit de véritables brèches (Pl. xi, fig. 8 et 9).

Minéraux. La fréquence plus ou moins grande de certaines substances cristallisées, disséminées dans les basaltes et leurs roches subordonnées, varie dans les différentes localités des deux continens : l'olivine, si commune dans ceux de France, d'Allemagne et d'Italie, qu'elle semble les caractériser, est très rare dans ceux de l'Écosse et du nord de l'Irlande ; l'amphibole, en grands cristaux, abonde en Saxe, en Bohême et en Hongrie, tandis qu'elle manque le plus souvent en Auvergne et dans les Canaries ; le *feldspath vitreux* et l'*olivine* se trouvent presque toujours associés dans les roches basaltiques du Mexique et dans celles de la nouvelle Grenade ; le pyroxène en cristaux existe dans tous les basaltes. Quelquefois on voit réunis dans le même échantillon de roche des cristaux d'olivine, de feldspath vitreux, d'amphibole et de pyroxène. Enfin, on trouve encore, dans l'intérieur des roches basaltiques, des *corindons*, des *hyalites*, des *lames de mica brun-rougeâtre*, des cristaux de *fer oxidulé*, de *fer oligiste*, de *fer titané* et de *fer pyriteux*.

Les conglomérats basaltiques renferment quelquefois une très grande quantité de grains de fer oxidulé que l'on en retire au moyen du lavage : dans ceux de Hongrie, M. Beudant a remarqué des filons d'aragonite de deux pouces d'épaisseur ; et, suivant cet observateur, les tufs basaltiques de cette contrée paraissent être consolidés par un ciment calcaire (aragonite craïeuse), lequel, entraîné par les eaux, aurait rempli quelques fissures des masses. Le groupe doléritique du Kaiserstuhl est souvent coupé par des filons de spath calcaire ; on y voit même de petites couches de calcaire compacte qui pénètrent aussi dans la masse cristalline.

Restes organiques. Des restes organiques n'ont point encore été trouvés dans l'intérieur des roches cristallines du groupe basaltique ; mais les conglomérats en renferment souvent : *coquilles marines*, *terrestres* et *fluviatiles*, avec des ossemens *des grands animaux* de l'époque diluvienne : ceux du Vicentin contiennent des coquilles de la troisième époque, et, à Viterbe, on y a trouvé des ossemens d'éléphans. En 1829, M. Bertrand de Doue découvrit, à Saint-Privat-d'Allier, des portions de squelettes, des dents et des fragmens de mâchoires assez bien conservés, de *rhinocéros*, d'*hyène* et de *cerf*, renfermés dans des scories basaltiques, avec cristaux de pyroxène, recouvertes par une masse de basalte.

M. Boué a observé, près de Neyrac, en Vivarais, une couche de basalte prismé, ayant comblé l'ancien lit de la rivière, qui repose sur le granite dont elle est cependant séparée par un dépôt diluvien composé de *macigno*, de *granite*, de *gneiss* et de *basalte* en cailloux arrondis, dans lequel on a trouvé des ossemens de grands pachydermes.

Les basaltes, ayant pénétré à travers les couches les plus modernes de la troisième époque, alternent souvent avec des masses coquillières et des bancs de lignite (environs de Clermont, en Auvergne, côte méridionale de l'Etna depuis Aderno jusqu'aux écueils des Cyclopes, sept montagnes en Italie, etc.). Ces faits démontrent clairement la postériorité de la formation basaltique à celle des couches les plus récentes de la troisième époque, et leur contemporanéité avec les groupes de la seconde ; nous reviendrons encore plus bas sur ce sujet.

Formes du sol. A la surface du sol, la formation basaltique est toujours très morcelée ; elle présente des montagnes coniques, souvent réunies autour d'un centre, des plateaux plus ou moins étendus, à escarpemens verticaux, placés au sommet des collines (Pl. XI, fig. 8 et 9), qui se correspondent quelquefois assez bien, et paraissent être les restes d'une immense nappe qui aurait été coupée par morceaux après son dépôt. Suivant les partisans de la théorie des cratères de soulèvement, des fragmens de forme triangulaire sont relevés autour d'une cavité circulaire, dans laquelle viennent aboutir les vallées divergentes qui les séparent les uns des autres. Ces vallées sont ordinairement d'autant plus larges qu'elles s'approchent davantage de la cavité vers laquelle elles convergent (le Cantal en Auvergne, l'île de Palma, une des Canaries). On observe aussi des masses allongées, souvent prismées, qui occupent le fond des vallées, où elles reposent sur des cailloux roulés.

Sous le rapport des formes et de la disposition des montagnes, le groupe doléritique du Kaiserstuhl, dont la roche principale est une dolérite passant çà et là au basalte, au phonolithe, au trachyte, etc., présente des faits curieux et importans : toutes les parties constituantes de la masse du Kaiserstuhl proprement dit se rattachent à deux centres principaux, élevés de 558 et de 508 mètres au dessus du niveau de la mer. Les productions de ces deux centres sont séparées les unes des autres par la grande vallée qui s'étend depuis Rotwill jusqu'à Schohlingen ; au dessus de ce dernier village, se trouve un col d'où part la vallée de Bahlinghen, qui forme la séparation sur le versant oriental. Autour de ces deux centres principaux, il existe plusieurs centres d'ordres inférieurs, qui ont chacun leur massif particulier se rattachant plus ou moins directement au massif principal. A une certaine distance dans la plaine, on remarque aussi plusieurs petits massifs isolés, qui ne se rattachent point du tout aux deux grandes masses : ceux d'Alt-Breisach, de Burgheim et de Sasbach. Il n'existe aucune trace de cratère dans le Kaiserstuhl ; le cirque de Schollingen, que quelques observateurs avaient regardé comme tel, est un cirque de soulèvement, duquel il n'est jamais sor-

aucun courant de matière fondue[1]. Je suis porté à croire qu'un grand nombre de contrées basaltiques offrent dans leurs montagnes une disposition semblable à celle que présente le Kaiserstuhl.

Les roches de la formation basaltique pénètrent en masses transversales dans tous les groupes géognostiques plus anciens qu'elles ; elles y forment souvent des *dykes*, semblables à ceux des laves modernes, qui se prolongent quelquefois à des distances très considérables, et offrent des faits très curieux dont je cite les principaux.

Les filons basaltiques ont agi de deux manières sur les roches qu'ils traversent : ils les ont bouleversées et souvent sensiblement altérées ; mais il arrive quelquefois qu'ils n'occasionent absolument aucune espèce de dérangement. A Newcastle, il existe une différence de niveau de 180 mètres entre les deux parties d'une portion de la formation houillière coupée par une dyke basaltique, et dans l'Ardèche, M. Brongniart en a observé un très régulier, qui pénètre des strates calcaires sans leur avoir fait éprouver le moindre dérangement ; il n'a pas non plus changé l'état d'agrégation du calcaire. Dans la montagne de Gergovia, aux environs de Clermont, des filons de basalte traversent des couches de calcaire d'eau douce qu'ils ont sensiblement dérangées ; sur les salbandes, le calcaire est devenu grenu sans être décomposé, mais dans quelques pouces seulement d'épaisseur de chaque côté. Des faits semblables ont été observés dans la craie du comté d'Antrim, en Irlande. Le cirque central du Kaiserstuhl est tapissé d'une masse de calcaire lamellaire micacé, compacte sur quelques points, traversée par de nombreux filons de dolérite, à l'introduction desquels l'état lamellaire de cette roche paraît être dû.

Dans les montagnes de la Saxe, des espèces de pyramides de basalte, dont la base est en bas, pénètrent des calcaires et des grès appartenant à la quatrième époque géognostique

[1] Voyez ma Description des Vosges, page 162.

(Blauckuppe, Pflasterkaute, près Marksuhl). Ici la nature du grès est sensiblement altérée, le Steinsberg près Suhl, formé de grès bigarré, présente à son sommet une crête basaltique de 20 mètres d'épaisseur, qui se montre au jour sur une longueur de 120 mètres; le basalte contient des fragmens de grès.

Les basaltes et, en général, les produits de la voie ignée qui traversent les roches de sédiment, les rendent cristallines ou translucides et en augmentent considérablement la dureté et la pesanteur spécifique. Les exemples de ces différentes altérations sont nombreux; mais on cite peut-être autant de cas dans lesquels les courans pyrogènes n'ont produit aucune espèce de changement sur les roches traversées.

Emploi dans les arts. La formation basaltique fournit d'excellentes pierres de construction; les tufs friables sont des pouzzolanes que l'on emploie pour la confection des mortiers hydrauliques. Les métaux sont quelquefois assez abondans dans les conglomérats pour mériter d'être exploités; nous avons déjà parlé plus haut du fer oxidulé qu'on en retire par le lavage.

Localités. La formation basaltique est très répandue sur la surface de la terre, où elle se présente ordinairement par lambeaux; les contrées les plus riches en roches basaltiques sont, en France, l'Auvergne et le Vivarais; localités classiques, et qui ont été étudiées avec soin par un grand nombre d'observateurs; en Allemagne, la Bohême, la Hesse et la Saxe; en Hongrie, les environs de Schemnitz; les rives du Bosphore, les îles de l'Archipel grec, l'Italie, les îles Canaries, l'Irlande et l'Islande offrent aussi beaucoup de groupes basaltiques. Celui de la côte septentrionale de l'Irlande est remarquable par la fameuse chaussée des Géans, dont il existe plusieurs gravures; c'est une jetée naturelle, formée par des prismes basaltiques en contact presque parfait les uns avec les autres, dont les têtes présentent l'aspect d'un carrelage en pierres polygonales, et qui s'avance assez loin dans la mer.

Le sol des Hébrides est entièrement basaltique : l'une d'elles, Staffa, est très célèbre par la fameuse grotte de Fingal ; c'est une vaste cavité, située sur le bord de la mer, dont les parois sont formées par des prismes verticaux très réguliers.

D'après M. de Humboldt, les formations basaltiques sont assez communes au Pérou, tandis qu'elles sont rares au Chimborazo, au Cotopaxi, au Pichincha, etc., et en général sur tous les points où les trachytes prennent un grand développement. Le même fait a été observé en Hongrie par M. Beudant : c'est ce qui a fait dire à ces deux savans que les formations basaltiques et trachytiques semblent se repousser mutuellement. Cette conclusion n'est pas exacte, car on connait beaucoup de localités, comme nous le dirons plus bas, où les trachytes et les basaltes se trouvent réunis, et même intimement liés les uns aux autres.

Le continent asiatique et ses iles renferment aussi beaucoup de basaltes ; une grande partie des groupes d'iles de la mer du sud est formée de ces roches, entre les couches desquelles on voit quelquefois des amas de coquilles marines et des bancs de calcaire madréporique.

Les échantillons des différentes espèces de roches qui entrent dans la composition du groupe basaltique, rapportés des diverses contrées de la terre, offrent une identité vraiment extraordinaire, et prouvent qu'il doit son existence à une de ces causes générales qui, dans les temps géologiques, ont concouru à la formation de notre planète.

8ᵉ FORMATION. *Groupe trachytique.*

§ 71. La roche dominante de cette formation est le *trachyte*, dont on distingue un grand nombre de variétés : *trachytes grenus*, *granitoïdes* et *siénitiques* ; *trachytes porphyriques* ou *porphyres trachytiques*, en partie pyroxéniques et en partie celluleux, avec nids siliceux ; porphyres et calcaires ; *trachytes semi-vitreux, perlites avec obsidienne* ; enfin, *les phonolithes* des trachytes qui se rapprochent beaucoup de ceux des basaltes. Des *conglomérats trachytiques et ponceux*, avec *alunite, soufre, opale* et *bois opalisé*, occupent souvent la partie supérieure des roches cristallines, et forment comme un second étage dans le groupe.

Les trachytes proprement dits, *granites chauffés en place* des anciens minéralogistes, *porphyres trappéens* ; beaucoup de *laves pétrosiliceuses* de Dolomieu, *domites* de MM. de Buch et Ramond, *nécroolithes* de Brocchi, *leucostines granulaires* de M. Cordier, composent le premier étage du groupe trachytique.

Dans l'ancien continent, ces roches n'offrent point de stratification régulière : en Hongrie, chaque variété forme une masse ou une montagne particulière, qui paraît indépendante de toutes celles qui l'avoisinent, et dans laquelle on n'observe point de structure bien déterminée. M. de Humboldt dit que les trachytes des cordiliéres des Andes sont stratifiés, mais que la direction et l'inclinaison de la stratification varient en passant d'une masse à l'autre. La structure en prisme de quatre à sept pans s'observe souvent dans les trachytes porphyriques, non seulement dans les roches noires à base de rétinite (*stigmites*), avec feldspath vitreux et pyroxéne, mais aussi dans les trachytes grisâtres. La structure globulaire est plus rare dans les véritables trachytes que dans les basaltes. La masse trachytique du Stenzelberge, sur les bords du Rhin, présente des colonnes verticales de 50 à 60 pieds d'élévation, qui ressemblent à des troncs d'arbres. Le trachyte se délite en feuilles minces et contournées autour de l'arbre, comme une véritable écorce.

Les teintes pâles dominent dans les trachytes de l'Amérique ; dans les deux continens, les masses nacrées paraissent plus nouvelles que les masses blanches, grises et rouges. Les premières ont quelquefois tout l'aspect du basalte, dont elles semblent former le passage au trachyte ; on y remarque de petits cristaux de pyroxène, qui pénètrent jusque dans l'intérieur de ceux de feldspath vitreux ; mais l'olivine y manque toujours.

Sur toute la surface du globe, chaque montagne trachytique présente des roches bien différentes sous le rapport de la composition oryctognostique, selon qu'un des élémens prédomine dans le tissu cristallin. Quelquefois c'est le mica noir (Cotopaxi); d'autres fois, c'est l'amphibole (Chimborazo).

Rien n'annonce qu'aucune de ces roches ait jamais existé sous forme de coulée; mais, presque partout, elles renferment des parties bulleuses et scoriacées, souvent à cellules lustrées, enchâssées dans des masses compactes et terreuses (domites).

Dans le groupe trachytique, comme dans le groupe basaltique, des conglomérats, composés de débris agglutinés et remaniés par les eaux, recouvrent les dernières pentes des montagnes, et s'étendent souvent fort loin à leur pied : en Hongrie, ils forment autour des masses coniques, des ceintures de collines qui ont une grande étendue ; tantôt ils sont friables et tufacés, tantôt ils sont compactes et durs (Pl. xi, fig. 7, 8 et 9).

Les ponces, en masses pulvérulentes et en blocs de 8 à 10 mètres de longueur, constituent la partie la plus intéressante de cet étage : les unes sont des ponces noires d'une texture bulleuse à fibres croisées, et contenant beaucoup de pyroxène; les autres, des masses pétrosiliceuses, avec beaucoup d'amphibole et très peu de mica, qui offrent dans leur masse des parties fibreuses : enfin des obsidiennes noires, verdâtres ou grises, alternent avec des couches de pierre ponce à fibres asbestoïdes.

Minéraux. Les roches trachytiques renferment des cristaux disséminés de *pyroxène*, de *feldspath commun* et *vitreux*, de *mica*, d'*amphibole*, qui sont quelquefois aciculaires et placés, comme par files, sur plusieurs lignes parallèles ; on voit aussi du *fer oligiste*, *spéculaire*, des *grenats* et *du ti-*

tane *ferrifère*, des *obsidiennes* de diverses variétés, etc. Suivant M. de Humboldt, le quarz paraît manquer dans plusieurs groupes trachytiques des cordilières ; mais ailleurs, surtout en France et en Hongrie, ce minéral s'y montre en cristaux et en grains. L'absence de l'olivine dans les trachytes paraît les distinguer des basaltes.

Les trachytes sont les gîtes les plus ordinaires des *alunites* et des *opales*. Les *silex résinites orangés*, les belles *opales* de la Hongrie, les *opales de feu* de Zimapan, au Mexique, se trouvent dans ces roches. Les trachytes de Hongrie renferment des minérais *aurifères*, *argentifères*, *tellurifères*, *plombifères*, etc.; mais M. Beudant pense que ces minérais tirent leur origine du terrain inférieur au groupe trachytique : ils sont plutôt engagés dans les fissures de la roche que disposés en amas ou en filons, et paraissent avoir été entraînés par elle, lors de son élévation. L'*alunite* est très commune en Hongrie, dans les conglomérats trachytiques ; ces conglomérats présentent encore des cristaux de *pyroxène*, de *feldspath*, de *mica*, d'*amphibole*, des *opales* et du *soufre*.

Restes organiques. Les trachytes traversent souvent en dykes et en filons les couches les plus modernes de la troisième époque, dont ils renferment même dans leur intérieur des fragmens coquilliers. Un fait de ce genre a été observé par M. Dufrénoy, dans les trachytes d'Aurillac, en Auvergne ; mais, ce cas excepté, je ne sache pas que l'on ait trouvé des débris organiques dans les roches cristallines de cette formation. Les conglomérats trachytiques de Hongrie contiennent beaucoup de bois opalisés. Près de Schemnitz, des masses terreuses, où l'on reconnaît à peine la ponce, renfermant des grains de feldspath vitreux, du mica noir et des aiguilles d'amphibole, sont remplies de coquilles marines bivalves (*arches*) et univalves, qui n'ont laissé que leurs empreintes.

Formes du sol. Les masses trachytiques ont une puissance quelquefois très considérable ; au Chimborazo et au Pichincha, elle dépasse 4000 et même 5000 mètres. Ces masses occupent ordinairement de grands espaces composés de plateaux à escarpemens verticaux, et de montagnes coniques, à sommet plus ou moins obtus, et au milieu desquelles rien n'annonce l'existence de coulées : ces montagnes, qui atteignent souvent une hauteur très considérable, forment des massifs indépendans les uns des autres, ayant chacun une partie centrale, de laquelle divergent les autres, en se ramifiant et s'abaissant à mesure qu'elles s'étendent vers les plaines, où elles se terminent par des collines plus ou moins allongées ; chacune de ces masses est, pour nous, un *massif de soulèvement*. Il existe plusieurs dômes trachytiques isolés, dont l'intérieur de quelques uns a été reconnu être creux. Le docteur Hardie a vu, à une vingtaine de milles au sud de Batavia, un bel exemple de ce fait : la montagne de Jasinga, élevée de 200 à 300 pieds au dessus du sol environnant, composée de trachyte gris à structure lamellaire, qui passe au phonolithe, a la forme d'un dôme très régulier ; ses pentes, quoique très inclinées, sont couvertes d'arbres, mais la cime est nue. Sur le côté N.-E., aux $\frac{2}{3}$ de la hauteur, on remarque une crevasse ressemblant à l'entrée d'une retraite d'animaux carnassiers : en entrant par cette ouverture, ce qu'il faut faire en se couchant, on arrive dans une grande cavité voûtée, qui occupe entièrement le centre de la montagne ; cette cavité peut être considérée comme le segment d'un ellipsoïde : le plafond et les côtés sont parfaitement unis et réguliers ; ils sont formés de couches concentriques, semblables aux enveloppes d'un oignon. Le sol de cette caverne est une pente assez forte, terminée par une mare d'eau ; la partie sèche, qui est à peu près la moitié, est formée par une argile plastique, humide, onctueuse et si glissante, qu'on ne peut s'y tenir qu'avec difficulté. Les axes de la cavité ellipsoïdale ont 132 et 96 pieds de longueur ; le sommet de la voûte est élevé de 30 pieds au dessus de la surface de la mare, dont la profondeur est de 1 à 2 pieds. Dans les environs, on aperçoit plusieurs dômes semblables ; ils sont tous isolés, dispersés sans aucune régularité apparente, peut-être tous creux ; mais, jusqu'à présent, on n'a pas encore pu s'en assurer.

Les roches de la formation qui nous occupe se montrent en masses transversales dans toutes celles plus anciennes qu'elles ; en Auvergne elles pénétrent ainsi dans les couches de calcaire d'eau douce, qu'elles ont souvent bouleversées (Aurillac). Sur la côte d'Alger, près du cap Matifou, nous avons vu une masse de porphyre trachytique grisâtre, avec paillettes de mica, pénétrer dans l'étage supérieur du terrain subatlantique (troisième époque), dont elle a fortement incliné les couches vers le nord (Pl. x, fig. 4). Dans l'île de Java, près des dômes dont nous venons de parler, se trouvent deux rangées de collines de calcaire coquillier entre lesquelles on remarque une petite crête de 2 à 3 milles de longueur, ayant la forme d'un toit : cette crête est formée de conglomérats et de roches trachytiques qui offrent une division prismatique irrégulière ; un espace couvert d'alluvions sépare cette singulière arête du sol calcaire, dans lequel elle paraît former un dyke.

Emploi dans les arts. Les pierres et les métaux précieux renfermés dans certains trachytes sont quelquefois en assez grande quantité pour être exploités avec avantage. Tous les bois opalisés de la Hongrie, connus depuis très long-temps, viennent des conglomérats. Les mêmes dépôts fournissent encore l'alunite dont nous avons déjà parlé, et des minérais de fer d'une bonne qualité : les ponces sont très employées dans les arts ; les porphyres celluleux sont exploités, en Hongrie, pour faire des meules à moudre le grain ; enfin toutes les roches solides servent comme pierres de construction. Les trachytes, étant très poreux, laissent pénétrer les eaux ; ce qui fait qu'ils sont généralement dépourvus de sources, et que la surface du sol qu'ils constituent est aride.

Localités. La formation trachytique est répandue par lambeaux sur toute la surface de la terre, et présente partout les mêmes caractères géognostiques. En France, les montagnes de l'Auvergne offrent une grande quantité de plateaux et de dômes trachytiques ; on en connaît aussi quelques uns sur les côtes de la Bretagne. Les autres localités de l'Europe où il existe des groupes trachytiques sont : les bords du Rhin, la Hongrie, où ils ont été si bien étudiés par M. Beudant ; les monts Euganéens (Italie), l'Archipel grec, les îles Éoliennes, l'Andalousie et l'Islande. Il en existe au Kamtschatka et dans plusieurs autres parties du continent asiatique ; ils sont très communs à Java et dans les îles environnantes. Sur la côte de Barbarie, entre Alger et Bone, on voit plusieurs petits îlots de trachyte qui ne s'éloignent guère de la côte ; nous avons dit plus haut qu'au cap Matifou, les trachytes pénétraient dans le terrain subatlantique : les Canaries et les Antilles sont aussi riches en trachytes. D'après M. de Humboldt, les trachytes ont pris un grand développement dans le continent américain, tant au nord qu'au sud de l'équateur ; enfin tout annonce que cette formation est encore le résultat d'un des phénomènes généraux de la géologie.

Dolomies brunes.

§ 72. Je place ici en appendice, à la suite des formations basaltiques et trachytiques, des masses de dolomies brunes grenues, que sur les côtes de Barbarie, depuis Oran jusqu'au cap Falcon, situé à trois lieues au N.-O. de cette ville, j'ai vues jouer le même rôle que les trachytes et les basaltes dans les autres contrées.

Ces dolomies ne sont jamais stratifiées, mais divisées par des fissures en masses prismatiques irrégulières ; les couleurs dominantes sont le *brunâtre*, le gris *bleuâtre* et *jaunâtre* : elles remplissent de petites vallées dans une formation schisteuse, en reposant transgressivement sur la tranche des couches qu'elles paraissent souvent avoir percée (Pl. xi, fig. 1, 2 et 7). Au fort Santa-Crux, la dolomie sort des schistes, en formant un dyke, dont la partie supérieure est si étroite, qu'il n'est pas toujours possible de marcher dessus. Le long des flancs de la montagne, des masses irrégulières isolées sortent du milieu des schistes, par dessus lesquels il paraissent avoir débordé. Sur plusieurs points, les roches bleues et brunes se lient avec une masse jaunâtre compacte, sonore et se brisant très facilement, qui est encore une dolomie : elle renferme, dans son intérieur, des morceaux anguleux semblables à des cristaux, des roches bleues et brunes ; enfin à la masse jaunâtre et bréchiforme, succèdent des tufs rouges et blanchâtres, contenant des fragmens des dolomies, et qui ont la plus grande analogie avec ceux des groupes basaltiques et trachytiques. Toutes les roches solides renferment de nombreuses veines de *chaux carbonatée* très blanche, de *fer oligiste* rouge et de fer oligiste micacé ; cette dernière substance se trouve souvent mélangée avec la matière même de la roche qu'elle a pénétrée, comme si elle s'y était introduite au moment de sa consolidation.

Le cap Falcon est formé par des schistes, en strates très inclinés, recouverts à stratification transgressive par le terrain subatlantique ; ici une dolomie d'un brun rougeâtre, qu'au premier aspect on prendrait pour du fer carbonaté (braunstein), et qui, d'après M. Leplay, est composée de dolomie et de fer oligiste[1], pénètre la masse schisteuse dans tous les sens par une infinité de petites veines, et forme, à la surface du sol, une masse allongée, parallèle à la côte, de 200 mètres de long sur 25 de haut (Pl. XI, fig. 8).

Ici, la dolomie paraît s'être fait jour à travers les strates du terrain subatlantique qu'elle a recouvert en coulant dessus ; les calcaires en contact avec elle sont très endurcis, et souvent des portions de dolomie s'y sont incrustées. Dans la collection des roches d'Afrique, que j'ai donnée au Muséum de Paris, se trouve un morceau de grès calcarifère, sur lequel sont implantés des fragmens globuleux de cette dolomie fer-

---

[1] L'analyse que ce savant a faite de cette roche l'a conduit à la formule

$$CaC^2 + \left.{mg \atop mn}\right\} C^2.$$

rugineuse, ayant pénétré très avant dans le grès, qui est devenu rougeâtre et extrêmement dur. A la montagne de Santa-Crux, les calcaires en contact avec la dolomie bleuâtre sont aussi devenus très durs.

Les faits que je viens de signaler ne sont pas particuliers à l'Afrique. Les dolomies brunes et noires paraissent présenter les mêmes phénomènes dans plusieurs autres contrées, et particulièrement dans les montagnes qui bordent le golfe de la Spezzia, où M. Guidoni et Savi les ont vues répandues sur le calcaire stratifié de ces mêmes montagnes ; et ces observateurs n'hésitent pas à leur attribuer une origine ignée.

Les dolomies dont je viens de parler, ayant traversé les couches les plus modernes de la troisième époque, doivent être naturellement rangées dans la seconde, comme les basaltes et les trachytes.

Rapports entre les roches cristallines de la deuxième époque géognostique.

§ 73. Les faits exposés dans les paragraphes 70 et 71 prouvent que les formations basaltiques et trachytiques appartiennent bien à la seconde époque géognostique ; ils montrent aussi que les roches qui entrent dans la composition de ces deux formations ont une grande analogie entre elles, qu'elles sont souvent intimement liées, et que dans plusieurs localités on les voit même passer insensiblement les unes aux autres. Dans le même temps que MM. de Humboldt et Beudant annonçaient que les trachytes et les basaltes semblaient se repousser mutuellement, M. Cordier écrivait : les basaltes ne sont qu'une modification des trachytes ; ce sont des parties d'une grande masse, dans lesquelles le pyroxène devient successivement plus abondant que le feldspath. Plus tard, MM. Jobert et Croiset observèrent, en Auvergne, des liaisons plus ou moins intimes entre les trachytes et les basaltes ; au Mont-Dore ils les virent alterner les uns avec les autres. En 1833, M. Desgénevez étudia avec soin les groupes volcaniques du Cantal et du Mont-Dore, et il reconnut une liaison intime, tant chimique que géognostique, entre toutes les roches qui les composent. Il prouva que toutes les roches, à l'exception des domites, sont composées de silicates solubles et de silicates insolubles. D'après ce jeune savant, on peut suivre la transformation graduelle des trachytes en phonolithes et des phonolithes en basaltes, par des changemens peu considérables dans la proportion des élémens : les minéraux disséminés offrent également une double progression croissante et décroissante.

La même année, j'eus occasion d'étudier la masse du Kaiserstuhl, dans laquelle se trouvent réunis des dolérites, des basaltes, des trachytes de différentes couleurs, et des phonolithes, tantôt liés avec les dolérites et tantôt avec les trachytes. J'ai vu toutes ces roches passer insensiblement les unes aux autres, par des variations dans les proportions des principes constituans. La *dolérite basaltique*, véritable basalte, la roche la plus compacte, et qui paraît être en même temps la plus inférieure, ne diffère du phonolithe que parce que, dans celui-ci, le feldspath domine sur le pyroxène, les deux roches passent insensiblement à la dolérite porphyrique, c'est à dire qui renferme une certaine quantité de cristaux de pyroxène bien déterminés. La dolérite porphyrique forme la masse du Kaiserstuhl, et les autres espèces de roches pourraient être considérées comme lui étant simplement subordonnées. Cette dolérite porphyrique, en prenant des cristaux de pyroxène, perd souvent une certaine quantité de celui qui entre dans la composition de sa pâte, et passe ainsi à la dolérite trachytique, qui contient çà et là quelques cristaux de feldspath vitreux. La couleur rougeâtre de la dolérite trachytique pâlit peu à peu, le nombre des cristaux de pyroxène disséminés diminue, celui des cristaux de feldspath vitreux augmente, et on a bientôt un véritable trachyte avec cristaux de feldspath vitreux très abondans, et encore quelques critaux seulement de pyroxène; la pâte de ce trachyte est un feldspath grenu, blanchâtre ou grisâtre.

Ce qui précède prouve donc qu'il existe une liaison intime et un passage insensible entre toutes les variétés de roches trachytiques et basaltiques qui se montrent dans les montagnes du Kaiserstuhl; mais il y a plus, dans la carrière de Wendlibuck, près de Kirchlingbergen (Pl. xiii, fig. 12), à l'exception du phonolithe, j'ai vu toutes les roches réunies dans un espace de 30 mètres de longueur, et passant insensiblement les unes aux autres; j'ai remarqué ici, et encore dans plusieurs autres endroits, que les variétés compactes se trouvaient généralement au dessous des autres. Toutes ces roches sont souvent scoriacées, et donnent naissance à ces belles amygdaloïdes du Kaiserstuhl, que l'on voit dans toutes les collections minéralogiques. Les conglomérats, composés de parties tufacées et de fragmens de toutes les roches, se trouvent sur les dernières pentes et au pied des montagnes.

Les observations de M. Cordier, celles de MM. Jobert et Croiset, de M. Desgénevez et celles que je viens de rapporter, démontrent clairement que, bien loin de se repousser mutuellement, les trachytes et les basaltes sont souvent intimement liés entre eux, et paraissent n'être que des modifications d'une même grande masse. Nous verrons plus bas qu'une grande partie des roches de la seconde série, les eurites et les porphyres de toutes les espèces, qui offrent les plus grandes analogies minéralogiques avec les trachytes et les basaltes, présentent les mêmes caractères géognostiques, et sont aussi intimement liés entre eux.

On admet généralement que les trachytes sont plus anciens que les basaltes, ce que l'on dit être prouvé par plusieurs superpositions évidentes des derniers sur les premiers: en Hongrie, M. Beudant a même vu les basaltes superposés aux conglomérats trachytiques (Pl. ii, fig. 8). Des superpositions immédiates des basaltes aux trachytes s'observent aussi en Auvergne : dans le Kaiserstuhl, au contraire, les roches basaltiques paraissent être généralement inférieures aux roches trachytiques, bien que, sur quelques points, on observe des faits contraires. Ceci est pour moi la plus grande preuve de l'antériorité des trachytes : car, comme nous le démontrerons plus bas, dans les terrains composés de roches cristallines non stratifiées, les plus inférieures se sont consolidées les dernières.

Plusieurs faits tendent à prouver que les formations basaltique et trachytique ont commencé à la surface de la terre, dans les premiers temps de la seconde époque, et peut-être bien vers la fin de la troisième. La masse du Kaiserstuhl, et probablement toutes les autres roches basaltiques du Brisgau et des Vosges, ont été produites en même temps que le premier étage du grand atterrissement diluvien qui couvre la plaine du Rhin : je n'ai jamais vu de fragmens de roches basaltiques ou trachytiques, dans les sables et les cailloux roulés qui forment ce premier étage, tandis qu'on en trouve souvent dans le lehm supérieur, et principalement sur les flancs du Kaiserstuhl, qu'il recouvre jusqu'à une hauteur qui varie entre 400 et 450 mètres au dessus du niveau de la mer. Là, le lehm renferme souvent des couches de fragmens roulés et des gros blocs des roches basaltiques et trachytiques, ce qui démontre qu'il s'est déposé après la consolidation de ces roches.

Cette hauteur de 450 mètres au dessus du niveau de la mer actuelle est une limite inférieure à celle qu'ont dû atteindre, dans la plaine du Rhin, les eaux diluviennes. On peut donc assurer que les eaux qui ont déposé le grand atterrissement diluvien de cette contrée s'élevaient, au moins, entre les deux chaînes des Vosges et du Schwarzwald, à 450 mètres plus haut que la mer actuelle.

En résumé, je pense que les roches basaltiques et trachytiques, dont j'ai fait cependant deux groupes distincts, sont le résultat d'un même grand phénomène en action pendant la durée de la seconde époque géologique, et que les variations dans les principes constituans des différentes parties, et les circonstances particulières sous l'influence desquelles chacune s'est consolidée, ont donné naissance à toutes les espèces et variétés de roches que ces deux groupes nous présentent aujourd'hui.

TROISIÈME ÉPOQUE.

TERRAIN TERTIAIRE. GROUPE SUPERCRÉTACÉ de la Bèche.
TERRAIN SUBAPENNIN, TERRAIN SUBATLANTIQUE, ETC.

§ 74. Notre troisième époque géognostique comprend toutes les roches stratifiées supérieures à la craie blanche, qui constitue le premier étage de la première formation de la quatrième époque, formation parfaitement caractérisée tant par la nature de ces roches que par l'ensemble de ses restes organiques, qui en font partout un excellent horizon géognostique. La limite inférieure de cette division est ordinairement bien tranchée : dans le plus grand nombre des cas, il y a solution de continuité entre les roches de la troisième et de la quatrième époque, et quand elles viennent à se lier intimement les unes avec les autres, ce qui est rare, la grande quantité de silex pyromaques, et l'apparition des *ammonites*, des *bélemnites*, etc., coquilles marines qu'on n'a point encore trouvées au dessus de la craie, donnent à l'observateur un moyen infaillible d'établir la limite.

Quant à la limite supérieure, elle est loin d'être aussi bien tranchée : les calcaires, les macignos, les psammites et autres roches solides de la seconde époque, sont souvent intimement liés avec celles de la troisième ; d'un autre côté, les marnes, les sables et les graviers de celles-ci se confondent souvent avec les dépôts diluviens de même nature ; mais ce mélange n'a jamais lieu que dans les parties supérieures, et à une petite profondeur au dessous : les caractères géognostiques et paléontologiques des roches n'annoncent pas moins un ordre de choses tout différent du premier.

Les groupes de la troisième époque géognostique présentent des mélanges fréquens de couches très solides de roches mal agrégées et souvent meubles, ce qui est cause qu'on les a long-temps confondus avec ceux des deux premières ; on avait d'abord faussement considéré ces groupes comme irréguliers dans leur stratification et restreints à un petit nombre de localités ; c'est la description géologique des environs de Paris, par MM. Brongniart et Cuvier, publiée d'abord en 1810, puis en 1822, qui vint révéler aux géologues toute l'importance des formations de cette époque, et le jour que leur étude approfondie pouvait jeter sur la théorie de la terre. L'impulsion donnée, les observateurs étudièrent les dépôts de l'époque tertiaire, et bientôt ils furent reconnus sur presque toute la surface de la terre, présentant partout les mêmes caractères géognostiques et paléontologiques, mais offrant de grandes variations dans la composition et l'état d'agrégation des roches, en passant d'une contrée à une autre : le calcaire qui, dans les environs de Paris, forme l'étage inférieur de la troisième époque, est remplacé, à Londres, par une masse argileuse, etc., etc.

Les coquilles marines, fluviatiles et terrestres, renfermées dans les couches de la troisième époque, sont en général très bien conservées ; tous les genres, et même plusieurs espèce vivent encore aujourd'hui : elles se rapprochent d'autant plus des nôtres que les strates qui les renferment sont plus nouveaux ; et ressemblent, en général, à celles des mers et des grands lacs, dans le voisinage desquels elles se trouvent [1].

Les genres de mollusques perdus, comme les *ammonites* les *bélemnites*, les *hamites*, les *orthocératites*, les *productus*, les *spirifères*, etc., ne se sont encore présentés dans aucune des roches de la troisième époque ; mais on y trouve de

[1] Ce caractère parut si important à M. Marcel de Serres, qu'il divisa les dépôts de la troisième époque en *océaniques* et *méditerranéens* ; mais cependant cette division ne fut point admise, et elle n'est pas admissible.

restes de mammifères terrestres et marins dont les espèces et même plusieurs genres sont maintenant complétement inconnus à l'état vivant. Ces débris sont souvent en très grand nombre, et prouvent que, dans la troisième époque géognostique, la surface de la terre et le sein des eaux étaient déjà habités par une grande quantité de mammifères. C'est à cette époque que paraît remonter la création de cette classe d'animaux, du moins en quantité notable; car les dépôts des époques antérieures n'en renferment point, ou presque point.

Les débris organiques du règne animal sont accompagnés d'une grande quantité de végétaux dont les espèces sont éteintes, mais qui peuvent se rapporter à des genres actuels. Les beaux travaux de M. Ad. Brongniart ont démontré que la végétation de cette époque ressemblait beaucoup à celle de la nôtre. « Les *dicotylédones* sont 4 à 5 fois plus nombreuses » que les *monocotylédones*, dit le savant botaniste; quant » aux autres classes, des circonstances particulières paraissent » en avoir diminué le nombre : ainsi on ne trouve que quel- » ques traces de *fougères*, d'*equisetum* et de *mousses*, et les » *agames* ne sont représentées que par quelques espèces de » plantes marines. »

Quoique l'on rencontre quelquefois dans les dépôts de la troisième époque des roches si compactes et si solides que, par leurs caractères minéralogiques, on ne puisse parvenir à les distinguer de celles des époques antérieures, cependant, en général, les roches qui entrent dans la composition de ces dépôts sont bien moins agrégées que celles des formations plus anciennes; jusqu'à présent on n'y a encore cité que des roches *calcaires*, *siliceuses*, *gypseuses* et *argileuses*, traversées *çà et là* par des masses ignées.

Au pied des Carpathes, les marnes gypseuses de cette époque renferment du sel gemme en assez grande quantité pour donner lieu à des exploitations considérables, dont les plus importantes sont celles de Wieliczka, sur les frontières de Pologne. Enfin les roches de la troisième époque paraissent dépourvues de filons métalliques, et les espèces minérales cristallisées y sont généralement fort rares.

Nous avons déjà dit que les différentes parties de la troisième époque géognostique variaient beaucoup d'aspect et de composition minéralogique en passant d'une contrée à une autre : ceci prouve que les dépôts ont beaucoup été influencés par les circonstances locales ; mais il en existe un qui couvre une grande partie de la surface de l'Europe et de l'Asie, que nous avons retrouvé sur tout le littoral de Barbarie, remplissant aussi l'intervalle qui sépare les deux chaînes de l'Atlas, et qui forme très probablement tout le sol du désert de Sahara. Ce dépôt, désigné depuis long-temps sous le nom de *terrain subapennin*, et que j'ai nommé *subatlantique* à cause de sa position au pied des Atlas, dont l'importance géognostique est bien plus grande que celle des *Apennins*, présente partout les mêmes caractères géognostiques, paléontologiques et même minéralogiques, à très peu d'exceptions près ; il est immensément plus étendu qu'aucun de ceux qu'on a voulu prendre pour type jusqu'à présent, et qui me paraissent n'en être que des fractions très modifiées par les circonstances locales.

Tous les observateurs, dignes de ce nom, savent que, dans l'étude des œuvres de la nature, les plus grandes masses doivent toujours être prises pour types : ainsi, en considérant le terrain subatlantique comme le terme de comparaison des autres dépôts de la troisième époque, nous ne faisons que nous conformer aux véritables principes des sciences naturelles.

D'après tout ce que nous connaissons des différens dépôts qui entrent dans la composition de cette époque, je pense qu'on ne peut distinguer dans l'ensemble de ces dépôts que deux grandes formations : l'une, supérieure, dont tous les caractères annoncent que les roches qui la composent ont été déposées dans l'eau douce ; et l'autre, inférieure, d'origine évidemment marine, dans l'intérieur de laquelle on rencontre cependant encore assez souvent des couches subor données remplies de coquilles fluviatiles et terrestres (Pl. ii, fig. 1).

1ʳᵉ FORMATION. *Calcaires, marnes et silex d'eau douce.*

§ 75. La première formation de la troisième époque n'occupe jamais des espaces très étendus ; elle se montre le plus ordinairement par lambeaux superposés à la seconde, dont elle renferme quelquefois des fossiles dans ses parties inférieures (Pl. ii, fig. 2), ou superposée à des formations d'époques plus anciennes, avec lesquelles elle ne se lie aucunement. Dans ses parties supérieures, elle renferme souvent les ossemens de grands pachydermes diluviens, et se lie ainsi avec les dépôts de la seconde époque.

Les calcaires d'eau douce sont souvent très bien stratifiés (Auvergne, Provence, Alsace, etc.); mais quelquefois aussi leur stratification est fort irrégulière, et ils ressemblent assez aux dépôts de travertins de l'époque actuelle. Les strates sont généralement horizontaux ; mais quelquefois aussi ils sont inclinés, et même sous un angle assez grand (Alsace, Provence, environs du volcan de Beaulieu, etc.).

Les calcaires alternent souvent avec des couches de marnes de différentes couleurs, qui renferment, comme eux, des coquilles d'eau douce (Auvergne, midi de la France); ces marnes forment quelquefois un étage dans le groupe. En Auvergne, d'après les observations de M. Croiset, au dessous des calcaires marneux et travertins, renfermant des débris d'animaux de la seconde époque, vient une puissante assise de marnes gypseuses avec *palœotherium*, *anoplotherium*, *antracotherium*, etc., animaux caractéristiques de la troisième époque, accompagnés de coquilles d'eau douce univalves et bivalves, et d'un grand nombre de débris d'*oiseaux*, de *crocodiles*, de *reptiles* et de *tortues*. Ces marnes reposent sur des argiles rouges et vertes, mélangées de bancs d'arkose.

Des silex meulières, remplis aussi de coquilles d'eau douce, se montrent souvent en fragmens irréguliers, formant rarement des espèces de couches d'une certaine étendue, au milieu des marnes et des calcaires (environs de Paris, de Pézénas, etc.). Le silex est tantôt pyromaque, pur et transparent, tantôt opaque, à cassure largement conchoïde ; tantôt c'est un silex corné, qui a tous les caractères des meulières proprement dites.

Quoique les caractères extérieurs du calcaire d'eau douce soient peu tranchés, ils sont cependant assez remarquables lorsqu'ils existent : ordinairement il est blanc ou d'un gris jaunâtre, tantôt tendre et friable comme de la marne et de la craie, tantôt compacte, solide, à grain fin et à cassure conchoïde ; on en trouve qui se taille très bien. Que ce calcaire soit marneux ou compacte, il fait voir très souvent des cavités cylindriques irrégulières, à peu près parallèles, quoique sinueuses. Quand le silex et le calcaire sont mêlés ensemble, le premier est caverneux, et ses cellules irrégulières sont remplies de la marne calcaire qui l'enveloppe.

La puissance de cette formation n'est jamais très considérable, elle dépasse rarement 20 mètres : on la voit quelquefois traversée par des filons basaltiques et trachytiques, et même par des courans de laves, qui en ont dérangé et sensiblement altéré les roches. Dans les environs du volcan éteint de Beaulieu, en Provence, les strates de calcaire d'eau douce sont très inclinés, et fréquemment traversés par des dykes basaltiques, qui ont quelquefois l'apparence de couches alternant plusieurs fois avec les strates calcaires. A Aurillac, en Auvergne, les trachytes recouvrent le calcaire d'eau douce, dont ils ont bouleversé les couches en les traversant ; le trachyte renferme aussi dans son intérieur des fragmens de ce calcaire. Sur les côtes du royaume de Naples et celles de la Sicile, les calcaires d'eau douce sont souvent traversés par des dykes de lave.

Minéraux. Les calcaires et les marnes d'eau douce sont quelquefois coupés par des veines de chaux carbonatée, les cavités des meulières offrent aussi quelques cristaux de quarz ;

mais on ne cite point d'autres espèces minérales dans cette formation.

Restes organiques. Cette formation renferme des débris de végétaux qui peuvent se rapporter aux genres *exagenites, lycopodites, poacites, chara, nymphæa,* etc.; elle est particulièrement caractérisée par des coquilles fluviatiles et terrestres, presque toutes semblables, pour les genres, à celles qui vivent encore maintenant. Ce sont des *lymnées,* des *planorbes,* des *potamides,* des *paludines,* des *cyclades,* des *cyclostomes,* des *hélices,* des *bulimes,* etc. (Pl. v). On y trouve aussi beaucoup de graines de *chara* pétrifiées, petits corps ronds cannelés, que Lamarck avait nommés *gyrogonites,* ne sachant à quoi les rapporter, mais que Leman reconnut ensuite pour être des graines de chara.

Les calcaires lacustres de l'Auvergne présentent une réunion très extraordinaire de débris d'animaux les plus différens, qui ont été recueillis et étudiés, avec un talent tout particulier, par M. Jobert et l'abbé Croiset : ce sont des ossemens de *palæotherium,* d'*anoplotherium,* d'*anthracotherium* et d'un petit pachyderme à dents mamelonnées, dont le genre est perdu ; d'oiseaux voisins du genre *anas,* avec des œufs parfaitement conservés ; des débris de *tortues,* de *crocodiles* et de plusieurs autres reptiles plus petits ; des coquilles lacustres univalves et bivalves, une grande quantité de *friganes,* enfin, des *coprolites,* excrémens de différens genres d'animaux.

La formation gypseuse d'Aix, en Provence, composée de marnes et de calcaires d'eau douce, renfermant de puissantes assises gypseuses, présente aussi un singulier assemblage de restes organiques : on y voit des *palmiers* d'une grande dimension, des *poissons* d'eau douce très nombreux, *carpes* et *perches,* etc., et beaucoup d'insectes très bien conservés ; mais point d'ossemens de mammifères. Des couches de lignite exploitables gisent souvent à la partie inférieure de cette formation (en Auvergne et dans quelques parties de la Suisse et de l'Alsace).

Formes du sol. Le groupe que nous venons de décrire forme rarement à lui seul le sol d'une contrée fort étendue : il se montre par lambeaux dans le fond des vallées, où il constitue de petites collines, sur le sommet des collines et des grands plateaux, dont la base est occupée par la formation marine, et quelquefois d'autres plus anciennes.

Emploi dans les arts. Les calcaires d'eau douce solides et compactes donnent d'excellentes pierres de construction; ils sont même quelquefois susceptibles de poli (pierre de Château-Landon) : le gypse et les lignites qu'ils renferment sont exploités dans plusieurs contrées; les meulières fournissent souvent d'excellentes pierres à moulin; mais, comme nous le dirons plus bas, celles employées particulièrement à cet usage, paraissent appartenir à la formation marine inférieure; les marnes et les calcaires d'eau douce, lorsqu'ils se désagrègent facilement à l'air, sont souvent employés pour amender les terres : on les exploite, pour cet usage, dans les environs de Versailles et dans la Beauce.

Cette propriété, et celle que possède la marne de retenir les eaux, rendent assez fertile le sol occupé par cette formation, toutes les fois que le calcaire peut facilement se désagréger, ou que les marnes se trouvent à la surface.

Localités. La formation d'eau douce supérieure est très développée dans les environs de Paris, où on la trouve, par lambeaux, sur une surface de plus de trente lieues d'étendue.

En Auvergne, où elle est développée sur une grande étendue avec des caractères si remarquables, elle représente seule toute la troisième époque.

Dans le midi de la France, en Espagne, sur les côtes d'Afrique, dans les îles de la Méditerranée, en Grèce et en Italie, elle se présente de la même manière, recouvrant les couches les plus modernes du terrain subatlantique. Les produits lacustres et marins alternent même souvent entre eux un certain nombre de fois, et constituent alors ce que M. Tournal appelle *terrain mixte*. Dans les Iles-Britanniques, la formation d'eau douce se montre sur plusieurs points, dont le plus célèbre est l'ile de Wight, où elle renferme des *lymnées*, des *planorbes*, des *paludines* et des *gyrogonites*.

Cette formation est aussi développée dans le nord de l'Europe. Dans son voyage en Autriche, M. Prévost reconnut, aux environs de Vienne, un calcaire lacustre supérieur à toutes les formations stratifiées, et présentant les mêmes caractères de texture et de couleur que ceux des environs de Paris.

En Hongrie, M. Beudant a trouvé le calcaire d'eau douce dans un grand nombre de localités; il renferme partout des *lymnées*, des *planorbes* et des *hélices*.

Dans la Morée, des calcaires lacustres occupent souvent la partie supérieure des dépôts marins de la troisième époque.

2ᵉ FORMATION. *Terrain subatlantique ou subapennin.*

§ 76. Cette formation est complexe : on y distingue deux étages parfaitement tranchés, mais cependant intimement liés l'un à l'autre, tant par les fossiles que par les roches : de premier est composé de *sables*, de *calcaires*, de *macignos*, de *grès* et de *poudingues*; une puissante assise de marnes bleuâtres, renfermant comme couches subordonnées, du gypse, du cal. caire et du lignite, constitue le second; ces marnes sont quelquefois remplacées par des *mollasses* (*macignos*), qui passent à la marne dans plusieurs localités (Pl. III, fig. 4 ; Pl. X, fig. 2 et 3).

a. La partie supérieure du grand dépôt tertiaire, qui recouvre les dernières pentes des Atlas, et occupe tout l'espace compris entre ces deux chaines de montagnes (Pl. X, fig. 2 et 3), est formée par des sables silicéo-calcaires, plus ou moins ferrugineux, jaunâtres et rougeâtres, qui n'ont jamais une bien grande épaisseur, et au milieu desquels on rencontre des masses de poudingue et de grès ferrugineux. Au dessous de ces sables, viennent des couches régulières de grès ferrugineux, de calcaire plus ou moins grossier, et quelques unes de calcaire compacte, qui renferment ordinairement une grande quantité de coraux. Ces couches alternent entre elles ; mais le calcaire à coraux ne forme souvent que des bancs subordonnés au milieu des strates des autres roches (Pl. III, fig. 5). Ces strates sont fréquemment séparés les uns des autres par des sables ferrugineux, identiques avec ceux de la partie supérieure, et au milieu desquels on voit une grande quantité de coquilles parfaitement conservées, *peignes*, *bucardes*, *térébratules*, et grandes *huîtres* à talon très allongé, *ostrea elongata* et *O. virginica* (Lamk.) (v. Pl. VII). Ces coquilles sont là dans le lieu même où elles ont vécu : elles ont presque toutes conservé leurs deux valves, sont groupées plusieurs ensemble, et souvent attachées encore, pour ainsi dire, à la surface des roches sur lesquelles elles vivaient. La puissance de cet étage ne dépasse pas 30 mètres.

b. Dans les parties inférieures de la masse précédente, des assises de marne bleue alternent avec les autres roches, et on voit même souvent les calcaires devenir marneux ; ensuite on arrive à une masse, dont la puissance dépasse 200 mètres, composée de marnes argileuses bleuâtres, n'offrant point de structure déterminée, et qui renferme des strates subordonnés d'un calcaire marneux grisâtre, beaucoup de veines de gypse lamellaire, et quelques bancs de gypse grossier. Ces marnes contiennent des coquilles presque toutes décomposées, qui paraissent appartenir principalement aux genres *pecten* et *cardium*.

Dans toute l'Europe, le terrain subapennin offre la même composition que le terrain subatlantique de l'Afrique, avec quelques modifications dont nous allons indiquer les principales.

1°. La partie supérieure des collines qui gisent sur les deux flancs des Apennins est occupée par des sables au milieu desquels on trouve des ossemens de grands animaux diluviens mêlés avec des coquilles marines. Ces sables forment, pour moi, le passage entre la deuxième et la troisième époque ;

au dessous viennent, comme en Afrique, des grès, des calcaires et des sables. Les calcaires sont aussi souvent pétris de coraux ; dans l'assise de marnes bleues, qui est au moins aussi puissante qu'en Afrique, on trouve des bancs de calcaire à *nummulithes*, avec grains verts, assez semblable au calcaire grossier de Paris, et des couches de macigno, également avec grains verts. Dans les Alpes tyroliennes, M. Murchison a vu, à la partie inférieure des marnes bleues, un calcaire à nummulithes renfermant, en outre, les mêmes coquilles que l'argile de Londres [1], reposer sur la craie à stratification concordante (Pl. III, fig. 5).

Dans le midi de la France, en Autriche, en Hongrie, en Gallicie, et même en Russie, le premier étage du terrain tertiaire est à peu près le même ; partout on y remarque des couches subordonnées de calcaire à coraux, souvent oolithique (Pl. III, fig. 4). (Gallicie et Podolie.) Dans le département des Bouches-du-Rhône (Gardanes et Fuveau, etc.), le second est formé d'une marne schisteuse alternant assez régulièrement avec des couches de calcaire compacte, renfermant, les unes et les autres, une grande quantité de coquilles d'eau douce, univalves et bivalves, au milieu desquelles se trouvent les bancs de lignite très puissans, que l'on exploite depuis fort long-temps. De pareilles couches de combustible se rencontrent également au milieu des marnes bleues ou de leurs équivalentes géognostiques, dans tout le midi de la France, en Espagne, en Italie, en Suisse, en Allemagne, en Hongrie, et dans tout le nord de l'Europe. Partout ces lignites sont accompagnés de calcaires marneux et de marnes, renfermant une grande quantité de coquilles d'eau douce. De semblables couches se trouvent souvent aussi sans lignite, au milieu des marnes bleues, et même des sables et des grès du premier étage.

En Suisse, en Alsace, dans quelques parties de l'Allemagne,

---

[1] *Pecten pleuronectes, Rostellaria sinuosa, Melania costellata* (Lamk.), *Mitrascrabiculata* (Brg.), *Natica globulus* (Desh.).

de la Gallicie, de la Transylvanie, etc., les marnes bleues sont remplacées par une puissante assise de macigno, *mollasse*, roche composée de *sable*, de *calcaire* avec un peu d'*argile* et de *mica*, à texture grenue et à consistance presque friable, dont la stratification n'est guère plus évidente que celle des marnes bleues. Elle renferme des couches subordonnées de grès coquillier, de calcaire fétide, de marnes argileuses, et des nodules calcaires plus durs que le reste de la roche *septaria* des Anglais, *knauer* des Suisses ; enfin des lignites en bancs très épais et très étendus, accompagnés de minces lits d'une marne calcaire dure avec coquilles d'eau douce et nombreux restes de végétaux, parmi lesquels on distingue des feuilles de *palmiers*. Les mollasses sont ordinairement recouvertes par des masses de poudingues (*gompholite*, Brongniart ; *nagelfluhe* des Suisses), généralement fort mal stratifiées, et toujours intimement liées aux mollasses ; ces poudingues sont pour moi les équivalens géognostiques des sables, grés et calcaires supérieurs aux marnes bleues.

Le géologue qui a le plus étudié les dépôts de la troisième époque sur toute la surface de l'Europe, M. Boué, a vu, en Autriche, en Hongrie, dans la Servie et dans la Valachie, les marnes bleues et les mollasses se remplacer réciproquement, et il n'hésite pas à les regarder comme équivalentes. Une autre preuve, c'est que les unes et les autres renferment les mêmes fossiles.

D'après ce savant géologue, les marnes salifères de **Wieliczka**, avec soufre et couches de gypse, reposent sur la mollasse, et appartiendraient, par conséquent, à la troisième époque. En Transylvanie, les marnes salifères se lient à la mollasse, alternent avec elle, et sont souvent recouvertes par un dépôt ponceux ou trachytique. Il paraît donc maintenant parfaitement démontré que la formation marine de la troisième époque renferme du sel gemme, comme la plupart des assises marneuses des époques antérieures.

Bassin de Paris.

Le bassin dans lequel se trouve construite la capitale de notre patrie présente les deux formations de la troisième époque parfaitement développées et occupant une surface d'environ 170 myriamètres carrés, formant un polygone irrégulier dont la longueur dirigée sensiblement du nord au sud est de 30 myriamètres[1]. Les beaux travaux de MM. Brongniart et Cuvier, dont nous avons déjà parlé, ont acquis à ce terrain une célébrité universelle, et pendant long-temps on a cru y voir le véritable type de la troisième époque et on n'est pas encore entièrement revenu de cette erreur. Quant à moi, je pense que ce n'est qu'un cas particulier de la masse générale que nous venons de décrire. Voici les faits (Pl. II. fig. 2).

1°. Sous les différentes parties du terrain diluvien se trouve une formation lacustre, composée de calcaires, de marnes et de silex meulières avec coquilles.

2°. Au dessous de cette formation lacustre, vient un grès plus ou moins sableux, rempli de coquilles marines, peu différentes de celles des sables et grès subatlantiques. Ce grès coquillier repose sur une masse de sable sans coquilles, au milieu de laquelle on trouve d'énormes masses plus ou moins irrégulières d'un grès blanc très solide (grès de Fontaine-bleau), à la partie inférieure desquelles gisent des marnes argileuses vertes, avec bancs d'huîtres.

Après les marnes vertes, dans lesquelles on trouve beaucoup de rognons de Célestine, vient une masse lacustre, de 40 mètres de puissance, dont la partie supérieure est occupée par des marnes calcaires, avec palmiers silicifiés ; et la partie moyenne par trois masses de gypse superposées, plus ou moins bien stratifiées, dont les strates alternent avec des marnes, et qui renferment dans leur intérieur des coquilles et des poissons d'eau douce, des reptiles, des oiseaux et de nombreux débris de mammifères terrestres :

[1] D'après M. d'Omalius d'Halloy.

palæotherium, *anoplotherium*, *antracotherium* et *carnas-siers*. Enfin, à la partie inférieure, est une masse de calcaire lacustre souvent siliceux, et devenant même, sur plusieurs points, une véritable meulière ; mais alors il ne contient jamais de coquilles [1].

Au dessous du calcaire d'eau douce inférieur, se trouve un grès très semblable à celui qui gît également au dessous de la formation d'eau douce supérieure, rempli de coquilles marines, dont les espèces sont à peu près les mêmes que celles du premier.

3°. Le grès marin inférieur se lie à une masse très puissante, composée de calcaire grossier plus ou moins dur, de marnes argileuses, souvent en lits très minces, et de marnes calcaires, renfermant une immense quantité de coquilles marines, et particulièrement des *cérites* et des *nummulithes*, ainsi que des ossemens de *palæotherium* et d'*anoplotherium*, etc. Des bancs de lignites exploitables accompagnés de marnes calcaires renfermant beaucoup de coquilles d'eau douce, et offrant fréquemment un mélange singulier de coquilles d'eau douce et de coquilles marines, se trouvent subordonnés dans la partie inférieure de cette masse calcaire. Enfin des amas d'argile plastique et des bancs de poudingues, qui remplissent les cavités irrégulières de la surface supérieure de la craie, forment, dans beaucoup de localités, la base sur laquelle repose tout le terrain parisien.

Les trois étages que je viens de signaler me paraissent correspondre très exactement à ceux qui constituent la troisième époque, dans toutes les autres contrées de la terre : 1° la formation d'eau douce est la même que partout ailleurs ; 2° les grès et sables marins, contenant, dans leur intérieur, la masse lacustre composée de marnes, de gypse et de calcaires, représentent le premier étage du terrain subatlantique ; 3° enfin

---

C'est à cette assise du terrain parisien que M. Dufrénoy pense qu'appartiennent toutes les meulières qui sont exploitées pour les meules de moulin.

le calcaire grossier, avec ses argiles et ses lignites, me paraît correspondre assez exactement à l'étage des marnes bleues *subapennines* ou *subatlantiques*.

Plusieurs faits récemment observés viennent à l'appui de mon opinion : le terrain des environs de Londres, qui appartient à la troisième époque, offre aussi deux étages, dont le plus inférieur est composé d'une masse argileuse bleuâtre, très semblable à l'argile subapennine, et que MM. Brongniart et Cuvier n'ont point hésité à rapporter au calcaire grossier de Paris, tant par la position qu'elle occupe que par les fossiles qu'elle contient ; M. Murchison, dans les marnes bleues des Alpes tyroliennes, a retrouvé les mêmes coquilles que celles du calcaire grossier de Paris et de l'argile de Londres. M. de Buch a reconnu que les dépôts de la troisième époque, qui couvrent une partie du Mecklenbourg, offrent un mélange de coquilles des marnes subapennines, de celles du calcaire parisien et de l'argile de Londres.

Depuis plusieurs années, MM. Tournal et Reboul écrivent pour démontrer l'identité géognostique du terrain des environs de Paris, avec le terrain subapennin du midi de la France. Ces deux observateurs ont donné, à l'appui de leur opinion, des faits qui démontrent la correspondance des différens dépôts dans les deux contrées, et la similitude des restes organiques qu'ils renferment : « les terrains tertiaires du midi de la France, dit M. Tournal, sont évidemment contemporains de ceux du nord ; les mêmes débris de mammifères terrestres se rencontrent dans les uns et dans les autres, et quant aux différences que l'on remarque dans le catalogue des coquilles, elles tiennent à l'influence climatérique, qui, pendant la période tertiaire, devait déjà être bien marquée. »

Les dépôts de troisième époque de la Belgique, qu'on avait d'abord identifiés avec ceux de Paris, sont maintenant reconnus pour se rapprocher autant du terrain subapennin, tant sous le rapport des fossiles que sous celui des roches.

M. Hoffmann a vu, en Sicile, les marnes bleues et les calcaires de la troisième époque intimement liés à la craie, et, au point de contact, un mélange de fossiles des deux formations.

M. Murchison a vu le second étage du terrain subapennin, compris entre Bassano et Campése (Pl. III, fig. 5), se lier intimement avec la craie inférieure, par des calcaires à nummulithes, renfermant une grande quantité de coquilles identiques avec celles du calcaire parisien. Ces deux derniers faits prouvent que le dépôt du terrain subatlantique a suivi immédiatement celui des dernières couches de la quatrième époque, et n'est point du tout contemporain de la formation marine supérieure des environs de Paris, comme le prétendent quelques observateurs.

Ce qui précède me semble suffisant pour démontrer que les différens dépôts de la troisième époque, que l'on désigne généralement sous le nom de bassins, ont été formés tous sous l'influence des causes générales, qui agissaient avec une intensité particulière pendant la durée de la troisième époque géologique. Comme, à cette époque, une grande partie de la surface du globe était déjà émergée, ainsi que l'annonce la grande quantité de débris de végétaux et d'animaux terrestres que renferment ses couches, il devait exister beaucoup de caspiennes, des golfes très considérables et même de grands lacs d'eau douce, dans lesquels ces dépôts avaient lieu sous l'influence particulière de certaines circonstances locales, qui en ont modifié quelques uns assez sensiblement, et produit les différences que nous remarquons maintenant entre eux et la grande masse. Je montrerai, dans le second volume, que ces discussions, qui ont pour but de prouver que le bassin de Paris est plus ancien que celui de Vienne, que les faluns de la Touraine sont contemporains du terrain subapennin, etc., etc., sont pour la plupart tout à fait oiseuses.

Des roches d'origine ignée, *basaltes, trachytes et dolomies*, pénètrent en filons et en grosses masses transversales dans la formation marine de la troisième époque; nous en avons déjà cité plusieurs exemples § 73. Presque toujours ces roches en ont dérangé les strates et leur ont fait subir une altération très sensible; elles se sont quelquefois épanchées par dessus la masse (Afrique, Hongrie, Italie, etc., etc., Pl. x, fig. 4, Pl. xi, fig. 2 et 8, Pl. ii, fig. 7), et l'ont recouverte, sur une assez grande étendue : dans le Vicentin au Valnéro, et au Monte-Bolca, célèbre par ses poissons fossiles, M. Brongniart a vu les calcaires marins de la troisième époque alterner avec des brèches basaltiques, et même avec de véritables basaltes. En Transylvanie, les mollasses et l'argile bleue avec sel gemmé, sont recouvertes par des trachytes.

Dans le Tyrol, les calcaires de la troisième époque sont traversés par des porphyres noirs ressemblant un peu aux porphyres trachytiques, mais qui passent cependant pour être plus anciens et très peu postérieurs à la roche qui les renferme. Si ce fait est bien constaté, cette espèce de porphyre noir serait la roche ignée de la troisième époque.

Minéraux. Les métaux sont rares dans les différentes parties du groupe qui nous occupe : le premier étage renferme des veines et des rognons peu nombreux de fer hydroxidé; le second du fer pyriteux, que l'on exploite dans quelques localités, pour fabriquer de la couperose; il accompagne ordinairement les couches du lignite. Le *mercure* natif et le *mercure muriaté* viennent d'être découverts en quantité notable dans la partie supérieure du sol tertiaire, sur lequel la ville de Montpellier est construite. On a rencontré ce métal en faisant des fouilles dans plusieurs rues de cette ville (1834); il gît dans une marne argilo-calcaire inférieure aux sables marins : le mercure natif est en gouttelettes et le mercure muriaté (*calomel*) en petits cristaux prismatiques à base carrée; ce dernier se présente aussi sous forme de veines cylindriques, très fines et très déliées, dont les ramifications s'étendent dans diverses directions.

A part les cristaux de gypse qui se montrent quelquefois

en grande quantité, au milieu des marnes des deux étages, les autres minéraux cristallisés sont peu nombreux : les meulières présentent quelques cristaux de quarz hyalin ; les veines de spath calcaire qui coupent souvent les roches renferment aussi çà et là des cristaux de chaux carbonatée ; certaines couches de marne renferment des rognons de strontiane sulfatée ; celles de l'assise gypseuse parisienne contiennent une certaine quantité de *silex ménilithe* qui paraît la caractériser. Enfin, les grès de Fontainebleau offrent des cristaux rhomboédriques effervescens, qui ne sont probablement que des épigénies.

Le sel gemme, avec les minéraux qui l'accompagnent ordinairement, le gypse, le soufre, etc., suivant M. Boué, forme des bancs exploitables dans les marnes et les mollasses de la troisième époque, en Gallicie et en Transylvanie. Le dépôt le plus célèbre, celui de *Wieliczka*, exploité depuis un grand nombre d'années, a 2,500 mètres de long sur 1,060 de large, et 280 de profondeur : le sel se présente d'abord en nodules disséminés avec du gypse, au milieu de couches de marnes bleuâtres ; au dessous, viennent des bancs de sel très considérables, entre lesquels on voit souvent des lignites, du sable et des fragmens de coquilles brisées. Après la masse de sel, la marne devient siliceuse, et renferme même des lits de véritable grès, qui pénétrent dans le sel. Plus bas, vient la mollasse avec lignite, impressions végétales et couches de sel ; enfin, tout à fait à la partie inférieure, il existe un calcaire marneux, contenant du soufre, du sel et du gypse. Des dépôts, du même genre, se voient encore à Bachnia, Parayden, en Transylvanie, et quelques autres localités ; mais, en général, les marnes et les mollasses ne sont qu'imprégnées de sel, et il en sort des sources salées, plus ou moins abondantes.

Sur tout le littoral de la Méditerranée, où la formation marine de la troisième époque est très bien développée, on n'a point encore reconnu de traces de sel gemme, non plus que dans le bassin de Paris, où le gypse, compagnon fidèle du sel, se montre cependant en très grande quantité ; les observations ultérieures feront peut-être découvrir ce précieux minéral dans beaucoup de contrées où on ne le soupçonne point.

Le lignite en bancs puissans est, comme nous l'avons déjà dit, très commun dans le second étage de la formation qui nous occupe ; il est toujours accompagné d'une certaine quantité de résines succiniques, en morceaux informes, généralement arrondis, et dont quelques uns renferment des *mouches* et autres insectes parfaitement conservés.

Restes organiques. La troisième époque offre un singulier assemblage de restes organiques, qui, bien qu'ayant dû vivre dans des milieux complétement différens, ne se trouvent pas toujours séparés. Les ossemens de grands quadrupèdes terrestres, qu'on avait cru, pendant long-temps, appartenir exclusivement aux couches lacustres subordonnées à la formation marine, ont été trouvés au milieu du calcaire à cérites de Paris et des marnes bleues subapennines, dans le midi de la France, en Italie, etc. Les végétaux terrestres se rencontrent aussi partout, mais sont, néanmoins, plus nombreux dans le voisinage des lignites, où ils sont toujours accompagnés de coquilles d'eau douce ; quant aux genres, ces végétaux diffèrent peu ou point de ceux qui vivent encore maintenant. On trouve aussi plusieurs espèces de végétaux marins et lacustres.

Les genres de testacés, nous l'avons déjà dit, tant marins que lacustres, etc., sont les mêmes que ceux qui vivent encore aujourd'hui, et même plusieurs espèces sont tout à fait semblables aux nôtres : généralement, elles ont toujours une certaine ressemblance avec celles des mers et des grands lacs, dans le voisinage desquels gisent les dépôts qui les renferment. La liste de ces coquilles est immense ; nous ne citerons que les espèces suivantes, qui sont les plus caractéristiques de la formation :

Premier étage : *Coraux*. Ostrea *elongata*, *virginica* (**Lamk.**), et *cariosa*. Gryphæa *navicularis*. Pecten *jacobæus* et *senensis* (Pl. vii). Les univalves sont rares dans cet état.

Echinites : Cidaris. Clypeaster *altus* (**Lamk.**), Pl. viii.

Des fragmens de plusieurs espèces de *crustacés* peu différentes de celles actuellement vivantes, des débris de *tortue*, de *crocodile* et même de *mammifères marins*. Les sables et grés marins supérieurs du bassin de Paris contiennent beaucoup d'os de poissons, d'aiguillons et de palais de raies, etc.

Des marnes schisteuses, qui forment quelquefois des bancs subordonnés aux couches marines (Oran, en Afrique, Pl. xi, fig. 4, midi de la France), contiennent une immense quantité d'empreintes de poissons d'eau douce, très bien conservées : toutes celles d'Oran, étudiées par M. Agassiz, appartiennent à une seule espèce, *Alosa elongata*, qui vit dans l'eau douce et dans la mer.

En Italie, en Moravie et en Croatie, cet étage paraît contenir des insectes *diptères* et *hyménoptères* associés à des *poissons* et des débris de *végétaux*.

Le second étage est généralement moins riche en restes organiques que le premier, et ils s'y trouvent aussi dans un état de conservation beaucoup moins parfait ; ils sont souvent même si altérés, qu'on a beaucoup de peine à les reconnaître. Les coquilles univalves sont plus nombreuses ; elles dominent même quelquefois. Ces coquilles appartiennent aux genres :

Ostrea, pecten, cardium, venus, astarte, panopea, pectunculus, lucina (pl. vii), cerithium, turritella, buccinum murex, mitra, pleurotoma, voluta, etc.

Lenticulites, nummulithes (Pl. v et vi) et balanus (Pl. viii). Les espèces les plus caractéristiques sont : pectunculus *pulvinatus* ostrea *virginica*, *flabellula*, *pseudo-cama* et *hippopus* ; enfin, le cerithium *giganteum*.

Les polypiers sont des fongites, des orbulithes, des cyclolithes et des caryophyllées (Pl. viii).

On y trouve aussi des *echinites*, des *serpules* et des *frag* mens de *crustacés* (Pl. viii), de *poissons* et de *reptiles*. L'*émyde fossile* de Suisse, et le *testudo punctata*, Bourd. , gisent dans cet étage. On voit souvent des coquilles d'eau douce (lymnées, planorbes , etc.) disséminées au milieu de coquilles marines, indépendamment de celles que renferment les bancs de marne et de calcaire d'eau douce subordonnés. Des débris d'un grand nombre de mammifères terrestres, dont les genres sont, pour la plupart , perdus, se rencontrent dans toutes les parties de la formation marine de la troisième époque. Ce sont des pachydermes : *palæotherium* , *anoplotherium* , *anthracoterium* , *lophiodon* ; et , dans les parties supérieures du premier étage, des débris d'*éléphant*, de *rhinocéros*, de *mastodonte*, et de plusieurs autres animaux de la période diluvienne. L'assise gypseuse de Montmartre, et ses parallèles dans plusieurs contrées, renferment avec les *palæotherium*, les *anoplotherium*, etc., des *carnassiers* , des *rongeurs*, et plusieurs *espèces d'oiseaux*, des *tortues* et des *crocodiles*.

On voit, d'après ce qui précède, que les restes organiques du groupe que nous décrivons sont très nombreux et extrêmement curieux, et que le mélange singulier qu'ils présentent annonce le concours des eaux marines et des eaux douces dans sa formation. Les squelettes des mammifères sont rarement entiers, mais souvent les fragmens se trouvent à une petite distance les uns des autres. L'album græcum (*coprolites*) de ces animaux a été quelquefois parfaitement conservé, et nous dirons plus tard comment l'étude de la composition de cette matière peut fournir des notions sur leurs mœurs (Pl. viii).

M. Jouannet a découvert des coprolites de palæotherium dans la mollasse des environs de Bordeaux ; dans l'argile de Londres, on trouve des coprolites qu'on n'a pas encore bien pu classer. Dans les environs d'Aix, en Provence, M. Murchison a reconnu deux espèces de coprolites ; l'une, qui ressemble à une chenille, gît dans les marnes schisteuses supérieures au gypse, et l'autre dans les lignites de Fuveau. Enfin, M. Robert a trouvé, dans le calcaire grossier de Passy, des coprolites qu'il croit provenir de crocodiles, parce qu'ils étaient accompagnés d'un grand nombre de dents de ces animaux. Ces coprolites gisent au milieu d'un mélange de plantes, de coquilles marines et d'eau douce, ce qui fait penser à M. Robert que les crocodiles ont dû vivre là aussi tranquillement qu'ils vivent encore aujourd'hui à l'embouchure et dans le cours des fleuves.

Formes du sol. La formation marine de la troisième époque constitue des masses de collines plus ou moins étendues, qui, partant du pied de chaînes de montagnes, s'avancent souvent à une grande distance dans les plaines. En Barbarie (Pl. IX), ces collines occupent tout l'espace compris entre les Atlas, et forment une longue bande le long de la côte, où leur élévation au dessus de la mer ne dépasse pas 300 mètres ; mais, au sud du Petit-Atlas, elle atteint souvent 1,100 et 1,200 mètres. Ici les couches ont été relevées, et les collines sont presque toutes terminées par des plateaux escarpés, formés par les grés et calcaires supérieurs, inclinant vers le nord. Les marnes bleues se montrent au dessous, dans les escarpemens, et occupent les flancs de vallées profondes, dans lesquelles les eaux pluviales ont creusé de nombreux ravins. Les collines subapennines forment, au pied des Apennins, deux bandes, dans chacune desquelles les couches sont sensiblement horizontales, dont les formes sont généralement plus arrondies, et qui présentent beaucoup moins d'escarpemens que celle des Atlas.

En Morée, le terrain subapennin, recouvert çà et là par des calcaires lacustres, constitue aussi des collines qui remplissent de hauts bassins dans l'intérieur des terres, tels que ceux d'Orchomènes et de Tripolitza ; il forme encore des bandes le long des côtes, et des groupes d'étendue variable à l'ouverture des grandes vallées. Le sol ondulé des plaines de la Hongrie, de la Gallicie, de la Moravie et de la Transylvanie, est entièrement formé par le terrain subapennin.

Emploi dans les arts. Les calcaires, les grès, les poudingues, les *macignos*, etc., des deux étages, fournissent souvent d'excellentes pierres de construction. C'est avec le calcaire grossier du second étage que sont faites toutes les constructions de Paris. Le calcaire moellon de la Provence, qui appartient au premier étage, est employé dans presque toutes celles de cette contrée. Les brèches dolomitiques du Tolonet (Bouches-du-Rhône), que l'on retrouve aussi au pied des Pyrénées, sont assez dures pour recevoir un beau poli et donner des marbres assez estimés.

Le gypse est très exploité à Paris, à Aix, en Provence, en Italie, en Allemagne, en Hongrie et même en Afrique. Les couches de lignite, qui se rapproche souvent beaucoup de la houille, donnent un bon combustible, mais qui ne peut pas être employé à forger le fer. Ces lignites sont exploités dans tout le midi de la France, à Gardanne, Fuveau, les Martigues, Sisteron, Forcalquier, au Pont-Saint-Esprit, etc.; dans les environs de Paris, où ils sont désignés sous le nom de lignites du *Soissonnais*; sur les bords du Rhin; en Suisse, en Allemagne, en Hongrie, etc.: il serait à désirer, dans l'intérêt de notre colonie d'Afrique, qu'on fît des recherches dans les marnes bleues subatlantiques qui doivent renfermer aussi de semblables couches de combustible. Le succin, qui accompagne les lignites, est aussi quelquefois l'objet d'exploitations avantageuses : en faisant effleurir à l'air les parties pyriteuses, on en tire de la couperose et du sulfate d'alumine. L'argile plastique est employée pour faire de la faïence, du grès, des creusets, des étuis à porcelaine, etc. Les marnes et les calcaires marneux qui se désagrègent facilement servent pour amender les terres.

D'après M. Dufrénoy, les meulières sans coquilles, qui fournissent des pierres pour les moulins, appartiennent à la partie inférieure du premier étage (Pl. II. fig. 2) : enfin, en

Gallicie et en Transylvanie, les masses de sel gemme du second étage donnent, depuis très long-temps, des produits considérables.

Quoique les marnes bleues retiennent assez bien l'eau et qu'on y trouve, en général, des sources assez nombreuses, leur surface est souvent aride, surtout en Afrique. Les sables et grès supérieurs, dans lesquels il suffit ordinairement de creuser de quelques mètres pour avoir de l'eau, sont les plus fertiles ; ce sont eux qui constituent la surface du massif des environs d'Alger, couvert d'une si belle végétation, et où on voit les plantes tropicales mêlées à celles de nos contrées (Pl. IX). J'ai observé les mêmes faits en Provence : la végétation est beaucoup moins active sur les marnes bleues que sur les sables et grès qui les recouvrent.

Localités. Les détails dans lesquels nous avons été obligé d'entrer, pour faire connaître les différentes parties de la formation marine de la troisième époque, ont déjà montré qu'elle est très développée sur la surface du globe, où elle se présente souvent dans des espaces circonscrits plus ou moins étendus, que l'on nomme bassins. D'après M. Boué, elle couvre plus de la moitié de la surface de l'Europe continentale, elle se retrouve sur les côtes et dans les îles avec les mêmes caractères paléontologiques que dans l'intérieur des terres. Elle existe dans toute l'étendue du bassin de la Méditerranée, d'où elle pénètre bien avant en Asie et en Afrique. Je regarde comme très probable que c'est elle qui constitue le sol du grand désert du Sahara : les sables de ce désert pourraient bien n'être que ceux de la partie supérieure du terrain subatlantique qui, au sud du Grand-Atlas, auraient pris un développement considérable. Il en serait peut-être de même de ceux des autres déserts de l'Afrique et de l'Asie. Sur la rive occidentale du Nil, depuis Lycopolis jusqu'au Kaire, se montre, dans la berge, un calcaire à nummulithes qui s'étend jusque sur la pente orientale du désert. Ce calcaire, qui doit appartenir au second étage du terrain subatlantique, passe donc, très probablement, sous les sables du désert qui représenteraient le premier.

Dans les Indes orientales, il existe, aussi bien dans les îles que sur le continent, une formation marine identique avec le terrain subatlantique ou subapennin. Dans l'empire des Birmans, M. Crowfurd a reconnu un dépôt de troisième époque, composé 1° d'un grès verdâtre et fin un peu sablonneux ; 2° d'un calcaire jaunâtre et sableux, avec des coquilles analogues à celles du calcaire grossier parisien ; 3° enfin un calcaire schisteux, d'une couleur foncée, contenant des coquilles identiques avec celles de l'argile de Londres. Dans les monts Caribary, M. Scott a observé une masse composée d'argile schisteuse et de sable, renfermant des *huîtres*, des *cérites*, des *turritelles*, des *balanes*, et d'après M. Pentland, des ossemens d'*anthracoterium*, et d'autres appartenant aux genres *moschus et viverra*.

La formation marine de la troisième époque couvre dans les deux Amériques des espaces de pays considérables. Elle renferme beaucoup de coquilles marines, parmi lesquelles, surtout dans les parties supérieures, plusieurs espèces sont encore vivantes dans les mers voisines. Les différens dépôts appartenant à cette formation n'ont pas encore été assez bien étudiés dans le Nouveau-Monde pour qu'on puisse les rapporter à notre type principal. Cependant, d'après la composition de celui observé dans la Caroline du nord, on pourrait croire qu'ils s'en éloignent peu. Ce dernier offre de haut en bas les couches suivantes :

1°. Terre végétale noire ; 2° argile à potier brunâtre ; 3° lit mince de sable coquillier ; 4° marne avec ossemens de mammifères ; 5° marne argileuse bleue : celle-ci peut bien être la marne subatlantique.

Généralement, il existe une solution de continuité bien tranchée entre les formations de la troisième et de la quatrième époque géognostique ; les premières reposent souvent sur les autres en stratification transgressive, surtout quand la formation inférieure de la quatrième époque n'est pas la première, celle de la craie. Dans le bassin de Paris, on voit entre les deux des amas d'argile plastique, et des amas de poudingues, qui marquent bien la séparation. Ces poudingues, que les Suisses nomment *nagelfluhe*, et M. Brongniart, poudingues *polygéniques*, se retrouvant aussi dans le midi de la France et dans plusieurs autres contrées, étant composés de fragmens de roches diverses très roulés, ils annoncent qu'une grande catastrophe a séparé ces deux époques. Dans la Picardie, la Champagne, sur les rives de la Loire, depuis Cosne jusqu'au dessous de Tours, les matériaux de ces poudingues sont des silex pyromaques arrachés à la craie inférieure, dont les inégalités de la surface annoncent qu'elle a été corrodée par une masse liquide en mouvement. Ces poudingues ne se présentent point en couches, mais en amas irréguliers, et ils sont évidemment les produits de la période de trouble qui a séparé les deux périodes de tranquillité pendant lesquelles ont eu lieu les dépôts de la craie et de la formation marine qui la recouvre. Cette catastrophe, qui paraît avoir été générale, a cependant épargné quelques localités dans lesquelles on observe une liaison intime entre la craie et les assises inférieures du terrain subatlantique : nous avons déjà cité celle observée par M. Murchison dans les Alpes tyroliennes, et M. Hoffmann, en Sicile : voici encore plusieurs faits qui confirment ce qu'ont avancé ces deux savans observateurs.

Aux environs de Paris même, à Bougival et au port Marly, MM. de Beaumont et Huot ont observé un dépôt qui s'étend jusque dans le département de l'Oise, et paraît lier le terrain tertiaire avec la craie.

Le célèbre dépôt de Gosau, dans les Alpes du Salzbourg (Pl. XII, fig. 2), composé 1° de psammite rouge et vert, 2° d'un grès vert micacé avec marnes sablonneuses jaunâtres, 3° d'une assise considérable de marnes bleues coquillières, alternant avec des couches de calcaire compacte et de grès coquillier, renferme une grande quantité de coquilles marines appartenant à la troisième et à la quatrième époque. Cette singulière formation, que M. Boué croit devoir ranger dans la quatrième époque, s'étend depuis Gosau jusqu'en Savoie ; elle arrive à la montagne des Diablerets par les cantons d'Appenzell, de Saint-Gall et de Glaris, et vient d'être signalée récemment par M. Ladoucette dans les environs de Gap (Hautes-Alpes).

M. Dufrénoy a reconnu les mêmes faits dans les Pyrénées : ici ce sont les couches supérieures du terrain craïeux qui offrent le mélange des fossiles des deux époques : il cite principalement comme se trouvant ensemble le *pecten quinquecostatus* de la craie, et le *crassatella tumida* du terrain tertiaire (Pl. VII, n° 14 et 19). Enfin, suivant les observations du docteur Fitton, le célèbre dépôt de la montagne de Saint-Pierre, près Maëstricht, présente aussi un mélange de débris organiques des troisième et quatrième époques. Ce dépôt est supérieur à la craie blanche, avec laquelle il est intimement lié par ses parties inférieures, tandis que ses couches superficielles sont morcelées et recouvertes transgressivement par des sables.

Les faits précédens prouvent donc que les troisième et quatrième époques géognostiques, qu'on avait cru pendant long-temps nettement séparées l'une de l'autre, se lient par des passages insensibles. Dans le bassin de Paris, une grande partie des Alpes, les Pyrénées, la Sicile et la Belgique ; les observations ultérieures feront découvrir, j'en suis persuadé, de pareilles liaisons dans beaucoup d'autres contrées, et la continuité dans les opérations de la nature finira par être aussi bien démontrée entre les dépôts des troisième et quatrième époques qu'entre ceux de toutes les autres : les forces de la nature ont bien pu être modifiées par le temps, et les édifices mêmes qu'elles élèvent ; mais notre globe n'a jamais passé brusquement d'un état à un autre. Ces grands cataclysmes, dont les entrailles de la terre nous offrent de nombreuses traces, n'ont pas exercé leur action destructive dans toutes les contrées : on peut croire qu'ils ont agi, mais sur une plus grande échelle, à la manière des volcans actuels, entre lesquels, malgré les fortes secousses qu'ils impriment à la croûte du globe, il ne se forme pas moins des dépôts continus.

QUATRIÈME ÉPOQUE.

TERRAIN SECONDAIRE (Werner). TERRAINS AMMONÉENS (d'Omalius). SUPER-MÉDIAL ORDER (Conybeare).

§ 77. Notre quatrième époque géognostique comprend la formation de la craie et toutes celles qui lui sont inférieures, jusqu'à la grande formation houillère exclusivement (Pl. II, fig. 1) : ces deux formations sont deux horizons géognostiques parfaitement connus, très faciles à distinguer par leurs caractères géognostiques, paléontologiques et même minéralogiques, et qui renferment entre elles une suite de dépôts ayant un certain nombre de caractères communs, très différens de ceux des dépôts supérieurs à la craie et inférieurs à la formation houillère.

Les groupes qui constituent *la quatrième époque géognostique* ont été beaucoup moins modifiés par les circonstances locales que ceux de la troisième. Ils sont composés de roches généralement plus solides que celles de la troisième, et dans lesquelles la stratification est aussi beaucoup plus régulière; mais pour la composition elles diffèrent peu : les roches de cette époque sont *calcaires*, *siliceuses*, *marneuses*, ou *gypseuses*: les roches pyroxéniques et feldspathiques ne s'y présentent qu'en masses transversales, comme nous avons vu les basaltes et les trachytes dans l'époque précédente.

Les gîtes de minéraux deviennent sensiblement plus nombreux, et on les voit augmenter à mesure que l'on descend dans la série; on trouve des veines et des filons métalliques bien caractérisés, et susceptibles d'être exploités avec avantage. Mais ce qui distingue principalement les formations de la quatrième époque, c'est l'ensemble des restes organiques qu'elles renferment : ici, plus d'espèces animales ou végétales semblables à celles qui vivent encore ; un grand nombre de genres sont presque entièrement perdus, tels que les *ammonites*, les *bélemnites*, les *turrilites*, les *hamites*. etc. (Pl. VI), parmi les coquilles ; les *ichthyosaures*, les *plésiosaures*, etc., parmi les sauriens : l'existence de l'homme, pendant cette époque, ne se manifeste par aucun signe ; les mammifères terrestres et marins, si même il en existe, sont extrêmement rares : la découverte d'un *Didelphe* dans les couches oolithiques de Stonesfield, en Angleterre, est restée unique depuis le temps où elle a été faite. Le dépôt de Maëstricht étant reconnu former le passage entre la troisième et la quatrième époque, les débris de mammifères qu'on y a découverts peuvent ne pas appartenir à celle-ci.

Les végétaux fossiles présentent aussi des caractères spéciaux : les dicotylédones sont rares, les monocotylédones plus rares encore ; mais on trouve une très grande quantité de conifères. La première moitié des groupes de la quatrième époque est caractérisée par un grand nombre de restes de *cycadées*, plantes qui ont quelques rapports avec les conifères ; dans la seconde, qui commence au dessous du lias, les cycadées paraissent avoir disparu, mais elles sont remplacées par des conifères accompagnés de fougères et de monocotylédones en quantité notable.

Les strates des formations de la quatrième époque sont tantôt inclinés et tantôt horizontaux ; mais après eux on ne rencontre presque plus de roches en couches horizontales, ce qui établit généralement une limite bien tranchée avec l'époque inférieure : c'est ce caractère qui avait fait donner aux groupes de cette époque le nom de *terrains horizontaux* par les anciens géognostes (Pl. III, fig. 4 et 6, et Pl. IV, fig. 8).

Les formations de la quatrième époque constituent trois grands groupes parfaitement naturels, ou *terrains*, entre lesquels les solutions de continuité sont des exceptions, mais

qui n'en présentent pas moins chacun des caractères particuliers communs à toutes les formations qui les composent, et
qui les distinguent complétement les uns des autres : ce sont
les terrains *craïeux*, *jurassique* et *vosgien* [1] (Pl. 11, fig. 1),
dont chacun occupe à lui seul de grandes étendues de pays sur
toute la surface de la terre et constitue plusieurs masses de
montagnes : le premier, les collines de la Champagne, de la
Picardie, de la Touraine ; le deuxième, la chaîne du Jura,
une partie de celle des Cévennes et même des Alpes et des
Apennins ; enfin, le troisième, qui occupe une grande portion
des Vosges et de la Forêt-Noire, s'étend jusque dans le centre
de l'Allemagne, se retrouve en Angleterre et jusqu'en Amérique. Nous allons décrire chacun de ces trois terrains séparément, en le divisant toujours en formations.

TERRAIN CRAÏEUX. *Groupe crétacé de M. de la Bèche.*

Il comprend trois formations : 1° la *craie* proprement dite ;
2° les *grès* et *sables verts* ; et 3° un groupe lacustre, dont le
type se trouve dans les environs de Purbeck, en Angleterre.

1re FORMATION. *Craie : kreide* des Allemands, *chalk* des
Anglais, *scaglia* des Italiens.

§ 78. Ce groupe est parfaitement caractérisé et reconnaissable par la couleur blanche ordinaire des roches qui en forment la partie supérieure, le grand nombre de silex pyromaques qu'elles contiennent, et les nombreux restes organiques
répandus dans tous les étages, qui diffèrent sensiblement de
ceux de l'époque précédente, et annoncent bien un nouvel
ordre de choses : il est complexe ; on y distingue trois étages
intimement liés entre eux : *a, craie blanche ; b, craie tuseau ;
c, glauconie craïeuse* (Pl. 11, fig. 1).

a, *Craie blanche.* La partie supérieure du groupe n° 1 est

---

[1] Je donne ce nom à toutes les formations comprises entre le lias et le
groupe houiller, qui sont si bien développées dans la chaîne des Vosges.

composée de craie généralement pure ; c'est une roche d'un blanc mat, douce au toucher, à cassure terreuse, qui happe à la langue et tache les doigts. Dans celle des environs de Paris, M. Berthier a trouvé 98 de carbonate de chaux, 1 de magnésie avec un peu de fer, et 1 d'argile. La variété de cette roche la moins pure est jaunâtre et même jaune ; quelquefois les parties inférieures sont rougeâtres, ce qui paraît provenir de la présence d'une petite quantité de fer ; on y rencontre aussi des parties glauconieuses plus ou moins chargées de grains verts (fer silicaté) : quelquefois la craie prend une dureté considérable et ressemble à du calcaire compacte (midi de la France, île de Wight en Angleterre); mais, en général, c'est une roche très tendre. La stratification est souvent irrégulière ; les couches apparentes sont ordinairement horizontales.

Cet étage est caractérisé par une grande quantité de silex pyromaques, qui se trouvent particulièrement à la partie inférieure ; ces silex sont disséminés dans la masse et forment aussi de nombreux lits très réguliers parallèles à la stratification : ils présentent toutes sortes de formes, quelques uns sont soudés ensemble ; on les voit souvent en saillie dans de grandes fentes verticales : cette substance existe aussi en plaques minces, de $0^m,04$ à $0^m,07$ d'épaisseur, qui sont quelquefois parfaitement horizontales. La craie des environs de Lyme, en Angleterre, contient beaucoup de petits grains de quarz irrégulièrement arrondis, que M. de la Bèche croit d'origine mécanique. La chaux carbonatée spathique forme des veines et même des filons puissans dans la craie blanche ; elle s'y montre aussi sous forme de géodes, dont l'intérieur est tapissé de cristaux. Des nodules et des cylindres de fer pyriteux, rayonnés du centre à la surface, se trouvent aussi disséminés, comme les silex, dans cet étage, et forment également quelquefois des lits.

La craie blanche ne renferme généralement point d'autres roches en couches subordonnées : cependant, à la partie supérieure de celle de Grignon, M. de Beaumont a découvert une couche de véritable dolomie.

Dans les parties supérieures de cet étage, il peut bien exister (à la montagne de Saint-Pierre) quelques débris de mammifères terrestres, mais plus bas on n'en a point encore découvert. Beaucoup de térébratules, d'échinites et de polypiers se montrent dans toute la masse; les *ammonites*, *bélemnites*, etc., commencent à paraître dans les parties inférieures.

b, *Craie tufeau* (*chalk marl* des Anglais, *craie marneuse*). Dans les parties inférieures du premier étage, les silex pyromaques disparaissent; on voit la dureté de la roche augmenter peu à peu et la stratification se régulariser; enfin, on arrive à une roche d'une couleur plus ou moins grise, et quelquefois (midi de la France) à un véritable calcaire compacte très bien stratifié. La craie tufeau est généralement composée d'une matière crétacée, d'argile et de sable; dans les parties supérieures, la matière crétacée domine; dans les parties inférieures, c'est la matière argileuse. On voit alors la roche passer insensiblement à une masse argileuse, tenace, d'une couleur gris bleuâtre et souvent d'un gris foncé (côtes de la Manche, en France et en Angleterre); le sable devient ordinairement vert, et on a une glauconie peu solide. La dureté de la craie tufeau varie beaucoup, mais elle ne marque jamais comme la craie blanche.

Toutes les modifications que nous venons de faire connaître se présentent quelquefois en bancs distincts avec des lignes de démarcation bien tranchées; mais jamais le grès ni la marne ne sont stratifiés, et les divisions se continuent rarement dans toute la masse. D'après M. Brongniart, il n'existerait plus de silex pyromaques dans cet étage; ceux qu'on y voit quelquefois en assez grande quantité seraient des silex cornés. Le fer pyriteux, en nodules et en cylindres radiés, est très commun depuis le haut jusqu'en bas, la chaux carbonatée s'y montre en veines et en cristaux; on y cite aussi des cristaux de sélénite : les substances végétales y sont nombreuses, et forment même quelquefois des bancs de lignite conservant encore la texture fibreuse, et accompagnés d'empreintes végétales bien conservées.

La masse de calcaires compactes souvent pétris de ces singuliers fossiles, nommés *sphérulites*, *radiolites* et *hippurites*, si bien développée dans le midi de la France, et dont nous parlerons plus bas, paraît devoir être rangée dans le second étage de la formation craïeuse.

c, *Glauconie* craïeuse. (*sables verts supérieurs*, *craie chloritée*, *upper greensand* des Anglais, *planer kalk* des Allemands). Dans ses parties inférieures, la craie tufeau se charge peu à peu de grains verts, et finit par devenir une véritable glauconie qui forme la roche principale de cet étage. Lorsque le calcaire domine, c'est une glauconie calcaire ; quand c'est le sable, c'est un grès vert à ciment calcaire ; quelquefois ce n'est qu'un sable vert plus ou moins marneux. La glauconie solide est ordinairement très bien stratifiée (midi de la France), mais les autres roches le sont rarement. On voit, dans cet étage, des lits d'argile plus ou moins épais, de larges fragmens de quarz arrondis, mais plus de silex pyromaques : dans quelques localités, les sables sont colorés en brun par l'oxide de fer, ce qui les a quelquefois fait confondre avec les sables ferrugineux de la formation lacustre inférieure.

Le fer pyriteux est toujours très abondant dans cet étage, où il forme ordinairement la substance des coquilles fossiles : on y trouve aussi du fer hématite, quelques cristaux de baryte sulfatée, de la calcédoine et du silex, qui forme quelquefois le têt des coquilles et le corps des bois pétrifiés.

Les restes organiques sont nombreux ; nous en donnons la liste dans le tableau suivant. C'est dans cette partie de la formation craïeuse que les polypiers sont le plus abondans : en Angleterre, sa puissance dépasse 60 mètres.

Dans les Iles-Britanniques, comme en France, la glauconie craïeuse repose souvent sur un banc argileux très puissant, auquel les géognostes anglais ont donné le nom de *gault*, et qui la sépare des sables verts inférieurs ; ce banc est très bien développé dans le Boulonnais, le pays de Bray, etc. La partie supérieure est ordinairement composée d'une argile bleue-grisâtre, faisant bien pâte avec l'eau, ce qui la rend propre à la fabrication des briques et des poteries : à la partie inférieure, on trouve une marne un peu micacée, effervescente dans les acides. Ce banc argileux ne contient d'autres substances minérales que des veines d'oxide de fer ; il renferme des ammonites et d'autres coquilles, parmi lesquelles l'*inoceramus sulcatus* paraît être caractéristique[1].

Minéraux. La formation craïeuse ne renferme point de filons métalliques ; on y rencontre des veines de fer hydroxidé, de nodules de fer pyriteux et de fer hématite, des silex pyromaques et cornés, de la calcédoine, de la chaux carbonatée, de la baryte, du gypse, et quelquefois du soufre enfermé dans des géodes d'oxide de fer ; des dépôts de gypse assez considérables, accompagnés de sources salées, se montrent quelquefois au milieu de cette formation. La mine de sel gemme de Cardonne (en Espagne) paraît être au milieu de la craie ; mais elle ne s'y lie pas et occasione des bouleversemens dans les couches. On exploite aussi quelques bancs de lignite dans la glauconie craïeuse.

Les basaltes, les trachytes, les porphyres noirs, et toutes les roches que nous avons déjà citées en filons et autres masses transversales dans les dépôts de la troisième époque, se montrent aussi souvent dans la formation craïeuse : la craie du Vicentin est traversée et altérée par des filons de basalte et de porphyre noir. Suivant les observations de M. Virlet, les ophiolithes, que nous trouverons en grandes masses dans la série des roches non stratifiées, en Morée, auraient traversé et disloqué toute la formation craïeuse. M. Dufrénoy a vu l'ophite des Pyrénées jouer le même rôle

[1] Deshayes, Pl. XII, fig. 7.

dans la craie de ces montagnes : il dit même que le granite y forme quelquefois des filons puissans. Beaucoup de géologues admettent que la craie des bords de l'Elbe, en Saxe, est coupée et même recouverte par des masses de granite et de siénite ; mais ne sont-ce pas de fausses apparences, ou des masses qui auraient été renversées sur la craie par des catastrophes bien postérieures à leur formation ? Dans tous les cas, on ne doit point admettre légèrement la validité de ces faits.

Restes organiques. Les restes organiques de la formation craïeuse sont extrêmement nombreux : la liste donnée par M. Brochant [1] occupe 24 pages de plus de 50 lignes chacune. Aucune des espèces n'est identique avec celles actuellement vivantes, beaucoup de genres même sont perdus ; ce sont :

VÉGÉTAUX.

Conferves, fucoïdes, fougères, cycadées, conifères, et même des fragmens de dicotylédones.

ZOOPHYTES.

Achilleum, scyphia, spongia, spongus, tragos, alcyonium, eschara, cellepora, retepora, flustra, ceriopora, orbitolites, caryophylia, turbinolia, fungia, astrea, pagrus, etc.

RADIAIRES.

Apiocrinites, pentacrinites, asterias, cidarites, echinus, galerites, clypeus, clypeaster, echinoneus, nuclolites, ananchytes, spatangus, etc. Ce dernier genre offre un grand nombre d'espèces (voyez Pl. VIII).

ANNELIDES.

Plus de 20 espèces du genre serpula.

COQUILLES.

Magas, thecidea, terebratula ; plus de 50 espèces de ce genre. Crania, orbicula, hippurites, sphærulites, 8 espèces de chacun de ces deux genres ; ostrea, 20 espèces, gryphæa ; 10 espèces. Exogyra, podopsis, spondylus, plicatula, pecten, 30 espèces. Lima, plagiostoma, 17 espèces. Avicula, inoceramus, 20 espèces. Gervillia,

______

[1] Traduction du Manuel géologique de M. de la Bèche.

pinna, mytilus, modiola, chama, trigonia, 10 espèces. Nucula, pectunculus, arca, cucullea, 7 espèces. Cardita, cardium, venericardia, astarte, venus, lucina, tellina, corbula, crassatella, lutraria, panopæa, mya, teredo, pholas, teredina, fistulana.

Dentalium, patella, helix, auricula, melania, paludina, ampullaria, nerita, natica, vermetus, delphinula, solarium, cirrus, pleurotomaria, trochus, 11 espèces. Turbo, turritella, cerithium, pyrula, fusus, murex, rostellaria, strombus, dolium, voluta, nummulites, lenticulites, lituolites, miliolites, planularia, nodosaria, belemnites, 7 espèces. Nautilus, 9 espèces. Scaphites, ammonites, 54 espèces. Turrilites, baculites, hamites, 20 espèces.

CRUSTACÉS.

Astacus, pagurus, scyllarus, eryon, arcania, etyæa, coryster.

POISSONS.

Squalus, muræna, zeus, salmo, esox, amia et plusieurs débris de genres non déterminés.

REPTILES.

Mosasaurus Hoffmanni, crocodile de Meudon, et quelques genres non déterminés, trouvés en Angleterre.

Dans les Iles-Britanniques et en Belgique, on a trouvé, avec les débris de poissons et de reptiles dont nous venons de parler, des coprolites provenant de ces deux classes d'animaux. M. Buckland a reconnu que les corps de la craie tufeau, nommés *juli*, qu'on avait d'abord décrits comme des cônes de pins, sont de véritables coprolites composés d'os digérés à l'état plastique.

Parmi tous les fossiles que nous venons de citer, les espèces les plus généralement répandues dans la formation de la craie, et qui paraissent les plus caractéristiques, sont les suivantes :

POLYPIERS.

Spongia *ramosa*, alcyonium *globosum*, ceriopora *stellata*, lunulites *cretacea*, orbitulites *lenticulata*.

RADIAIRES.

Apiocrinites *ellipticus*, cidaris *variolaris*, — *granulatus*, galerités *vulgaris*, ananchytes *ovata*, spatangus [1] *coranguinum*, — *bufo* (voyez Pl. viii).

COQUILLES.

Lutraria *gurgitis*, mya *mandibula*, trigonia *alæformis* [2], inoceramus *sulcatus*, — *concentricus* (Cuvieri); plagiostoma *spinosum*, gervillia *solenoides*, pecten *quinquecostatus*, — *quadricostatus*, pecten *asper*, podopsis *truncata*, ostrea *vesicularis*, — O. *carinata*, *serrata*, gryphæa, *auricularis*, *columba* [3], — *sinuata* (Pl. vii), belemnites *mucronatus*, ammonites *varians*, — *rhotomagensis*, — *matellii-selliguinus*, *inflatus*, baculites [4] *Faujasii*, hamites *rotundus* (voy. Pl. vi).

Parmi les reptiles, le *mosasaurus Hoffmanni*, qui a été trouvé en Angleterre, à Maëstricht, et à Meudon, paraît caractéristique.

Les végétaux de cette formation sont en grande partie marins; mais on y a cependant découvert, dans plusieurs localités, des fougères et même des débris de plantes dicotylédones.

Formes du sol. La stratification du groupe n° 1 est généralement horizontale; on ne cite que quelques localités (Provence, île de Wight en Angleterre) où les couches aient une forte inclinaison. Cette disposition fait que les montagnes sont toujours arrondies ou terminées par de grands plateaux; elles ne sont jamais très élevées, et on y voit peu d'escarpemens. Les vallées commencent ordinairement par une espèce de cirque; elles sont profondes, peu larges, et leurs flancs sont assez rapides; celles des divers ordres se coupent sous des angles voisins de l'angle droit. Dans le sol occupé par la formation de la craie, on remarque souvent de grands bassins ouverts d'un côté (Boulonnais, toute la Picardie, le Sussex, etc., Pl. iv), qui paraissent devoir leur existence à la dénudation

---

[1] Deshayes, Pl. vii, fig. 4.
[2] *Idem*, Pl. xii, fig. 7.
[3] *Idem*, Pl. xii, fig. 3.
[4] *Idem*, Pl. vi, fig. 2.

des matières craïeuses. Le fond de ces cirques est ordinairement couvert d'une grande quantité de silex pyromaques, parmi lesquels se trouvent des nodules de fer pyriteux.

La puissance de la formation de la craie est très considérable, en Picardie et en Angleterre ; elle dépasse souvent 100 mètres.

Emploi dans les arts. Les silex pyromaques, si communs dans la craie blanche, servent à faire des pierres à fusil ; le fer pyriteux donne du soufre par la distillation ; on l'emploie aussi à la fabrication de la couperose. On se sert quelquefois des craies blanche et tufeau pour bâtir et faire de la chaux. Certaines portions du second étage sont employées comme terre de pipe ; et les parties argileuses de toute la formation peuvent servir à faire des briques et de la poterie. Dans les Pyrénées, on exploite les masses de gypse et de sel gemme intercalées dans la craie ; enfin, les cultivateurs font un grand usage de presque toutes les roches de ce groupe pour marner leurs champs.

L'eau, pénétrant très facilement la craie blanche et la craie tufeau, ne s'arrête que dans les parties argileuses inférieures à ces deux étages, ce qui fait que le sol qu'ils occupent est généralement sec et peu fertile ; les puits qu'on y creuse sont ordinairement très profonds, et manquent souvent d'eau pendant l'été, si l'on n'a pas soin de les pousser jusqu'aux couches argileuses. La glauconie craïeuse, surtout dans les dernières couches, offre, au contraire, beaucoup de sources, et le sol qu'elle occupe est ordinairement couvert d'une belle végétation.

Les arbres résineux paraissent croître assez bien dans la craie blanche, des semis de pins ont parfaitement réussi dans les plaines de la Champagne pouilleuse, dont cette roche occupe la surface.

Localités. Le groupe géognostique dont nous venons de donner la description est très développé en Europe, et surtout en France et en Angleterre : les côtes opposées de ces deux États, dans le canal de la Manche, sont presque entièrement formées par lui; et on remarque, de chaque côté, une identité frappante, ce qui a fait dire à quelques observateurs que l'Angleterre et la France avaient été anciennement réunies.

Dans le nord de la France, la formation de la craie, complétement développée, constitue une large zone qui, partant des environs de Valenciennes, comprend une partie des départemens du Nord, du Pas-de-Calais, de la Somme, de l'Aisne, de l'Eure, et celui de la Seine-Inférieure tout entier; enfin les parties orientales de ceux du Calvados et de l'Orne, puis s'étend au sud de Paris, jusqu'à la hauteur de Joigny, sur les bords de l'Yonne. Dans le Midi, le premier étage manque presque toujours, mais les autres ont souvent pris un grand développement. Dans cette région, la formation craïeuse présente des caractères bien différens de ceux de la région septentrionale; des restes organiques particuliers; *hippurites, sphœrulithes* (Pl. VII) et *nérinées* (Pl. V), qui n'existent pas dans la craie du Nord; des coquilles de la troisième époque, mélangées avec celles de la seconde; du soufre, des sources, et probablement du sel gemme; enfin, les roches qui entrent dans la composition des groupes méridionaux sont souvent dures et cristallines. M. Dufrénoy distingue deux bandes dans cette région méridionale : la bande du nord commence sur les bords de l'Océan, près de Rochefort, et s'étend, sans interruption, jusqu'à Cahors, où elle s'enfonce, sous le terrain tertiaire, pour ne reparaître qu'à la montagne Noire, d'où elle se montre ensuite, de distance en distance, jusqu'au pied des Alpes : sur les bords du Rhône, les calcaires sont plus cristallins et plus compactes qu'auprès de l'Océan. Cette bande est formée par la craie tufeau et la glauconie, qui ont une grande puissance.

La bande sud s'appuie sur le versant nord des Pyrénées. Elle est composée de calcaires et de marnes, dont les caractères sont assez constans sur une grande étendue. Jusqu'à

M. Dufrénoy, ce calcaire avait été regardé comme analogue au *zechstein* des Allemands beaucoup plus ancien ; mais les fossiles forcent de le rapporter à la craie ; il présente même des apparences singulières dues à des modifications que la formation de la chaine des Pyrénées doit lui avoir fait éprouver.

Le granite entre en filon dans ce calcaire, à Marsanlac. On voit, au milieu du terrain de craie, des monticules d'ophite et de gypse ; à Soliès, il sort une source salée de l'ophite ; le gypse est constamment associé à l'ophite.

Le calcaire renferme souvent une grande quantité de *dicérates*, avec les autres fossiles dont nous avons parlé plus haut.

Dans les Alpes, la formation de la craie présente des phénomènes semblables à ceux que M. Dufrénoy a reconnus dans le midi de la France : elle est composée, sur les sommets des *Fiz, de Sales*, et quelques autres montagnes de la Savoie liées au Buet, de calcaires compactes bruns et de grès, dont la dureté est comparable à celle des roches les plus anciennes, à tel point qu'ils ont été long-temps confondus avec elles.

Dans les Alpes maritimes, la formation de la craie est très bien développée : elle est composée d'une glauconie craïeuse, passant quelquefois au grès, au dessous de laquelle se montrent des couches de calcaire compacte, blanchâtre, encore chargé de grains verts, rempli de *bélemnites, d'ammonites*, de *nautiles* et de *peignes*. Toutes ces roches contiennent des nummulithes.

En Morée, la craie se compose de calcaires compactes, lithographiques, de différentes couleurs, et de glauconies, passant au grès vert, remplis *d'hippurites*, de *radiolithes*, de *dicérates* et de *nérinées*, qui acquièrent une puissance de 300 mètres.

La formation craïeuse est très bien développée dans le nord de l'Europe : la craie tufeau forme le sol du Hanovre, du Holstein, du Danemarck et de la Scanie, d'où elle s'étend jusque dans la Poméranie et la Suède. Ici elle se rencontre par lambeaux puissans, riches en fossiles, reposant presque toujours sur le gneiss. En Pologne, elle forme le sol des grandes plaines, et on y distingue trois étages : craie blanche, craie tufeau et glauconie, comme en France et en Angleterre. Elle s'étend de là dans la Russie méridionale, jusque sur les bords du Dniester, où elle est souvent recouverte par des dépôts appartenant à la troisième époque. Cette formation se montre aussi dans la Crimée et sur les bords de la mer d'Azof ; dans les pays des Cosaques du Don, où elle paraît, sous la terre végétale, dans les berges des rivières, ce qui annonce qu'elle constitue le sol de cette grande plaine.

Je n'ai point reconnu la craie sur la côte de Barbarie ; elle existe cependant dans plusieurs des îles de la Méditerranée, au mont Erix, en Sicile, où elle se lie avec la formation marine de la troisième époque. Elle se présente en strates réguliers, renfermant des silex blonds et noirs, des *bélemnites*, des *hippurites*, des *huîtres*, etc. En Italie, sur le versant méridional des Alpes, la craie est représentée par des couches blanches, verdâtres et rougeâtres, souvent très argileuses. Dans la chaîne des Apennins, cette formation, *scaglia*, couvre de grands espaces ; dans quelques localités, elle est tout à fait identique avec celle de France. En Espagne, des lambeaux de craie sortent souvent de dessous le terrain tertiaire.

La formation craïeuse, telle que nous l'avons caractérisée dans ce paragraphe, n'a point encore été reconnue en Amérique : les sables ferrugineux des États-Unis, qui renferment beaucoup de fossiles appartenant à cette formation, nous semblent devoir être rapportés à la suivante.

2ᵉ FORMATION. *Grès vert, sables verts inférieurs* (Lover green sand).

§ 79. Au dessous de l'assise argileuse du Gault, il existe une masse très puissante de sables et de grès verts, de dureté variable, renfermant des couches calcaires plus ou moins solides, des conglomérats, des marnes schisteuses, et quelquefois des couches de houille, dont on a jusqu'ici fait le cinquième étage de la formation craïeuse ; mais, bien que les fossiles de ce groupe ne diffèrent pas essentiellement de ceux de cette formation, nous croyons cependant devoir l'en séparer, parce que le Gault établit entre les deux une solution de continuité bien tranchée, et qu'il s'est développé seul avec des caractères particuliers, en Europe et en Amérique, sur une grande étendue de terrain.

Suivant M. Boué, une grande partie du vaste dépôt connu sous le nom de grès carpathique, qui s'étend depuis les Carpathes, sur le pied nord des Alpes allemandes, dans les Alpes suisses et jusque dans les Apennins, serait le type de notre deuxième formation de la quatrième époque. Ce dépôt, dont la puissance est très considérable, se compose de macignos, de calcaires passant aux macignos, d'argiles et de marnes schisteuses, et de conglomérats renfermant souvent des couches de lignite exploitables accompagnées de *fougères*, de *fucoïdes* et de *cycadées*, avec *ammonites* et *bélemnites*. M. Murchison distingue ce dépôt de celui de Gosau dans le Salzbourg, dont nous avons déjà parlé, et qui présente un mélange de coquilles des troisième et quatrième époques (§ 78).

En France et en Angleterre, le groupe du grès vert, souvent bien développé au dessous de celui de la craie, est moins argileux que dans les Alpes ; les calcaires prennent quelquefois un développement considérable, et constituent, presque à eux seuls, toute la formation ; les marnes sont ordinairement jaunâtres, et elles renferment souvent des cristaux de gypse. Quelques observateurs rangent, dans ce groupe, plusieurs forêts fossiles, que l'on regarde généralement comme beaucoup plus modernes.

D'après le docteur *Morton*, une formation arénacée (sables ferrugineux des États-Unis), qui contient les fossiles des sables verts, occupe une grande étendue de la surface du sol dans l'Amérique septentrionale : il se compose d'*argile*, de *marne calcaire* et d'un gravier siliceux, dont les grains varient depuis la grosseur du sable ordinaire jusqu'à avoir 1 à 2 pouces de diamètre; la marne est quelquefois toute parsemée de grains verts, et renferme aussi de nombreuses paillettes de mica.

Minéraux. Le grès vert renferme du fer silicaté formant les grains verts, du fer hydroxidé, des cristaux de gypse, des veines de spath calcaire, et des lignites formant ordinairement des lits minces, mais se rencontrant aussi quelquefois en couches très puissantes. Suivant MM. Voltz et Thirria, quelques gîtes de minérai de fer pisiforme (Bohnerz), des deux départemens du Rhin et de la Haute-Saône, appartiendraient à la formation du grès vert. Dans les Alpes allemandes, M. Boué a vu le grès vert traversé par des colonnes ou amas droits de serpentine.

Restes organiques. Les débris du règne végétal, souvent nombreux, consistent en fragmens de *fougères*, *cycadées* et *fucoïdes*. Ceux du règne animal sont à peu près les mêmes que ceux de la craie. Le *pecten quinquecostatus* se rencontre partout, ainsi que le *trigonia alœformis*, que les Anglais regardent comme caractéristique. On y trouve aussi des restes de poissons, dents et vertèbres de *requins*, de *sauriens*, *geosaurus*, *mesosaurus*, *plesiosaurus*, de *tortues* et d'un animal gigantesque qui n'a point encore été déterminé.

Formes du sol. Comme tous les groupes composés de roches arénacées, celui du grès vert constitue des montagnes et des collines arrondies, ou des plateaux assez étendus. Quand les couches ont été soulevées (midi de la France), on voit les roches dures, calcaires et grès, surplomber les autres dans les escarpémens. Lorsque les calcaires dominent, les formes de montagnes diffèrent peu de celles des étages supérieurs du terrain jurassique.

Emploi dans les arts. Les roches solides, calcaires et grès, sont employées comme pierres de construction; une grande partie des pierres à bâtir, nommées *quadersandstein* par les Allemands, proviennent des grès de cette formation. Dans les Carpathes et les Alpes allemandes, les lignites sont exploités et fournissent un bon combustible pour les fourneaux : les marnes argileuses peuvent aussi être employées à la fabrication des briques et de la poterie.

Localités. Dans tout le nord de la France, et une grande partie de l'Angleterre et de l'Allemagne, la formation du grès vert se trouve au dessous de celle de la craie, ayant pris un développement souvent très considérable. D'après M. E. de Beaumont, en Saxe, le grès vert (quadersandstein), qui se trouve aux environs de Dresde, de Pirna et de Königstein, s'étend horizontalement sur les strates inclinés de l'Erzgebirge. Le même auteur rapporte à cette formation une grande partie des calcaires compactes du midi de la France, qui avaient été classés dans le terrain jurassique. Nous avons déjà dit qu'elle avait pris un développement considérable dans les Carpathes, les Alpes allemandes et suisses, d'où elle s'étendait jusque dans les Apennins, et qu'elle formait une grande partie de la surface du sol de l'Amérique septentrionale, où elle paraît représenter à elle seule tout le terrain craïeux. Il pourrait bien en être de même en Grèce : la masse de grès vert recouverte par des calcaires compactes, observée par MM. Bobblaye et Virlet, dans cette contrée, a beaucoup plus d'analogie, suivant moi, avec la formation du grès vert qu'avec celle de la craie. Dans la chaîne du Liban, le grès vert se montre au dessous d'un calcaire crétacé, avec silex, renfermant des *gryphites*, des *sphærulithes*, des *oursins* et beaucoup d'empreintes de poissons.

Une grande partie des roches que M. de Humboldt avait réunies sous le nom de *grès secondaires à lignites* appartient à la formation du *grès vert* [1].

----

[1] Essai sur le gisement des roches.

3e FORMATION. *Argiles, sables et calcaires d'eau douce* (Weald clay, *Hastings sands,* ou *iron sands et Purbeck beds, des Anglais.*)

Les trois roches principales que nous venons d'énumérer forment trois étages distincts, mais cependant liés entre eux, d'un groupe qui se trouve constamment au dessous du grès vert, en Angleterre et en France, sur les côtes de la Manche, et qui ne renferme que des débris organiques terrestres et lacustres. Le type de cette formation a été pris dans un petit canton du comté de Sussex, nommé *the Weald.*

a. Argile de Weald (Weald clay). Dans les comtés de Sussex et de Kent (Pl. III, fig. 3); les parties inférieures de la formation du grès vert se lient par des alternances d'argile et de sables avec une masse argileuse dont la puissance dépasse quelquefois 60 mètres, composée d'une argile bleue ou grisâtre, souvent schisteuse, contenant des couches subordonnées de calcaire argileux et des lits de minérai de fer (*iron stone*). Le calcaire présente souvent une structure concrétionnée; il est ordinairement rempli de coquilles appartenant à l'espèce fluviatile, *paludina viviparia* (Pl. v). Les feuillets argileux portent fréquemment des empreintes de *cypris faba.* On voit dans toute la masse de petites paillettes de mica, du fer pyriteux, des cristaux de sélénite, et quelques traces de lignite.

b. La masse argileuse recouvre des sables et des grès connus depuis long-temps sous le nom de sables *ferrugineux* (*iron sands*), *sables d'Hastings* (*Hastings sands*), qui prennent souvent un développement très considérable; le sable est ordinairement siliceux; sa couleur varie du jaunâtre au rougeâtre, rarement il est bleu : il renferme des grès en couches fort irrégulières, et avec lesquels on le voit cependant alterner quelquefois régulièrement. On trouve, principalement dans les parties inférieures, des couches subordonnées d'argile, de marne, de terre à foulon et des lits de minérai de fer (*iron stone*) : c'est un oxide de fer brun qui se présente en nodules souvent assez nombreux pour donner lieu à des exploitations avantageuses.

Les grès et même les sables sont fréquemment remplis de végétaux carbonisés, on y trouve même des couches de lignite exploitables. Les roches arénacées qui renferment les couches de lignite présentent ordinairement une grande ressemblance avec celles de la formation houillère ; elles offrent même des empreintes de fougères et de calamites.

Cet étage renferme des coquilles et des restes d'animaux vertébrés qui peuvent tous être rapportés à des genres fluviatiles.

c. *Couches de Purbeck* (*Purbeck beds*) aux environs de Purbeck. En Angleterre, au dessous des sables et grès ferrugineux, vient une masse de plus de 80 mètres de puissance, composée de calcaires argileux alternant avec des marnes schisteuses, et dont nous empruntons la description à M. Webster.

La roche dominante dans cet étage est un calcaire connu sous le nom de *Purbeck stone, pierre de Purbeck*, composé de coquilles (*paludines*) réunies par un ciment calcaire, quelquefois très pur et bien cristallisé, d'autres fois ressemblant à de la marne endurcie. Les strates calcaires sont séparés par des couches de marne plus ou moins schisteuse, qui alternent avec eux depuis le haut jusqu'en bas. La pierre connue en Angleterre sous le nom de *Purbeck marle*, et dont on s'est servi pour la construction des églises gothiques, occupe la partie supérieure, et ne diffère du *Purbeck stone* commun que par la dureté de la matière calcaire.

Les espèces minérales sont peu nombreuses dans les couches de Purbeck : on n'y cite que des pyrites et des cristaux de gypse provenant de leur décomposition.

Les calcaires et les marnes schisteuses offrent souvent de très belles empreintes de *poissons d'eau douce*, des débris de *tortues* et de *crocodiles*. La plus grande partie des coquilles

appartient à l'espèce *paludina viviparia* qui se trouve également dans les deux autres étages.

Minéraux. A l'exception des oxides de fer, qui sont souvent extrêmement abondans, le groupe n° 3 n'est pas riche
en espèces minérales ; en récapitulant ce que nous avons dit
dans la description des étages, nous trouvons qu'elles se réduisent à du fer pyriteux, des cristaux de sélénite, de la calcédoine, des paillettes de mica et du lignite : on n'a point
encore cité de roches plutoniques pénétrant la formation que
nous décrivons.

Restes organiques. L'argile de Weald, se trouvant immédiatement en contact avec la formation marine du grès
vert, renferme encore quelques coquilles marines (*cardium,
pinna ? venus ? ostrea*) ; mais les autres étages n'en contiennent point. Tous leurs restes organiques peuvent se rapporter
à des genres fluviatiles et *terrestres*. Voici la liste donnée par
M. dela Bèche.

VÉGÉTAUX.

Calamites, sphenopteris *mantelli* ; conchopteris *mantelli*. Cy-
ropodites ; mantellia *indeformis*. Cycadeoidea ; carpolithus *mantelli* (Ad. Brong.) ; et elatvaria *lyellii* (Mant.).

COQUILLES.

Cyclas *membranacea* et *media* (Sow.), dans les deux premiers
étages.

Unio *porrectus*, — *compressus*, — *antiquus*, — *aduneus*, —
cordiformis (Sow.), sables ferrugineux. Paludina *viviparia*, partout. Paludina *elongata*, — *coronifera* (Sow.), dans les deux
premiers étages.

Potamides. Melania, *attenuata*, — *tricarinata*, premier étage,
cypris *faba* (Desm.).

POISSONS.

Lepisasteus, silurus, et des débris de plusieurs genres non déterminés.

REPTILES.

Crocodilus *priscus*, Leptovynelius ; iguanodon, megalosaurus, trionyx, emys, chelonia, plesiosaurus et pterodactylus, et des fragmens de tortue dans le troisième étage.

Formes du sol. Les montagnes formées par le groupe que nous venons d'étudier sont généralement aplaties et peu élevées ; on voit souvent les sables ferrugineux occuper le fond des vallées longitudinales comprises entre le grès vert et le terrain jurassique : dans le Boulonnais, ils se trouvent sur les plateaux et présentent souvent des escarpemens dans lesquels les calcaires et les grès se montrent en saillie sur les sables et les argiles.

Emploi dans les arts. Les oxides de fer des deux premiers étages sont exploités dans plusieurs contrées, le lignite fournit un bon combustible pour les cheminées et les fourneaux; mais il ne peut pas être employé pour forger le fer. En Angleterre, le calcaire de Purbeck donne de très bonnes pierres de construction ; beaucoup d'églises gothiques en sont bâties.

La marne et les argiles, si communes dans toute cette formation, retiennent facilement les eaux, ce qui donne naissance à un grand nombre de sources dont plusieurs sont ferrugineuses (Boulonnais). Néanmoins la végétation du sol occupé par cette formation n'est pas très active.

Localités. C'est en Angleterre, dans les comtés de Kent, de Sussex et de l'île de Wight, que la formation que nous venons de décrire est le mieux développée. En France, j'ai aussi retrouvé les trois étages dans le Boulonnais, mais très morcelés et beaucoup moins puissans que dans les Iles-Britanniques (Pl. iv, fig. 5 et 18). Elle se montre dans un grand nombre d'autres localités au dessous du grès vert, mais presque toujours réduite aux deux premiers étages.

Dans sa notice sur le terrain jurassique du département de la Haute-Saône [1], M. Thirria décrit un dépôt de fer pisiforme, superposé au premier étage jurassique, qui offre quelque analogie avec notre troisième groupe. Il est formé, en

___

[1] Mémoires de la Société d'Histoire naturelle de Strasbourg, tome i.

allant du haut en bas : *d'argile verdâtre, grasse au tou-*
cher ; de sable *fin*, jaunâtre, un peu argileux ; de calcaire
jaunâtre, un peu marneux, en petits rognons, dans une argile verdâtre ; de sable fin jaunâtre, un peu argileux ; argile jaunâtre, schisteuse, un peu *sablonneuse* ; *d'argile*
grasse au toucher, d'un jaune verdâtre ; *d'argile verdâtre,*
avec nodules de calcaire marneux, empâtant des *grains de*
minérai de fer ; de *minérai de fer pisiforme, en amas dans*
une argile ocreuse, avec ammonites, hamites, nérinées,
térébratules et pentacrinites, fossiles tous à l'état ferrugineux ; *marne blanche,* avec noyaux *d'argile verdâtre* et rognons de calcaire marneux, reposant sur un calcaire compacte d'un gris jaunâtre, un peu tuberculeux avec paludines.

L'ensemble de ces couches forme une épaisseur d'environ
12 mètres ; M. le professeur Walchner a observé, dans le
Brisgau, un dépôt de fer pisiforme très analogue à celui de la
Haute-Saône, recouvert tantôt par des conglomérats plus
anciens que la mollasse, tantôt par la mollasse elle-même,
qu'il regarde comme intermédiaire entre le terrain jurassique et la craie : comme le grès vert, dit-il. M. Mériau a observé dans le Jura suisse, et particulièrement près d'Arau,
des couches ferrugineuses, reposant sur un calcaire, dont
elles contiennent des fragmens anguleux avec des rognons de
jaspe. Elles sont recouvertes par un grès et un schiste bitumineux passant au lignite accompagné d'argile schisteuse
renfermant beaucoup de coquilles fluviatiles.

M. Brongniart rapporte à l'argile de Weald la marne à
lignite avec nodules de succin et bois silicifiés de l'île d'Aix.

Enfin, M. Pusch a fait connaître, en Pologne, un dépôt
ferrugineux placé entre la craie et le calcaire jurassique,
qui paraît de même âge que ceux cités précédemment : il est
formé de couches horizontales d'argile schisteuse, de conglomérats siliceux, de grès brun ferrugineux, de sables et
de minces lits de calcaire marneux, alternant entre eux
et renfermant des couches de lignite, avec bois bitumineux

et beaucoup de pyrites. Il y cite des *ammonites,* des *cardium*, des *venus,* des *trigonies ;* mais point de coquilles d'eau douce. Ce dépôt remplit les vallées de Czarna, de Przemsa, de Mastonica, etc., s'étend à l'ouest, à travers la Silésie supérieure jusqu'à l'Oder, et remonte ce fleuve jusqu'à la contrée de Ribnyk.

Ce qui précède montre que la formation wealdienne a déjà été reconnue dans des contrées de l'Europe très éloignées les unes des autres, et qu'il existe incontestablement des dépôts de fer pisiforme, antérieurs à ceux de la seconde époque géognostique, fait qui a été long-temps révoqué en doute.

Il est important de faire remarquer ici, que des sables et grès ferrugineux, tout à fait semblables à ceux de la formation qui nous occupe, se trouvent dans plusieurs autres de la quatrième époque, et même dans celles de la troisième et de la deuxième. Il est résulté de là une foule d'erreurs, parce que les observateurs, au lieu d'étudier les caractères géognostiques de chacun de ces dépôts, les ont souvent classés d'après la ressemblance de leurs caractères minéralogiques. Pour éviter de tomber dans la même faute, il faut, avant de prononcer, se bien assurer de la position relative des roches, et examiner avec soin les restes organiques.

La pl. III, fig. 1 et 3, offre des exemples naturels de la réunion de tous les étages des trois formations que nous venons de décrire.

TERRAIN JURASSIQUE. *Groupe oolithique* (de la Bêche); *oolithe formation des Anglais ; jurakalk des Allemands.*

§ 80. Comme son nom l'indique, le type de ce terrain est pris dans la chaîne du Jura qu'il constitue presque à lui seul; il se retrouve en outre dans plusieurs autres contrées et particulièrement en Angleterre, où il a été décrit d'une manière très remarquable jusque dans ses plus petits détails. Ce terrain est composé d'une série de roches *calcaires, argileuses marneuses, siliceuses,* et quelquefois *dolomitiques,* dans l'ensemble desquelles on distingue cinq groupes bien caractérisés ou *formations.* Les calcaires étant souvent oolithiques ont fait donner au terrain, par les Anglais, le nom de *série oolithique,* dans laquelle ils ont fait trois grandes divisions :

1°. *Système supérieur,* 2° *système moyen,* 3° *système inférieur* et un grand nombre de sous-divisions dans chacune, dont nous parlerons dans les descriptions, et qui ont toutes été parfaitement reconnues dans le Jura, et sur presque toutes les parties du continent européen où le terrain jurassique est développé.

Outre l'analogie que l'on remarque entre les roches qui entrent dans la composition des groupes jurassiques, et les formes des montagnes qu'ils constituent, ils offrent encore de nombreux restes d'une antique population, très différente de la nôtre, dont quelques espèces seulement, jusqu'à présent du moins, sont confinées dans certains groupes qu'elles semblent caractériser. C'est dans cette division de la quatrième époque, que les sauriens et les reptiles ont paru en grand nombre sur la terre et dans les eaux ; auparavant ils étaient rares. Le fait unique de Stonesfield, dont nous parlerons plus bas, tendrait à prouver qu'il existait déjà des mammifères terrestres ; mais en même temps qu'ils étaient excessivement rares.

La végétation de la période jurassique est caractérisée par les *cycadées,* dont on trouve de nombreux débris dans toutes les formations. Les plantes marines sont fort rares ; on n'y a encore cité que des empreintes de *fucoïdes.*

Les roches plutoniques, dont nous avons déja parlé, existent sur plusieurs points dans le terrain jurassique, dont elles ont souvent altéré et dérangé les couches. Avec celles-là on en rencontre encore d'autres, *siénite, granite* et *porphyre,* qui paraissent être aussi entrées dans les dépôts de cette période à l'état liquide ou pâteux ; nous parlerons de chacune en décrivant les formations qui les renferment.

Les cinq groupes qui composent le terrain jurassique sont les suivans dans l'ordre de superposition : 1° *formation des calcaires et marnes à gryphées virgules*; 2° *formation du calcaire de Mortagne, coral-rag des Anglais*; 3° *formation des argiles de Dives et d'Oxford*; 4° *grande formation oolithique*; 5° *formation du lias.* Nous allons décrire successivement chacune de ces formations (*voy.* Pl. II, fig. 1, et Pl. III, fig. 1).

1ʳᵉ FORMATION. *Calcaires et marnes à gryphées virgules; calcaires et marnes à exogyres* (Thirria); *étage supérieur à gryphées virgules* (Dufrénoy); *groupe portlandien* (Brongniart).

§ 81. Ce groupe, établi d'abord d'après mes propres observations dans le Boulonnais[1] et quelques autres parties de la France, a été reconnu par MM. Thurmann, Thirria, de Buch, etc., dans les montagnes du Jura; Dufrénoy et de Beaumont dans la France centrale, etc.; il comprend les deux formations nommées par les Anglais *Portland oolithe* et *Kimmeridge clay*, entre lesquelles j'ai toujours reconnu une liaison si intime, qu'il est réellement impossible de les séparer. On peut distinguer trois étages dans ce groupe :

a. Oolithe de Portland (Portland *oolithe*). En Angleterre, dans le Boulonnais (Pl. IV), dans le Jura, etc., immédiatement sous la troisième formation du terrain craïeux, en stratification concordante avec lui, et s'y liant même intimement par des sables ferrugineux, viennent des couches assez minces de calcaire mal agrégé, marneux ou sableux, souvent oolithique, ayant quelquefois une texture craïeuse, rempli de coquilles, parmi lesquelles dominent des *gryphées virgules* et des *trigonies* (Pl. VII). Au dessous de ces calcaires existent souvent (Boulonnais, Angleterre) des sables ferrugineux, semblables à ceux du terrain craïeux, qui recouvrent des strates de calcaire

---

[1] Description géognostique du bassin du Bas-Boulonnais.

sublamellaire siliceux, quelquefois oolithique, qui se présentent aussi en gros blocs noduleux disséminés dans les sables.

Dans le Jura, ces calcaires sont compactes, à cassure conchoïde, ou craïeux, à cassure inégale ; les oolithes sont ordinairement très fins ; dans quelques localités ils sont sableux et passent à la glauconie.

La roche de Portland, en Angleterre, est à peu près la même que son analogue en France ; les parties inférieures sont sableuses et passent aussi à la glauconie : elles contiennent souvent des concrétions noduleuses de calcaire siliceux. Tous les strates sont fréquemment oolithiques, et contiennent les végétaux pétrifiés, *cycadées* et *monocotylédones*, quelquefois en très grande quantité. Cet étage contient de la baytine jaune.

Les restes du règne animal sont très nombreux et ordinairement bien conservés : on y remarque des débris de grands sauriens et des empreintes de *poissons*. Les *ammonites*, les *trigonies* et les *petites gryphées* y sont extrêmement abondantes. Les Anglais regardent comme caractéristiques l'*ammonites triplicatus* [1] et le *pecten lamellosus* [2].

b. *Argile de Kimmeridge (Kimmeridge clay)*. Les derniers strates de l'étage précédent deviennent souvent marneux et alternent avec une marne bleue plus ou moins schisteuse, quelquefois d'un gris jaunâtre, contenant des lits d'un schiste très bitumineux et même de véritables lignites, qui prend bientôt un développement très considérable. Dans la masse, on retrouve beaucoup de fossiles de la partie supérieure, surtout le *gryphæa virgula*, des *ammonites*, des *trigonies* et des ossemens de *sauriens*. En Angleterre, l'argile de Kimmeridge, exposée au feu, se divise en larges masses tabulaires. Dans cet étage on rencontre beaucoup de nodules marneux très durs, coupés de veines spathiques (véritables septariæ des Anglais), et d'autres d'un calcaire ferrugineux,

[1] Deshayes, Pl. **x**, fig. 1.
[2] *Idem*, Pl. viii, fig. 10.

même d'un fer carbonaté argileux, qui ne sont jamais très gros, et donnent un excellent ciment hydraulique.

Toute cette masse marno-argileuse, dont la puissance dépasse souvent 80 mètres, renferme des couches de lignite exploitables; des cristaux de sélénite sur les joints de stratification, des veines de spath calcaire et beaucoup de fer pyriteux. Dans les falaises du Boulonnais, on y remarque des bancs subordonnés d'un calcaire jaunâtre.

c. Dans ses parties inférieures, la marne devient moins schisteuse, et les calcaires marneux si abondans, qu'ils forment une division marquée (Boulogne, Pl. IV, fig. 5, Weymouth), que les Anglais ont nommée *Weymouth beds*; mais quelquefois aussi (Jura), du haut en bas, la masse est composée, soit de marne schisteuse, avec quelques bancs subordonnés de calcaire marneux, soit d'une alternance continue de strates calcaires et de marnes. Les strates sont séparés par de la marne pétrie de gryphées virgules, qui pénètrent aussi dans le calcaire. Celui-ci est coupé dans tous les sens par de nombreuses veines de spath calcaire; vers le bas, le calcaire devient siliceux, et contient une si grande quantité de grains verts, qu'il pourrait être confondu avec la glauconie crayeuse. A Boulogne, cet étage acquiert une puissance de 10 à 15ᵐ. Ses parties inférieures contiennent une immense quantité d'*huîtres*, de *trigonies* et de *gervillies*; on y trouve les mêmes substances minérales que dans le second.

Minéraux. Les métaux de la première formation jurassique se réduisent à des nodules de fer carbonaté, des veines et des rognons de fer hydroxidé et des traces de fer pyriteux. Les autres espèces minérales sont de la barytine, de la chaux carbonatée en veines et en cristaux, des cristaux de sélénite, des cristaux de quarz dans les végétaux pétrifiés, et du lignite.

On n'a point encore cité de roches plutoniques au milieu de la formation que nous décrivons.

Restes organiques. Les restes organiques de ce groupe sont extrêmement curieux et abondans.

Les végétaux pétrifiés et charbonnés, qui se montrent dans les trois étages, paraissent appartenir tous à la famille des *cycadées*.

Les zoophytes sont peu nombreux; ils appartiennent aux genres *astrea*, *cellepora* et *meandrina*.

Les annelides, *serpula conformis*, sont fréquens.

Radiaires, *asterias*, *cidaris propinqua*, Munst., et *cidaris ubangularis*, Gold. (Pl. VIII).

Les coquilles sont distribuées de la manière suivante.

1er ÉTAGE.	2e et 3e ÉTAGES.
Ammonites.	Ammonites.
m. triplicatus.	Belemnites, rares.
Ampullaria.	Ampullaria.
Natica.	Natica.
Solarium ou pleurotomaria.	Nautilus.
Trochus.	Trochus ou pleurotomaria.
Turbo.	Turbo.
Pterocerus *oceani* (Br.).	Ostrea *deltoidea* (Sow.).
Nerinéa *Bruckneri* (Thurm.).	Pecten *lens.*
Bulla.	P. *armata* (Sow.).
Ostrea *solitaria* (Sow.).	Trigonia *clavellata.*
Pecten *lamellosus.*	T. *cuspidata* (Sow.).
Trigonia *gibbosa.*	Astarte *minima.*
Astarte *minima.*	Modiola *scalprum.*
Nerita.	Cardium.
Isocardia *striata.*	Celtina *incerta* (Thurm.).
Venus.	Cardita.
Cardita.	Cyclas.
Cyclas.	Perna.
Perna *plana.*	Gervillia, très communes.
Gervillia.	Gryphæa *virgula.*
Gryphæa *virgula.*	Pholadomia *acuticostata.*
Mytilus *jurensis.*	P. *protei-angustata* (Sow.).
Modiola *scalprum.*	Avicula.
Celtina *incerta*, etc.	Chama.
	Terebratula *intermedia.*
	Modiola *plicata.*
	Unio.

Les Anglais regardent l'*ostrea deltoidea* (Pl. VII, n. 26) comme caractéristique des deux derniers étages. Partout la masse entière contient une très grande quantité de *gryphæa virgula*, ou *exogira virgula*, Voltz (Pl. VII, n. 27), et cette coquille, ne se montrant plus que dans le haut de la formation suivante, où encore elle est très rare, peut être considérée comme caractéristique.

Poissons. On trouve quelques empreintes, des dents et des palais de poissons, qui paraissent ne point encore avoir été déterminés.

Reptiles. Gavial, monitor, megalosaurus, plesiosaurus recentior (Conyb.) *ichthyosaurus*, espèce non déterminée.

On a découvert des *coprolites* de ces animaux dans plusieurs localités.

Mammifères. On a trouvé, en Angleterre, des os de *cétacés* dans l'argile de Kimmeridge; mais, nulle part encore, de débris de mammifères terrestres.

Formes du sol. Le groupe des calcaires de Portland et de l'argile de Kimmeridge acquiert, en Angleterre, une puissance de 200 mètres; dans le Boulonnais, elle va jusqu'à 180; mais dans la chaîne du Jura, elle dépasse rarement 30 mètres. Les collines formées par les roches de ce groupe sont ordinairement aplaties, et terminées par des plateaux; dans les escarpemens des falaises de la Manche, les roches du premier étage forment une saillie très prononcée sur la masse marneuse : le troisième étage, qui s'avance également en dehors, forme une espèce de socle, sur lequel viennent s'appuyer les talus d'alluvions de la partie supérieure. Les vallées se coupent sous des angles assez ouverts; elles sont plus évasées que celles de la craie; les pentes des versans sont beaucoup plus douces, et présentent rarement des escarpemens; en général, leur largeur diminue à mesure que l'on approche de l'origine, et elles commencent rarement par un cirque, comme celles de la craie.

Emploi dans les arts. Le lignite est exploité comme combustible ; les calcaires marneux donnent une bonne chaux maigre, et les nodules de calcaire ferrugineux d'excellent ciment, connu sous le nom de *ciment de Boulogne*. Les calcaires, tant ceux du premier étage que ceux subordonnés dans la masse marneuse, sont très employés dans les constructions.

Les marnes argileuses, si abondantes dans les parties inférieures, retiennent parfaitement les eaux, en sorte que les puits sont peu profonds, et les sources très abondantes, dans toutes les contrées occupées par cette formation ; quelques unes de ces sources sont minérales. Le sol est généralement fertile ; dans le Boulonnais, on y voit d'excellentes prairies et de fort beaux vergers.

Localités. La formation que nous venons de décrire a d'abord été reconnue, en Angleterre, comme presque toutes les divisions de certains jurassiques, où elle se montre dans un grand nombre de localités, au dessous du terrain craïeux. Lorsqu'elle eut été signalée et décrite dans le Bas-Boulonnais, on la retrouva parfaitement développée, et presque partout identique, dans le pays de Bray, au cap La Hève, dans le Nivernais, sur les bords du Lot, et dans toute la partie nord de la chaîne du Jura, où elle a été étudiée avec un talent et un soin tout particuliers, par MM. Thirria et Thurmann. Dans la Haute-Saône, le premier de ces observateurs a retrouvé les trois étages, avec presque tous les fossiles dont nous avons donné l'énumération plus haut. Dans le Porentrui, M. Thurmann a aussi reconnu trois étages. Je n'ai point retrouvé cette formation dans la partie méridionale du Jura. Nous reviendrons encore sur sa distribution géographique, en parlant de celle du terrain jurassique, en général.

Dans la partie nord de la vallée de Weymouth, il existe, entre les couches de Purbek et celles de Portland, un lit de terre noire (*dirt bed*), avec cailloux du calcaire inférieur, dans lequel des troncs silicifiés de conifères et de cycadées gisent comme dans une tourbière. Quelques uns sont droits, et d'autres sont encore attachés au sol noir par leurs racines. Plusieurs troncs pénétrent dans le calcaire supérieur ; ce fait tendrait à prouver que la surface du calcaire de Portland a été long-temps à sec, et couverte d'une forêt avant le dépôt des couches fluviatiles de Purbeck.

2ᵉ FORMATION. *Groupe corallien, oolite de Mortagne, coral-rag des Anglais.*

§ 82. Le groupe auquel les Anglais ont donné le nom de coral-rag, à cause de la grande quantité de polypiers qu'on y trouve, et qui forme le premier terme de leur système moyen oolitique, se présente avec les mêmes caractères, en Angleterre, dans le nord-ouest de la France, et dans toute la chaine du Jura, où il a pris un développement très considérable. On peut le diviser en quatre étages, bien distincts, quoique intimement liés entre eux (Pl. ii, fig. 1).

a, calcaire compacte. Les derniers strates de la formation précédente alternent avec un calcaire marneux, jaunâtre, qui se développe seul, après quelques alternances. Ce calcaire est tantôt marneux et friable, tantôt compacte, très solide et à cassure plus ou moins conchoïde. Quand les couches sont peu inclinées, la stratification est assez régulière ; on y remarque seulement de nombreuses fissures, qui divisent chaque strate en fragmens irréguliers ; mais quand les couches sont très inclinées, comme il arrive souvent dans le Jura, la stratification est fort irrégulière ; on y remarque des plis et des contournemens extrémement bizarres ; des masses entières paraissent être sans structure déterminée. La couleur de cette roche varie du blanc au gris foncé, elle a quelquefois (Fort-l'Ecluse) une apparence cristalline ; elle n'est point siliceuse, et ne contient d'autres minéraux que des cristaux de chaux carbonatée, formant des géodes et des veines de la même substance, quelquefois très nombreuses. On y cite dans le Jura des *concrétions* de calcaire siliceux, qui portent, vulgairement, le nom de *chailes*. Les strates inférieurs de cet étage sont souvent imparfaitement oolitiques, et passent insensiblement à ceux du second, qui le sont complétement.

Le *gryphæa virgula* se rencontre encore dans la partie supérieure ; mais il disparaît bientôt complétement, et se trouve remplacé par une immense quantité de *nérinées*, Pl. VI, n. 35), et des bivalves de toutes les grosseurs, qui forment souvent une lumachelle, surtout dans le voisinage de l'étage oolitique.

b, oolite. Le calcaire compacte, devenu oolitique ou lumachelle, passe bientôt à un calcaire parfaitement oolitique, dont la grosseur des grains varie de celle de la navette à celle d'un pois (calcaire oolitique cannabin, Brong.). Cette roche, une assez solide, blanche et crétacée, se présente tantôt en masse sans structure déterminée, tantôt avec une stratification très régulière ; elle est encore remplie de fissures qui se croisent dans tous les sens : on y remarque des veines spathiques et des géodes calcaires tapissées de cristaux. Les nérinées sont, au moins, aussi abondantes ici que dans l'étage supérieur ; elles sont accompagnées de térébratules et autres bivalves, et de beaucoup de polypiers : les strates inférieurs se chargent de silice et passent à un calcaire siliceux compacte ou sublamellaire.

c, calcaire siliceux. C'est à cette division que les Anglais donnent particulièrement le nom de *coral rag*, à cause de la grande quantité de polypiers qui s'y trouvent. Chez eux, la roche dominante est un calcaire mal agrégé, marneux et grisâtre; dans le Boulonnais et le midi du Jura, c'est un calcaire siliceux intimement lié à l'oolite ; dans le Porentrui et la Haute-Saône, c'est un calcaire peu homogène formé de parties spathiques, compactes et grenues, appartenant à des polypiers nombreux, fondus dans la masse : ce calcaire renferme aussi une immense quantité de ces mêmes polypiers, passés à l'état de calcaire saccharoïde d'un tissu lâche, souvent chargé de silice ; les coquilles qui les accompagnent ont ordinairement le têt changé en quarz calcédonieux.

d. En Angleterre, à Boulogne et dans le Jura, dessous le coral rag, vient une masse de sable siliceux très ferrugineux, ayant quelques mètres d'épaisseur seulement, contenant des couches de calcaire graveleux jaunâtre (*calcareous grit*) et des concrétions de calcaire siliceux et ferrugineux, qui, dans le Jura, forment souvent des lits assez réguliers. M. Thurmann nomme *sphérites* les concrétions de calcaire gris de fumée à cassure esquilleuse, plus ou moins chargé de silice, et se présentant en boules de différentes grosseurs; et *chailles*, avec M. Thirria, celles formées d'une argile plus ou moins ocreuse, non effervescente, légère, à tissu lâche, un peu sonores.

Ces lits de chailles et de sphérites semblent lier les formations n° 2 et n° 3; M. Thurmann les range dans la dernière [1].

Minéraux. Les espèces minérales sont peu nombreuses dans les quatre étages que nous venons de décrire; on y cite seulement de la chaux carbonatée en veines et en cristaux; du quarz calcédonieux formant le têt des coquilles, et des oxides de fer, qui sont souvent très abondans vers le bas.

Restes organiques. Les végétaux sont très rares; on rencontre çà et là quelques fragmens de *cycadées.*

Zoophytes. Ils sont nombreux, surtout dans le troisième étage, et peuvent se rapporter à six genres, savoir:

Astrea, six espèces. Turbinolia *didyma*, meandrina, trois espèces. Sarcinula *astroites*, cyathophyllum lithodendrum *rauracum* (Thurm.).

RADIAIRES.

Asterias, crinoïdes, cydaris et clypeus.

ANNELIDES.

Quelques serpules.

Les coquilles sont des ammonites et bélemnites rares, des ne

[1] Essai sur les soulèvemens jurassiques.

rinea *bruntunata,* — *elegans,* — *pulchella* (Thurm.), très communes dans les deux premiers étages, et rares dans le troisième. Cerithium, rostellaria, trochus, ostrea *gregarea* (Sow.), gryphæa *virgula,* dans le haut du premier étage. Palinurus *Regleyani,* cardium, unio, modiola, pholadomia, mytilus *pectinatus,* trichytes *spissa* (Desf.), très commune dans le calcaire compacte et siliceux. Pecten *vimenus,* — *inæquicostatus,* chama, astarte *minima,* terebratula, trigonia *clavellata,* cytherea.

CRUSTACÉS.

Astacus rostratus (Phil.).

REPTILES.

Des débris de *crocodiles* et d'*ichthyosaures,* dont les espèces n'ont point encore été déterminées.

Quoique les *nérinées* ne soient pas confinées dans le deuxième groupe jurassique, elles se montrent en si grande quantité dans les deux premiers étages de ce groupe, qu'on peut les regarder comme caractéristiques ; les calcaires compactes et oolitiques en sont quelquefois pétris ; elles sont ordinairement accompagnées de *trichytes* et de *madrépores* nombreux, qui ne se trouvent point avec les nérinées dans les autres formations où ces coquilles se présentent, et dont la réunion avec elles peut, par conséquent, servir à reconnaître celles que nous décrivons.

L'*ostrea gregarea* [1] et le *mytilus pectinatus,* très abondans dans le nord-ouest de la France, sont aussi regardés comme caractéristiques.

Formes du sol. Les Anglais donnent à cette formation une puissance de 30 ou 40 mètres ; mais elle est beaucoup plus épaisse sur plusieurs points du continent : dans la chaîne du Jura, dont ce groupe forme les montagnes les plus élevées, sa puissance dépasse 80 mètres. Elle est ordinairement si intimement liée avec les autres formations jurassiques qui nous restent à décrire, que nous croyons devoir toutes les réunir pour l'énumération des localités où elles se présentent et la description des formes du sol.

[1] Deshayes, Pl. XIII, fig. 2.

Emploi dans les arts. Le calcaire compacte, quand il n'est pas trop coupé de fissures, peut fournir des pierres lithographiques ; les variétés grises donnent ordinairement de bonnes pierres de taille, et de la chaux maigre. Le premier étage renferme quelquefois (Bourgogne, sud du Jura) des brèches rougeâtres à ciment spathique, qui prennent un beau poli et sont exploitées comme marbre. La chaux provenant du calcaire jaunâtre est un peu hydraulique. Les oolites et les parties marneuses, étant très friables, servent comme marne d'engrais. Rarement le fer oxidé de la partie inférieure est assez abondant pour mériter d'être exploité.

Toutes les roches qui entrent dans la composition de ce groupe, étant toujours très fissurées, ne retiennent pas les eaux, en sorte que la surface du sol est sèche et peu fertile : dans le Jura, les calcaires sur lesquels il n'y a souvent pas 0^m,1 de terre végétale sont cependant couverts de belles forêts de *sapins* et d'*épicéas* ; les sources sont fort rares, si ce n'est dans la partie inférieure, où les eaux sont retenues par la marne bleue sur laquelle repose le coral-rag.

3ᵉ FORMATION. *Argile de Dives et d'Oxford* (Oxfordclay), *groupe oxfordien.*

§ 83. Les lits de sphérites et de chailles, que nous avons déjà cités à la partie inférieure du groupe n° 2, se présentent, à la partie supérieure de celui-ci, empâtés dans une marne argileuse bleue avec lits de calcaire subordonnés, qui prend un développement assez considérable pour être regardée comme une formation indépendante composée de deux étages : le premier dans lequel la marne domine, et le second dans lequel c'est le calcaire marneux.

a. La partie supérieure de la marne bleue, celle qui renferme les chailles et les sphérites, est souvent siliceuse, et contient même (Jura méridional) des lits irréguliers d'une glauconie grise, passant au calcaire marneux souvent oolitique. Bientôt la glauconie disparaît et le calcaire se montre en bancs subordonnés dans une marne argileuse bleu foncé, qui devient brune par son exposition à l'air. Quelques parties de cette marne sont bitumineuses. Elle renferme des nodules de formes extrêmement bizarres [1], parmi lesquels se trouvent de véritables *septaria*. Dans le Jura méridional (Foncine-le-Bas près les Planches, vallée de la Valserine près Bellegarde) elle renferme des bancs subordonnés de gypse saccharoïde, exploités pour les constructions et pour l'amendement des terres ; ailleurs, on y trouve des cristaux de sélénite disséminés.

Suivant M. Thirria [2], dans le département de la Haute-Saône, la marne est souvent pétrie de minérai de fer oolitique jaune. Cet étage renferme beaucoup de fossiles très différens de ceux de la formation précédente : ce sont des *ammonites*, quelques *bélemnites* et beaucoup de grandes *gryphées*.

b. Vers le bas, les strates de calcaires marneux deviennent plus nombreux ; ils ne sont bientôt plus séparés que par de minces lits de marne schisteuse, et forment un étage bien distinct auquel les Anglais ont donné le nom de *kelloway-rock* (roc de Kelloway). Ces strates ne sont pas toujours bien continus, mais souvent composés de nodules irréguliers, bleus, quelquefois pétris de coquilles, parmi lesquelles dominent les *ammonites* et les *grandes gryphées*. Ordinairement ce calcaire n'est pas oolitique, sa puissance est généralement moins considérable que celle de la masse marneuse ; il renferme de petites couches de lignite, mais point de gypse.

Minéraux. Les métaux de cette formation sont du fer oolitique, quelquefois assez abondant pour être exploité, du fer hydroxidé en veines et en rognons, et du fer pyriteux. Les autres espèces minérales sont du gypse saccharoïde en bancs, des cristaux de sélénite, des veines et des cristaux de chaux carbonatée, enfin des traces de lignite.

[1] Dans les Basses-Alpes, ces formes sont telles qu'un naturaliste de cette contrée les a nommées *priapolites*.

[2] Notice sur le terrain jurassique,

Restes organiques. Les fossiles du groupe oxfordien diffèrent complétement de ceux du groupe corallien, les ammonites et les bélemnites s'y trouvent en grand nombre; on n'y voit plus cette quantité de polypiers et de nérinées qui caractérise celui-ci. Voici la liste de ces fossiles :

VÉGÉTAUX.

Les débris de végétaux sont très rares.

ZOOPHYTES.

Scyphia *obliqua* (Gold.), tellinites *problematicus* (Schl.), cellepora *orbiculata* (Gold.).

RADIAIRES.

Nucleolites *sulcatus*, galerites *depressus*, spatangus *capistratus* (Lamk.), cidaris, même espèce que dans le banc du coral rag.

Rhodocrinites *echinatus* (Schl.), pentacrinites *subteres*, — *Scalaris* — *pentagonalis* (Gold.).

Apocrinites *rotundus* (Mill.), — *Milleri* (Schl.) (Pl. viii).

ANNELIDES.

La plupart des serpules du groupe précédent.

COQUILLES.

Ammonites, vingt-quatre espèces, parmi lesquelles nous citons les suivantes :

A. *cristatus*, A. *Lamberti*, A. *plicatilis*, A. *armatus*, A. *interruptus*, A. *lima*.

Bélemnites *ferruginosus*, — *latisulcatus* (Voltz), — *semisulcatus* (Munst.), — *sulcatus* (Schl.).

Rostellaria *Parkinsonii*, turritella, melania *medio-jurensis* (Thurm.), trochus, cirrus, patella.

Perna, gervillia, cardita, chama, pecten *fibrosus*[1], plagiostoma *obscura*[2], gryphæa *gigantea*, — *dilatata*[3], avicula, arca *medio-jurensis*, nucula *medio-jurensis* et *N. acuminata*, astarte *medio-jurensis* (Thurm.), plagiostoma, cucullea *parvula* (Munst.), trichites *Joussierii* (Voltz), pholadomia, espèces non déterminées.

[1] Deshayes, Pl. viii, fig. 5.
[2] *Idem*, Pl. viii, fig. 6.
[3] *Idem*, Pl. viii, fig. 7.

Terebratula, plus de dix espèces, parmi lesquelles la terebratula *perovalis* (Sow.) est la plus commune.

CRUSTACÉS.

Astacus *rostratus*, et quelques autres espèces du même genre non déterminées.

POISSONS.

Dapedium *politum*, dents de squales et de carcharias.

REPTILES.

Plesiosaurus et ichthyosaurus, espèces non déterminées.

Les coquilles les plus caractéristiques de cette formation sont les espèces gryphæa *dilatata* et G. *gigantea*, qui se trouvent dans les deux étages; le pecten *fibrosus* et le plagiostoma *obscura*, qui se rencontrent le plus ordinairement dans le second avec l'ammonites *plicatilis*. La terebratula *perovalis* se trouve partout.

Dans le Jura, la puissance du groupe que nous décrivons varie entre 30 et 40 mètres, mais en Angleterre elle acquiert jusqu'à 150 mètres.

Emploi dans les arts. Le fer oolitique est exploité comme minérai dans le département de la Haute-Saône. Nous avons déjà dit qu'on exploitait le gypse à Foncine-le-Bas, et dans la Valserine (Jura méridional). Les calcaires peuvent quelquefois donner de la chaux hydraulique, et les marnes servir pour amender les terrains sablonneux.

Ces marnes retiennent parfaitement les eaux, en sorte que l'on voit sortir beaucoup de sources excellentes dans toutes les parties du sol occupé par cette formation; il en jaillit un grand nombre au pied des escarpemens du calcaire corallien, dont elles entretiennent la végétation par les vapeurs aqueuses qu'elles répandent dans toutes ses fissures.

Le sol occupé par le groupe marneux que nous décrivons est ordinairement très fertile; c'est lui qui porte les plus belles prairies des montagnes du Jura, couvertes d'habitations et au milieu desquelles serpentent de limpides ruisseaux: « En général, les vallons marneux, dit M. Thurmann, se font » remarquer par la fraîcheur de leur végétation; cependant,

» quand la division des argiles à chailles a eu quelque puis-
» sance, et est venue effleurer suivant une certaine étendue,
» il arrive que cette portion de terrain, qui forme une bande
» le long de l'abrupte corallien, se fait remarquer de loin par
» une pauvreté ou même une absence complète de végé-
» tation. »

4ᵉ FORMATION. *Grande formation oolitique, grande oolite*
(great oolite), etc. (Pl. II, fig. 1, et Pl. III, fig. 1).

§ 84. Cette formation est la plus compliquée de toutes
celles connues jusqu'à présent, et peut-être aussi la plus
étendue sur la surface de la terre. Elle se montre partout
avec des caractères assez constans : lorsque quelques uns de
ses nombreux étages manquent, ceux qui restent conservent
des caractères minéralogiques et paléontologiques suffisans
pour les faire reconnaître.

En séparant la formation du lias, dont je fais un groupe à
part, je comprends, dans la quatrième division du terrain
jurassique , tout ce que les géognostes anglais ont appelé
système inférieur oolitique ; et cela parce que les diverses
parties en sont tellement liées entre elles, qu'il est impossible
de ne pas les réunir : quant au lias, c'est une formation bien
distincte et bien caractérisée.

Les Anglais ont distingué sept étages dans cette formation,
qui ont été également retrouvés par MM. Thurmann et
Thirria dans la chaîne du Jura, et par plusieurs autres observateurs dans les différentes parties de l'Europe, où elle est
complétement développée. Les étages portent les noms de
*cornbrash, forest marble, bradfordclay, great oolite, ful-
lers-earth, inferior oolite* et *marly sandstone.* Nous réu-
nirons les deux derniers, et nous n'en distinguerons que six.

a, cornbrash, calcaire de Rainville, calcaire de Stenay
(partie supérieure), etc. Cet étage est composé de strates calcaires minces ($0^m,2$ à $0^m,3$ d'épaisseur seulement), plus ou
moins oolitiques, généralement fissiles, et souvent mélangés

avec une grande quantité de marnes schisteuses, qui alternent quelquefois régulièrement avec les strates calcaires. Dans quelques localités , la marne domine vers les parties inférieures, et forme séparation avec l'étage suivant. Les calcaires renferment des veines et des nids spathiques. Dans le Jura, on voit des portions de strates silicifiés passer par toutes les nuances, tantôt au silex carié, à cavités remplies de fer oxidé terreux, tantôt à un silex gris compacte, à cassure subconchoïde, qui passe lui-même quelquefois à une belle calcédoine bleue (Thurmann).

Les fossiles sont nombreux, très inégalement répandus, et ordinairement dans un tel état de trituration, que l'on a beaucoup de peine à en reconnaître quelques uns : des *encrines* indéterminables, dont la roche est parfois pétrie, sont les plus apparens.

Le *cornbrash* se montre bien développé dans le Wiltshire (Angleterre); dans le Jura septentrional (Porentrui) , où il forme un horizon géognostique assez constant, à Molachère (Haute-Saône) , et à Béfort (Haut-Rhin). Dans le Porentrui, on trouve, à la partie inférieure de cet étage , un calcaire nacré, se divisant en *dalles*, qui finit par prendre un aspect terreux, devenir violâtre, jaunâtre, en perdant la structure oolitique, et passe insensiblement au calcaire de l'étage inférieur.

b, forest marble. Calcaire de Stenay (partie inférieure), schiste de *Stonesfield,* etc. Dans le Jura, c'est un calcaire roussâtre, subspathique, souvent fissile, à texture grenue et cassure inégale, alternant avec des marnes jaunâtres, quelquefois bleues, sablonneuses et ferrugineuses; il est imparfaitement oolitique et généralement assez mal stratifié.

En Angleterre, les calcaires fissiles qui se trouvent au dessous des marnes du cornbrash sont souvent siliceux et alternent même quelquefois avec des sables et des grès. Cette roche est ordinairement fissile; elle se présente cependant quelquefois en strates massifs d'un mètre d'épaisseur. Elle paraît composée de fragmens de coquilles mêlés avec des oolites blanches. Dans les bancs épais, les bivalves dominent; dans les lits minces, au contraire, ce sont les univalves. Des pyrites décomposées donnent souvent aux roches une couleur rouge partielle.; les lits de marne interposés varient en épaisseur depuis un pouce jusqu'à un mètre. Le forest marble est très bien caractérisé dans la forêt de Wichwood (Oxfordshire), aux envions d'Aix, en Provence, à Oiselay et à Bucey-lès-Gy (Haute-Saône).

C'est à cette partie de la grande masse oolitique que les géognostes anglais rapportent leur fameux schiste de Stonesfield, dont nous avons déjà eu occasion de parler plusieurs fois, si remarquable par le singulier mélange de restes organiques qu'il renferme : on y a découvert des *végétaux*, des *coquilles marines*, des *insectes*, des *amphibies*, des débris de *mammifères terrestres* (*didelphis Bucklandi*), et des *reptiles volans* (*pterodactyles*), dont les espèces n'ont point encore été déterminées.

Cet exemple de Stonesfield est resté unique jusqu'à présent, et l'absence de mammifères terrestres dans toutes les autres contrées du globe où on a observé des groupes de la quatrième époque a fait penser à plusieurs géologues, et particulièrement à M. C. Prévost, que le dépôt de Stonesfield pourrait bien appartenir à la troisième époque : ce serait une portion de la grande formation oolitique remaniée.

Cependant les géognostes anglais persistent à le ranger dans le terrain jurassique.

Les roches schisteuses de Solenhofen, sur les bords du Danube, qui sont associées avec des calcaires lithographiques et des dolomies, paraissent être les équivalentes des schistes de Stonesfield. Elles renferment des *fucoïdes*, des *conifères*, des *mollusques marins*, des *poissons*, des *crustacés* et trois espèces de *reptiles volans*; mais on n'y a encore découvert aucune trace de mammifères terrestres.

Les coquilles du forest marble sont, en général, mal conservées, excepté, cependant, celles de la marne qui sépare les strates calcaires : les univalves sont plus communes dans les strates minces, et les bivalves dans les épais.

c, argile de Bradford (*Bradfordclay*). Les calcaires que nous venons de décrire sont séparés de la grande masse oolitique par un banc puissant d'une marne argileuse bleue, qui manque dans quelques localités, et alors il devient très difficile de tracer la ligne de séparation entre les deux étages, les roches passant souvent les unes aux autres par degrés insensibles.

Cet étage paraît peu développé dans la chaîne du Jura, dans le Porentrui ; M. Thurmann n'a pas cru devoir le séparer du précédent, duquel il a dit : « Rien de plus varia-» ble, de plus difficile à comprendre dans un cadre descriptif » que les détails de cette division. Ce qui fait caractère, c'est » un ensemble de calcaires sableux, roussâtres, alternant » dans le bas avec quelques couches marneuses. »

En Angleterre et dans le sud-ouest de la France, cet étage est caractérisé par une grande quantité d'encrines de l'espèce *encrinites pyriformis*.

d, grande oolite (*great oolite*). Cette partie de la formation, à laquelle on a donné plus particulièrement le nom de *grande oolite*, est une masse calcaire, ordinairement très bien stratifiée, dont l'épaisseur varie depuis 8 mètres jusqu'à 60. On y distingue deux espèces principales de calcaire : l'une, la plus commune, est d'un blanc jaunâtre assez tendre, quelquefois friable et parfaitement oolitique. Les oolites sont ordinairement très petites (*oolites miliaires*, Brongt.) ; l'autre, qui est plus dure, alterne avec la première ; elle est moins oolitique, et souvent même presque compacte ; sa couleur varie du blanc-jaunâtre au gris-bleuâtre ; elle est quelquefois très bleue dans l'intérieur des strates : cette couleur bleue se présente aussi souvent par taches elliptiques, offrant l'aspect de nodules empâtés au milieu du calcaire jaunâtre. Dans la partie inférieure, près du contact

avec la terre à foulon, on rencontre souvent des strates ferrugineux.

Beaucoup de couches de cet étage présentent un clivage
laminaire non parallèle à la stratification ; on y remarque
aussi un grand nombre de fissures plus ou moins inclinées,
remplies par une marne argileuse jaunâtre et du spath calcaire, ainsi que des cavités sphéroïdales tapissées de cristaux
de chaux carbonatée. Les espèces minérales sont généralement rares dans cet étage ; on n'y cite que du spath calcaire,
quelques cristaux de quarz, des pyrites et du fer hydroxidé.

Dans un grand nombre de contrées (environs d'Antibes
et de Nice, Port-en-Bessin (Calvados), vallée de la Brenta
(Italie), rocher de Terracine (États romains), environs
d'Eichteed (Franconie), d'Ulm, de Ratisbonne, d'Afen en
Hongrie, plateau de Chilparrugo au Mexique, etc.), les
calcaires oolitiques sont accompagnés de dolomies grenues,
jaunâtres, grisâtres ou blanchâtres, renfermant très peu de
restes organiques, et dans lesquelles sont creusées la plupart des
cavernes du terrain jurassique. M. Brongniart et quelques
autres observateurs pensent que le plus grand nombre de ces
dolomies appartient à la grande masse oolitique ; mais M. Boué
cite des observations qui prouvent que ces roches n'occupent
pas une place constante dans la série des groupes jurassiques.
Un fait très important, et sur lequel nous aurons occasion de
revenir dans le second volume, c'est la connexion des cavernes avec les dolomies dans ces mêmes groupes.

Des roches plutoniques traversent le terrain oolitique dans
plusieurs contrées de la terre ; nous en parlons plus bas avec
toutes celles qui se présentent dans le terrain jurassique.

A l'exception de térébratules, dont on trouve une immense
quantité en fort bon état, les restes organiques bien conservés sont rares dans l'étage que nous décrivons ; la grande
oolite des Ardennes est lardée de petites coquilles turbinées
qui lui donnent un aspect très singulier. Partout cette roche

renferme des *nucléolites* et beaucoup de *polypiers*, qui ressemblent à ceux du coral-rag (Pl. VIII).

e, terre à foulon (*fullers earth*). En Angleterre, dans le Jura, dans les Ardennes, etc., la grande oolite repose sur une masse argileo-calcaire, assez bien stratifiée, dont la puissance dépasse quelquefois 40 mètres. On y distingue des strates calcaires assez durs, souvent bleus dans l'intérieur, des strates d'un calcaire granuleux, souvent remplis de fossiles, parmi lesquels domine une petite ostracée (*ostrea acuminata*, Pl. VII, n° 35), qui alternent avec des lits de marnes argileuses bleues et jaunes, contenant des veines d'excellente terre à foulon ; à Navenne, dans la Haute-Saône, on y voit des couches d'oolite jaunâtre ; le banc bleu du Calvados appartient à cet étage.

Dans le Jura et dans les Ardennes, cette division de la grande formation oolitique est caractérisée par l'accumulation d'une immense quantité de petites huîtres, *ostrea acuminata* (Sow.), et de grandes bivalves qui ressemblent à des *unios* accompagnés d'autres coquilles peu différentes de celles du forest-marble ; les fossiles y sont généralement en bon état.

Les calcaires de cet étage passent, d'un côté, à la grande oolite, et, de l'autre, à l'oolite ferrugineuse inférieure.

f, oolite inférieure, inferior oolite, A elterer rogenstein (Mérian).

Dessous la terre à foulon vient une masse composée de strates calcaires oolitiques, de calcaires compactes et sublamellaires, gris, jaunâtres et brunâtres, dans la partie inférieure de laquelle on trouve, à Hayange (Moselle), Nancy, Calmoutiers (Haute-Saône), Bayeux (Calvados), toute la Rauhe-Alp, etc., des strates subordonnés plus ou moins nombreux, d'un fer oolitique, brun, rouge ou gris [1], reposant souvent sur des marnes et macignos (*marly sand stone*) verdâtres, passant même à la glauconie craïeuse, et renfermant comme elle du fer silicaté.

---

[1] Cette variété est ordinairement magnétique.

Cette division, qui n'existe pas toujours, et que je regarde comme intimement liée à l'oolite inférieure, est nommée, par M. Thurmann, *grès superliasique*. Ses caractères sont peu différens de ceux que nous venons d'énumérer; les fossiles peu nombreux, mais bien conservés, participent de la grande formation oolitique et de celle du lias. « Cette division, dit-il, est assez constante dans ses caractères géné- » raux, très variable dans ses détails, qui la lient et la con- » fondent tantôt avec l'oolite ferrugineuse, tantôt avec les » parties supérieures des marnes liasiques, etc. »

Les fossiles les plus caractéristiques de l'oolite inférieure sont le *gryphæa cymbium*, Lamk (Pl. VII, n° 36), et de grandes bélemnites souvent très nombreuses, *belemnites giganteus* (Schl.), *belemnites compressus* (Blainv.).

Minéraux. La grande formation dont nous venons de décrire les différentes parties, à l'exception du fer oolitique en couches, souvent assez abondant pour donner lieu à des exploitations avantageuses, renferme très peu d'espèces minérales. En récapitulant celles que nous avons citées dans les différens étages, nous n'y trouverons que du spath calcaire en veines et en cristaux, des dolomies en masse, du fer oxidé brun, du fer silicaté, du silex, enfin quelques cristaux de quarz et de gypse.

Des couches de houille, provenant vraisemblablement des cycadées (stipites de M. Brongniart), accompagnées de fougères et autres empreintes végétales, gisent dans l'oolite inférieure. A Brora en Écosse, dans le Yorkshire, aux environs de Milhau (Aveyron); dans les Ardennes, elle renferme un banc schisteux rempli d'empreintes végétales, *fougères* et *cycadées*, avec quelques traces de lignite, mais point de houille.

Restes organiques. Ils sont très abondans et souvent bien conservés; dans l'énumération suivante, nous ne comprenons point ceux de Stonesfield, dont nous avons déjà parlé page 382.

VÉGÉTAUX.

Fucoïdes, equisetum *columnare*, fougères, cycadées, dix espèces du genre zamia (Ad. Brong.).

ZOOPHYTES.

Achilleum, tragos *tuberosum*, spongia *clavaroïdes*, alcyonium, limnorea *lamellaris* (Lamk), millepora *dumetosa*, — *corymbosa*, — *conifera*, — *pyriformis*, — *mavocaule* (Lamk), particulièrement dans le forest-marble.

Madrepora, ocellara, cellepora *echinata*, retepora, intricaria *Bajocensis* (Desf.), ceriopora *angulosa*, — *orbiculata*, oolite inférieure. Caryophylla *truncata*, — *Brebissonii* (Lamk), fungia *orbiculites*, forest marble. Cyclolites *elliptica*, oolite inférieure : Meandrina, astrea, Favosites, spiropora *tetragona*, — *cæspitosa*, — *elegans*, — *intricata*, eunomia *radiata*, chrysaora *damæcornis*, theonea *clathrata*, idamera *triquetra*, alecto *dichotoma*, berenicea *diluviana*, terebellaria *ramosissima*, dans le forest-marble.

RADIAIRES.

Cidaris *vagans*, echinus *germinans*, galerites *depressus* (Lamk), nucleolites *columbarius*, clypeus *sinuatus*, echinites, apocrinites *rotundus*, — *Pratii*, — *elongatus*, pentacrinites *vulgaris*, — *subangularis*, comatula *pinnata*, — *tenella*, — *pectinata*, ophiura *Milleri*, asterias.

ANNELIDES.

Lumbricaria *intestinum*, serpula plusieurs espèces.

COQUILLES.

Terebratula, plus de trente espèces, qui se retrouvent dans presque tout le terrain jurassique.

Orbicula *granulata*, lingula *Beanii*, ostrea *Marshii*, — *suleifera*, — *acuminata*, argile de Bradford. Gryphæa *cymbium* (Lamk), *lituala*, plicatula *spinosa*, pecten *objectus*, — *demissus*, — *vagans*, — *virguliferus*, — *æquivalis*, — *armatus*, — *barbatus*, plagiostoma *rigidulum*, — *interstinctum*, — *giganteum*, — *punctatum*, lima proboscidea, — *gibbosa*, — *antiquata*, oolite inférieure. Avicula *inæquivalis*, — *echinata*, — *costata*, Gervillia *acuta*, pinna *cuneata*, pinnigena, mytilus *cuneatus*, modiola *angulata*, — *plicata*, — *aspera*, lithodomus, unio *obductus*, — *concinnus*, etc., oolite inférieure. Trigonia *costata*, — *angulata*, — *duplicata*, nucula *variabilis*, — *mucronata*, pectunculus *minimus*, arca *pulchra*, cucullæa, plusieurs espèces se présentant aussi dans les formations supérieures.

Isocardia *minima*, — *concentrica*, — *angulata*, etc., cardita *lunulata*, — *striata*, cardium *cognatum*, — *incertum*, etc., myaconcha *crassa*, astarte *escavata*, — *planata*, — *trigonalis*, — *pumila*, — *Voltzii*, etc., cytherea *dolabra*, poustra *recondita*, — *oblita*, donax *Aldunii*, gastrochæna *tortuosa*, mya *dilatata*, — *æquata*, pholodomia *nana*, — *producta*, — *obliquata*, etc., panopæa *gibbosa*.

Patella *rugosa*, — *nana*, etc., emarginula, scalaris, pileolus *plicatus*, Ancilla, bulla *elongata*, helicina *polita*, auricula *Sedgvici*, nerita *costata*, natica *tumida*, solarium *calix*, cirrus *nodosus*, — *Leachii*, — *carinatus*, pleurotomaria *ornata*, — *granulata*, oolite inférieure. Trochus *bisertus*, — *pyramidatus*, — *duplicatus*, — *elongatus*, — *fasciatus*, — *promineus*, etc., oolite inférieure. Rissoa *lævis*, — *acuta*, — *obliquata*, — *duplicata*, grande oolite. Turbo *ornatus*, — *quadricinctus*, phasianella *cincta*, turritella *quadrivittata*, rostellaria *composita*, actæon *retusus*, — *humeralis*, — *cuspidatus*, buccinum *unilineatum*, terebra *vetusta*.

Belemnites *fusiformis*, — *subhastatus*, — *Altdorfiensis*, — *dilatatus*, — *pistilliformis*, — *ventroplanus*, — *Voltzii*, — *trisulcatus*, — *acuminatus*, — *compressus*, — *pyramidalis*, — *tumidus*, presque toutes dans l'oolite inférieure.

Nautilus *lericatus*, — *obesus*, — *sinuatus*.

Hamites *annulatus*, scaphites *refractus*.

Ammonites *læviusculus*, — *elegans*, — *depressus*, — *serpentinus*, — *hecticus*, — *falcifer*, — *striatulus*, — *Walcotii*, — *quadratus*, — *calcar*, — *Stokesii*, — *Parkinsonii*, — *punctatus*, — *Humphresianus*, etc., etc.

CRUSTACÉS.

Pagurus *mysticus*, ergon *Cuvieri*, — *Schloteimii*, scyllarus *dubius*, palæmon *spinipes*, astacus *modestiformis*, — *minutus*, dans le calcaire de Solenhofen.

INSECTES.

Insectes de la famille des *libellules* et quelques autres dans le schiste de Solenhofen.

POISSONS.

Clupea *sprottiformis*, Solenhofen. En Normandie et dans quelques autres parties de la France, la grande oolite renferme des plaques, des palais et des dents de poissons : on y a aussi découvert des coprolites (ichthyocoprus) provenant de cette classe d'animaux.

REPTILES.

Pterodactylus *grandis*, — *crassirostris*, Solenhofen. Crocodile, teleosaurus, megalosaurus, plesiosaurus *carinatus*, — *pentagonus*, — *trigonus*, ichthyosaurus. Des coprolites de la plupart de ces animaux se trouvent aussi pétrifiés au milieu de leurs débris.

MAMMIFÈRES.

Le didelphis *Bucklandi*, trouvé dans le schiste de Stonesfield, est le seul exemple de mammifère cité jusqu'à présent dans le terrain jurassique. Cette circonstance peut faire douter que ce fossile appartienne réellement à ce terrain.

En décrivant les nombreux étages de cette grande formation, nous avons dit quelles étaient les coquilles les plus caractéristiques de chacun.

Emploi dans les arts. La formation de la grande oolite fournit beaucoup de matériaux pour les constructions ; on en tire d'excellentes pierres de taille et des pierres à chaux. Les calcaires fissiles servent, dans le Jura et les montagnes de la Bourgogne, où on les nomme *laves*, pour couvrir les maisons. Les étages supérieurs renferment, en Bavière, dans le Jura, aux environs de Lons-le-Saulnier, des couches de calcaire lithographique qui sont exploitées avec beaucoup d'avantages. Certaines parties de la grande masse oolitique et des calcaires supérieurs sont assez dures pour recevoir un beau poli, et fournissent des marbres de médiocre qualité. La terre à foulon est très employée, surtout en Angleterre. Les minérais de fer oolitiques sont, dans les montagnes du Jura, celles de la Bourgogne, et sur plusieurs autres points de la France, l'objet d'exploitations très suivies, et donnent un fer d'excellente qualité.

Quand le sol est occupé par les calcaires, il est sec, mais la végétation y conserve presque toujours une assez grande activité, à cause des eaux retenues dans les couches marneuses inférieures. Dans celles-ci, les sources sont abondantes, et les flancs des montagnes, ainsi que le fond des vallées qu'elles occupent presque toujours, sont couverts de belles prairies et de champs plantés d'arbres fruitiers.

5e FORMATION. Lias, calcaire à gryphites.

§ 85. La formation que nous allons décrire est parfaitement connue; ses caractères géognostiques et paléontologiques sont si bien tranchés, qu'elle forme un excellent horizon géognostique dont les observateurs font souvent usage. Les Anglais, qui la comprennent dans le système oolitique inférieur, y distinguent deux étages, qui se présentent avec les mêmes caractères dans un grand nombre de localités, en Europe, en Asie et en Afrique. L'étage supérieur est, comme nous l'avons déjà dit, intimement lié aux dernières couches de la grande formation oolitique, dont les fossiles pénètrent même jusqu'à une certaine distance dans les marnes schisteuses du lias, ce qui établit une continuité que l'on n'a vue interrompue que sur un ou deux points, et encore dans un très petit espace : il est bien rare que, quand l'oolite inférieure est développée, les marnes schisteuses du lias ne se montrent pas au dessous.

a. La partie supérieure de la cinquième formation jurassique est composée d'une masse marneuse très puissante, formant la base sur laquelle repose toute la série oolitique, et se présentant ordinairement au pied des masses de montagnes et dans le fond des grandes vallées.

La couleur de cette marne est le gris bleuâtre et noirâtre; elle est ordinairement très schisteuse, souvent bitumineuse, renferme même des couches de lignite assez puissantes pour mériter d'être exploitées (département de l'Aveyron). Entre les feuillets, on trouve de belles empreintes de coquilles, parmi lesquelles on doit remarquer une grande quantité de *posidonia liasina* (Voltz), Pl. VII, n° 38, qui paraît caractéristique, et que j'ai retrouvée jusqu'en Afrique. Dans quelques parties, les marnes se durcissent ; elles offrent alors une large cassure conchoïde ; elles renferment des strates de calcaires marneux fort irréguliers, ordinairement composés de nodules aplatis placés à côté les uns des autres, et donnant une excellente chaux hydraulique.

Cet étage contient presque toujours une si grande quantité de bélemnites, que M. Dufrénoy l'a nommé *calcaire à bélemnites*. Suivant ce géologue, dans le sud-ouest de la France, le calcaire à bélemnites renferme des dépôts de gypse saccharoïde et fibreux, très étendus, disséminés dans la marne. Ce gypse est caractérisé par des cristaux de quarz terminés aux deux extrémités, empâtés dans sa masse ; il renferme encore des couches de fer oxidé rouge, des nids, des veines et des petits filons de galène et de calamine, gisant quelquefois dans une roche dolomitique.

Des veines de spath calcaire nombreuses pénètrent dans tous les sens les marnes, ainsi que les calcaires qui leur sont subordonnés, et les divisent en fragmens rhomboïdaux irréguliers. A une certaine profondeur, le calcaire augmente et finit par alterner régulièrement avec les couches de marne ; l'épaisseur de celles-ci diminue considérablement ; alors le calcaire se présente presque seul, et forme, dans le groupe, une division tranchée, mais dont la puissance est toujours moins considérable que celle de l'assise marneuse : en Afrique, cette assise marneuse constitue la plus grande partie de la chaîne du Petit-Atlas.

b. Les strates calcaires, qui succèdent aux marnes, sont très réguliers ; de minces lits marneux séparent ceux du haut ; mais vers le bas, ils disparaissent presque entièrement. Ce calcaire est caractérisé par son aspect terreux et sa grande cassure conchoïde ; sa couleur varie du bleu clair au gris de fumée et au blanc : dans les Iles-Britanniques, la première variété constitue ordinairement la partie supérieure, et l'autre l'inférieure. Cet étage est caractérisé par une grande quantité de gryphites (*gryphæa arcuata*).

Sur le continent (en Bourgogne, en Provence, dans la Meurthe, le Bas-Rhin, le Wurtemberg, etc.), le lias blanc des Anglais est remplacé par un calcaire siliceux très dur, d'un gris noir, renfermant même des rognons de silex corné, beaucoup d'entroques, et des coquilles dont les lits sont souvent changés en silex. Ce calcaire est susceptible de prendre un beau poli, et on l'exploite comme marbre ; les strates ont quelquefois plus d'un mètre d'épaisseur.

La puissance de la formation du lias dépasse souvent 200 mètres.

Minéraux. Les espèces minérales commencent à se montrer ici en plus grande abondance que dans les groupes précédens, et nous allons les voir augmenter à mesure que nous étudierons des roches plus inférieures, se rapprochant davantage de celles de la seconde série. Des veines et même de petits filons de galène et de calamine, de cuivre carbonaté et de cuivre gris (Atlas), se montrent dès le premier étage du lias, où ils sont accompagnés de célestine et d'une grande quantité de barytine, formant souvent la gangue des filons (Pl. x, fig. 2). Le spath calcaire, en veines et en filons, coupe toutes les roches ; du gypse en amas et en cristaux se montre aussi dans les assises marneuses de ce groupe ; elles renferment encore du fer oxidé rouge, et des nodules de fer carbonaté lithoïde à couches concentriques, dont j'ai trouvé une assez grande quantité aux environs de Bouxwiller (Bas-Rhin). Le fer pyriteux, souvent très abondant au milieu des marnes, se décompose et produit une efflorescence de sulfate d'alumine que l'on exploite en Angleterre. Dans cette action chimique, il se dégage une assez forte chaleur pour enflammer les gaz qui se forment, et il en résulte des inflammations spontanées, qui sont très communes dans la falaise de Charmouth (Dorsetshire).

Du lignite et même de la houille (stipites) se montrent en couches, assez puissantes pour être exploitées, dans le haut de la formation. Les calcaires inférieurs offrent quelquefois du bitume glutineux dans les fissures accidentelles et de stratification.

Restes organiques. Les restes organiques du lias sont nombreux, et leur étude a jeté un grand jour sur les mœurs de ces ovipares gigantesques, que nous regardons comme les premiers quadrupèdes qui aient paru dans notre monde, entièrement détruits aujourd'hui, et dont l'existence remonte aux premiers temps de la vie animale, comme nous le verrons dans la suite. Nous allons d'abord énumérer les restes organiques de la formation qui nous occupe, et ensuite nous donnerons une idée des ingénieuses observations du célèbre Buckland, au moyen desquelles il est parvenu à reconnaître les habitudes de quelques uns des anciens habitans du globe.

VÉGÉTAUX.

Mantellia *cylindrica*, et beaucoup de débris de conifères qui n'ont point été décrits.

ZOOPHYTES.

Cyclolites, cellepora *orbiculata*, astrea (lias supérieur), turbinolia.

RADIAIRES.

Pentacrinites *vulgaris*, — *basaltiformis*, — *subangularis*, — *tuberculatus*, — *moniliferus*, — *subsulcatus*.

ANNELIDES.

Serpula *flaccida*.

COQUILLES.

Spirifer *Walcotii*, terebratula *punctata*, — *tetrœda*, — *acuta*, — *ornithocephala*, — *crumena*, — *triplicata*, gryphæa *arcuata*, — *obliquata*, — *gigantea*, — *Maccullochii*, — *cymbium* (Lamk), plicatula *spinosa*, pecten *æquivalis*, — *barbatus*, plagiostoma *giganteum*, — *punctatum*, — *Hermanni*, lima *antiqua*, avicula *inæ-*

quivalis, — *cygnipes*, modiola *scalprum* — *hillana*, unio *crassissimus*, pholadomia *ambigua*, trochus *anglicus*, — *imbricatus*.

Ammonites *comptus*, — *costatus*, — *planicostata*, — *serpentinus*, — *sigmifer*, — *Stokesi*, dans le premier étage. Ammonites *Bucklandi*, *Walcotii*, — *Conybeari*, etc.; nautilus *intermedius*, — *strictus*, — *lineatus*, dans le second.

Belemnites *paxillosus*, — *breviformis*, — *compressus*, — *digitalis*, — *subdepressus*, dans les marnes. Belemnites *longissimus*, — *umbiculatus* (Bl.), — *elongatus*, etc.

CRUSTACÉS.

Astacus et quelques autres genres non déterminés.

INSECTES.

On n'en a point encore découvert dans le lias.

POISSONS.

M. Agassiz a reconnu, parmi les poissons du lias, les espèces suivantes :

Uræus *gracilis*, sauropsis *lutus*, ptycholepsis *Bullensis*, semionatus *leptocephalus*, lepidotes *gigas*, — *frondosus*, — *ornatus*, leptolepsis *Brauii*, — *Jageri*, — *longus*, Letragonolepsis *huteroderma*, — *semicinctus*, — *polidatus*, — *traillii*, — *altivelis*, Dapedium *politum*.

REPTILES.

Pterodactylus *macronix*, plesiosaurus *dolichodeirus*, — *macrocephalus*, ichthyosaurus *communis*, — *platyodon*, — *tenuirostris*, — *intermedius*, — *coniformis*.

Dans beaucoup de contrées, et particulièrement à Lyme-Regis en Angleterre, on a découvert une grande quantité de fœces pétrifiés de tous ces sauriens, et surtout des *ichthyosaures*.

Depuis fort long-temps on recueillait à Lyme-Regis des espèces de concrétions calcaréo-marneuses, que l'on prenait pour des fragmens arrondis par les vagues de la mer, et que l'on nommait *bezoarstones*, à cause de la ressemblance qu'elles ont avec les concrétions que l'on trouve dans l'estomac de cet animal (Pl. VIII). M. Buckland, qui avait déjà reconnu des fœces d'hyènes, conservés avec les débris de ces animaux dans quelques cavernes à ossemens, étudia avec un soin tout particulier les concrétions de Lyme-Regis, et reconnut bientôt que c'étaient de véritables excrémens de sauriens pétrifiés, qu'il nomma *coprolites*.

La longueur de ces corps varie de deux à quatre pouces, et leur diamètre d'un à deux; quelques uns sont beaucoup plus grands, et leurs dimensions se trouvent être en rapport avec celles des plus grands *ichthyosaures*, au milieu des débris desquels on les trouve. On en remarque de très petits qui doivent provenir de jeunes animaux. La couleur ordinaire est le gris de cendre avec des points noirs, quelques uns sont entièrement noirs. La substance qui les compose ressemble à de la marne endurcie; leur intérieur offre l'aspect d'une lame plissée, enveloppée sur elle-même en spirale, à peu près comme les spires d'une coquille turbinée.

On trouve, dans les fœces d'ichthyosaures, dont plusieurs ont été retirés de la région abdominale de squelettes en fort bon état, des écailles, des os et des dents de poissons appartenant au *dapedium politum* et d'autres espèces abondantes dans le *lias*, des fragmens de sèches et des taches noires provenant de ces céphalopodes; enfin des fragmens d'os de petits *ichthyosaures*. Ainsi, ces monstres de l'ancien monde se nourrissaient non seulement de poissons et de céphalopodes, mais ils dévoraient encore leurs propres enfans. On a découvert des coprolites, et en abondance, à une grande distance autour de Lyme-Regis, dans un lit inférieur du *calcaire à gryphées*, de plusieurs milles d'étendue, et ayant quelques pouces seulement d'épaisseur : ce qui semble annoncer, dit M. Buckland, que celui-ci a été pendant long-temps le fond d'une ancienne mer, le *Cloaca maxima* du Glocestershire, et le réceptacle des os et des fœces de ses habitans. Cette période doit comprendre l'intervalle qui s'est écoulé entre la dernière formation du terrain vosgien (*redmarle*, ou *keuper*), et la première du terrain jurassique.

M. *Prout*, ayant analysé les coprolites, a reconnu qu'ils sont essentiellement composés de *phosphate* et de *carbonate* de chaux, avec de petites portions variables *de fer*, de *soufre*, de *charbon* et de quelques autres matières accidentelles. Avec ces corps on a découvert des nodules noirs, qui sont des poches d'encre fossile de *sœpia* : un dessin fait avec cette encre, qui peut encore se délayer, montré à un artiste distingué, fut reconnu par lui pour avoir été fait avec de l'*encre de Chine*. C'est un phénomène très remarquable, qu'une matière aussi délicate que l'encre de sœpia ait pu être conservée à l'état fossile.

La découverte des coprolites de Lyme-Regis, jointe à celle qu'il avait déjà faite long-temps auparavant, dans la caverne à ossemens de *Kirdale*, fit penser à M. Buckland qu'il devait en exister dans toutes les formations, où l'on trouvait des restes de sauriens ; s'étant dès lors spécialement occupé de ce sujet, il en reconnut dans les dépôts de la seconde et de la troisième époque, dans le terrain jurassique, et jusque dans le calcaire inférieur à la grande formation houillère, où on ne découvrit que cinq ans après des restes de sauriens. Ces belles observations de M. Buckland, jointes à celles de Cuvier, sur les animaux fossiles de Montmartre [1], montrent quel parti on peut tirer des restes organiques enfouis dans les entrailles de la terre, pour reconnaître non seulement les genres d'animaux qui l'ont habitée avant nous, mais encore leurs mœurs et leurs habitudes.

Revenons maintenant au lias : le premier étage de cette formation est caractérisé par une grande quantité de bélemnites appartenant aux quatre espèces citées plus haut et par de belles empreintes de posidonies et d'ammonites qui se trouvent dans les marnes et les calcaires schisteux.

Le second l'est essentiellement par le *gryphæa arcuata* (Lamk) (Pl. VIII, n° 37), qui s'y montre souvent en si grande quantité que le calcaire en est pétri. En Bourgogne,

____
[1] Cuvier, Recherches sur les ossemens fossiles.

au pied occidental du Jura et dans le midi de la France, le *G. cymbium* (Pl. VIII, n° 35) se trouve mélangé avec le *G. arcuata* surtout dans le voisinage des marnes supérieures. Près d'Aix, en Provence, où le lias est bien développé, le *G. cymbium* est même la coquille dominante : dans le lias du Petit-Atlas, je n'ai trouvé que très peu de bélemnites et de posidonies, et pas une seule gryphée. Le *plagiostoma gigantea* et l'*ammonites Bucklandi* sont encore regardés comme caractéristiques du second étage : la dernière coquille a été trouvée dans le calcaire des Alpes, que quelques géologues rapportent bien au lias, mais qui est, pour moi, beaucoup plus ancien.

Emploi dans les arts. La houille, le *fer oxidé* et le gypse sont exploités dans le midi de la France ; les veines de galène et de calamine ne sont pas assez riches pour que leur exploitation puisse être avantageuse, mais les filons de cuivre carbonaté et gris, que nous avons vus dans le lias supérieur d'Afrique, sont puissans, et des recherches bien dirigées, quand on sera maître du pays, pourront faire découvrir de grandes richesses dans la contrée où leur tête se montre au jour (sur la route du col de Ténia à Médéya) (Pl. x, fig. 2). La décomposition du sulfate de fer donne naissance à du sulfate d'alumine, que l'on exploite dans plusieurs pays ; les marnes pyriteuses servent pour amender les terres ; les calcaires noduleux donnent une excellente chaux maigre et la variété blanche, des pierres lithographiques. En France, les parties inférieures du second étage fournissent des marbres qui présentent de très jolis accidens par le grand nombre de coquilles empâtées, et qui, au poli, se détachent en blanc sur un fond noir. Partout les calcaires sont employés comme pierres de construction.

Les sources sont communes et abondantes dans le groupe liasique, comme dans toutes les formations marneuses ; quelquefois elles sont salées, et ont alors leur origine dans le terrain vosgien, où se trouvent souvent des mines de sel gem-

me ; quand les marnes occupent des plaines, elles sont asse
fertiles ; mais lorsqu'elles forment de petites collines ravinée
par les eaux elles sont souvent arides ; cependant ce sont elle
qui forment les deux versans du Petit-Atlas couverts d'une
belle végétation. Le sol calcaire est moins fertile que le so
marneux, surtout quand l'inclinaison des strates est consi
dérable.

Formes du sol jurassique.

§ 86. Les montages du terrain jurassique présentent à
peu près partout les mêmes formes, qui varient avec l'incli
naison des strates.

Quand ils sont horizontaux ou peu inclinés, les montagne
sont terminées par de longs plateaux penchant légèremen
vers les vallées qui les terminent, et dans le fond desquelle
paraissent ordinairement les groupes marneux, qui séparen
les groupes calcaires les uns des autres : on pourrait dire qu
le plus grand nombre des vallées du terrain jurassique a ét
creusé dans les marnes. Ces vallées sont très évasées, com
mencent, en général, par un cirque évasé et offrent de
flancs en pente douce ; les angles saillans et rentrans se cor
respondent assez bien ; l'inclinaison du *thalweg* est pe
considérable, les angles d'intersection des différens ordre
sont assez ouverts, excepté cependant vers l'origine des val
lées, où les angles sont toujours plus aigus qu'ailleurs.

Mais il arrive souvent que les strates du terrain jurassiqu
sont très inclinés ; alors les montagnes présentent toutes u
escarpement d'un côté et une pente douce de l'autre. Au pie
de chaque escarpement, existe un talus plus ou moins élevé
et dominé par des rochers dont la hauteur est quelquefois tr
considérable. Ces rochers présentent des formes extrêmeme
bizarres ; leurs masses ressemblent souvent à de grandes mu
railles flanquées de tours : dans les Cévennes et le Jura
j'ai souvent pris ces masses de rochers pour des villages.

Les vallées sont de véritables vallées de fracture, comme

çant souvent par un cirque de soulèvement, sur les flancs escarpés; on remarque quelquefois une correspondance parfaite dans les couches, comme si, sans les déranger, on avait enlevé la portion qui manque. Les vallées du premier ordre, ainsi que les vallées longitudinales, ordinairement larges et sinueuses, présentent une alternance d'escarpemens et de pentes douces, et beaucoup de masses isolées dans leur intérieur. A la séparation, entre deux formations, il existe ordinairement une vallée longitudinale creusée dans les marnes : lorsque l'inclinaison des strates approche de la verticale, les vallées communiquent entre elles par des cols étroits, l'inclinaison du thalweg est très irrégulière, la partie horizontale du fond peu étendue; enfin on n'observe presque point de correspondance entre les angles saillans et rentrans.

Le lias occupe ordinairement de larges vallées, ou des plaines légèrement accidentées, au pied des montagnes oolitiques (environs de Nancy, chaîne de la Bourgogne, Jura, Normandie, Angleterre, etc.); mais souvent aussi il constitue à lui seul des masses de montagnes. Ces montagnes offrent de grands plateaux inclinés terminés par un escarpement dans lequel se montre le calcaire à gryphites, et les formations inférieures, et plongeant dans une large vallée, creusée dans l'étage marneux, au dessus duquel se présente souvent un escarpement de calcaire oolitique (Aix en Provence). Les plateaux sont sillonnés par des vallées étroites, comprises entre deux escarpemens dans lesquels les couches se correspondent assez bien.

Dans la chaîne du Petit-Atlas (Pl. IX et X, fig. 2,) en Barbarie, où la formation du lias acquiert une puissance de plus de 1000 mètres, l'inclinaison des couches varie depuis 0° jusqu'à 70. Les montagnes présentent peu d'escarpemens; presque partout les talus sont formés et la végétation s'en est emparée. Sur les lignes de partage des eaux, on rencontre des sommets arrondis et des crêtes fort étroites; les rameaux et

les contre-forts sont terminés par des plateaux peu étendus
les deux versans présentent des vallées profondes, étroites
et une infinité de bassins, résultant de l'action des eau
pluviales sur les marnes.

Tous les groupes du terrain jurassique se retrouvent, dan
la chaîne du Jura, en couches plus ou moins relevées, e
dont l'inclinaison est d'autant plus considérable, que le
montagnes sont plus élevées. Ces montagnes, prises isolément
présentent tous les caractères de celles à couches inclinée
dont nous venons de parler ; mais dans leur ensemble elle
offrent des relations extrêmement curieuses, et qui n'on
point encore attiré jusqu'ici l'attention des observateurs
Toute la masse du Jura est composée de grands cirques ellip
tiques, allongés, dont le grand axe est généralement dirig
du sud-ouest au nord-est comme la longueur de la chaîne
Ces cirques s'échelonnent au dessus les uns des autres, depui
la plaine de la Saône jusqu'au versant escarpé qui regard
les Alpes et tombe dans le bassin du lac Léman. Les dimen
sions de ces cirques varient ; quelques uns ont plus d
vingt lieues de long, d'autres n'en ont pas deux. Plus ils son
petits, en général, et moins ils sont allongés ; le gran
axe de l'ellipse diminue avec les dimensions du cirque
Quelques uns, ordinairement assez petits, ont une di
rection sud-est nord-ouest perpendiculaire à la directio
générale ; dans ceux-ci, les couches se trouvent presqu
toujours relevées de tous les côtés. Les vallées de fractur
(Cluse), qui sont des fentes extrêmement profondes, son
beaucoup plus larges dans les parois mêmes du cirque qu'
une certaine distance, et vont en se rétrécissant à me
sure qu'elles s'en éloignent. Dans le fond, le groupe infé
rieur, ordinairement marneux, forme des monticules plus o
moins élevés ; ce genre de cirque peut être comparé à ce qu
M. de Buch nomme *cratère de soulèvement.*

Dans les grands cirques, les strates, plus ou moins incli
nés, quelquefois même verticaux, plongent tantôt d'un côt

et tantôt de l'autre. Quand leur escarpement est dans l'intérieur du cirque, la grande largeur des vallées s'y trouve également; quand c'est la pente douce, au contraire, c'est la petite largeur.

L'intérieur de ces cirques (nommé *combe* dans le Jura) présente une infinité de monticules moins élevés que les bords et qui forment eux-mêmes de petits cirques, placés irrégulièrement les uns à côté des autres, et dont quelques uns sont occupés par des lacs. Dans les monticules, les strates ont ordinairement la même direction que dans ces deux bords du grand cirque; mais on en voit beaucoup formant des dômes et offrant des contournemens extrêmement bizarres. Les monticules représentent les débris de la croûte qui, avant le soulèvement, occupait l'intérieur du cirque.

Généralement, pour les grands cirques, la partie à l'ouest du grand axe présente des pentes douces, aux escarpemens de la partie située à l'est; mais quelquefois aussi c'est le contraire, surtout dans le voisinage des crêtes les plus élevées qui regardent les Alpes. Aux extrémités (Morez, les Planches), les strates ont souvent été brisés et relevés suivant une surface conique, pour fermer le cirque. Cette surface offre des coupures profondes qui font communiquer entre eux les cirques contigus. Quelquefois il n'y a qu'une seule grande coupure (au sud du cirque du Grand-Vaux, cirques des Planches) qui s'étend à plus d'une lieue, en s'élevant insensiblement, puis s'abaisse pour tomber dans un autre cirque.

Les cirques communiquent souvent les uns avec les autres à leurs extrémités par une grande fente, qui sert de passage aux rivières, et dans laquelle se trouvent des cascades magnifiques. Quelquefois ils sont séparés les uns des autres par des couches verticales qui forment escarpement des deux côtés; alors il est bien rare que les eaux de l'un puissent s'introduire dans l'autre. Les parois des cirques sont formées par les calcaires compactes et oolitiques, et dans le fond des formations marneuses supportent les débris de la croûte qui remplissait le cirque avant le soulèvement.

M. Thurmann, qui s'est beaucoup occupé des soulèvemens de la chaîne du Jura, a aussi reconnu ces cirques dans le Porentrui. Ce savant a distingué quatre ordres de soulèvemens dans les montagnes du Jura :

« 1°. Soulèvement qui n'a pas fait affleurer de groupe » inférieur au deuxième ;

» 2°. Soulèvement qui a fait affleurer ensemble les troi- » sième et quatrième groupes ;

» 3°. Soulèvement qui a fait affleurer le cinquième groupe » jurassique et le premier groupe vosgien ;

» 4°. Soulèvement qui a fait affeurer le deuxième groupe » vosgien. »

Il a traité avec détail, dans le beau mémoire dont nous avons déjà plusieurs fois parlé, les accidens occasionés par ces quatre espèces de soulèvemens, et dont voici une idée succincte.

1°. Les montagnes offrent une voûte plus ou moins régu-lière avec des fentes de profondeur variable, dans lesquelles les deux côtés ne sont pas au même niveau, dans les plus profondes on aperçoit les marnes du troisième *groupe juras-sique.*

2°. Le second ordre de soulèvement a donné naissance à des montagnes (cirques) formées d'une voûte oolitique (qua-trième groupe), flanquée de deux massifs stratifiés du groupe corallien, qui interceptent, avec le corps de la voûte, deux hautes vallées latérales (combes) occupées par les roches fra-giles du troisième groupe.

3°. La voûte du quatrième groupe s'est rompue d'une ma-nière analogue à celle du deuxième, et il en est encore résulté un cirque (cirque oolitique) : les deux portions de cette voûte s esont relevées de part et d'autre, et présentent deux massifs redressés, terminés par deux abruptes opposés, dominant une vallée plus ou moins profonde occupée par les groupes *lia-sique* et *keupérien,* et sur les versans de ces massifs s'élèvent, à une hauteur variable, des *flaquemens* coralliens, détachés d'eux par un glissement dû au matelas marneux du groupe oxfordien, qui vient encore ici, comme dans le second ordre, affleurer suivant deux vallées latérales.

4°. Dans les soulèvemens de cet ordre, on voit seulement au milieu de la vallée (combe) occupée par le premier groupe vosgien une crête du deuxième (muschelkalk), qui s'élève brusquement et la divise en deux combes latérales analogues aux combes oxfordiennes.

Les soulèvemens du premier et du deuxième ordre sont les plus fréquens dans toute l'étendue de la chaîne du Jura, et ceux qui ont produit la plupart des cirques ; ceux du troisième ordre sont nombreux sur le versant occidental et à l'extrémité septentrionale de la chaîne ; ceux du quatrième sont rares, et paraissent ne se rencontrer que sur le versant oriental de cette même extrémité, dans les cantons de Soleure et d'Argovie. Des fentes transversales et quelques fentes longitudinales (cluses) font communiquer entre eux les cirques résultant de ces divers ordres de soulèvement [1].

Étendue du terrain jurassique.

§ 87. Le terrain jurassique, complétement développé, constitue toute la masse de montagnes connue sous le nom de chaîne du Jura, et qui borde à l'est cette grande plaine traversée par la Saône ; du côté de l'ouest, cette plaine est également bordée par une ceinture de terrain jurassique, reposant tantôt sur les groupes vosgiens, tantôt sur ceux de la seconde série géognostique : dans ce dernier cas, le lias présente des phénomènes curieux dont on doit la découverte à M. de Bonnard, inspecteur au corps royal des mines [2].

Sur plusieurs points de la chaîne centrale de la Bourgogne,

[1] Je ne puis pas entrer ici dans de plus grands détails sur les soulèvemens du Jura. Voyez, pour cela, le Mémoire de M. Thurmann, dans ceux de la Société d'Histoire naturelle de Strasbourg, t. 1.

[2] Notice géognostique sur quelques parties de la Bourgogne. (*Annales des Mines*, t. x.)

le granite est recouvert par une arkose granitoïde à laquelle il passe insensiblement, qui renferme beaucoup de baryte sulfatée, des *gryphées*, des *ammonites*, des *plagiostomes*, des *térébratules*, etc. Par degrés, cette arkose passe au calcaire du lias, qui prend ensuite un développement considérable. Quand, au lieu du lias, c'est un groupe vosgien qui repose sur le granite, on observe encore le même phénomène entre les deux groupes.

Le terrain jurassique couvre les deux versants des montagnes de la Bourgogne, d'où il s'étend ensuite fort loin au nord, à l'ouest et au sud, au pied des Ardennes et des Vosges, où il se montre souvent très complétement développé ; sur les deux versants des Cévennes, etc.

M. Dufrénoy a reconnu que le terrain jurassique forme autour des terrains anciens du centre de la France une ceinture presque continue, qui s'étend depuis le Rhône jusqu'à l'Océan. Dans cette bande, le lias est intimement lié à la grande formation oolitique. Ce géognoste ne fait que quatre divisions dans le terrain jurassique :

1°. Le lias avec les arkoses qui le supportent ;

2°. Toute la grande formation oolitique avec le forestmarble et le cornbrash ;

3°. L'argile d'Oxford et le coral-rag [1] ;

4°. Les marnes et calcaires avec *gryphæa virgula.*

Le terrain jurassique, tantôt bien, tantôt mal développé, recouvre le versant occidental des Alpes, depuis le Dauphiné jusque sur les bords de la Méditerranée ; il repose presque partout sur le lias, caractérisé par des gryphées arquées et des amas de gypse (Haute-Provence). Mais, malgré l'autorité de géologues célèbres, je pense qu'on ne doit pas classer dans ce terrain le calcaire des Alpes proprement dit, qui renferme bien quelques bélemnites, mais jamais le *gryphæa arcuata*; je crois qu'il doit être rapporté à la grande formation

---

[1] La division de M. Dufrénoy ne diffère de la nôtre que parce qu'il réunit ces deux groupes en un seul.

calcaire de la cinquième époque, comme nous le dirons en parlant de cette formation.

Le terrain jurassique s'étend jusqu'à l'extrémité méridionale des Vosges, autour de Montbéliard et de Béfort[1] ; de là il entre dans la vallée du Rhin, où on le trouve au pied des deux chaînes qui la bordent. Près de Vieux-Brisach, il a été fracturé par les éruptions doléritiques du Kaiserstuhl, autour duquel on le trouve en lambeaux redressés : je suis porté à croire que la masse de calcaire micacé (§ 70) qui se trouve dans le centre de cette montagne, traversée par des filons doléritiques, n'est que du calcaire oolitique modifié par les agens volcaniques.

Il se retrouve aussi sur le versant oriental de la Forêt-Noire, l'où il s'étend fort loin dans l'intérieur de l'Allemagne (Pl. III, fig. 18) : nous avons déjà parlé de la célèbre localité de *Solenhofen*. Le calcaire jurassique de Franconie, dans l'intérieur duquel sont creusées tant de cavernes célèbres, passe souvent à l'état de dolomie, et renferme quelquefois des filons de basalte. M. Beudant a retrouvé le terrain jurassique en Hongrie.

En Pologne, suivant M. Pusch, le terrain jurassique se compose d'un terrain marneux plus ou moins blanc, surmonté d'une dolomie très blanche, qui contient du minérai de fer pisiforme dans sa partie supérieure : ce minérai est disséminé dans une roche arénacée à gros grains, recouverte de calcaires gris oolitiques et de conglomérats calcaires, qui paraissent former le passage du terrain jurassique au groupe lacustre du terrain crétacé. Les roches jurassiques reposent, à stratification discordante, sur la formation houillère et sur le muschelkalk ; les restes organiques qu'elles renferment sont identiques avec ceux du terrain jurassique des autres parties de l'Europe.

Le terrain jurassique est bien développé dans la Normandie et sur les côtes de la Manche, où il présente les plus grands

[1] Voyez ma Carte des Vosges.

rapports avec celui de l'Angleterre. Dans le Boulonnais (Pl. IV, fig. 18), je n'ai reconnu que la grande oolite, reposant transgressivement sur les formations de la cinquième époque, recouverte par les formations de l'argile d'Oxford, du coral-rag, des marnes et calcaires à *gryphæa virgula*, qui sont eux-mêmes recouverts par le terrain craieux ; le lias manque, ou n'a point été relevé assez haut dans cette partie de la France.

En Angleterre, tous les termes de la série jurassique sont parfaitement développés depuis la pointe de Cornouailles jusqu'à la mer d'Allemagne (Pl. III, fig. 1). Dans ce pays, les formations marneuses ont pris un développement beaucoup plus considérable que dans le Jura. On rapporte au terrain jurassique le dépôt houiller de Brora, en Écosse, qui se compose de couches de grès et de schiste contenant de la houille accompagnée d'empreintes végétales. Le dépôt carbonifère du Yorkshire paraît aussi enclavé dans la partie inférieure de la grande oolite.

Le terrain jurassique se trouve dans les Hébrides ; dans l'île de Sky, il est traversé par des roches plutoniques (*trapps, diorite* et *porphyre*), formant des dykes qui se bifurquent en s'élevant vers la partie supérieure des escarpemens ; le calcaire n'a éprouvé aucune altération par le contact de ces roches.

En Écosse, M. Boué a vu une siénite hypersténique pénétrer en petites veines dans le lias, qu'elle a sensiblement altéré.

Les formations oolitiques se sont développées dans plusieurs contrées de l'Amérique ; M. de Humboldt les a reconnues dans la zone équinoxiale.

Dans la portion de la Barbarie que nous avons parcourue, le terrain jurassique se réduit au lias, qui a pris là un développement très considérable sur une puissance de 1000 à 1200 mètres ; il constitue toute la portion du Petit-Atlas que nous avons visitée (Pl. IX, et Pl. X, fig. 2). Vers la crête des plus hautes montagnes, les argiles schisteuses sont traversées par de nombreuses veines de quarz blanc, et passent au schiste ardoise, dont on peut se servir pour couvrir les maisons.

Il existe dans les environs d'Oran (Pl. xi) une formation schisteuse dont les couches sont très relevées, composée de schiste ardoise de différentes couleurs, coupé par des veines de quarz blanc, renfermant des couches subordonnées d'un grès très dur et traversé çà et là par des masses de dolomie brune et jaunâtre. C'est à la présence des dolomies et des veines de quarz blanc, que j'attribue la transformation des argiles schisteuses en phyllade.

Dans l'Inde, le lias paraît aussi représenter à lui seul le terrain jurassique; il se trouve là au pied des grandes chaînes, renfermant en abondance le *gryphæa arcuata*, et offrant, en outre, les mêmes caractères de composition qu'en Europe. Dans les environs d'Hathi, il paraît être recouvert par une grande formation basaltique, et il repose sur un grès salifère, qui pourrait bien appartenir au premier groupe vosgien.

TERRAIN VOSGIEN.

Groupe du grès rouge (de la Bèche).

§ 88. Ce terrain est composé de trois grandes formations :

1°. *Marnes irisées, red-marle* des Anglais, *keuper* des Allemands;

2°. *Muschelkalk, calcaire conchylien* (Brongn.) ;

3°. *Grès rouge*, comprenant le *grès bigarré*, le *grès vosgien*, et le *grès rouge* proprement dit, avec ses dolomies subordonnées (Pl. ii, fig. 1; Pl. xiii fig. 2, 5 et 11; et Pl. iii, fig. 6); *zechstein des Allemands*.

Nous croyons devoir lui donner le nom de *vosgien*, parce que, dans les montagnes des Vosges, les groupes qui entrent dans sa composition sont tous réunis, parfaitement développés, et ont été étudiés avec un talent et un soin qui ne laissent rien à désirer par MM. Voltz et Élie de Beaumont.

Le terrain vosgien est composé d'une grande masse arénacée dans laquelle on distingue des *marnes*, des *argiles*,
des *grès*, des *psammites*, des *poudingues*, des *arkoses* et
des *anagénites*, contenant des couches subordonnées de calcaires et de dolomies, des amas de gypse, avec et sans sel
gemme, des couches de houille, etc. Il est divisé en deux par
une formation calcaire (*muschelkalk*), caractérisée par des
fossiles particuliers, qui paraît manquer en Angleterre, mais
qui est très bien développée en France et dans toute l'Allemagne. Dans ce dernier pays, les calcaires dolomitiques qui
séparent ordinairement le grès vosgien du grès rouge proprement dit (*rothe-todt-liegende*) prennent quelquefois un
développement assez considérable pour constituer une masse
indépendante (*zechstein*), que nous comprendrons néanmoins
dans la formation inférieure, parce que son développement
ne nous paraît être qu'accidentel.

Les espèces minérales, et surtout les métaux que nous
avons vus commencer à former des filons dans le lias, deviennent plus nombreux dans le terrain vosgien, où ils gisent
souvent en couches et en filons susceptibles d'être exploités
avec avantage.

Les restes organiques diffèrent très sensiblement de ceux
du terrain jurassique : les végétaux sont nombreux ; ce sont
des *équisétacées*, des *fougères* et des *conifères*, les *cycadées*
paraissent avoir disparu.

Cette abondance de zoophytes des groupes jurassiques ne se
retrouve plus dans les groupes vosgiens, non plus que cette
grande variété de coquilles ; on n'y cite point de bélemnites.
Les ammonites se réduisent à quatre ou cinq espèces, qui, suivant M. le comte de Munster, diffèrent de celles du terrain
jurassique, en ce qu'elles ont les deux tiers ou les trois quarts
des premiers tours de spire ouverts, point de divisions avec
des cloisons à bords ondulés et contournés, ayant six
lobes, etc.

Les poissons, les crustacés et les reptiles sont rares ; mais on en trouve cependant encore des débris.

Enfin l'aspect du terrain vosgien diffère complétement de celui du terrain jurassique.

1re FORMATION. *Marnes irisées, red-marle* (angl.), *keuper* (allemand).

§ 89. Le premier groupe vosgien, composé essentiellement de grès, de marnes et de dolomies, avec des masses de gypse subordonnées, est complexe, et peut se diviser en quatre étages, dont le dernier est extrêmement important, à cause des mines de sel gemme, et des sources salées qu'il renferme souvent : les observations de M. Charbaut, d'Alberti, E. de Beaumont et Voltz ont fait connaître ce groupe dans tous ses détails (Pl. III, fig. 6).

a, grès keupérien supérieur (keuper-sandstein; undes quadersandstein) au dessous du lias, en stratification concordante avec lui, y passant même insensiblement, et renfermant aussi le *gryphæa arcuata*; dans ses parties supérieures, vient un grès d'une couleur blanchâtre, jaunâtre ou grisâtre, quelquefois bigarrée, à grains très fins, sans ciment visible, ou bien agglutiné par un ciment quarzeux ou argileux difficile à distinguer. Cette roche renferme quelques petites paillettes de mica; son état d'agrégation est très variable et sa cassure est inégale.

Elle se présente ordinairement en strates assez réguliers de 0^m,5 à 1^m d'épaisseur, entre lesquels on voit quelquefois des bancs de calcaires sableux, même des calcaires oolitiques interposés, qui renferment souvent des masses irrégulières et aplaties d'argile. Ce grès n'est jamais schisteux, mais il est souvent friable et donne un sable fin. On y cite du fer hydroxidé en nodules, et de la stroutiane sulfatée.

Cet étage offre rarement des traces de houille, à Valmainfroy (Haute-Saône). On trouve les coquilles du lias dans sa partie supérieure; dans le département de la Moselle, on y

a découvert des *myes?* des *peignes?* et des *plagiostomes?*
avec des empreintes végétales : *clathropteris*, *meniscoides*
et un *pecopteris* indéterminé.

b, marnes irisées proprement dites. A Stuttgard, dans le
Wurtemberg, sur les deux flancs des Vosges, dans les environs de Vic, de Lons-le-Saulnier, de Charsey, en Bourgogne, etc., les derniers strates de l'étage précédent alternent
avec des marnes diversement colorées ; bientôt le grès disparaît entièrement, et les marnes se développent seules.

Ces marnes, que M. Charbaut a nommées *marnes irisées*,
présentent une alternative de bandes *blanches, vertes, vio-
lettes, rouges, grises* et *bleues.* Elles sont généralement
compactes, granuleuses, feuilletées, et leur agrégation est
très variable. On remarque, dans leur intérieur, quelques
strates plus solides d'un calcaire variable d'aspect et de nature, beaucoup de *dolomies* et quelques lits isolés de grès.
A Lons-le-Saulnier et à Vic, on voit, dans le haut, des lits calcaires presque uniquement composés de petites coquilles. A
Sierk, près Thionville, les dolomies, parfois oolitiques, renferment de *petites univalves*, des *pectinites* et des *entroques.*

MM. Charbaut et Voltz citent, dans les marnes irisées, des
masses de gypse irrégulières, qui paraissent ne pas avoir
ordinairement plus de 10 mètres de long et $0^m,5$ à 2^m d'é-
paisseur. Ces masses sont souvent enveloppées par des couches de marnes, et produisent une grande irrégularité dans
la stratification, qui est beaucoup mieux réglée quand le
gypse manque. Mais en Bourgogne, dans les environs de
Saint-Léger-sur-d'Heune, de Charsey, etc., le gypse se présente en couches très étendues.

Au dessous d'un épais banc de dolomie, vient une couche
de marne remplie de gypse fibreux non soyeux, puis un
banc de gypse blanc parfaitement régulier et parallèle à la
stratification, ensuite 2 mètres de minces lits de marne noirâtre et de gypse alternant, enfin et au dessous de tout ceci,
trois gros bancs, de 2 mètres d'épaisseur chacun, d'un

gypse grossier, mélangé, dans sa masse, avec une marne noirâtre, qui lui donne une bonne qualité à la cuisson.

Cette masse gypseuse, dont la stratification concorde parfaitement avec celle des marnes qui la renferment, est développée sur plus de deux lieues de longueur, et forme le flanc
ouest d'un rameau dont le flanc opposé est partout occupé
par le lias. Malgré toutes mes recherches, je n'ai pu découvrir, dans les marnes irisées de la Bourgogne, aucune trace
de sel gemme ; elles m'ont paru aussi entièrement dépourvues
de restes organiques. Mais dans les Vosges, dans le Wurtemberg, etc., on y cite des os et des dents de *sauriens*, des
coquilles univalves indéterminées, des *pectinites* et des *entroques*.

Les espèces minérales sont rares : elles se réduisent à du
fer pyriteux, en veines et en rognons, et de la strontiane
sulfatée fibreuse.

c, grès keupérien inférieur. Sur les deux flancs des
Vosges et de la Forêt-Noire, les marnes irisées se lient intimement dans leurs parties inférieures avec des psammites,
dont la couleur, rouge d'abord, passe insensiblement au gris.
Ces psammites alternent quelquefois avec des marnes et des
dolomies, et contiennent des couches de gypse et de houille
(Pl. III, fig. 6).

Les houilles sont accompagnées d'argiles schisteuses, qui
renferment des bivalves indéterminées, une espèce du genre
ophiura, trouvée dans les Vosges, et en abondance des empreintes d'*equisetum* et de *fougères*. Elles sont exploitées
pour combustible, ou pour minerais d'alun et de vitriol, à
cause de la grande quantité de fer pyriteux qu'elles renferment, à Walmunster (Moselle), à Noroy et à Saint-Menge
(Vosges), à Corcelles (Haute-Saône), à Gemonval (Doubs), à
Gaildorf et Wasternach, dans le Wurtemberg, etc.

d, étage salifère (terrain salifère *keupérien*). Les derniers
strates de psammite reposent sur des lits marneux d'un gris
plus ou moins foncé, contenant quelques rognons de gypse,

au dessous desquels vient une alternance d'argiles schisteuses (*salzthon*), de bancs de gypse et surtout de karsténite,
qui se trouve être un des principaux gisemens des mines
de sel gemme. Vers le bas, les argiles renferment des couches de dolomie, qui lient entre eux le premier et le second
groupe vosgien. Dans le Wurtemberg (Sulz-sur-le-Necker) les
dolomies sont très poreuses (*poröser Kalkstein* de M. d'Alberti), et, sans gypse ni sel, constituent presque à elles seules
tout l'étage.

Les mines de sel gemme du département de la Meurthe,
qui donnent de si beaux produits, sont toutes situées dans
la partie inférieure du premier groupe vosgien. Le sel s'y
présente en bancs puissans, en amas, en veines, ou enfin
disséminé d'une manière invisible dans les marnes et les
argiles. Les bancs de sel gemme ne sont presque jamais
terminés par des surfaces parallèles ; on y remarque toujours, surtout quand on a pu les explorer sur plusieurs points,
des renflemens et des rétrécissemens nombreux. Toutes les
mines de *sel marin rupestre* qu'on a pu explorer sur une
certaine étendue ont présenté cette disposition, qui n'est point
particulière au terrain vosgien. Le sel est quelquefois disséminé en particules invisibles dans les roches ; on a alors des
marnes argileuses salifères, qui précèdent souvent les amas
de sel marin, et qui se montrent aussi quelquefois seules :
on place dans ces marnes l'origine des sources salées, si communes dans des contrées où on ne connaît encore aucune
trace de sel marin, quoiqu'on l'y ait souvent cherché.

« Les roches et les minéraux qui accompagnent le sel
» gemme, dit M. Brongniart [1], offrent un exemple remar-
» quable de généralité et de constance. Ce sont, dans l'ordre
» de leur présence la plus habituelle :

» 1°. *Une marne argileuse* diversement colorée, et quel-
» quefois une marne calcaire brunâtre (*salzthon*) ;

---

[1] Sel marin, Dictionnaire des Sciences naturelles.

» 2°. Le gypse sélénite, saccharoïde, fibreux, compacte, pur
» ou mêlé d'argile, gris ou rougeâtre, rarement en strates con-
» tinus, en petits amas, en veinules ou en rognons ; enfin,
» dans une disposition qui paraît présenter en petit la manière
» d'être du sel en grand ;

» 3°. La karsténite rougeâtre, laminaire et lamellaire,
» mêlée plus ou moins abondamment avec le gypse ou avec
» le sel marin lui-même;

» 4°. Le mélange de toutes sortes de sels, qu'on a nommé
» polyhalite ;

» 5°. Le soufre en petits amas ou en cristaux. »

La question des restes organiques qui accompagnent le
sel gemme keupérien est très difficile à résoudre ; on y a souvent cité des fossiles appartenant à d'autres formations,
parce que le sel gemme se trouve aussi dans d'autres formations, à Wieliczka, par exemple, où il gît dans le groupe
marin de la troisième époque (§ 76). On n'y a jamais trouvé
de restes organiques dans le département de la Meurthe.

Minéraux. En récapitulant ce que nous avons dit dans la
description des étages, nous trouvons dans le premier groupe
vosgien les espèces minérales suivantes : fer hydroxidé, fer
pyriteux, célestine, gypse, karsténite, soufre, sel gemme,
polyhalite, mica en paillettes, stipite.

Restes organiques. Les restes organiques de cette formation sont beaucoup moins nombreux que ceux du lias,
dont elle renferme, comme nous l'avons déjà dit, quelques
uns des fossiles dans ses parties supérieures. A l'exception
des végétaux, ces restes organiques n'ont pas encore été très
bien étudiés. Voici la liste donnée dans l'ouvrage de M. de
la Bèche.

VÉGÉTAUX.

Glossopteris *Nilssonia*, pecopteris *Agardhiana*, lycopodites
patens, pterophyllum *Jageri*, — *dubium* (Ad. Brong.), maran-
toidea *arenacea*, — *arenaria* (Jager.), dans le premier étage.

Equisetum *Meriani* — *columnare*, calamites *arenaceus*, filicites,

Stuttgardiensis, — *lanceolata,* pterophyllum *longifolium,* — *Meriani.*

Point de zoophytes.

RADIAIRES.

Ophiura, espèce non déterminée.

COQUILLES.

Plagiostoma *lineatum,* cardium *pectinatum,* trigonia *vulgaris* — *curvirostris* (Schl.), — *sulcata* (Gold.), mya *musculoides,* — *elongata* (Schl.), mytilus *socialis,* — *subcostata,* — *lineata* perna *vetusta,* posidonia *Keuperiana,* — *minuta,* modiola *minuta,* venericardia, lingula *tenuissima* (Bronn.), saxicava *Blainvilli,* buccinum *turbilinum* (Helix..., Schlot). Toutes ces coquilles gisent dans les parties moyennes et inférieures de la formation

POISSONS.

On cite dans le premier étage plusieurs débris d'espèces non déterminées, et dans le quatrième quelques dents de squales.

REPTILES.

Des débris appartenant aux espèces suivantes :

Phytosaurus *cylindricodon,* — *cubicodon* (Jager.), premier étage. Mastodonsaurus *Jageri* (Hall.), ichthyosaurus *Lunevillensis* et plesiosaurus, espèce non déterminée.

Formes du sol. En Bourgogne et dans la Franche-Comté les formes du sol, du groupe keupérien offrent une assez grande analogie avec celle du terrain jurassique ; souvent les montagnes présentent un escarpement occupé par les marnes et les psammites et opposé à une pente douce formée par le grès et les strates inférieurs du lias. A Stuttgard (Wurtemberg), où cette formation est parfaitement développée, beaucoup de montagnes présentent des formes analogues ; mais on remarque aussi un grand nombre de collines arrondies quelquefois coniques, couvertes de vignes.

Emploi dans les arts. Les grès, les psammites et les dolomies fournissent d'excellentes pierres de construction. Dans plusieurs contrées, les gypses sont l'objet d'exploitations suivies et avantageuses. A Vic et à Dieuze, on a établi de grands travaux pour l'extraction du sel gemme ; enfin les houilles que nous avons citées peuvent donner un bon combustible on les exploite aussi comme minérais d'alun et de vitriol.

Les marnes, retenant très bien les eaux, donnent naissance à de nombreuses sources qui entretiennent la fertilité du sol de chaque côté des Vosges ; les céréales croissent bien sur la formation des marnes irisées ; dans le Wurtemberg et la Franche-Comté, elle supporte de superbes vignobles.

Nous parlerons des localités du terrain vosgien après la description de tous les groupes.

2ᵉ FORMATION. *Muschelkalk* (allem.), *calcaire conchylien* (Brongn.).

§ 90. Dans le sud, l'est et le nord-est de la France, et dans toute l'Allemagne, le groupe keupérien est séparé de celui du grès rouge par une assise calcaire très puissante, à laquelle Werner a donné le nom de *muschelkalkstein* (calcaire *coquillier*), à cause du grand nombre de coquilles qu'il renferme ordinairement (Pl. III, fig. 6, et Pl. XIII, fig. 5). Le célèbre professeur de Freiberg comprenait dans ce groupe tous les calcaires coquilliers de notre quatrième époque, qu'il ne distinguait pas les uns des autres, ce qui a causé de nombreuses erreurs. Aujourd'hui, on n'applique plus ce nom qu'à la masse calcaire comprise entre le groupe des marnes irisées et le grès bigarré ; masse qui est un excellent horizon géognostique, et offre tous les caractères d'une formation indépendante.

A la rigueur, on pourrait distinguer trois étages dans le second groupe vosgien :

1°. Des marnes feuilletées, grisâtres ou jaunâtres, alternant avec des dolomies à grains fins, intimement liées au groupe précédent, et passant à un calcaire gris-jaunâtre, à cassure terreuse ;

2°. Une puissante assise de calcaire compacte très irrégulièrement stratifié ;

3°. Enfin, au dessous, un calcaire et des marnes analogues à celles du haut, et qui alternent avec des dolomies à *gros grains spathiques*; mais ces diverses modifications ne sont pas toujours apparentes, et quand elles existent, elles se trouvent si intimement liées, que nous croyons devoir regarder ce groupe comme simple.

Le muschelkalk est un calcaire compacte, d'un gris de fumée, parfois jaunâtre et même rougeâtre, à cassure conchoïde mate, mélangé de petites lames spathiques, provenant de débris de pétrifications, qui le rendent quelquefois un peu grenu. La stratification est, en général, fort régulière. Plusieurs petits lits marneux, arénacés ou passant à la structure oolitique, se trouvent disséminés entre les strates du calcaire compacte; mais les marnes et les argiles, si communes dans les formations supérieures, sont rares dans celle-ci. On y cite cependant des amas salifères (Wurtemberg) tout à fait analogues à ceux du groupe supérieur, et que l'on retrouve aussi dans celui du grès rouge; circonstance qui m'avait engagé à donner, dans mon premier ouvrage, le nom de terrain salifère au terrain vosgien; mais ce nom ne lui convient pas du tout, parce qu'il est bien démontré maintenant que le sel gemme peut se trouver dans toutes les formations stratifiées.

Souvent le muschelkalk est rempli de coquilles très bien conservées; mais souvent aussi il n'en renferme presque point; il est quelquefois assez dur pour donner des marbres estimés.

Minéraux. Les métaux se présentent déjà en abondance au milieu du deuxième groupe vosgien dans quelques localités : les gîtes si riches de calamine, de plomb sulfuré et de fer hydroxidé de la Haute-Silésie y sont contenus, on les trouve ailleurs formant des veines et petits filons, qui valent rarement la peine d'être exploités; on y cite aussi du cuivre carbonaté et du cuivre oxidulé; la barytine forme souvent la gangue des minérais, elle se présente aussi en veines au milieu des calcaires.

Le sel gemme de cette formation se trouve accompagné de tous les minérais dont nous avons parlé § 89. Lorsqu'il manque, sa place est ordinairement marquée, suivant M. Voltz, par des schistes marno-argileux qui contiennent quelquefois du gypse.

Restes organiques. Ce groupe est presque aussi riche en restes organiques que ceux du terrain jurassique ; les coquilles y sont souvent distribuées par familles, *avicules, térébratules, plagiostomes,* etc.). Sur les plans de joint des strates, sont disséminées des *ammonites,* des *turbinites,* quelques *térébratules* et des *encrinites.* Le calcaire renferme souvent une si grande quantité d'entroques, que les Allemands lui ont donné le nom de *trochitenkalk* (calcaire à entroques). Voici la liste des fossiles.

VÉGÉTAUX.

Nevropteris *Gaillardoti.*

ZOOPHYTES.

Astræa *pediculata.*

RADIAIRES.

Cidaris *Grandæva,* asterias *obtusa* (Gold.), encrinites *moniliformis* (Mill.), encrinus *liliformis* (Schlot.), epitonius, ophiura *prisca.*

ANNELIDES.

Serpula *valvata,* — *colubrina.*

COQUILLES.

Terebratula *vulgaris,* — *suffata,* — *perovalis,* — *orbiculata,* delthyris *semicircularis,* lingula *tenuissima,* ostrea *cristata,* — *difformis* (Schl.), et dix autres espèces. Gryphæa *prisca* (Gold.), pecten *reticulatus* (Schl.), — *Albertii,* — *lævigatus* (Gold.). Plagiostoma *striata,* — *punctata,* — *lineata* (Schl.), avicula *socialis* (Desh.), — *costata,* mytilus *vetustus* — *socialis* (Gold.), trigonia *vulgaris* et plusieurs autres espèces.

Arca *inæquivalvis* (Gold.), cardium *striatum,* — *pectinatum,* mya *musculoides,* — *ventricosa,* — *elongata,* etc., venus *nuda,* cuculæa *minuta,* balanus, calyptræa *discoides,* copulus *mitratus,* dentalium *torquatum,* — *læve,* trochus *Albertinus,* turritella *obso-*

leta, — *deperdita*, — *detrita* (Gold.); buccinum *gregarium*, strombus *denticulatus* (Schl.); natica *Gaillardoti* (Lefroy); turbo *dubius*, nautilus *ludarsatus* (Schl.), — *nodosus*; ammonites *nodosus* (Schl.), — *subnodosus*; — *latus* (Münst.), — *bipartitus* (Gaill.).

POISSONS.

Rhyncolites *hirundo*, — *acutus* (Blainv.); dents de squales.

CRUSTACÉS.

Palinurus *Suerii* (Desm.).

REPTILES.

Ichthyosaurus *Luncvillensis*, plesiosaurus et chélonia, espèces non déterminées.

Les fossiles les plus caractéristiques de cette formation sont l'encrinites *liliformis* [1]; très commun, avicula *socialis* [2], très abondant et qui se retrouve aussi dans les autres groupes vosgiens. Enfin l'*ammonites nodosus*, qui paraît appartenir exclusivement au muschelkalk. L'avicula *socialis* (Schl.?) est quelquefois si abondant, que des parties de la roche en sont entièrement formées. C'est sur les flancs des Vosges et de la Forêt-Noire que le muschelkalk se trouve être le plus riche en restes organiques, et dans ces contrées aussi qu'ils ont été le mieux étudiés.

Formes du sol. Dans les régions peu élevées, les montagnes constituées par le muschelkalk présentent des formes analogues à celles du terrain jurassique. Quand ces montagnes offrent une pente douce et un escarpement, la pente douce est toujours occupée par le calcaire, et l'escarpement par la formation du grès rouge; mais dans les hautes montagnes, on remarque des sommets arrondis, pointus ou assez bizarrement découpés; les pentes sont très rapides et offrent même souvent de grands escarpemens verticaux; c'est ce qui arrive, du reste, pour toutes les formations calcaires qui ont été portées à une grande hauteur, comme par exemple celle qui flanque les Alpes.

[1] Pl. VIII, n° 30.
[2] Pl. VIII, n° 2.

Emploi dans les arts. Le calcaire compacte fournit d'excellentes pierres de construction, on s'en sert aussi pour obtenir de la chaux grasse : les dolomies donnent de la chaux hydraulique. Certaines couches légèrement coquillières, assez dures pour prendre un beau poli, sont exploitées comme marbre (à Épinal (Vosges), et dans quelques parties de l'Allemagne). Dans la Silésie des gîtes de calamine, de galène et de fer hydroxidé, sont assez riches pour mériter d'être exploités. On exploite du sel gemme en Wurtemberg, dans le mushelkalk.

Quand le calcaire est en strates peu inclinés, sa surface marneuse est assez fertile; il y croît des céréales et de fort beaux bois (Wurtemberg); mais quand l'inclinaison est un peu forte, les eaux, filtrant à travers les fissures des roches, laissent à sec la surface du sol, qui est alors aride, ou couverte d'une végétation languissante.

FORMATION. *Formation du grès rouge (grès bigarré, grès vosgien, zechstein et grès rouge).*

§ 91. Ces quatre groupes, dont on fait encore maintenant quatre formations différentes, me paraissent tellement liés entre eux, et être le résultat d'un même concours de circonstances, que je crois devoir les réunir dans une seule formation; c'est ce que prouvera du reste la description que je vais en donner, en les considérant comme les étages d'un même groupe géognostique, auquel je propose de donner le nom de *formation du grès rouge*, parce que cette roche y prend un développement très considérable.

1, *grès bigarré* (*bunter-sandstein* (allem.); *new-red-sandstone* (angl.), *grès de Nebra* (de Humboldt).

La partie supérieure de cet étage est souvent occupée par une marne argileuse plus ou moins schisteuse, rarement bien stratifiée, et alternant, vers le bas, avec des couches de psammite. Cette marne est rouge, grisâtre et jaunâtre; elle contient des bancs subordonnés de dolomie, de gypse et de sel gemmé; celui-ci s'y trouve quelquefois assez abondamment pour être exploité. On y voit souvent des portions de calcaire *globulaire* : c'est une substance dolomitique, composée de petits globules rayonnés du centre à la surface, et dont la grosseur varie depuis celle d'un grain de millet jusqu'à celle d'un pois; la roche ressemble à une véritable oolite. Cette partie du groupe contient parfois une grande quantité de productions cylindriques qui sont encore indéterminées.

Les psammites prennent, au dessous des marnes, un développement très considérable : ils se présentent en strates réguliers divisés par des fissures en fragmens rhomboédriques. Ils sont composés de grains de quarz très fins, et de paillettes de mica agglutinés par un ciment argilo-ferrugineux. Quelquefois (Angleterre), ils renferment des grains de feldspath et passent ainsi à l'arkose : ces roches sont souvent schistoïdes, et elles renferment parfois des portions argileuses lenticulaires très aplaties. Les couleurs sont les mêmes que celles de la marne. On remarque aussi du calcaire globulaire en couches subordonnées, et, dans les environs d'Exeter (Angleterre), des roches massives amygdaloïdes auxquelles on voit même le psammite passer insensiblement.

L'étage du grès bigarré contient quelques coquilles semblables à celles du muschelkalk, dont nous donnons la liste plus bas; mais ses restes organiques les plus caractéristiques sont des végétaux (*anamoptères, conifères* du genre *Voltzia, des équisétacées* et des *liliacées*), du plus grand nombre desquels la connaissance est due à M. Voltz.

M. Ad. Brongniart regarde les végétaux du grès bigarré comme constituant une époque particulière de végétaux terrestres, la seconde de celles établies par lui. Les équisétacées et les fougères diffèrent de celles du groupe houiller, où se trouvent les débris de la première époque de végétation terrestre; et, d'autre part, l'absence des cycadées distingue cette période de la troisième, appartenant au terrain jurassique, et qui commence au dessus du muschelkalk.

b, *grès vosgien*. Il existe quelquefois une solution de continuité entre le grès vosgien et le grès bigarré : entre Forbach et Sarreguemines, M. E. de Beaumont [1] a vu le grès bigarré recouvrir le grès vosgien à stratification progressive, et un lit de rognons dolomitiques interposé entre les deux roches ; mais c'est le résultat d'un de ces bouleversemens locaux arrivés pendant le dépôt des formations, et dont nous avons parlé plusieurs fois ; M. Voltz, au contraire, partout où il a vu ces deux roches en contact, a remarqué une concordance parfaite entre les stratifications et un passage insensible de l'une à l'autre.

Dans ses parties inférieures, le psammite (grès bigarré) prend une teinte rouge et passe insensiblement à un véritable grès composé de petits grains de quarz dont l'extérieur, seulement, est coloré en rouge par l'oxide de fer, ce qui donne à toute la masse une teinte rouge. Des grains de feldspath, en partie décomposés, et quelques particules argileuses, qui pourraient bien provenir de la décomposition complète du feldspath, se montrent çà et là mélangés avec les grains de quarz. On remarque aussi, dans la masse du grès, de gros nodules argileux qui ont jusqu'à $0^m,3$ de longueur, et qui, bien certainement, ne proviennent pas de la décomposition du feldspath. Comme ces nodules résistent moins que le grès à l'action destructive des agens atmosphériques, ils laissent souvent, en se détruisant, des cavités dans les masses.

Le grès vosgien est généralement bien stratifié, et les strates, dont l'épaisseur est très variable, sont presque toujours horizontaux. Quelques-uns offrent une structure schistoïde fort remarquable : on y distingue plusieurs systèmes de feuillets qui se croisent sous différens angles. D'autres, et surtout dans la partie inférieure de cet étage, contiennent une grande quantité de cailloux roulés, depuis la grosseur d'un œuf de pigeon jusqu'à celle du poing ; c'est alors un

[1] Observations géologiques sur quelques terrains secondaires du système des Vosges.

véritable poudingue, dont le ciment est le grès lui-même.
Les cailloux sont presque tous quarzeux, et les variétés de
quarz offrent la plus grande analogie avec celles qui formen
des veines et des filons dans les schistes des cinquième e
sixième époques. Avec ces cailloux, on en trouve quelques un
de roches feldspathiques, qui ont subi un commencemen
de décomposition. Ces cailloux sont les mêmes dans tout
l'étendue des deux chaînes qui bordent le Rhin, et les différentes variétés que l'on peut y distinguer sont toujours à peu
près dans les mêmes proportions.

Le grès vosgien recouvre souvent les roches feldspathique
granitoïdes (Pl. xiii, fig. 2); alors il commence par une arkose qui le lie intimement avec ces roches. Près de Bade
l'arkose liant le grès vosgien au granite est très bien développée. Les parties inférieures de cet étage sont souvent marneuses et renferment des rognons, des veines et quelquefoi
des couches régulières de dolomie siliceuse avec jaspe, qu
le séparent de l'étage précédent, auquel il est intimemen
lié (Pl. xiii, fig. 11) lorsque les dolomies manquent. Le
poudingues se décomposent facilement, sous l'influence de
agens atmosphériques, et donnent naissance à des sable
rouges remplis de cailloux que l'on trouve en abondance au
pied des montagnes.

Je n'ai jamais vu de roches feldspathiques se présenter e
filons ou en masses transversales dans le grès vosgien ; mai
dans les Vosges, on y exploite des filons de fer hydroxidé
compacte et hématite, accompagné de carbonate, de phosphate et d'arséniate de plomb. « Les filons du grès vosgien
» dit M. Voltz, sont composés de sables et de cailloux quar-
» zeux, provenant de ce grès, agglutinés par une matière
» argileuse et contenant de grands blocs de cette roche
» auprès du mur et du toit, ils ont toujours du minérai
» mais avec plus ou moins d'abondance, et toujours entre
» mêlés de ces sables, cailloux et blocs. »

On regarde généralement le grès vosgien comme dépourvu

de restes organiques, végétaux et animaux. J'ai cependant vu, dans la collection du docteur Mougeot de Bruyères, un morceau de bois silicifié, très usé, trouvé dans le grès, dont des parties étaient encore adhérentes à l'échantillon. M. Hogard prétend avoir recueilli quelques bivalves marines dans cette roche, aux environs de Plombières.

c, *zechstein* (*calcaire alpin de Humboldt, magnesian limestone des Anglais*, etc.). Dans les Vosges, le grès vosgien est séparé du grès rouge proprement dit (*rothe-todte-liegende*) par des lits irréguliers de dolomie siliceuse qui manquent quelquefois, mais qui quelquefois aussi (au nord-ouest de Lubine [1]) se montrent en couches très épaisses et fort étendues. En Allemagne (pays de Mansfeld, Thuringe, Franconie et Hartz), les masses dolomitiques, subordonnées au grès rouge, se sont développées sur une épaisseur de 30 à 40 mètres, et ont été considérées par plusieurs géologues comme constituant un groupe indépendant, dans lequel on distingue deux étages bien tranchés : une masse calcaréo-magnésienne et une masse schisteuse, que l'on retrouve également dans le nord de l'Angleterre, différant un peu cependant de celles d'Allemagne (Pl. iii, fig. 2).

1°. La roche principale (zechstein) est un calcaire magnésien passant à un calcaire celluleux à grains cristallins (rauchwacke), à un calcaire ferrifère (eisenkalk). Quelques couches du calcaire fétide (stinkstein) sont subordonnées dans la masse; quelques autres sont remplies de productus (*calcaires à productus*) (Pl. viii, n° 8).

Des traces de véritable houille, soit en couches, soit en parties disséminées, se présentent dans cet étage ; on y a aussi cité du gypse avec sel gemme : il est possible qu'il en existe, mais la plupart des mines de sel gemme, qu'on avait d'abord cru appartenir à cette formation, ont été reconnues

---

[1] Description géologique de la partie méridionale des Vosges, page 82, et Pl. xiii, fig. 11.

ensuite appartenir à celle du muschelkalk, qu'on a souven[t]
confondu avec le zechstein.

Il renferme bien certainement des veines et des filon[s]
exploitables de galène, de calamine, de fer hydroxidé, et de[s]
minérais de mercure.

Le groupe du zechstein contient beaucoup de restes organiques qui ont plus d'analogie avec ceux de la cinquième
époque qu'avec ceux de la quatrième : nous en donnons la
liste plus bas.

2°. A cause du voisinage de la grande formation houillère
avec laquelle le zechstein est quelquefois intimement lié, ses
parties inférieures participent à cette grande accumulation
de carbone qui caractérise cette dernière : tantôt c'est toute
la masse qui est pénétrée de parties bitumineuses, tantôt le
bitume est contenu dans des couches marneuses intercalées.
Les plus célèbres de ces couches occupent la partie inférieure
de la formation; elles sont composées d'un schiste avec minérais de cuivre (*keupfeschiefer*), renfermant de nombreux
poissons fossiles très bien conservés. Le plus souvent il n'y
a qu'une seule couche de schiste cuivreux; mais quelquefois
plusieurs qui alternent avec des strates calcaires. M. de
Humboldt a vu, dans les deux continens, les marnes cuivreu-
ses représentées par de petites couches d'argiles schisteuses
carburées, d'un brun noirâtre, faiblement chargées de bitume et remplies de pyrites.

Ces argiles schisteuses ressemblent un peu à celles de[s]
houilles, mais elles en sont distinguées par l'absence de[s]
impressions de fougères; on ne trouve ici que des lycopode[s]
et des fucoïdes. Nous donnons plus bas la liste des poisson[s]
qui caractérisent particulièrement cet étage.

Les minérais de cuivre que renferment les argiles schisteuses sont assez abondans pour mériter d'être exploités dan[s]
les contrées allemandes que nous avons citées plus haut.

d, *grès rouge*, rothe-todte-liegende. « Cet étage est en
» grande partie formé de débris provenant de la destructio[n]

» partielle des roches sur lesquelles il repose, tantôt anguleux,
» tantôt arrondis et d'une épaisseur considérable [1]. » Dans
les Vosges, où le zechstein n'est représenté que par des lits
de dolomie, ordinairement discontinus, le deuxième et le
quatrième étage du groupe que nous décrivons sont presque toujours intimement liés : les parties inférieures du grès
vosgien, se chargeant peu à peu de matières argileuses, deviennent schistoïdes et passent à une masse marno-argileuse
rouge, dans l'intérieur de laquelle on rencontre des strates
subordonnés de véritables grès, quelques calcaires et dolomies, et beaucoup de conglomérats. Ceux-ci occupent ordinairement la partie inférieure, et lient quelquefois le grès
rouge au grès houiller.

J'ai vu le grès rouge, avec ses conglomérats, reposer sur
toutes les roches plus anciennes que lui, et toujours en stratification discordante : sur les granites, les gneiss et les leptinites, il commence par des anagénites, composées de fragmens plus ou moins arrondis de ces trois roches réunies par
un ciment argileux ou siliceux : quelquefois c'est une arkose
qui le lie intimement aux roches feldspathiques. Sur les phyllades, la stratification est transgressive, et les conglomérats
contiennent beaucoup de fragmens de ces roches. Sur les
eurites et les porphyres de toutes les espèces, le grès rouge
commence par des argilolites et des argilophyres, qui passent insensiblement aux eurites et porphyres, de la décomposition desquels ils proviennent. La couleur de ces argilolites et argilophyres varie : ils sont rouges, gris, bleuâtres
et souvent maculés de blanc; ils passent souvent à l'arkose,
qui passe elle-même au grès (Pl. XIII, fig. 2 et 11).

Comme la surface des roches euritiques et porphyriques est
ordinairement hérissée d'aspérités, dont quelques unes forment des dykes fort étendus, ceux-ci ayant été recouverts
par le grès rouge se trouvent aujourd'hui pénétrer dedans,
comme s'ils y avaient été introduits postérieurement à son

[1] Traduction de de la Bèche, p. 484.

dépôt. Mais, dans les Vosges, un examen attentif m'a démontré que tous ces prétendus filons ou dykes tiennent aux masses
porphyriques inférieures, et qu'à leur contact avec le grès
ils sont toujours transformés en matières argileuses, comme
les autres parties de ces masses recouvertes par lui.

Je n'admets donc point que les deux grandes formations
porphyrique et *euritique*, qui appartiennent à la seconde série, aient pénétré en masses transversales dans le grès rouge,
comme l'assurent encore beaucoup d'observateurs ; mais
nous avons trouvé des roches porphyriques et même granitiques, dans des terrains plus modernes ; il n'est donc pas
étonnant qu'il en existe aussi dans le grès rouge : ces roches proviennent, probablement, d'autres masses que celles
qui se trouvent immédiatement sous le granite, et dont les
ramifications se sont étendues jusque dans le grès houiller.
Nous aurons encore plusieurs fois occasion de revenir sur
ce sujet.

Le grès rouge (rothe todte liegende) est généralement
bien stratifié, les strates sont horizontaux, ou généralement
inclinés quand ils recouvrent les roches de la formation houillère, mais l'inclinaison diminue toujours à mesure qu'on
approche du grès vosgien.

Le todte-liegende paraît toujours dépourvu de métaux et les
autres espèces minérales y sont fort rares ; elles se réduisent
aux dolomies et aux jaspes dont nous avons déjà parlé,
quelques veines d'oxide de fer, des veines et des cristaux de
chaux fluatée et de chaux carbonatée.

Dans les Vosges, le grès rouge contient des débris de conifères quelquefois silicifiés. M. de Humboldt dit que le grès
rouge, dans les deux hémisphères, renferme beaucoup de
débris de végétaux. Dans la Thuringe, on y a découvert des
troncs de 1^m de diamètre et de 8 à 10 de longueur, dont
la position verticale de quelques uns semble annoncer qu'ils
vivaient dans le lieu même où on les trouve maintenant. Je
ne crois pas qu'on y ait encore cité de débris du règne animal

Minéraux. Les métaux du groupe qui nous occupe, ne se trouvant que dans les trois premiers étages, sont de la galène, du fer hydraté, du cuivre sulfuré et du cuivre carbonaté, de l'oxide de cobalt, de l'oxide noir de manganèse, de la calamine, du mercure disséminé dans les schistes cuivreux, de l'argent muriaté et même de l'argent natif. Les autres espèces minérales sont le sel gemme avec tous les minéraux qui l'accompagnent, la chaux carbonatée en veines et en cristaux, de la célestine, de la barytine, du quarz hyalin, de la chaux fluatée, du bitume, de la houille et peut-être du lignite.

Restes organiques. Nous ferons deux divisions dans les restes organiques de cette formation : ceux du grès bigarré et ceux du zechstein ; ceux des deux autres étages étant fort rares et encore mal connus.

GRÈS BIGARRÉ.

VÉGÉTAUX.

Equisetum *columnare*, calamites *arenaceus*, anamopteris *Mougeoti*, nevropteris *Voltzii*, — *elegans*, sphenopteris, myriophyllum, *palmeta*, felicites *scolopendroides*, Voltzia *brevifolia*, — *elegans*, — *rigida*, — *acutifolia*, — *heterophylla*, convallarites recta, — *nutans*, paleoxyris *regularis*, echinostachys *oblongus*, æthophyllum *stipulare* (Ad. Brong.).

COQUILLES.

Elles diffèrent peu de celles du muschelkalk. On a reconnu les espèces suivantes :

Avicula *socialis*, — *costata*, mytilus *eduliformis*, plagiostoma *lineatum*, — *striatum*, mya *musculoides*, — *elongata*, natica *Gaillardoti*, turritella *Schloterii*, buccinum *antiquum*.

REPTILES.

Des débris de sauriens ont été découverts dans le grès bigarré des Vosges, à Ruaux, près Remiremont, et à Soultz-les-Bains, par MM. Puton et Voltz.

Un fait des plus curieux, c'est qu'à Carneokle-Muir, près de Dumfries, il existe, sur la surface du new-redsandstone, des traces de pieds de tortue et d'autres reptiles, parfaitement reconnaissables.

ZECHSTEIN.

VÉGÉTAUX.

Ils appartiennent presque tous au second étage. On a pu distinguer les espèces suivantes : Cupressus *Ullmani* (Bronn.) Bruckmania *bulbosa* (Stern.), fucoides *Brardii,* — *selaginoides* — *lycopodioides,* — *frumentarius,* — *pectinatus,* — *digitatus* pecopteris *arborescens,* — *abbreviata,* lycopodites *Hœninghausi* (Ad. Brong.)

ZOOPHYTES.

Retepora *frustracea,* — *virgulacea,* gorgonia *anceps,* — *dubia,* — *antiqua,* — *infundibuliformis,* calamopora *spongites.*

RADIAIRES.

Encrinites *ramosus,* cyathocrinites *planus,* et plusieurs genres de crinoïdes non déterminées.

COQUILLES.

Productus *aculeatus,* — *rugosus,* spirifer *alatus, trigonalis, minutus,* terebratula *elongata,* — *paradoxa,* — *pygmæa* etc. modiola *acuminata,* cucullæa *sulcata,* arca *tumida,* axinus *obscurus,* avicula *gryphæoïdes,* mytilus *squamosus,* — *striatus,* unio *hybridus,* et quelques autres bivalves mal conservées, qu'on pourrait rapporter aux genres plagiostoma, venus, etc. Les univalves sont des dentales, turbos, pleurotomaires et mélanies, quelques orthocératites, fort rares, et quelques ammonites, parmi lesquelles on distingue l'ammonites *gibbosus.*

POISSONS.

Ils appartiennent tous aux schistes cuivreux. M. de Blainville y a reconnu six espèces du genre palæothrissum, et une des genre palæouiscum, clupæa et stromateus. On y cite encore plusieurs autres genres non déterminés.

CRUSTACÉS.

Trilobites bituminosus.

REPTILES.

On a découvert des débris de monitor dans les schistes cuivreux de la Thuringe.

Formes du sol. En traitant des formes du sol occupé par le troisième groupe vosgien, nous ne parlerons pas du zechstein, qui a rarement pris un développement très considérable, et qui, du reste, présente des formes semblables à celles le tous les groupes calcaires de la quatrième époque, formes qui varient avec l'inclinaison des couches, comme nous l'avons déjà dit.

Nous prenons pour type des formes de ce troisième groupe elles qu'il présente dans les chaînes des Vosges et de la Foêt-Noire, où il a pris un développement considérable.

Les montagnes de grès vosgien sont les plus élevées de celles u groupe ; elles atteignent jusqu'à 1000 mètres au dessus u niveau de la mer : ce sont de grands plateaux plus ou moins tendus, découpés par des vallées souvent très profondes, de haque côté desquelles les couches se correspondent assez ien [1]. Ces vallées sont ordinairement très étroites à leur oriine, et s'élargissent à mesure qu'elles s'étendent. Entre les ivers plateaux morcelés par des vallées, ce qui leur donne aspect de véritables montagnes, il existe des cônes, dont le ommet est toujours obtus, formés de couches horizontales.)n remarque, sur les flancs et au pied de ces cônes, une rande quantité de débris qui dévoilent leur mode de formaion : leur hauteur, égale à peu près à celle des plateaux voiins, annonce qu'ils sont les restes de masses plus considéables qui ont été dénudées. On voit aussi des cônes et de emblables plateaux isolés sur le granite et le gneiss ; quel)ues uns de ces cônes sont composés de blocs entassés les ins sur les autres.

Le rothe-todte-liegende se montre dans de petites plaines ²t le fond des vallées au pied des montagnes du grès vosgien, ormant des plateaux et des collines très aplaties. A l'extrénité sud des Vosges, il occupe un espace de six lieues de ong sur trois de large, couvert de collines peu élevées et oujours aplaties. Le grès bigarré occupe ordinairement des plateaux et des collines sur les flancs des montagnes du grès vosgien.

Emploi dans les arts. Le sel gemme peut quelquefois être

[1] Voyez ma Carte géognostique des Vosges.

exploité avec avantage ; mais les couches de houille ne paraissent pas être assez étendues pour cela. Les métaux que nous avons cités dans les trois premiers étages, et surtout les minéraux de cuivre du zechstein, donnent de beaux produits dans plusieurs parties de l'Allemagne. Les grès, les psammites et les calcaires fournissent de très bonnes pierres de construction, les couches les plus dures du grès vosgien des meules à aiguiser et à moudre le grain. Les psammites du premier étage se divisent souvent en plaques minces (*lavés*), qui servent à couvrir et à paver les maisons. Les dolomies siliceuses donnent de la chaux hydraulique, que l'on emploie beaucoup dans les Vosges. Les anagénites du todte-liegende se divisent en plaques minces, dont le cultivateur tire grand parti pour clore ses champs et paver ses bâtimens d'exploitation. Les argilolites et les argilophyres, étant très réfractaires, sont exploités pour la construction des fours et des fourneaux (*pierres à four*); enfin les sables provenant de la décomposition du grès vosgien sont ordinairement très purs et excellens pour les mortiers.

Dans les parties inférieures de la formation du grès rouge, les sources sont rares, cependant les puits sont peu profonds; mais l'eau n'en est pas d'une bonne qualité. La végétation du sol est languissante : il est couvert de friches, de mauvais prés et de champs dans lesquels les céréales et les pommes de terre croissent mal. Dans le grès vosgien et le grès bigarré, les sources sont plus communes, cependant elles sont encore rares; et la fertilité du sol n'est pas très grande, surtout sur les pentes inclinées; les plateaux sont généralement couverts de beaux bois, dans lesquels le chêne et le hêtre se trouvent mélangés avec le sapin. Les céréales et les pommes de terre croissent assez bien sur le grès vosgien; le fond des vallées est ordinairement couvert de belles prairies.

Etendue du terrain vosgien.

§ 92. Le terrain vosgien, tel que nous venons de le décrire

forme la plus grande partie des chaînes qui bordent le Rhin depuis Bâle jusqu'à Mayence, et s'étend fort loin, sur le versant occidental des Vosges, et le versant oriental de la Forêt-Noire jusque bien avant dans l'intérieur de l'Allemagne. Ici le zechstein est souvent bien développé; tandis qu'en France il n'est représenté que par des dolomies, qui forment rarement des couches régulières. Le terrain vosgien, plus ou moins bien développé, se montre sur un grand nombre de points de la surface de ce royaume (en Bourgogne, dans le Jura, la Provence, le Rouergue), ordinairement avec le muschelkalk, mais sans zechstein; on regarde cependant, comme appartenans à ce groupe, les schistes bitumineux avec poissons des environs d'Autun. Ce terrain est assez bien développé dans le grand duché de Luxembourg; il forme, au pied oriental des Ardennes, une bande étroite, qui s'étend depuis Vianden jusqu'à Radange. En Angleterre, le terrain vosgien comprend tout ce que les géologues de cette contrée ont nommé *red-marle*, *newredsandstone*, *newermagnesian* et *conglomérate limestone*, ce sont les marnes *irisées*, le *grès bigarré*, le *grès rouge* avec des conglomérats représentant les poudingues du grès vosgien et le zechstein, *newer-magnesian limestone* (Pl. III, fig. 1). Le muschelkalk paraît toujours manquer dans ce pays. D'après M. le professeur Sedwick, le groupe du calcaire magnésien est composé de calcaire en couches minces, de marnes gypseuses, de calcaire magnésien jaune, de schistes marneux et de calcaire compacte. Il est recouvert par un grès rouge avec des conglomérats, sur lequel repose immédiatement le red-marle (marnes irisées). Dans le Devonshire, les conglomérats du grès rouge renferment de gros blocs arrondis de porphyre quarzifère, qu'on voit aussi dispersés çà et là sur les flancs des collines. Aux environs d'Exeter, des roches feldspathiques amygdaloïdes pénètrent le grès rouge dans lequel elles ont souvent causé des altérations et des dérangemens considérables. Sur quelques points, on observe même un passage insensible entre les roches et le grès. Dans l'île d'Arian (une des Hébrides), des dykes d'obsidienne porphyroïde, qui traversent le nouveau grès rouge, pénètrent jusque dans le lias ; et ont souvent changé l'état d'agrégation des roches.

D'après les observations de M. de Humboldt, il existe un terrain de grès rouge très développé dans l'Amérique du sud et dans le Mexique, qui représente le terrain vosgien. Il repose, comme dans les Vosges, sur les granites, les porphyres et les schistes, dont les conglomérats renferment un grand nombre de fragmens. Les cordilières de Quito ont offert au célèbre Prussien la formation de grès rouge la plus étendue qu'il eût encore observée : tout le plateau de Larqui et de Cuença en est recouvert sur une étendue de vingt-cinq lieues ; dans les conglomérats, on remarque des fragmens de porphyre, qui ont jusqu'à 9 pouces de diamètre. Il fait remarquer que ce groupe ressemble beaucoup à celui du todteliegende. Quelques voyageurs assurent que le grès rouge s'étend depuis Mexico jusqu'au centre de l'Amérique septentrionale. En parlant du grès bigarré (*grès Præcilien*) M. Brongniart dit que c'est une des formations les plus étendues, et qu'elle peut être considérée comme presque enveloppante.

Les voyageurs qui ont pénétré dans l'intérieur de l'Afrique parlent souvent d'un terrain de grès rouge avec sel gemme, qui pourrait bien être notre terrain vosgien ; nous n'en avons trouvé aucune trace au dessous du lias dans les montagnes du Petit-Atlas, ni dans celles des environs d'Oran : le sel que les Arabes amènent au marché de cette ville n'est point du sel gemme, mais bien du sel marin provenant des environs d'Arzeu. M. René Caillé, qui a traversé le grand désert du Sahara, m'a dit n'y avoir point rencontré de grès rouge.

TERRAIN DE TRANSITION, TERRAIN INTERMÉDIAIRE, SUBMEDIAL
ORDER (ANGL.), ETC. (Pl. II, fig. 1, et Pl. III, fig. 1 et 2.)

§ 93. Nous comprenons dans notre cinquième époque toutes les masses stratifiées depuis la grande formation houillère inclusivement jusqu'aux talcschistes exclusivement, masses qui contiennent encore des restes organiques en plus ou moins grande quantité, suivant les contrées, mais dans lesquelles on les voit cependant généralement diminuer, à mesure qu'elles occupent un niveau plus profond, jusqu'aux roches de la sixième époque ; les premières si l'on veut partir de la création du globe, dans lesquelles on n'en a point encore trouvé.

La grande formation houillère, recouverte par le grès rouge dans beaucoup de contrées, commence une grande époque géognostique ; il y a presque toujours une solution de continuité bien tranchée entre elle et les groupes de la quatrième époque ; les parties inférieures du grès rouge elles-mêmes reposent, à stratification transgressive, sur le grès houiller et sur les autres masses de la cinquième époque. Il y a plus, la composition minéralogique des roches, considérée dans l'ensemble des groupes, établit encore une différence marquée entre les deux époques. Dans la quatrième, la presque totalité des roches a été formée par voie de sédiment ; les roches cristallines n'y sont qu'accidentelles. Dans la cinquième, les roches de cette nature sont abondantes, quoique le plus grand nombre se présente en masses transversales dans les roches de sédiment ; celles-ci elles-mêmes ont ordinairement un aspect semi-cristallin et les plus inférieures finissent par devenir tout à fait cristallines.

« Si l'on examine les formations de transition d'après leur structure et leur composition oryctognostique, dit M. de Humboldt [1], on y distingue cinq associations bien marquées :

[1] Essai géognostique, page 98.

» les roches schisteuses, les roches porphyritiques, les roches
« calcaires, grenues et compactes, avec gypse anhydre et sel
» gemme ; les roches d'euphotide, et les roches agrégées,
» psammites, brèches, etc.; en général ces cinq groupes
» de roches ne conservent pas partout la même place dans
» la série des formations de transition : ils ne se trouvent
» guère séparés dans la nature, comme dans une classifica-
» tion oryctognostique des roches.

» On observe que les schistes et les calcaires noirs, les
» schistes et les porphyres, les schistes et les psammites, les
» pséphytes, etc., les porphyres et les siénites, les calcaires
» grenus et les micaschistes anthraciteux forment des associa-
» tions géognostiques dans les contrées les plus éloignées les
» unes des autres. C'est la constance de ces associations bi-
» naires ou ternaires, qui caractérise les formations de la
» cinquième époque, bien plus que l'analogie qu'offre dans
» chaque groupe la succession des roches homonymes. »

Les espèces minérales sont très nombreuses dans les roches
de la cinquième époque ; les métaux s'y montrent en grande
abondance : les gîtes les plus communs sont de formation
postérieure : *filons, veines et géodes*; mais on y trouve
aussi beaucoup de *couches* et d'*amas*.

D'après toutes les observations faites jusqu'à ce jour, on
peut conclure que c'est dans les couches les plus inférieures
de cette époque que les êtres organisés ont commencé à
paraître dans les eaux et sur la surface de la terre. Ces êtres
ont presque tous une organisation particulière et sont entièrement inconnus aujourd'hui. Il y a entre eux une ressemblance vraiment extraordinaire dans les contrées les plus
éloignées les unes des autres, ce qui est conforme aux principes que nous avons énoncés, § 41.

La cinquième époque nous offre la première période de
végétation terrestre : les plantes dominantes sont des *fucoïdes*, des *calamites*, des *fougères*, des *lycopodes* et des
conifères dans la partie supérieure.

La classe des zoophytes est très nombreuse : *polypiers*, *madrépores*, *encrinites*, etc.; les mollusques sont des *ammonites*, des *orthocératites*, des *térébratules*, des *productus*, des *spirifers*, des *bellérophes*, etc., peut-être bien des *bélemnites*; et certainement encore des coquilles d'eau douce et même des coquilles terrestres.

Les crustacés appartiennent à une famille particulière; les *trilobites* (Pl. VIII, n° 20 et 21).

Les vertébrés sont *des poissons et des sauriens*, découverts récemment en Angleterre dans le calcaire carbonifère avec des coquilles lacustres.

On peut distinguer deux grands terrains dans la cinquième époque : *le terrain carbonifère*, et le *terrain schisteux*.

TERRAIN CARBONIFÈRE.

§ 94. Il se compose de trois formations : 1° la *grande formation houillère* proprement dite ; 2° le *calcaire carbonifère*; 3° *la formation du vieux grès rouge*; c'est une masse arénacée analogue à celle qui termine la quatrième époque ; séparée en deux par une puissante assise calcaire, qui manque quelquefois, et alors le groupe houiller se trouve entre deux masses de grès rouge, avec lesquelles il est rarement intimement lié, surtout dans sa partie supérieure.

1re FORMATION. *Grande formation houillère, terrain houiller*, etc.

§ 95. Le groupe que nous allons étudier est connu depuis un temps immémorial ; le combustible qu'il renferme presque toujours a forcé les hommes d'exécuter dans son intérieur de grands et nombreux travaux, qui en ont parfaitement fait connaître la constitution géognostique : il est complexe ; on peut y distinguer deux étages et quelquefois trois, quand le grès houiller se développe seul à la partie supérieure sur une certaine épaisseur, mais cela est assez rare. (Pl. II, fig. 1, et Pl. IV, fig. 18.)

a. Le premier étage de la formation houillère est composé de roches arénacées (psammites, arkoses, conglomérats), alternant avec des schistes qui renferment un grand nombre de débris végétaux.

Les psammites, désignés sous le nom de *grès granitique,* de *grès granitoïde,* passent souvent à l'arkose : en général, ces roches sont formées de grains de quarz, de feldspath avec des paillettes de mica, réunis par un ciment argileux ; on y remarque aussi des fragmens de plusieurs autres espèces de roches, provenant des groupes antérieurs qui gisent dans le voisinage. La grosseur des fragmens ou des grains est très variable : on y distingue des psammites à petits grains tout à fait semblables à ceux du terrain schisteux, que l'on nomme *grauwackes,* des conglomérats à gros fragmens, brèches, poudingues et pséphytes, et de véritables grès, mais fort rares. Toutes ces roches alternent avec des schistes argileux passant souvent au phyllade ; les psammites à petits grains eux-mêmes deviennent schistoïdes. C'est au milieu de cette alternance de conglomérats et de schistes que se trouve la houille, en couches ou en amas plus ou moins nombreux, accompagnée d'une grande quantité d'empreintes végétales, qui gisent particulièrement dans les roches schisteuses, et de fer carbonaté lithoïde en nodules, formant souvent des bancs réguliers. Près des couches de houille, le schiste argileux est ordinairement d'un gris bleuâtre, tendre et doux au toucher ; en s'en éloignant, il devient dur et passe au phyllade. Il est souvent pénétré de fer carbonaté et de fer pyriteux, qui forment quelquefois la substance des végétaux fossiles ; mais ceux-ci sont toujours recouverts d'une enveloppe charbonneuse plus ou moins épaisse : les schistes sont souvent bitumineux.

Les couches de houille se trouvent ordinairement à peu de distance les unes des autres ; leur nombre est quelquefois très considérable : aux mines *du Fléau,* près Mons, on en compte 46 ; à Saint-Étienne, plus de 20, etc. L'épaisseur de ces couches, que les ouvriers nomment *puissance*, est très variable; elle se trouve ordinairement comprise entre $0^m,5$ et $1^m,5$, quelquefois elle n'est que de quelques centimètres. A Mons, au contraire, elle va à 5 ou 6 mètres; d'autres fois, elle augmente tellement que ce sont de véritables amas: ceux que l'on exploite à Aubin (Aveyron). La houille est souvent mêlée d'anthracite et parfois de carbone pulvérulent (Champagney, au pied sud des Vosges).

La puissance d'une même couche de houille est ordinairement assez constante; mais il arrive aussi que ces couches présentent des étranglemens et des renflemens successifs : elles sont souvent coupées par des roches plutoniques et des filons de diverses natures, qui, en les traversant, ainsi que les couches adjacentes, ont rejeté une partie de la couche hors de son alignement et produit une faille. Les couches de houille présentent une infinité d'accidens dont le détail appartient à un traité spécial : parallèles aux strates de psammite et de schiste, dans lesquels elles sont encaissées, elles en suivent toutes les inflexions : on a vu toutes les couches présenter la forme d'un Z, sans se briser (en Flandre et en Belgique).

Cet étage est connu depuis fort long-temps sous le nom de *terrain houiller*. Il renferme plusieurs espèces minérales, dont les plus communes sont le fer pyriteux en veines et en parties disséminées, le fer carbonaté argileux, en nodules formant des bancs réguliers quelquefois très nombreux : on y cite de la galène et plus rarement de la blende, des minérais de cuivre et même d'argent; on trouve aussi du pétrole dans quelques localités.

Les restes du règne végétal sont *des troncs*, *des feuilles* et *des fruits* de végétaux monocotylédons et de *conifères*. A la houillère du Treuil, près de Saint-Étienne, il existe au dessus de la houille, dans une puissante assise de psammite, une grande quantité de tiges dont plusieurs sont verticales : « C'est une véritable forêt fossile de végétaux » monocotylédons, dit M. Brongniart, d'apparence de *bam-*

» *bous* ou de grands *equisetum*, comme pétrifiés en place. » On a aussi trouvé dans cet étage des coquilles univalves et bivalves, dont nous donnons la liste plus bas, avec celle des végétaux.

b. Dans plusieurs contrées, et particulièrement dans les Iles-Britanniques, au dessous de la masse des conglomérats avec schistes renfermant des couches de houille, en vient une autre (*millstone grit and shale*), composée d'une arkose granuleuse, grossière et de schistes alternant entre eux : les grains de quarz de cette arkose sont souvent assez gros pour lui donner l'aspect d'un poudingue ; les schistes présentent à peine quelques caractères qui puissent les distinguer des argiles schisteuses du premier étage : ordinairement, l'arkose domine vers le haut et les schistes vers le bas.

Cet étage renferme des lits minces et peu nombreux d'une mauvaise houille, des strates subordonnés de calcaire, qui ont quelque analogie avec ceux du groupe calcaire inférieur, mais qui sont ordinairement plus noirs et contiennent plus de bitume : ces calcaires lient intimement les deux groupes (Charlemont, Ardennes). Le fer carbonaté en nodules forme aussi quelquefois des bancs dans cet étage ; le fer pyriteux est très abondant : on y rencontre accidentellement quelques filons métalliques, dont le siége principal est dans la formation inférieure.

Les schistes de cette division offrent des empreintes végétales semblables à celles de la première ; les calcaires et même les roches arénacées contiennent des coquilles.

Minéraux. Les espèces minérales qui ne forment point de couches ou de grosses masses dans la formation houillère, sont des minérais d'argent et de cuivre, de la galène, de la blende, du fer pyriteux, de la chaux carbonatée, de la dolomie en cristaux, des agates, de la calcédoine, de la prehnite, de la chabasie, du feldspath et du mica en parties disséminées dans les roches ; du bitume presque pur, qui découle quelquefois des couches de houille, et du fer carbonaté ; du ga hydrogène carboné (grisou), qui paraît être engagé dans les fissures de la houille ; mis en liberté par l'exploitation ; il s'accumule souvent dans les galeries, où, avant la belle invention de Davy, il était souvent enflammé par les lampes dont se servaient les mineurs, et produisait d'horribles catastrophes. Aujourd'hui même encore que la lampe construite par cet homme célèbre devrait mettre les ouvriers à l'abri de tout accident, le grisou s'enflamme quelquefois par leur imprudence, et les fait périr au milieu des plus cruels tourmens.

Toutes les roches de la seconde série, à l'exception des roches granitiques peut-être (*eurites granitoïdes, porphyres, eurites compactes, diorites, trapps, basaltes*, etc.), pénètrent en masses transversales dans la formation houillère, où elles ont causé des dérangemens et des altérations très sensibles; dans le voisinage de ces masses, la houille a souvent perdu son bitume et s'est transformée en anthracite.

Ces roches anomales sont quelquefois très abondantes et tellement disposées dans un petit espace, qu'elles semblent former des couches alternant régulièrement avec les psammites et les argiles schisteuses ; mais si l'on suit ces couches, on ne tarde pas à reconnaître qu'elles ne se continuent pas.

Restes organiques. Ceux du règne végétal sont infiniment plus nombreux que ceux du règne animal. C'est à cette époque que la végétation monocotylédone paraît avoir été le mieux développée sur la surface de la terre : à en juger par leurs débris, les *fougères* et les *equisetum* étaient alors gigantesques. M. Nicol, en découpant en tranches très minces, et polissant ensuite les bois fossiles du groupe houiller, a reconnu parmi eux une grande quantité de *conifères* dont l'existence avait été contestée jusqu'à lui. Les restes du règne animal sont *des coquilles marines* et *lacustres*, des débris de *poissons et d'insectes*. Voici la liste des restes organiques, extraite de celle beaucoup plus complète, donnée dans l'ouvrage de M. de la Bèche.

VÉGÉTAUX.

Equisetum *infundibuliforme*, — *dubium*, calamites, douze espèces, *decoratus*, — *undulatus*, — *ramosus*, etc. De la famille des fougères, M. Ad. Brongniart a reconnu les genres suivans : sphenopteris, vingt-six espèces, *furcata*, — *elegans*, — *stricta*, etc. Cyclopteris *orbicularis*, — *reniformis*, — *obliqua*, nevropteris, dix-neuf espèces, *acuminata*, — *rotundifolia*, — *tenuifolia*, etc., Pecopteris, plus de cinquante espèces, *caudallina*, — *affinis*, — *Mantelli*, — *nervosa*, — *sinuata*, etc. Conchopteris *Daumasii*, adampteris *Brardii*, — *crenata*, — *minor*, — *obtusa*, sigillaria, trente espèces, *punctata*, — *lævis*, — *elongata*, — *elliptica*, etc.

MARSILLIACÉES. Quatre espèces de sphenophyllum.

LYCOPODIACÉES. Lycopodites *piniformis*, — *imbricus*, — *affinis*, etc., selagenites *patens*, — *erectus*, lepidodendron, près de quarante espèces, *elegans*, — *Bucklandi*, — *rugosum*, — *dulcium*, etc. Cardiocarpon *majus*, — *ovatium*, — *acutum*, etc. Stigmaria, sept espèces, *reticulata*, — *ficoides*, — *rigida*, etc.

PALMIERS. Flabellaria *borassifolia*, noggerathia *foliosa*.

CONIFÈRES et végétaux de familles incertaines. Sternbergia, poacites, triganocarpum, musocarpum, annularia, asterophyllites et volkmannia.

COQUILLES.

Unio *acutus*, — *urii*, mytilus *crassus*, lingula *striata*, pecten *papyraceus*, vulsella *elongata*, — *brevis*, pentamerus *Knightii*, nucula, — *attenuata*, — *gibbosa*, — saxicava *Blainvillii*, hyatella *carbonaria*, mya, euomphalus *pentagularis*, turritella *urii*, — *elongata*, bellerophon *decussatus*, — *striatus*, orthoceratites *Steinhaueri*, — *undatus*, — *sulcatus*, etc.

Ammonites *Listeri*, — *primordialis*, — *sphæricus*, — *diadema*.

POISSONS.

Palais et autres débris dans la houille.

INSECTES.

Des fragmens trouvés dans le Shropshire, que M. Audouin rapproche du genre Mantispei.

REPTILES.

On n'a point encore découvert de sauriens dans la formation

houillère ; mais il est possible qu'elle en contienne, puisqu'il en existe dans la formation inférieure, comme nous le dirons bientôt.

Formes du sol. La puissance du groupe houiller dépasse souvent 200 mètres ; il est généralement bien stratifié ; les strates dérangés par la venue des roches de la seconde série, sont toujours plus ou moins inclinés, et présentent souvent des contournemens très bizarres. Il occupe quelquefois (nord de l'Angleterre, Forez, Flandre, Belgique, etc.) des espaces très étendus, ayant la forme de bassins oblongs, renfermés entre des montagnes composées de roches plus anciennes, qu'il recouvre toutes indistinctement, tantôt à stratification concordante, tantôt à stratification transgressive. Il gît par lambeaux à une certaine hauteur sur les flancs des vallées de la cinquième époque, et des groupes de la seconde série (granite, gneiss, etc.), dans les Vosges, les Alpes du Valais, etc. ; alors ses formes ne sont pas apparentes ; mais dans les grands bassins, comme celui de Saint-Étienne, où le sol houiller a plus d'un myriamètre de large, il constitue de nombreuses collines, dans lesquelles on voit les strates plonger dans tous les sens.

Dans la zone tempérée de l'ancien continent, la formation houillère descend jusque dans les lieux les plus bas du littoral : près de Newcastle on-Tyne en Angleterre, on rencontre, au dessous du niveau de la mer, 57 couches d'argile schisteuse et de conglomérats alternant avec 25 couches de houille. Au contraire, dans la région équinoxiale du continent américain, M. de Humboldt a vu la houille s'élever à 2,600 mètres au dessus du niveau de l'Océan.

Emploi dans les arts. Le groupe que nous étudions est le plus important de tous ceux qui entrent dans la composition de la croûte du globe, considéré sous le rapport des avantages que l'homme peut en retirer : dans les pays où il est bien développé, son influence sur les progrès de l'industrie est immense ; c'est à lui que l'Angleterre doit sa richesse manufacturière, et, en grande partie, l'influence qu'elle exerce dans le monde entier : la houille et le minerai de fer, renfermés dans le même gisement, ont commencé, dans les transports par eau et par terre, une révolution qui en produira une autre immense et salutaire dans l'organisation sociale [1]. Sur le continent, le grand développement de l'industrie des Pays-Bas, de la Prusse rhénane, des départemens du Nord et de la Loire, en France, etc., est dû aux mines de houille que ces contrées renferment.

Le fer carbonaté est un minerai d'autant plus précieux qu'il se trouve là avec le combustible nécessaire à son exploitation. Les Anglais sont les premiers qui aient su tirer parti de cette circonstance si favorable, et par ce moyen ils se procurent le fer et la fonte à si bon marché, qu'ils emploient ces métaux dans leurs constructions au lieu de pierres et de bois : à Londres, les colonnes de plusieurs édifices sont en fonte, et certaines rues sont pavées avec des cubes de la même matière. On a essayé d'exploiter, en France, le minerai de fer des houillères ; mais il paraît qu'on est loin d'avoir bien réussi.

Les filons qui pénètrent dans les deux étages sont quelquefois assez riches pour être exploités ; les argiles pyriteuses donnent, par la calcination, du sulfate d'alumine et du sulfate de fer ; enfin les roches solides fournissent de très bonnes pierres de construction.

Les roches du terrain houiller sont coupées par de nombreuses fissures qui permettent aux eaux de pénétrer dans l'intérieur, ce qui inonde souvent les travaux et oblige à beaucoup de dépenses pour leur épuisement ; une certaine fraîcheur règne cependant encore à la surface du sol, et donne une grande force à la végétation : le bassin houiller de Liége offre une campagne magnifique, couverte de champs fertiles et de fort beaux arbres fruitiers.

---

[1] Je veux parler de la construction des bateaux à vapeur et de celle des chemins de fer.

2° FORMATION. *Calcaire carbonifère, calcaire anthraxifère (d'Omal.), calcaire de montagne, mountain limestone (angl.), calcaire métallifère,* etc.

§ 96. Tous ces noms ont été donnés à la grande masse calcaire sur laquelle repose la formation houillère, dans les Iles-Britanniques et plusieurs contrées du continent. Cette masse constitue une formation parfaitement caractérisée composée de deux étages, dont le supérieur est intimement lié avec les roches du groupe houiller (Pl. IV, fig. 18 et Pl. III, fig. 1 et 2).

a. Les strates calcaires subordonnés, que l'on rencontre dans les parties inférieures du premier groupe, deviennent de plus en plus abondans à mesure qu'on s'enfonce ; les argiles schisteuses et les conglomérats houillers disparaissent entièrement, et le calcaire prend un développement considérable. Pendant l'alternance (Charlemont, Ardennes), on voit les fossiles du calcaire (*productus, spirifers* et *polypiers*) pénétrer dans les argiles schisteuses (Pl. VIII).

Le calcaire qui occupe la partie supérieure de ce groupe est d'un gris de fumée plus ou moins foncé, à cassure inégale, imparfaitement conchoïde ou cireuse. La texture est compacte ou sublamellaire ; les premiers strates, assez minces, sont extrêmement fissiles, et remplis d'une grande quantité de polypiers, qui donnent souvent à la pierre un aspect très singulier. En descendant, ils deviennent plus épais, cessent d'être fissiles, et on arrive enfin à de gros strates gris plus ou moins foncés, dont certaines parties donnent des marbres estimés (Angleterre, Boulonnais). La stratification de cet étage n'est pas toujours fort régulière : au milieu des couches bien réglées se présentent d'énormes masses sans structure distincte. Les fissures de stratification sont souvent colorées en rouge par l'oxide de fer, et remplies de coquilles bien conservées. Les strates sont coupés par de nombreuses veines et quelques filons de chaux carbonatée laminaire, contenant dans leur intérieur des cristaux de chaux fluatée, de galène, etc.; de petites veines et des couches minces d'anthracite, se présentent de distance en distance. Des couches et de grandes masses de dolomie grise contenant quelquefois les mêmes coquilles que le calcaire, mais calcinées (entre Huy et Liége), lui sont subordonnées ; il est aussi souvent coupé par les roches plutoniques que nous avons citées dans la formation houillère.

Ce calcaire est toujours phosphorescent, plus ou moins fétide (*stinkkalk*), et passe quelquefois à un calcaire magnésien ferrugineux, bitumineux, très fétide. On y remarque beaucoup de crevasses, des cavités plus ou moins profondes, et de vastes cavernes tapissées de stalactites, dont quelques unes renferment des ossemens (environs de Liége).

Les espèces minérales et les fossiles paraissent être les mêmes dans les deux étages; mais c'est dans le premier qu'on a découvert à Burdie-House, près d'Edimbourg, beaucoup de restes de sauriens et des coprolites avec coquilles d'eau douce, et végétaux du groupe houiller. Ces débris sont renfermés dans une assise calcaire inférieure à la houille de Loanhead, de 27 pieds de puissance, composée d'un calcaire compacte, à cassure conchoïde, d'un aspect terreux, et à teinte grise, brune ou rougeâtre [1].

b. La couleur du calcaire gris se fonce dans les parties inférieures de la masse, et bientôt on arrive à un calcaire noir compacte, dont la stratification est beaucoup plus régulière que celle du précédent.

Les deux variétés de calcaire passent fréquemment l'une à l'autre par des nuances insensibles; mais, dans le Boulonnais, et sur plusieurs points de la vallée de la Meuse, j'ai vu un lit mince de schiste bitumineux calcaire qui formait séparation entre les deux. Le calcaire noir est compacte ou sublamellaire, sa cassure est plus ou moins conchoïde; il es traversé par de nombreuses veines de spath calcaire blanc; i

[1] Bulletin de la Société géologique de France, tome IV, page 224.

contient quelquefois une si grande quantité d'entroques et de petites coquilles qu'il prend un aspect grenu (petit granite). L'épaisseur des strates est très variable : tantôt ce sont des lits minces de $0^m,2$ à $0^m,3$ d'épaisseur, tantôt des bancs épais de 2 à 3 mètres, séparés les uns des autres par des schistes bitumino-calcaires. Dans les Ardennes, la stratification de cette roche, quoique assez régulière, est très tourmentée : on y remarque des plis dans tous les sens, beaucoup de couches arquées; l'angle d'inclinaison est extrêmement variable.

Le calcaire noir renferme beaucoup de *phtanite* en rognons, en plaques et en lits minces, parallèles aux fissures e stratification. Les plans de joint sont fréquemment recouerts de plaques minces d'anthracite métalloïde, dont il existe aussi quelques veines au milieu du calcaire. Ce dernier est très fétide, phosphorescent par la chaleur; il se disjut dans les acides avec effervescence, et en laissant déposer n résidu noir, qui paraît n'être ni du carbone pur, ni du itume.

Cet étage renferme aussi des masses subordonnées de domie, liées intimement au calcaire, et contenant les mêes fossiles que lui. On y rencontre aussi des amas et des eines d'anthracite, des strates subordonnés de psammites histeux semblables à ceux de la formation inférieure, avec squels le calcaire noir alterne souvent. Les roches plutoniaes du premier étage traversent aussi celui-ci.

Minéraux. Le calcaire carbonifère est riche en métaux, artout en Angletere où on lui a donné le nom de *calcaire métallifère*. Dans ce pays, on exploite beaucoup de filons et atres gîtes de minérais, parmi lesquels je cite ceux de sulare, de carbonate et de phosphate de plomb, de plomb antiionié, de sulfure et de carbonate de cuivre, de carbonate et 'oxide de zinc; enfin des pyrites, des hématites et de l'hydroxide e fer. Les espèces minérales non métalliques sont : plusieurs ariétés de spath calcaire, de l'arragonite, du spath fluor, de la sélénite, du carbonate et du sulfate de baryte, du sulfate de strontiane, des cristaux de quarz, de l'anthracite et du bitume. Dans la Belgique, on exploite un minéral de fer oolitique qui s'y trouve en couches subordonnées.

Restes organiques. A l'exception de ceux de Burdic-House, ils sont à peu près les mêmes dans toute la formation, mais ils m'ont toujours paru être plus nombreux dans le premier que dans le second étage; en voici la liste, encore d'après l'ouvrage de M. de la Bèche.

VÉGÉTAUX.

Les roches schisteuses renferment des empreintes végétales qui sont les mêmes que celles du groupe houiller.

POLYPIERS.

Millepora *madreporiformis*, — *repens*, — *cervicornis*, retepora *elongata*, cellepora *urii*, caryophylla, six espèces, *stellaris*, — *articulata*, — *truncata*, etc. Fungites *patellaris*, — *deformis*, turbinolia, quatre espèces, *turbinata*, — *echinata*, etc. Cyatophyllum *excentricum*, Astrea *interstincta*, — *undulata*, Catenipora, six espèces, *escharoides*, — *serpula*, etc. Tubipora *tubularia*, calamopora *polymorpha*. Favosites, quatre espèces, *septofsus*, — alcyonium, etc. Lithostrotion *striatum*, — *marginatum*, — *floriforme*, amplexus *coralloides*.

RADIAIRES.

Pentremites *ovalis*, — *ellipticus*, poteriocrinites *crassus*, — *tenuis*, platicrinites, sept espèces, *lœvis*, — *rugosus*, — *pentangularis*, etc. Actinocrinites, cinq espèces, *lœvis*, — *granulatus*, — *tesseratus*, etc. Rhodocrinites *verus*, cyathocrinites *planus*, — *quinquangularis*.

ANNELIDES.

Serpula *lithuus*, — *compressa*.

COQUILLES.

Pentamerus *lœvis*, — *Knightii*, spirifer, vingt espèces, *bisulcatus*, — *oblatus*, — *plicatus*, — *trigonalis*, — *triangularis*, etc.

Terebratula, vingt-cinq espèces, *crumena*, — *acuminata*, — *hastata*, — *vestita*, etc. Crania *prisca*, producta, vingt-huit espèces, *antiquata*, — *concinna*, — *hemisphærica*, — *latissima*, —

plicatilis, — punctata, etc. Vulsella *lingulata*, ostrea *prisca*, hinnites *Blainvillii*, pecten *priscus*, — *granosus*, mytilus *minimus*, nucula *palmæ*, arca *cancellata*, cardium *elongatum*, — *hiberni-cum*, — *alæforme*, tellina, — *lineata*, sanguinolaria *gibbosa*, planorbis *æqualis*, melania *bilineata*, ampullaria *helicoides*, melanopsis *coronata*, nerita *striata*, patella *primigenius*, cirrus *acu-tus*, euomphalus, quatorze espèces, *nodosus*, — *catillus*, — *pentagulatus*, — *costatus*, etc. Trochus *catenulatus*, turbo *carina-tus*, — *tiaria*, etc., turritella *cingulata*, — *constricta*, buc-cinum *arculatum*, — *acutum*, etc.

Bellérophon, huit espèces, *hiulcus*, — *vosulites*, — *apertus*, etc. Conularia *quadrisulcata*, — *teres*, orthocératiles, dix-huit espèces, *undulatus*, — *annulatus*, — *fusiformis*, — *Gesneri*, etc. Nautilus, dix espèces, *globatus*, — *discus*, — *ingens*, — *sulcatus*, etc. Ammonites *sphæricus*, — *striatus*, — *Dalmanni*.

POISSONS.

Cyprinus? ichthyodolurites, avec des palais et autres fragmens non déterminés.

CRUSTACÉS.

Calymene *punctata*, — *concinna*, — *Blumenbachii*, — *vario-laris*, paradoxites *spinulosus*, asaphus *cordatus*.

Sauriens. Des débris d'un grand saurien à Burdie-House dont le genre n'a point encore été déterminé, avec une immense variété de *coprolites* dont « quelques uns con- » tiennent des écailles de grands animaux non altérées par » la digestion, une multitude d'écailles très variées, d'un » poli et d'un lustre admirables, et des empreintes de poisson » (*cyprinus?*) d'eau douce [1]. »

Formes du sol. La puissance de la formation qui nous occupe est très considérable; elle dépasse souvent 300 mè-cres. Les strates sont toujours plus ou moins inclinés, et la stratification est assez irrégulière. En Angleterre, le calcaire carbonifère constitue des montagnes très élevées, ce qui lui a fait donner le nom de *mountain limestone* (*calcaire de montagnes*). Il a pris un développement considérable en Belgique, le long de la vallée de la Meuse, depuis Falmi-

[1] Bulletin de la Société géologique de France, t. IV, p. 309.

gnioule jusqu'à Liége ; ici, le sol présente des plateaux très étendus et découpés par des vallées de fracture très étroites ; on y remarque beaucoup d'escarpemens à pic, et des cavernes sinueuses et profondes ; dans les portions dolomitiques, les montagnes présentent des crêtes étroites et des pointes aiguës. Les vallées de différens ordres tombent les unes dans les autres sous des angles aigus, et c'est un fait général pour toutes les formations inférieures à la houille : les vallées sont plus étroites et se coupent sous des angles moins ouverts que dans celles des formations supérieures ; les escarpemens sont aussi beaucoup plus communs ; enfin tout porte l'empreinte des forces perturbatrices, dont le maximum d'intensité a certainement eu lieu avant l'apparition des êtres organisés, et dans les premiers temps de cette période [1].

Emploi dans les arts. Les calcaires de cette formation fournissent des marbres très estimés : ceux connus en France sous le nom de *marbres du Boulonnais, marbres noirs de Dinant et de Namur,* en proviennent. On en retire d'excellentes pierres de construction ; certaines portions donnent une bonne chaux hydraulique. En Angleterre, les gîtes de minérais, qu'elle renferme en si grande abondance, sont l'objet d'exploitations avantageuses.

Le calcaire carbonifère, étant très coupé de fissures, ne retient pas les eaux ; les sources y sont fort rares et la surface du sol est peu fertile, excepté dans les vallées recouvertes par une épaisse couche d'alluvions.

3ᵉ FORMATION. *Vieux grès rouge (old-red-sandstone), grès pourpré.*

§ 97. Quand le groupe n° 2 manque, celui de la houille repose immédiatement sur le vieux grès rouge, et comme il a

[1] Je pense que le calcaire des Alpes du Valais appartient à la formation du calcaire carbonifère. Ici, les montagnes présentent des crêtes étroites, des pointes aiguës, et forment souvent des massifs dont toutes les parties divergent d'un point central, comme ceux des groupes de la seconde série.

souvent une grande ressemblance avec le grès rouge de la quatrième époque § 91; on a prétendu, pendant fort long-temps, que le grès rouge était tantôt supérieur, tantôt infé-rieur à la houille; mais on ne savait pas alors qu'il existât deux formations de grès rouge, comme cela est parfaitement dé-montré aujourd'hui.

La puissance du vieux grès rouge est très variable : quelque-fois il atteint une épaisseur de plusieurs milliers de mètres, et d'autres fois il n'est représenté que par quelques couches de conglomérats ou de psammites schisteux. Quand il est bien développé, on peut y distinguer deux étages (Pl. ii, fig. 1, et Pl. iii, fig. 1 et 2).

a. La formation du vieux grès rouge commence ordinaire-ment par une masse puissante de schistes assez semblables à ceux du second étage de la formation houillère; dans les Ardennes, ce sont des psammites schisteux alternant avec les quarzites plus ou moins schisteux, et qui deviennent aussi extrêmement compactes : alors les strates sont régu-liers, très épais, et les schistes ne se présentent plus qu'en lits minces interposés entre les couches de quarzites. Ceux-ci sont gris, rarement jaunâtres; ils offrent une texture grenue et une cassure inégale; toute la masse est coupée par des fissures qui ne sont point remplies de quarz bleu, ce qui paraît distinguer ces quarzites de ceux du terrain schisteux.

b. Le second étage est beaucoup plus puissant que le pre-mier; la roche dominante est une arkose, avec de gros frag-mens de quarz, de schistes quarzeux et d'argile schisteuse; cette roche passe quelquefois à un conglomérat quarzeux, ayant une texture schisteuse assez grossière, devenant bien schisteux et passant à un beau grès granuleux d'une couleur pourprée. Toute la masse est assez bien stratifiée, et les stra-tes alternent souvent avec des lits argileux. La couleur est ordinairement le rouge pâle ou brun, mais souvent, dans les parties inférieures, elle passe au gris, et on remarque alors une grande ressemblance avec les psammites et quarzites du terrain schisteux auxquels le grès rouge est souvent intimement lié. Dans quelques endroits, cet étage contient des concrétions calcaires.

Minéraux. Les espèces minérales de cette formation paraissent être peu nombreuses et surtout très peu importantes: on y cite des pyrites, du spath calcaire, commun et fibreux, du sulfate de strontiane et des cristaux de quarz.

Restes organiques. Ils sont rares, surtout dans la partie supérieure; ceux qu'on y a découverts paraissent ne pas différer de ceux du calcaire carbonifère et du terrain schisteux.

VÉGÉTAUX.

Fucoides *circinatus.*

POLYPIERS.

Quelques madrépores.

COQUILLES.

Producta *concinna,* spirifer *intermedius,* astarte? cypricardia? conularia, orthoceratites *cordiformis,* — *giganteus,* — *nautilus,* — *bilobatus,* — *pentagonus.*

CRUSTACÉS.

Asaphus *Brongnartii.*

SAURIENS.

On en a trouvé quelques débris en Angleterre.

Dans le vieux grès rouge de May (Normandie), M. Busnel a découvert des corps qu'il nomme *globulites;* ce sont des sphéroïdes, dont le diamètre varie depuis quelques décimètres jusqu'à 2 mètres. Leur forme allongée rappelle celle d'un gros nautile, ou d'un crustacé roulé sur lui-même. La surface présente des stries fort régulières, dont les plus grandes se bifurquent. Ils sont généralement composés d'une enveloppe de grès, ayant $0^m,2$ à $0^m,3$ d'épaisseur, renfermant un sable micacé très pur; quelquefois ils sont massifs et leur cohésion varie beaucoup; dans tous les cas, ils sont traversés par un grand nombre de fissures qui se croisent, ce qui les rend très fragiles.

Formes du sol. En Angleterre, le sol occupé par cette formation présente des montagnes très élevées, dont les sommités sont ordinairement couvertes de mousses; dans les Ardennes, elle est toujours associée avec les schistes et le calcaire carbonifère, et elle ne constitue point de montagnes à elle seule.

Emploi dans les arts. Je ne sache pas que l'on ait jamais exploité de gîtes de minérais dans le vieux grès rouge; les quarzites et les grès servent comme pierres de construction.

La surface du sol occupé par lui paraît être sèche et peu fertile.

Étendue du terrain carbonifère.

§ 98. Les trois formations qui constituent le terrain carbonifère sont bien développées dans les Ardennes, le long de la vallée de la Meuse : tout le bassin houiller de Liége repose sur le calcaire, qui rencontre à son tour le vieux grès rouge sur plusieurs points. Aux environs de Mons on ne trouve que la houille et le calcaire carbonifère, ainsi que dans le bassin du Boulonnais qui ne paraît être qu'un prolongement de celui de la Flandre (Pl. iv , fig. 18). Dans le Forez, le calcaire manque et le groupe houiller repose immédiatement sur les granites et les gneiss, avec lesquels il se lie par des *arkoses*; il en est de même dans les Vosges et dans les Alpes du Valais, où la formation houillère ne se montre que par lambeaux sur les flancs des montagnes. Dans le département du Gard, ce terrain paraît être aussi assez bien développé; aux environs d'Anduze, un grès rouge qui repose sur le granite est recouvert par un calcaire gris bleu foncé, devenant schisteux dans les parties supérieures, avec galène argentifère, antimoine, cuivre et fer sulfurés, fer hydraté et quelques veines de houille; tout le terrain houiller d'Alais repose sur un calcaire très semblable à celui-ci; dans les autres parties de la France où il existe des mines de houille, le terrain carbonifère ne paraît pas être aussi bien développé.

Nous exploitons des mines de houille dans plus de 30 départemens dont les principaux sont : ceux de la Loire, de l'Aveyron, de Saône-et-Loire, du Gard, de la Nièvre, du Calvados, du Pas-de-Calais, du Nord, du Haut et du Bas-Rhin, etc.

La péninsule ibérique possède des houillères en Catalogne, en Estramadure, en Andalousie et en Portugal ; mais je ne sais pas si elles sont accompagnées de calcaire carbonifère et de vieux grès rouge.

Dans la partie méridionale de l'Angleterre, les trois groupes du terrain carbonifère sont très bien développés, et aucunement liés au nouveau grès rouge, qui les recouvre à stratification transgressive. Dans le Nord, où ce terrain a pris un développement considérable, le calcaire carbonifère et le dernier étage de la formation houillère sont intimement liés (Pl. III, fig. 1 et 2.)

En Écosse, le grès houiller paraît se lier intimement au nouveau grès rouge, ce qui porte M. Boué à regarder les conglomérats, les grès, les calcaires et la houille du grand dépôt arénacé de l'Écosse, comme des formations subordonnées d'une grande masse qu'il croit l'équivalente du grès rouge ; opinion qui est conforme aux idées de M. Hoffmann, sur le dépôt houiller de la Thuringe [1]. Dans ce cas, on serait obligé d'admettre que le calcaire qui accompagne la houille est le zechstein, ce qui n'est pas impossible.

Le terrain carbonifère occupe la plus grande partie du sol de l'Irlande : c'est le calcaire qui s'y trouve être développé d'après M. Weaver ; tous les comtés dans lesquels cette île se divise, à l'exception de ceux de Derry, d'Antrim et de Wecklow, en sont plus ou moins composés ; le vieux grès rouge surgit sur plusieurs points de la grande plaine calcaire, et l'inclinaison de ses strates augmente à mesure qu'il s'approche des roches plus anciennes que lui ; sur le calcaire de montagne repose la formation houillère, dans laquelle plusieurs exploitations sont établies. Les localités les plus célè-

[1] Traduction de de la Bèche, page 522.

bres de l'Angleterre, pour l'étude du calcaire de montagne, sont le Derbyshire, le Devonshire et les environs de Bristol.

Le terrain houiller est très développé en Allemagne et dans le nord de l'Europe, où il se trouve souvent traversé par des porphyres, et compris entre deux masses de grès rouge; le calcaire carbonifère paraît ordinairement manquer. Cependant, en Pologne, la formation houillère repose sur un marbre noir employé dans les arts, que M. Push regarde comme l'équivalent géognostique du calcaire carbonifère. Cette formation se retrouve en Moravie avec beaucoup de polypiers.

Suivant moi, la masse calcaire qui s'étend depuis la vallée de l'Arve, jusque sur les deux flancs de la vallée du Rhône, dans les Alpes du Valais, masse dans laquelle se trouvent intercalés les gypses avec sel gemme de Bex, masse que l'on a rapportée au lias, n'est autre chose que le calcaire carbonifère; on y distingue les deux étages dont nous avons parlé, et ce groupe ressemble tout à fait à ceux de Belgique et du Boulonnais. Il pourrait bien en être de même d'une grande partie du calcaire des Alpes que l'on a rapporté tantôt au lias, tantôt au calcaire oolitique (voyez plus bas, page 512).

Dans les États-Unis, le calcaire carbonifère s'est développé sur les bords du lac Champlain, du lac Ontario, dans les collines des environs d'Hudson, dans les États de New-York. Il y est accompagné d'un grès ferrugineux, et renferme des *productus*, des *spirifers*, des *orthocératites*, des coquilles turbinées, voisines des *euomphales* et des *trilobites*.

L'Amérique, l'Asie et l'Afrique contiennent aussi des masses de houille; mais les formations inférieures y sont rarement développées, du moins elles n'ont encore été que rarement reconnues. Il y a des exploitations de houille, en Chine, au Japon et dans l'île de Madagascar. Le long de la Dummada (Suède), il existe un terrain houiller très étendu, dans lequel on a découvert sept couches de houille, accompagnées d'empreintes végétales (*calamites*, *lycopodes*, etc.).

On a reconnu, à la Nouvelle-Hollande et à la terre de Diémen, des terrains houillers, semblables à ceux de l'Europe, traversés par des filons de trappite et accompagnés de roches arénacées, alternant avec des calcaires; ils renferment du minérai de fer et des *empreintes de fougères*. Enfin, le capitaine Parry a reconnu des traces de houille et de la formation houillère dans les terres voisines du pôle boréal. Il paraît que les régions les plus riches en dépôts de houille sont les terres polaires et les deux zones tempérées; ils sont beaucoup plus rares dans les autres parties du globe.

TERRAIN SCHISTEUX. *Ancien terrain de transition*, *terrain de trammate* (Daubuisson), *groupe de la grauwacke* (de la Bèche).

§ 99. Dans quelques contrées (les Ardennes par exemple), on pourrait distinguer trois étages et même trois groupes dans le terrain schisteux : 1° des *psammites*, *grès*, *quarzites*, même des *eurites* et des *trapps* que les géologues allemands confondent tous sous le nom de *grauwackes*, nom qui devrait être banni de la science pour toutes les erreurs dont il a été cause, tantôt compactes, tantôt schistoïdes, renfermant dans leur intérieur des lits de phyllade; 2° des calcaires gris et noir, avec des phyllades, et prenant quelquefois un développement si considérable, qu'ils paraissent former une masse indépendante (Schécberg, près de Vienne, Mont-Bouzaria près d'Alger, et quelques uns des calcaires des Alpes); 3° enfin une masse de phyllades très puissante renfermant des quarzites, des psammites et beaucoup de roches plutoniques (*eurites*, *porphyres*, *diorites*, *aphanites*, etc.). Mais ces trois divisions sont rarement bien distinctes dans une même localité, et le plus ordinairement les psammites avec quarzites et les calcaires ne sont que des roches subordonnées dans la grande masse schisteuse. Ainsi nous ne distinguerons qu'une seule formation dans le terrain schisteux, dans laquelle nous ferons trois étages.

a. Les roches arénacées avec quarzites occupent ordinairement les parties supérieures du terrain : ce sont des psammites, des pséphytes, des poudingues, et même des brèches, qui lient le terrain schisteux au terrain carbonifère, et des quarzites. Le ciment des roches arénacées est souvent quarzeux ; les pséphytes passent peu à peu aux conglomérats à gros grains ; ils alternent dans une même contrée, non seulement avec des couches de psammite à petits grains, mais aussi avec des roches homogènes, quarzites, grès, et même les eurites. Les psammites sont très souvent schisteux ; ils enferment quelquefois des cristaux de feldspath vitreux, qui leur donnent l'aspect porphyroïde (Ardennes) ; mais il ne faut pas confondre cette variété d'une roche arénacée avec les véritables porphyres en masses transversales dans toute la formation. Toutes ces roches sont assez bien stratifiées, et coupées, dans tous les sens, par une infinité de veines de quarz blanc, laiteux ou gras ; cette substance s'y présente aussi en grandes masses, qui paraissent être des filons plutôt que des couches. Les autres quarzites, gris ou rougeâtres, sont en strates assez réguliers : dans les Ardennes, ils dominent souvent sur les roches arénacées. En Hongrie, cet étage prend un développement si considérable, qu'il constitue à lui seul presque tout le terrain : les phyllades ne s'y montrent qu'en couches subordonnées ; c'est dans cette partie que les restes organiques paraissent être le plus abondans.

b. Le calcaire du terrain schisteux est compacte, ou sublamellaire, passant au grenu à petits grains plus ou moins micacés ; ses couleurs les plus habituelles sont le gris cendré, le gris bleu et le gris noir ; il est quelquefois blanc et sacchaoïde (Alger, Saxe et Pyrénées) : on le voit passer insensiblement aux schistes, avec lesquels il alterne, et qui se montrent en lits subordonnés dans sa masse : il est quelquefois fragmentaire, et il passe aussi à la dolomie, surtout dans le voisinage des roches plutoniques qui le traversent souvent. Les grandes masses calcaires de cette époque abondent en silice, tantôt disséminée dans la masse comme un sable très fin, tantôt réunie en cristaux et en veines de quarz : on y cite, en strates subordonnés, du calcaire terreux, du calcaire globulaire, des schistes, de la karsténite, du gypse quelquefois salifère, et de l'anthracite accompagnée d'empreintes végétales. Au Hartz, dans les Pyrénées, les Ardennes, en Barbarie, etc., des ophites, des wackes, des diorites, des eurites et des porphyres, etc., qui se montrent aussi dans les autres divisions, coupent les calcaires du terrain schisteux.

Les restes organiques sont moins nombreux que dans le calcaire carbonifère, mais ce sont à peu près les mêmes : *orthocératites*, *productus*, *spirifers*, *crinoïdes*, *astrées*, etc. Les empreintes végétales sont les mêmes que celles du terrain houiller, mais elles sont infiniment plus rares : les filons métallifères des schistes pénètrent très souvent dans les calcaires.

c. La roche dominante du terrain schisteux est un schiste luisant passant au phyllade, au schiste ardoise et au schiste coticule (*pierre à rasoir*), en couches ondulées plus ou moins régulières, coupées par de nombreuses veines de quarz blanc. La couleur et la solidité varient beaucoup : les nuances principales sont le bleu noirâtre, le bleu verdâtre, le rouge lie de vin et le noir. Ces schistes sont onctueux au toucher et soyeux, tantôt en masses épaisses, tantôt parfaitement feuilletés ; les parties les plus inférieures, qui passent au schiste talqueux et quelquefois même au micaschiste, sont très ondulées et n'offrent que de grandes lames de mica fortement adhérentes ; les strates les plus nouveaux, ceux qui avoisinent les quarzites, etc., renferment beaucoup de petites paillettes de mica, de la chiastolite, de l'épidote et des filets de quarz.

Les schistes de transition (*thenschiefer*), dit M. de Humboldt, caractérisés par leur extrême variabilité, c'est à dire leur tendance continuelle à changer de composition et d'aspect, contiennent un grand nombre de couches subordonnées, dont quelques unes, par leur répétition fréquente, semblent former des masses alternant avec eux. Ces couches sont des psammites et des quarzites; des calcaires généralement compactes et noirs, mais aussi gris-foncés, rougeâtres, et même grenus et blancs; du diorite, des porphyres, de l'ampélite fortement carburé, des quarzites contenant quelquefois de petits cristaux de feldspath, enfin de l'obsidienne. Ils renferment moins habituellement des roches granitoïdes (*eurites granitiques et siénitiques*) et même gneissiques (*leptinite*), de la serpentine, des filons d'ophite, du fer globulaire et de l'anthracite. Dans leurs parties inférieures, les phyllades deviennent de plus en plus brillans, et finissent par passer au schiste talqueux, qui passe lui-même au talcschiste, dans lequel on ne trouve plus de débris organiques.

Minéraux. Le terrain schisteux est souvent riche en métaux qui donnent lieu à des exploitations très avantageuses : le fameux filon de Guanaxuato (Nouvelle-Espagne), qui produit, année commune, 556,000 marcs d'argent ; les filons de plomb argentifère de la Lozère, ceux de Poulaouen en Bretagne ; quelques unes des mines d'or de la Hongrie, etc., appartiennent à ce terrain. On y trouve aussi des filons de cuivre pyriteux, de cuivre sulfuré, de galène, des amas de fer oligiste, de fer pyriteux et de fer oxidulé ; dans les phyllades des Ardennes, le fer pyriteux et le fer oxidulé sont très communs en cristaux disséminés : le fer oxidulé est si abondant que presque tous les échantillons des roches agissent sensiblement sur l'aiguille aimantée. Les cubes de fer pyriteux implantés dans les ardoises ont quelquefois $0^m,02$ de côté.

Les autres espèces minérales sont du quarz en veines et en cristaux, de la chaux carbonatée, de la chaux carbonatée ferrifère, de la chaux fluatée, etc.

Restes organiques. Ils sont encore très nombreux, surtout dans les parties supérieures, et paraissent diminuer, à mesure que les roches deviennent plus anciennes, pour disparaître entièrement au point de contact avec les talcschistes.

VÉGÉTAUX.

Fucoïdes, calamites, fougères, lycopodes, dont les espèces sont les mêmes que celles du terrain carbonifère, ou en diffèrent très peu.

Asterophyllites *pygmæa* (Ad. Brong.).

ZOOPHYTES.

Manon *cribrosum*, — *favosum*, scyphia *conoidea*, madrepora, tragos *capitatum*, *autabulum*, stromatopora *concentrica*, cellepora *antiqua*, *favosa*, retepora *antiqua*, flustra, ceriopora *affinis*, — *punctata*, — *aculeata*, agaricia *lobata*, anthophyllum *bicostatum*, cyathophyllum, dix-sept espèces, *dianthus*, — *radicans*, — *lamellosum*, — *turbinatum*, etc. Strombodes *pentagonus*, astrea *porosa*, catenipora *escharoides*, — *tubulosa*, etc., calamopora *alveolaris*, — *favosa*, — *basaltica*, etc., eulopora *serpens*, — *tubiformis*, — *spirata*, etc., favosites *Gothlandica*, — *truncata*, — *boletus*, — *Bromelli*, etc., amplexus *coralloides*.

RADIAIRES.

Pentacrinites *priscus*, actinocrinites *lævis*, — *moniliformis*, cyathocrinites *tuberculatus*, — *rugosus*, etc., platicrinites *lævis*, — *rugosus*, — *ventricosus*, rhodocrinites, cinq espèces, *virus*, — *crenatus*, — *giratus*, etc. Cupressocrinites *crassus*, — *gracilis*, etc.; sphæronites *pomum*, — *granatum*, — *aurantium*, etc.

ANNELIDES.

Serpula *epithonia*, — *ammania*, — *socialis*, etc.

COQUILLES.

Spirifer, 18 espèces, *speciosus*, — *glaber*, — *obtusus*, — *Sowerbii*, — *lineatus*, — *distans*, etc. *Terebratula*, trente-trois espèces, *crumena*, — *pugnus*, — *affinis*, — *prisca*, — *alata*, — *Mantiæ*, — *Wilsoni*, etc. Calceola *sandalia*, — *heteroclita*, strophomena, sept espèces, *Goldfusii*, — *rugosa*, — *marsupita*, etc. Producta, onze espèces, *scotica*, — *Martini*, — *lobata*, — *punctata*, — *rostrata*, etc.

Gryphæa, espèce non déterminée, pecten *primigenius*, — *Maselleri*, plagiostoma, trigonia, cardium *costellatum*, — *hybridum*, — *lineare*, — *striatum*, — *alæforme*, cardita *costellata*, —

gracilis, — *plicata*, isocardia *Humboldtii*, — *oblonga*, posidonia *Beckeri*.

Patella, melanopsis *coronata*, melania *constricta*, — *bilineata*, natica, nerita, solarium *fasciatum*, delphinula *æquilatera*, cirrus *acutus*, enomphalus *catilus*, — *dubius*, — *funatus*, trochus *ellipticus*, turbo *bicarinatus*, — *tiaria*, — *antiquus*, turritella *prisca*, — *abbreviata*, buccinum *spinosum*, — *acutum*, — *breve*, — *imbricatum*, bellerophon, *tenuifascia*, — *ovatus*, — *apertus*, — *costatus*, etc., conularia *quadrisulcata*, — *teres*, — *pyramidata*, etc., orthoceratites, trente espèces, *striatus*, — *circularis*, — *annulatus*, — *communis*, — *centralis*, — *duplex*, etc. Nautilus, neuf espèces, *globatus*, — *divisus*, — *ovatus*, — *cariiferus*, etc. Ammonites *Henslawi*, — *subnautilinus*, etc., cyrtoceratites *ammonius*, — *compressus*, — *depressus*, — *ornatus*, — *ituites*, — *perfectus*, — *imperfectus*.

CRUSTACÉS.

Calymene, douze espèces, *Blumenbachii*, — *Tristani*, — *orata*, — *polytoma*, — *variolaris*, etc.

Asaphus, 16 espèces, *Brongnartii*, — *cornigerus*, — *Hausmanni*, — *De Buchii*, — *heros*, — *granulatus*, etc. Ogygia *Guetardii*, — *Desmaresti*, — *Sillimanni*, etc. Paradoxites, cinq espèces, *gibbosus*, — *Tessini*, — *spinulosus*, etc. Mileus *armaillo*, — *glomerinus*, illænus *centaurus*, alenus *bucephalus*, isotus *gigas*, — *planus*, agnostus *pisiformis*.

POISSONS.

Ichthyodorulites ; des os et des dents de poissons.

M. de la Bèche fait les réflexions suivantes sur les êtres organisés du terrain schisteux [1].

« Nous trouvons dans ce catalogue un mélange de genres vivans et de genres éteints, qui est vraiment remarquable, lorsqu'on considère la grande ancienneté des roches qui les contiennent. Il est permis de douter que tous ces genres aient été déterminés d'une manière exacte, et de penser qu'on s'est peut-être trop hâté d'en rapporter quelques uns à ceux qui existent aujourd'hui ; mais, même en admettant cette hypothèse, on voit évidemment que la structure

[1] Traduction française, p. 559.

» organique était bien plus développée à cette époque qu'on
» ne l'avait supposé.

....» D'après les différentes formes de fossiles, on peut conjec-
» turer que les divers animaux dont ils formaient les parties
» solides vivaient, comme ceux de l'époque actuelle, dans
» des positions différentes. Les uns préféraient les eaux pro-
» fondes, d'autres étaient organisés pour vivre dans les mers
» basses, et un assez grand nombre nageait librement au
» milieu de l'Océan.

» Les coquilles les plus abondantes appartiennent aux
» genres *orthoceratites, producta, spirifer et terebratula.*»

Les individus de la famille des trilobites[1] sont aussi extrêmement abondans. Dans certaines localités, cette famille
paraît caractériser essentiellement la cinquième époque géognostique, et néanmoins on y rapporte des crustacés trouvés
vivans depuis peu, dans les mers de l'Amérique. Nouvelle
preuve qu'il ne faut pas attacher une si grande importance
aux caractères paléontologiques.

Formes du sol. Le terrain schisteux acquiert une puissance extrêmement considérable. M. de Humboldt lui donne
près de 1,000 mètres ; c'est dans les Ardennes que je l'ai vu le
mieux développé : il y constitue une chaîne de montagnes élevées de 480 à 520 mètres au dessus du niveau de la mer. Ces
montagnes sont ordinairement terminées par des plateaux fort
étendus ; elles offrent des flancs très inclinés, et même des
escarpemens à pic. Quelquefois on y remarque des crêtes
étroites, où les roches compactes, ayant plus résisté à la destruction que les schistes, forment des pointes aiguës. Les vallées sont toutes de fractures et tombent les unes dans les
autres sous des angles peu ouverts : elles sont étroites à flancs
courts, souvent très inclinés, et commencent ordinairement
par un évasement à pentes douces ; enfin les angles saillans
et rentrans se correspondent assez bien, et l'inclinaison du
thalweg n'offre pas de grandes irrégularités.

[1] Pl. VIII.

A l'extrémité méridionale des Vosges, où le terrain schisteux n'a pas été porté à une grande hauteur, il constitue des collines arrondies, quelquefois très basses, rarement liées entre elles.

Emploi dans les arts. Les gîtes de minérais du terrain schisteux donnent souvent lieu à des exploitations importantes; nous avons déjà parlé des fameux filons argentifères l'Amérique, des filons aurifères de Hongrie et de la galène e Bretagne et de celle de la Lozère. Dans un grand nombre l'autres contrées, des filons de cuivre, de galène argentifère, le fer oxidé, etc., sont aussi exploités. Dans les différentes arties de ce terrain, en Bretagne, dans les Ardennes, dans les yrénées, dans les Alpes, etc., les schistes donnent d'excellentes rdoises, et la variété coticule des pierres à rasoir; les calaires fournissent des marbres; on les emploie aussi comme ierre à bâtir, ainsi que toutes les roches solides du premier tage. Enfin les couches d'anthracite subordonnées dans les chistes ou dans les roches arénacées sont quelquefois assez uissantes pour que l'exploitation donne des bénéfices.

Les phyllades, étant des masses feuilletées et coupées par ine infinité de fissures, ne retiennent point les eaux, en orte que la surface du sol qu'ils occupent est ordinairement ieu fertile et même aride : les Ardennes cependant sont couvertes de fort beaux bois; des vignes superbes croissent sur es collines schisteuses de l'intérieur des Vosges, celles de 'extrémité méridionale de cette chaîne sont couvertes de beaux bois. Dans les Cevennes, de superbes châtaigneraies ont plantées sur le sol schisteux, et d'excellentes prairies gisent çà et là dans le fond des vallées.

Étendue du terrain schisteux. La chaîne des Ardennes est la contrée de l'Europe où le terrain schisteux est le mieux développé; il se trouve là composé de trois étages et accompagné de tous les groupes du terrain carbonifère. Depuis ces montagnes, il s'étend, en traversant la Belgique et le Hartz, jusque dans le nord de l'Allemagne. Dans l'intérieur de la

France, on le retrouve en Bretagne, composé de phyllade
et de grès quarzeux avec trilobites et coquilles bivalves, su
lesquels repose une masse de psammites qui passe au vieu
grès rouge. Les ardoises d'Angers, célèbres par les trilobite
qu'elles renferment, paraissent n'être qu'un prolongement d
terrain schisteux de la Bretagne. Dans les Cevennes, les mi
caschistes passent par des talcschistes aux phyllades qui pren
nent souvent un développement considérable (Vialas, Ville
fort, etc.). Il en est de même dans les Alpes (Pl. II, fig. 3
suisses et allemandes, où le terrain schisteux renferme sou
vent des couches d'anthracite. Dans le massif du Saint
Bernard, au col de Fenêtres, j'ai vu les phyllades traversé
par des dykes de leptinite (weistein presque pur) qui en on
sensiblement altéré et dérangé les couches : sur plusieur
points en contact avec le leptinite, le phyllade, ordinaire
ment très foncé en couleur, est devenu cristallin, très blanc
et dans les vallées du Rhône et de l'Arve, des couches d
calcaire noir sont subordonnées dans les parties supérieure
des phyllades, et lient le terrain à la grande masse calcaire
qui a pris un développement si considérable dans la parti
inférieure de ces vallées.

Les schistes de transition se montrent par lambeaux dan
l'intérieur et à l'extrémité méridionale des Vosges (Pl. XIII
fig. 1).

Le terrain schisteux constitue une grande partie des Py
rénées occidentales, où il est traversé par beaucoup de roche
plutoniques, *eurites, diorites, porphyres*, etc. (Pl. II, fig. 6)

Il se montre aussi dans plusieurs parties de l'Espagne : l
Sierra-Morena en est presque entièrement composée ; sur le
flancs de la haute chaîne du midi de la péninsule, le terrai
schisteux renferme de puissantes masses d'un calcaire com
pacte et cristallin, accompagné de dolomie et de serpentine
Les filons de la Sierra-Gador, qui ont fourni jusqu'à 600,00
quintaux de plomb par an, et la mine de mercure d'Al
maden, gisent dans le terrain schisteux.

Dans les Iles-Britanniques, le terrain schisteux est développé (Pl. iii, fig. 1 et 2), en Écosse, où il passe insensiblement au schiste talqueux, sur les bords de la mer d'Irlande et dans le Cornouailles. En Amérique, M. de Humboldt l'a observé dans la cordillère de Venezuela et dans le Mexique (environs de Guanaxuato), où il offre les mêmes rapports géognostiques qu'en Europe. Il est aussi bien développé en Hongrie; mais ici c'est le premier étage qui constitue presque toute la formation à lui seul : le psammite schisteux, à paillettes de mica agglutinées, prend tous les caractères d'un véritable phyllade, et les vrais phyllades manquent presque entièrement. Les schistes de cette époque, avec roches arénacées et quarzites, se montrent dans les chaînes du Caucase et de l'Oural.

Nous avons retrouvé le terrain schisteux sur la côte de Barbarie (Pl. ix et Pl. x, fig. 1). C'est lui qui constitue en grande partie le massif du mont Bouzaria, s'élevant à 410^m au dessus du niveau de la mer dans le port d'Alger, qui est bâti au pied de cette montagne. La partie supérieure du terrain est occupée par une masse calcaire de 150 mètres de puissance, qui offre des calcaires *gris*, *bleu turquin*, *bleu turquin carburé*, *blanc saccharoïde*, ou *sublamellaire*, etc., que l'on voit souvent passer au schiste par degrés insensibles. Au dessous du calcaire, vient une masse schisteuse de 400 mètres de puissance composée d'un phyllade talqueux, passant au talcschiste, dont les couleurs les plus habituelles sont le blanchâtre argentin, le vert, le bleu clair, le violacé et rarement le noir. Les roches arénacées manquent ou sont fort rares. On y rencontre des filons de phtanite, de talcite quarzifère et calcarifère, de quarz blanc, laiteux et enfumé, et de fer oxidé, des veines de cuivre carbonaté, de galène et d'anthracite. Je n'y ai pas découvert une seule trace de restes organiques. Ce terrain s'étend le long de la côte jusqu'à 5 lieues à l'ouest d'Alger. Après avoir disparu près de cette ville sous le terrain subatlantique, il se remontre à 4 lieues à l'est au cap Matifou, d'où il s'étend ensuite fort loin le long de la côte, et constitue probablement le fond de la grande plaine qui lui est contiguë. Nous avons dit, § 87, que la formation schisteuse d'Oran nous paraissait devoir être rapportée au lias.

Enfin, il est bien rare que, dans les contrées où les gneiss et les micaschistes sont bien développés, il n'existe pas quelques lambeaux du terrain schisteux, s'il n'a pris lui-même un certain développement.

SIXIÈME ÉPOQUE.

TERRAINS STRATIFIÉS INFÉRIEURS NON FOSSILIFÈRES (de la Bèche). INFERIOR ORDER (angl). TERRAIN PRIMITIF, ETC., Pl. II, fig. 1.

§ 100. Cette époque se distingue de toutes les autres par l'absence des restes organiques végétaux et animaux; il paraît que la vie n'était point encore développée sur le globe, lorsque les roches qui la composent se sont solidifiées, et qu'elles ont formé la première pellicule solide de la terre. Néanmoins il n'existe point de solution de continuité entre les roches fossilifères et les roches non fossilifères; elles passent les unes aux autres par degrés insensibles : les phyllades deviennent schistes talqueux, dans lesquels se montrent encore quelques débris organiques, et ceux-ci deviennent *talcschistes*, c'est à dire des schistes composés de talc presque pur, qui n'en renferment plus aucune trace. Ainsi le développement de la vie sur la terre s'est fait sans changement brusque.

Les roches qui entrent dans la composition de la sixième époque géognostique sont éminemment cristallines, toutes plus ou moins schisteuses, à l'exception cependant des roches massives qui les traversent dans différens sens : ce sont des *talcschistes*, des *micaschistes* et des *gneiss* intimement liés entre eux, constituant trois formations distinctes, mais un seul terrain, auquel le nom de *terrain primitif* me paraît convenir parfaitement; car il n'y a presque point de doute que ce soit lui qui ait formé la première pellicule solide du globe terrestre : il est recouvert par toutes les autres roches stratifiées, et toutes les roches massives y pénètrent en masses transversales.

Les formations de cette époque sont encore très distinctement stratifiées, quoique souvent la stratification soit si irrégulière, qu'on a de la peine à la distinguer. Les espèces minérales et surtout les métaux, que nous avons vus augmenter à mesure que nous nous sommes avancés dans la série des masses stratifiées, sont ici fort abondans ; les gîtes sont de formation contemporaine et de formation postérieure ; les métaux se trouvent souvent au milieu des dykes de porphyre qui coupent les formations.

1re FORMATION. *Talcschistes.*

§ 101. La roche dominante de ce groupe est un talcschiste, type de l'espèce, qui passe, vers le haut, au phyllade par des schistes talqueux, et, vers le bas, au micaschiste, par la transformation du talc en mica. Quelquefois c'est un stéaschiste noduleux et luisant associé avec des phyllades et des schistes satinés maclifères (Cherbourg, et dans les Hautes-Pyrénées).

La stratification de ces roches est fort tourmentée : on y remarque des plis et des contournemens très bizarres ; l'inclinaison, après avoir été dirigée long-temps dans le même sens, change brusquement pour se diriger en sens contraire ; souvent les schistes paraissent pliés autour d'une masse qui les aurait soulevés, quelquefois cette masse les a percés, et s'élève en cône au dessus d'eux.

Les roches, qui se montrent en couches subordonnées dans cette formation, sont des micaschistes, du quarz grenu, du calcaire grenu blanc et bleuâtre, de la dolomie, du fer oxidulé, etc.

Celles qui la coupent sont *des leptinites*, des roches *grani-*

tiques, des *eurites*, des *porphyres*, des *diorites*, des *ophio-lites*, de là *karsténite*, etc.

Minéraux. Le graphite forme ici quelques petites couches, des filons puissans et des veines, comme l'anthracite dans le terrain schisteux ; c'est le carbone du terrain primitif. Le fer oligiste et le fer oxidulé magnétique s'y présentent en couches peu étendues, en amas et en cristaux disséminés. L'étain oxidé, la galène argentifère, le cuivre oxidulé et natif, le zinc sulfuré, l'étain oxidé, le fer carbonaté, le fer pyriteux aurifère constituent souvent des filons puissans qui donnent de grandes richesses ; on y cite même de l'or natif dissé-miné. Les autres espèces minérales sont de l'asbeste, du talc cristallisé, des cristaux de chaux carbonatée, des cristaux de quarz, des macles et des grenats.

Emploi dans les arts. Les filons et les autres gîtes de miné-rais sont souvent l'objet d'exploitations très avantageuses : les schistes fournissent de bonnes ardoises ; les calcaires des mar-bres, des pierres de construction et de la chaux grasse ; les por-phyres, les eurites, les diorites, etc., sont employés comme pierres à bâtir pour réparer les routes ; quelquefois même on les polit pour décorer les édifices.

Comme toutes les roches magnésiennes, les talcschistes sont peu favorables à la végétation ; étant très fissurés, les eaux les pénètrent facilement ; la surface du sol qu'ils occupent est ordinairement sèche, et toutes ces circonstances réunies la rendent peu fertile et même souvent aride.

Formes du sol. Quand le groupe des talcschistes a pris un cer-tain développement, les formes des montagnes qu'il constitue diffèrent peu de celles du terrain schisteux de la cinquième époque : en général, ces montagnes ne sont pas très élevées ; on y remarque des plateaux, d'une assez grande étendue, penchant doucement vers les vallées qui les terminent ; les versans de celles-ci sont quelquefois couverts de blocs er-ratiques. Ces montagnes sont surtout reconnaissables à de grandes masses toutes crevassées et dentelées, de formes extrêment bizarres, tellement inclinées qu'elles menacent d'écraser le voyageur qui passe au pied.

2e FORMATION. *Micaschistes*.

§ 102. On a cité, dans la partie supérieure de cette formation, du granite passant à la siénite, qui dans quelques localités semble former un étage distinct; mais nous savons maintenant que cette roche est une de celles qui s'y montrent en masses transversales. Le micaschiste, type de l'espèce, passant au talcschiste, dans ses parties supérieures, quelquefois même au schiste talqueux, et au gneiss dans ses parties inférieures, est la roche dominante de ce groupe; il se présente en strates plus ou moins réguliers, qui renferment un grand nombre d'autres roches cristallines, en strates subordonnés et en masses transversales.

Les premières sont : des quarzites grenus, des quarzites avec topaze, du calcaire micacé, de la dolomie blanche et noire, des gypses, des amphibolites schistoïdes, des hyalomictes avec étain oxidé, qui ne sont autre chose que des micaschistes très quarzeux, et du gneiss dans les parties inférieures.

Celles qui forment des masses transversales (filons, dykes, etc.) sont des leptinites, des roches granitiques (granite, siénite, eurites granitoïdes, protogyne, etc.), des diorites, des amphibolites, des porphyres, des eurites compactes et grenus, des aphanites et des ophiolites.

M. de Humboldt a vu, au Brésil et dans quelques autres parties de l'Amérique, une masse considérable de quarz hyalin subordonnée dans le micaschiste, qui peut être regardée comme une modification de l'hyalomicte; il cite aussi dans la même contrée des couches de sidérocriste (*eisenglimmerschiefer*), roche dont le fer oxidulé et le fer oligiste sont parties constituantes essentielles; c'est dans cette roche que gît l'or natif en fragmens aplatis, et que l'on soupçonne le gîte des diamans.

Minéraux. Ce groupe est extrêmement riche en espèces minérales cristallisées; ce sont des quarz, des épidotes, des grenats, de l'asbeste, de la chaux carbonatée ferrifère, et peut-être bien des diamans. Les métaux sont nombreux et forment souvent des couches et des filons puissans qui fournissent de grandes richesses; on y cite du fer, du cuivre pyriteux, des pyrites arsenicales, de la blende, de l'étain oxidé, du cobalt, du fer oligiste et du fer oxidulé, enfin des minérais d'or et d'argent.

Formes du sol. La puissance de cette formation est extrêmement considérable. Les strates sont fort ondulés, ce qui fait que la surface du sol offre des contours arrondis et ondoyans; on y remarque peu de saillies élevées, mais des plateaux souvent fort étendus. Les montagnes de micaschistes se trouvent ordinairement disposées par groupes, dont la partie centrale est occupée par des gneiss ou des granites. Les sommets s'élèvent au dessus les uns des autres à mesure qu'ils s'approchent du centre du massif : rarement deux sommets voisins atteignent la même hauteur. Les pentes sont coupées par de nombreux ravins et fréquemment disposées en forme de terrasses.

Emploi dans les arts. Nous avons déjà dit que les gîtes de minérais de cette formation donnaient souvent de grandes richesses; les roches solides, qui s'y montrent en couches subordonnées et en masses transversales, peuvent être employées aux mêmes usages que celles du groupe précédent; souvent les micaschistes se divisent en larges dalles, assez solides pour servir à paver et à couvrir les maisons.

La surface du sol occupé par les micaschistes est ordinairement sèche et aride.

3ᵉ FORMATION. *Gneiss.*

§ 103. Le gneiss commun, bien caractérisé, quelquefois porphyroïde, rarement granitique, est la roche dominante de ce groupe. Cette roche est, de toutes celles composant la croûte oxidée de notre planète, la première solidifiée, du moins autant qu'on peut en juger par les observations faites jusqu'à ce jour.

Dans les parties supérieures, le gneiss alterne avec des strates de micaschiste, sur une épaisseur plus ou moins considérable, et les deux roches passent l'une à l'autre par degrés insensibles : quelquefois (Vosges, Alpes suisses, etc.), on voit le gneiss se charger de quarz et passer au micaschiste, sans que les strates des deux roches alternent entre eux. Partout où les deux formations sont en contact, elles sont toujours intimement liées.

Dans ses parties inférieures, le gneiss passe insensiblement au leptinite, qui forme le premier groupe de la seconde série et pousse de nombreuses ramifications dans le gneiss.

Le graphite, le talc ou la stéatite, et même l'amphibole, remplacent quelquefois le mica (Vosges, Alpes, massif du Mont-Blanc, etc.), alors on a un gneiss *graphiteux*, *talqueux* ou *siénitique*.

La stratification du gneiss est évidente ; mais rarement bien régulière, surtout lorsqu'on la considère sur une certaine étendue (Vosges, Cévennes, Alpes suisses, etc., Pl. II, fig. 3, et Pl. XIII, fig. 1') : on y remarque beaucoup de plis et de contournemens, des masses énormes coupées de fissures qui se croisent dans tous les sens, parmi lesquelles il est impossible de distinguer les fissures de stratification.

On a cité beaucoup de roches en couches subordonnées dans le gneiss : j'ai eu occasion d'observer cette formation dans plusieurs contrées, et je n'y ai jamais reconnu que des amas stratiformes et des masses transversales.

Les calcaires blancs, lamellaires ou saccharoïdes, renfermant souvent du talc et de la serpentine (*cipolin*) dits calcaires primitifs, forment dans le gneiss, des amas rarement stratifiés, mais coupés par des fissures qui les divisent en prismes irréguliers. Il existe de ces amas dans les Vosges, près de Sainte-Marie-aux-Mines, de Laveline, devant Saint-

Dié, du chipal au dessus de Fraise, etc. (Pl. XIII, fig. 7).
Le calcaire est grenu ou lamellaire, blanc, renfermant
souvent du talc et de la serpentine noble, en veines et en
parties disséminées, qui lui donnent quelquefois une teinte
verdâtre : cette roche est coupée par de nombreuses fissures qui
la divisent en prismes irréguliers, elle ne se lie point au
gneiss, au milieu duquel elle paraît être venue à la manière
des roches plutoniques [1]. M. Cordier pense que la plus grande
partie des calcaires nommés calcaires primitifs, ne sont autre
chose que des masses subordonnées dans le gneiss et dans le
micaschiste. On cite aussi dans le gneiss des couches de
quarz compacte bleuâtre.

Les roches qui s'y présentent en masses transversales,
sont toutes celles que nous avons déja citées dans les deux
groupes précédens (leptinite, granite, siénite et protogyne, eurites granitoïdes, micacés, talqueux et siénitiques,
porphyres de toutes les espèces, diorites compactes et porphyroïdes, eurites compactes, trapps, ophiolites, pegmatites,
en filons et en grosses masses schistoïdes, du basalte et de la
wacke, etc.).

Minéraux. Le gneiss est aussi riche que le micaschiste en
espèces minérales cristallisées ; elles sont à peu près les mêmes
dans l'une et l'autre formation : ici les métaux sont souvent
accompagnés de roches plutoniques (eurites et porphyres),
qui forment comme la gangue des filons ; quelquefois les
minérais gisent entre les deux roches (Vosges), dans une
gangue de quarz ou de feldspath grenu. Les substances métalliques les plus communes dans le gneiss, sont des minérais de manganèse, de galène argentifère, de cuivre, d'é-
tain, d'argent, de cobalt, d'antimoine dans une matrice de
quarz, de feldspath grenu, et quelquefois de spath calcaire ;
on y cite aussi du fer carbonaté spathique. Dans cette formation, l'étain se trouve ordinairement engagé dans des

---

[1] Description de la partie méridionale des Vosges.

veines et des filons d'hyalomicte, qui renferment beaucoup de cristaux de tourmaline.

Formes du sol. La formation du gneiss acquiert une puissance très considérable, dans les deux continens; c'est elle qui constitue la partie centrale de la grande chaîne des Alpes; là, les montagnes qui s'élèvent à plus de 4000 mètres au dessus du niveau de la mer, présentent des pentes escarpées et des crêtes aiguës hérissées de pointes si déliées, qu'on les nomme aiguilles; les couches qui sont presques verticales offrent encore quelquefois cependant des contournemens bizarres; les vallées sont étroites et commencent toutes par un cirque fort large, à bords très inclinés; les vallées du deuxième ordre sont encore plus étroites que celles du premier, ce ne sont même souvent que de profondes crevasses. Toutes les montagnes, quelles que soient leur forme et leur hauteur, composent des massifs indépendans les uns des autres (le Saint-Bernard, le Mont-Blanc, etc.), ayant tous une partie centrale de laquelle toutes les autres divergent, en s'abaissant graduellement à mesure qu'elles s'en éloignent, et jetant dans leur course des ramifications d'ordres inférieurs, à droite et à gauche, qui vont se perdre dans les vallées et dans les plaines, ou se choquer contre celles d'autres massifs. Chaque partie centrale est environnée par un certain nombre de grands cirques, formant l'origine des vallées que laissent entre elles les différentes ramifications. Dans les Vosges, où les montagnes gneissiques ne s'élèvent pas à plus de 1000 mètres au dessus du niveau de la mer, elles présentent des contours arrondis, peu d'escarpemens, et point de crêtes dentelées; mais ces montagnes constituent toujours des massifs ayant chacun une partie centrale, dont toutes les autres divergent. Quand le sol gneissique est peu élevé (comme dans quelques parties des Cévennes), il offre des groupes de collines, qui présentent des caractères semblables à ceux des massifs dont nous venons de parler.

Emploi dans les arts. Le gneiss lui-même n'est que fort

peu employé dans les arts, il est presque impossible de le tailler; cependant on s'en sert encore comme pierre de construction; se brisant et se décomposant facilement, il fournit de mauvais matériaux pour réparer les routes.

Les calcaires qu'il renferme sont exploités comme marbre et donnent de fort belles variétés de marbre blanc, et même vert quand la serpentine est abondante; on les emploie aussi pour obtenir de la chaux grasse (Vosges). Les porphyres et les diorites sont aussi employés dans les arts; l'exploitation des minérais métalliques donne souvent de grandes richesses.

Dans le centre des Alpes, la surface du sol occupé par le gneiss est sèche et aride; les cultures et les bois qui décorent les flancs des vallées à une certaine distance des crêtes, sont plantés dans une épaisse couche d'alluvions qui recouvre le gneiss. Dans les Vosges, où les montagnes sont moins élevées, et la puissance du gneiss moins considérable que dans les Alpes, ce qui fait que les sources, abondantes dans le leptinite et le granite, peuvent facilement traverser cette formation, le sol est assez fertile : les plus hautes cimes sont couvertes de fort belles forêts; d'excellentes prairies, entrecoupées de champs cultivés, couvrent le fond des vallées, et s'élèvent jusqu'à une certaine hauteur sur les flancs des montagnes. Néanmoins, il est vrai de dire que la surface du sol occupé par le gneiss est peu fertile.

Étendue du terrain primitif.

§ 104. Le terrain primitif est très bien développé dans les Alpes suisses (Pl. II, fig. 2); c'est lui qui forme en grande partie les massifs du Mont-Blanc, du Grand-Saint-Bernard, du Saint-Gothard, etc. Au Mont-Blanc, on remarque dans le gneiss de grosses masses de protogyne qui l'ont traversé, et on voit souvent cette roche passer insensiblement au gneiss par un leptinite talqueux; le gneiss lui même est souvent talqueux. Dans le massif du Saint-Bernard, les masses trans-

versales de roches granitiques sont moins nombreuses que
dans celui du Mont-Blanc ; mais on en trouve cependant encore
beaucoup : dans le Val-Feret ; où on voit plusieurs masses de
véritable granite sortir, en petites collines, du pied des montagnes gneissiques, s'élever aussi dans les escarpemens de ces
montagnes en courbant et brisant les couches ; un leptinite,
contenant quelquefois très peu de mica, forme le passage du
granite au gneiss. Dans les parties supérieures, le gneiss passe
toujours au micaschiste ; mais cette dernière roche prend
rarement un grand développement ; elle passe bientôt au
talcschiste, puis au schiste talqueux, qui passe lui-même au
phyllade, sur lequel repose la grande masse calcaire dont
nous avons parlé, § 98. Les schistes talqueux accompagnés
de phyllades sont assez bien développés, mais jamais autant
que le gneiss, qui occupe à lui seul une immense étendue
de pays : un fait digne de remarque, c'est qu'en quelques
endroits les couches de gneiss ont été renversées et reposent
sur les schistes. Les schistes et le gneiss des Alpes, sont péné-
rés par des masses transversales de leptinite, de granite et
de protogyne, d'eurite granitoïde et d'eurite compacte,
de porphyre, de diorite et même de trapps, roches que nous
verrons bientôt constituer des groupes au dessous du terrain
primitif.

Dans la partie méridionale des Vosges (Pl. XIII, fig. 1.),
depuis la hauteur de Colmar en marchant vers le nord, la
formation du gneiss, percée çà et là par de gros massifs granitiques, est très bien développée ; elle passe au leptinite dans
ses parties inférieures, et sur quelques points seulement aux
micaschites, qui passent eux-mêmes aux talcschistes ; elle est
traversée par les mêmes roches que nous venons de citer dans
les Alpes, mais elles sont plus abondantes ici que dans les
montagnes de la Suisse et de la Savoie[1]. La chaîne de la
Forêt-Noire offre des faits semblables.

[1] Voyez ma Description des Vosges.

Le terrain primitif est très bien développé dans les Cévennes ; on y trouve des schistes talqueux, des talcschistes des micaschistes et des gneiss, toujours disposés dans le même ordre, et offrant les mêmes rapports géognostiques que les précédens. Ici, le gneiss repose sur le granite ; mais je ne me rappelle pas s'il existe une formation de leptinite entre les deux.

Le terrain primitif est encore développé dans plusieurs autres parties de la France, dans les montagnes de la Bourgogne, dans celles de l'Auvergne et du Limousin ; les célèbres kaolins de Saint-Yrieix, près Limoges, paraissent provenir de la décomposition des pegmatites, qui forment des filons dans le gneiss de cette contrée. En Bretagne, le gneiss recouvre une masse de leptinite qui le lie au granite ; il renferme beaucoup de staurotide et de grenats ; quand il passe au micaschite, les cristaux de ces deux substances y deviennent encore plus abondans.

Les environs de Freiberg, en Saxe, sont une localité classique pour le terrain primitif, et rendue très célèbre par les leçons de Werner. Les trois formations de la sixième époque se trouvent là réunies, intimement liées entre elles, renfermant toutes les roches que nous avons déjà citées, et des mines d'argent, de cuivre et de plomb, qui donnent depuis des siècles des richesses considérables. Ce terrain se retrouve encore dans plusieurs autres parties de l'Allemagne, jusque dans la Moravie et sur les rives de la Baltique : c'est lui qui occupe une grande partie de la Scandinavie, où le gneiss paraît être la roche dominante ; il s'étend de là jusque dans la Russie septentrionale, et même jusque dans les régions du pôle arctique.

Les gneiss, les micaschistes et les schistes talqueux sont communs dans le nord de l'Écosse, d'où ils s'étendent jusqu'en Irlande. A Ben-Nevis (Écosse), le gneiss passe insensiblement au micaschiste, qui le recouvre, et repose sur le granite qui pousse des ramifications dans tous les deux. Le terrain primitif est très développé dans le Brésil, les États-Unis, et dans les régions reculées de l'Amérique du Nord ; en Asie, il constitue une portion de la chaîne de l'Himalaya, une grande partie de l'île de Ceylan, etc. Les montagnes qui enfourent les sables aurifères de Bisserk, dans l'Oural, sont composées d'un micaschiste passant au schiste talqueux, qui prend un grand développement dans la chaîne principale : le schiste talqueux renferme des couches subordonnées de dolomie noire, traversées par des filons de dolomie blanche avec quarz, qui pénètrent aussi dans les schistes : c'est dans cette dolomie noire que M. Engelhardt soupçonne le gîte primitif des diamans que renferment les sables aurifères. Nous avons vu le terrain primitif, aux environs d'Alger, composé de gneiss, de micaschiste et de schistes talqueux passant au phyllade ; ici, le gneiss est traversé (Babazoun) par de nombreuses veines d'hyalomicte avec cristaux de tourmaline. Dans cette contrée, le gneiss présente une anomalie pareille à celle que nous avons déjà signalée dans les Alpes : dans les falaises de Babazoun et aux environs du fort de l'Empereur, il m'a paru reposer sur les micaschistes : y aurait-il encore là un renversement? (Pl. x, fig. 1.)

En Morée, des micaschistes, passant au phyllade, forment la base de la haute chaîne du Taygète.

Enfin, dans la Nouvelle-Zélande on a reconnu des roches talqueuses, phylladiformes et pétrosiliceuses, qui paraissent être très anciennes.

2ᵉ SÉRIE. FORMATIONS NON STRATIFIÉES.

(Pl. ii, fig. i.)

§ 105. Les roches qui entrent dans la composition des groupes de notre seconde série, se présentant en masses transversales dans ceux de la première, et n'ayant pas toujours pu être observées en grandes masses indépendantes, ont été considérées pendant long-temps comme hors de série, c'est à dire, ne constituant point des groupes entre lesquels on eût reconnu des relations constantes, mais se présentant comme masses subordonnées tantôt dans une formation, tantôt dans une autre ; on n'en exceptait pas même le granite qui occupe de grands espaces sur la surface de la terre, e qui avait été regardé pendant long-temps comme la roch primitive par excellence, celle qui supportait toutes les autres

Dans son beau travail *sur la chaleur intérieure du globe* M. Cordier, ayant pour ainsi dire démontré que l'intérieu de la terre était encore en fusion depuis une certaine profondeur, et que les dépôts non stratifiés, *les dépôts plutoniens,* étaient le résultat du refroidissement successif de notre planète, en conclut, d'après la loi du refroidissement des corps dans l'espace, que la consolidation de ces dépôts devait être d'autant plus récente qu'ils occupaient un niveau plus profond : ordre inverse de celui de la première série.

Les conclusions de ce savant professeur n'avaient point encore été vérifiées par des expériences directes, lorsque, pendant les années 1832 et 1833, j'eus occasion d'étudier avec soin la partie méridionale de la chaîne des Vosges, où les roches plutoniques anciennes sont très bien développées, et constituent des groupes indépendans, entre lesquels on reconnaît parfaitement les relations qu'il avait prévu devoir exister entre les roches ignées.

L'étude de la chaîne des Vosges, d'une partie de celle des Alpes, et la lecture des mémoires publiés sur les terrains non stratifiés des diverses contrées de la terre, m'ont donné les moyens de reconnaître l'ordre naturel dans lequel ils se succèdent, et d'essayer une classification qui, quoique basée sur des faits bien observés, a cependant encore besoin d'être appuyée par un grand nombre d'autres.

Les groupes de la seconde série ne sont point réunis en époques distinctes comme ceux de la première ; ils se sont consolidés dans la durée des six époques qui composent celle-ci, sans qu'on puisse précisément dire à quelle époque chaque groupe s'est solidifié, ni quel temps géologique sa formation a duré.

Les roches de la seconde série ne sont jamais stratifiées ; on y remarque une infinité de fissures qui les divisent en masses prismatiques irrégulières : ces fissures sont quelquefois tellement disposées qu'il en résulte une fausse apparence de stratification ; surtout lorsqu'on ne peut les observer que dir une petite étendue ; mais, quand on peut observer dans un certain espace, on voit que ces fissures ne se continuent pas, qu'elles changent brusquement de direction, ou qu'elles sont coupées par d'autres qui déterminent un système de strates bien différent du premier.

Ces roches sont éminemment cristallines, composées de cristaux distincts, imparfaits, adhérens entre eux, de grosseurs variables ; de cristaux réunis dans une pâte compacte, d'une substance à petits grains devenant même très compacte et quelquefois schisteuse, et passant alors aux roches stratifiées.

Une des propriétés les plus caractéristiques de ces roches, c'est qu'elles constituent des groupes indépendans, et qu'elles se présentent en même temps en masses subordonnées dans les groupes qui leur sont supérieurs.

On a cru pendant long-temps que les roches inférieures au granite étaient entièrement dépourvues de restes organiques ; mais nous avons découvert, dans les Vosges, des fragmens de végétaux, très semblables à ceux de la cinquième époque, dans la formation porphyritique et la formation trappéenne qui sont inférieures au granite ; en outre, les laves de nos volcans actuels, qui viennent vraisemblablement de régions beaucoup inférieures à celle des trapps, renferment aussi des végétaux qu'elles ont englobés, il est vrai, en coulant sur la surface de la terre ; mais ce ne sont pas moins des masses à l'état de fusion ignée, qui sembleraient devoir anéantir tous les corps organisés qu'elles trouvent sur leur passage.

Quoique nous n'ayons point encore pu distinguer de grandes époques dans les masses de la seconde série, nous avons cependant pu y reconnaître des formations distinctes, dont chacune est caractérisée par l'état de cristallisation des roches diverses qui entrent dans sa composition. Ces formations ne sont pas séparées les unes des autres par des surfaces planes, comme dans la première série, mais par des surfaces courbes extrêmement compliquées : dans les points de contact, on voit les roches se pénétrer réciproquement de la manière la plus irrégulière (Pl. II, fig. 1, et Pl. XIII), et ce n'est qu'en observant sur un grand espace, que l'on peut décider quelle est la masse qui recouvre l'autre. C'est pour ne s'être pas conformés à ce principe, que les géologues sont tombés dans de si graves erreurs relativement aux groupes de la seconde série.

D'après l'ensemble des connaissances actuelles sur les masses qui constituent la seconde série géognostique, je crois qu'il est possible d'y distinguer sept grands groupes ou formations, savoir : 1° *formation leptinitique*; 2° *formation granitique*; 3° *formation porphyritique*; 4° *formation trappéenne*; 5° *formation trachytique*; 6° *formation basaltique*; 7° enfin, *formation lavique* (Pl. II, fig. 1). Nous allons décrire successivement chacune de ces formations.

1ʳᵉ FORMATION. *Groupe leptinitique.*

§ 106. Ce groupe n'est point encore admis par les géologues; M. de Humboldt l'a cependant décrit, dans son ouvrage *sur le gisement des roches*, comme occupant la même place que je lui assigne ici dans les deux hémisphères, et présentant à peu près les mêmes caractères; je l'établis d'après mes propres observations dans les Vosges et dans les Alpes.

Les leptinites forment le passage entre les gneiss et les granites, c'est à dire entre les roches stratifiées et les roches non stratifiées; ils offrent souvent une fausse apparence de stratification, et quelques observateurs les rangent dans les roches stratifiées; mais nous les plaçons dans la seconde série, parce qu'ils se présentent en masses transversales jusque dans le terrain schisteux de la cinquième époque.

La roche dominante de cette formation est un leptinite

pe de l'espèce, roche composée de feldspath grenu et de
uarz sableux, avec quelques paillettes de mica dont la quan-
té varie. Le leptinite passe au gneiss, dans lequel il pousse
es ramifications fort étendues, et renferme souvent des
agmens anguleux de cette roche, qu'on ne voit jamais
usser des ramifications dans sa masse ; ce qui prouve qu'il
t postérieur au gneiss, bien qu'il soit placé au dessous. Dans
s parties inférieures ; il passe insensiblement au granite
r l'augmentation graduelle de la grosseur des grains de
uarz et de feldspath, ainsi que l'étendue des paillettes de
ca qui le composent.

Dans les contrées où l'amphibole, le talc ou la stéatite
mplace le mica dans le granite, il en est de même pour le
ptinite supérieur, qui devient alors siénitique ou proto-
neux : l'amphibole est quelquefois si abondant dans le lepti-
te (Remiremont, Vosges), que cette roche passe au diorite
istoïde, qu'on pourrait croire quelquefois stratifié, par
ugmentation du talc ou de la stéatite, il passe au gneiss
queux et même au talcschiste (massif du Mont-Blanc).
s substances stéatiteuses sont toujours assez communes
ns les leptinites ; quand elles ne sont pas parties consti-
antes de la roche, elles en tapissent les fissures, et y forment
s filons et même des masses transversales considérables.

Nous avons déjà dit que le leptinite offrait une fausse ap-
rence de stratification ; généralement, il est coupé par des
ssures qui le divisent en masses prismatiques irrégulières ; il
arait d'autant mieux stratifié qu'il approche plus du gneiss,
d'autant moins qu'il est plus voisin du granite. Je ne l'ai
mais vu distinctement séparé de ces roches, avec lesquelles
s'enchevêtre d'une manière fort irrégulière ; mais dans les
osges, il constitue bien un groupe indépendant, qui occupe
ne bande fort large entre le gneiss et le granite.

On voit en masses transversales, dans le groupe dont nous
arlons, des granites avec fragmens anguleux de leptinite, des
egmatites, des eurites granitoïdes et compactes, des apha-

nites, des porphyres, des diorites, des hyalomictes avec cristaux de tourmaline, renfermant quelquefois des minerais d'étain, des ophiolites, etc.

Dans les Vosges, cette formation est le gisement des ophiolites, que je n'ai point retrouvées là dans les autres groupes de la seconde série. Ces roches s'y présentent en grosses masses subordonnées, qui ne sont jamais recouvertes que par les dépôts de la seconde ou de la première époque; on les voit sortir du leptinite quand la terre végétale ou les alluvions ne cachent pas le contact entre les deux roches : à la montagne de Grimouton, près Remiremont (Pl. XIII, fig. 2), une masse d'ophiolite, large de 400 mètres et longue de 1200 à 1300 mètres, sort du leptinite; à l'une de ses extrémités, on remarque des cônes bien prononcés, qui semblent être le résultat d'un soulèvement; des masses tout à fait semblables se retrouvent sur d'autres points de ces montagnes dans la même position géognostique. Toutes ces masses d'ophiolite sont coupées par de nombreuses fissures qui les divisent en fragmens quadrangulaires plus ou moins irréguliers. Quelques unes de ces fissures sont remplies de talc fibreux ou compacte; certaines parties de la roche contiennent une si grande quantité d'oxide de fer, que les habitans du pays les nomment *pierres de fer*. Le diallage se montre aussi en petites lames, l'ophiolite devient alors diallagique, et passe même à l'euphotide, roche qui paraît accompagner l'ophiolite dans toutes les contrées de la terre.

M. de Humboldt a vu aussi, en Amérique, les ophiolites subordonnés au leptinite; il en est de même en Saxe, et en France dans les départemens de la Creuse, de la Corrèze, de l'Aveyron et de la Lozère, où ils ont été observés par M. Dufrénoy; ils sont quelquefois accompagnés d'amphibolites, et paraissent se lier intimement aux porphyres, près desquels on les trouve assez souvent; mais, dans plusieurs autres contrées, les ophiolites paraissent être beaucoup plus nouveaux : dans les Pyrénées, certaines parties des Alpes et en Morée, il pénètrent jusque dans le terrain craïeux. En Italie, des masses d'ophiolite recouvrent des calcaires qui paraissent devoir être rapportés à la quatrième époque; mais nulle part, je crois, on n'a vu les ophiolites recouvertes que par des couches d'alluvion. L'irruption des ophiolites serait-elle postérieure à la quatrième époque, où aurait-elle eu lieu à différentes époques? c'est ce qui n'est point encore établi; mais il est de fait que le leptinite est un des gisemens principaux des ophiolites et des masses talqueuses ou diallagiques qui les accompagnent ordinairement.

Minérais. Les métaux sont rares dans la formation que nous étudions; on y cite de l'étain, du plomb, du fer, etc.; mais en parties disséminées, ou en veines si minces qu'elles ne méritent pas d'être exploitées.

Les espèces minérales en cristaux sont de la tourmaline, de la pinite, des grenats, des topazes, de l'amphibole, de l'asbeste, etc., et dans les ophiolites, du diallage, de l'idocrase, de la sahlite, de l'asbeste, du chrôme, du chromate de fer, etc.

Formes du sol. Elles diffèrent très peu de celles de la formation granitique, dont nous parlerons avec détail dans le paragraphe suivant.

Emploi dans les arts. Les métaux du leptinite ne paraissent pas assez abondans pour donner lieu à des exploitations; les pierres précieuses, et surtout les topazes, méritent quelquefois qu'on les recherche. Les variétés feldspathiques blanches et grises de cette roche, se décomposant difficilement et se taillant très bien, fournissent d'excellentes pierres de construction, et de très bons matériaux pour réparer les routes; les ophiolites sont souvent exploités pour fabriquer des objets d'ameublement (vases, cheminées, tables, etc.); mais, comme ils sont ordinairement très fissurés, il est impossible d'en extraire des morceaux d'une certaine étendue sans beaucoup de travail, ce qui rend extrêmement chers tous les objets fabriqués avec ces pierres.

Dans les Vosges, la seule contrée où j'aie encore pu observer la formation leptinitique sur une certaine étendue ; les sources sont assez communes dans le sol qu'elle occupe, et la végétation paraît y avoir une certaine vigueur : les montagnes sont couvertes de bois d'une belle venue, et sur leurs flancs, ainsi que dans le fond des vallées, on remarque beaucoup de belles prairies et de champs cultivés, dans lesquels les céréales et les pommes de terre croissent fort bien.

Nous parlons des localités où on rencontre la formation du leptinite avec celles où se montrent les autres groupes non stratifiés, qui l'accompagnent souvent jusqu'à la formation trappéenne inclusivement, § 111.

2e FORMATION. Groupe granitique.

§ 107. La formation granitique est connue depuis les premiers temps de la géologie, parce qu'elle se montre toujours sur une grande étendue dans presque toutes les contrées de la terre. On l'a regardée pendant long-temps comme formant le noyau cristallin du globe, la base sur laquelle reposaient toutes les autres masses ; mais les observations récentes ont prouvé qu'il n'en était point ainsi.

La roche principale de cette formation est le granite proprement dit, composé de cristaux distincts plus ou moins irréguliers, de quarz, de feldspath et de mica, avec diverses substances minérales accidentelles. Il arrive souvent que le talc est remplacé par l'amphibole, le talc ou la stéatite, comme dans le leptinite, alors on a deux nouvelles roches : *la siénite ou granite amphibolique*, *la protogyne* où *granite talqueux*, qui jouent dans la série le même rôle que le granite avec lequel elles sont intimement liées dans un grand nombre de localités. Bien souvent ces roches ne peuvent être considérées que comme des variétés de la grande masse granitique. Quand le granite contient ensemble de l'amphibole et du mica, on l'appelle *granite siénitique*, et *granite talqueux ou stéatiteux*, s'il renferme du talc ou de la stéatite avec le mica.

Le caractère le plus distinctif des roches de cette formation, c'est d'être composées de cristaux distincts des substances que nous venons de nommer, dont les dimensions et la régularité sont très variables. Dans les parties supérieures de la formation, la grosseur des cristaux diminue, le mica, l'amphibole, le talc, etc., se perdent, et la roche passe au leptinite d'une manière fort irrégulière, en poussant, dans cette formation, des ramifications qui vont beaucoup au delà; dans les parties inférieures, la grosseur des cristaux diminue également, le mica se perd, le feldspath devient compacte (pétrosilex, ortose), et la roche devient un *granite euritique*, qui passe à l'*eurite granitoïde*, et finalement aux *eurites porphyriques* et aux *porphyres* qui constituent le troisième groupe. Les roches amphiboliques et talqueuses suivent la même décroissance de granulation, qui se continue, comme nous le dirons plus bas, jusqu'aux roches compactes.

Il y a ici un passage insensible bien évident des roches granitiques de toutes les espèces aux roches porphyriques corespondantes. Mais j'ai vu, dans quelques parties des Vosges, les granites reposer brusquement sur les porphyres ; les roches étant néanmoins soudées entre elles, mais sans passage insensible ; alors, dans le plus grand nombre des cas, le granite était un *pegmatite*, roche grenue, composée de quarz et de feldspath, dans lequel le mica a entièrement ou presque entièrement disparu. Cette roche se trouve toujours à la base des masses granitiques, dans lesquelles on la voit former des filons, qui s'étendent à travers le leptinite jusque dans les roches de la sixième époque (Pl. ii, fig. 1). Ainsi il est extrêmement probable que les masses de pegmatite, dont la décomposition de quelques unes donne naissance au kaolin, *terre à porcelaine*, gisent dans les régions inférieures de la formation granitique, dont elles sont parties constituantes.

Les siénites et les protogynes sont des états particuliers du granite, au milieu duquel elles gisent souvent en y passant de tous les côtés d'une manière insensible ; quelquefois elles le remplacent (massifs des ballons d'Alsace et de Servance pour la siénite, du Brezouars pour la protogyne, dans les Vosges (Pl. iii, fig. 1); massif du Mont-Blanc dans les Alpes, etc.). Quand on peut voir leurs parties inférieures, comme dans les localités que nous venons de citer, on remarque qu'elles passent à des roches granitoïdes, qui deviennent ensuite des porphyres.

Les siénites résultent souvent de porphyres amphiboliques, dans lesquels on voit paraître des cristaux d'amphibole ou bien de mica; mais souvent aussi ce sont de véritables diorites, que l'on voit de l'état compacte passer à l'état porphyrique, puis à l'état granitoïde, et enfin à la siénite (extrémité méridionale des Vosges). En un mot, *il y a pour toutes les roches granitiques, quelle que soit leur nature minéralogique, depuis les roches compactes, une série de granulation identique.* Faits de la plus haute importance, et qui jettent un grand jour sur les causes agissantes dans la formation de ces roches.

Les masses granitiques n'offrent jamais de stratification régulière, bien que ce soit écrit dans plusieurs ouvrages; mais elles sont coupées par une infinité de fissures, qui les divisent en masses polyédriques irrégulières; rarement ce sont des prismes qui ressemblent un peu à ceux des basaltes.

Les roches qui se présentent en masses transversales, dans la formation granitique, sont les eurites compactes et granitoïdes (ces dernières diffèrent quelquefois très peu du granite); les porphyres de toutes les espèces, les diorites, les aphanites, les trachytes, et même les basaltes, le pegmatite, l'hyalomicte, le quarz blanc, la barytine, et même le calcaire spathique. On a quelquefois cité des masses de leptinite et de gneiss dans le granite; mais on s'est trompé : la courbe de séparation entre le granite et le leptinite offre beaucoup de sinuosités, et on peut voir un morceau de leptinite d'une certaine longueur entrer dans le granite, sans que pour cela ce soit une masse transversale. Quand le granite et le gneis sont immédiatement en contact, ce qui arrive quelquefois les roches alternent souvent entre elles, et même des morceaux de gneiss sont empâtés dans le granite. Dans les Vosges et dans les Alpes, j'ai vu beaucoup de portions de roches granitiques renfermer des fragmens anguleux, plus ou moins gros, de gneiss et de leptinite (Pl. xiii, fig. 13). Le granite avec lequel on a fait la bordure des trottoirs de Paris est rempli de pareils fragmens de toutes les grosseurs. Ces faits prouvent bien la postériorité de la consolidation du granite à celles du gneiss et du leptinite ; ces roches n'ont donc pas pu pénétrer en masses transversales dans le granite.

Minéraux. Les métaux sont beaucoup plus abondans dans les granites que dans les leptinites ; ils s'y trouvent avec les eurites et les porphyres, qui leur servent quelquefois de gangue ; ils gisent aussi fréquemment au milieu des filons de quarz et de baryte sulfatée qui traversent les roches granitiques, et les minéraux d'étain dans ceux d'hyalomicte. Les principales substances métalliques qui gisent dans le granite sont du fer oxidé, du fer pyriteux aurifère, du fer arsénieux aurifère, du cuivre pyriteux, de l'étain oxidé, de la galène quelquefois argentifère, du chrôme oxidé, de l'urane oxidé et du molybdène. Suivant M. Dufrénoy, la plupart des mines de fer de la partie orientale des Pyrénées sont placées à la jonction des roches granitiques avec les calcaires. Cet observateur pense qu'il existe une relation intime entre la formation des minérais et le soulèvement de la chaîne granitique. En Amérique, M. Boussingault a vu, dans la siénite, un filon de fer hydraté aurifère, qui renferme des grains de platine ; il paraît que dans l'Oural, l'or et le platine se trouvent aussi fréquemment associés.

Dans le voisinage de tous les filons pierreux ou métalliques que j'ai eu occasion d'observer dans les roches granitiques, j'ai remarqué que celles-ci avaient été décomposées des deux côtés jusqu'à une certaine profondeur ; le feldspath est passé à l'état de kaolin, imprégné quelquefois de fer hydroxidé, action qui me paraît intimemement liée à la formation des filons.

Les autres espèces minérales qui se présentent en cristaux disséminés dans la formation granitique, sont de l'actinote, de l'épidote, des grenats, des zircons, des beryls, de la pinite, de la cymophane, de la chaux fluatée, etc.

Formes du sol. Les nivellemens exécutés pour les travaux de la carte de France m'ont donné le moyen de déterminer la puissance de la formation granitique dans les Vosges, ce qui n'avait encore été fait nulle part, et j'ai trouvé 660 mètres pour la puissance maximum.

Les montagnes de la formation granitique offrent des formes arrondies plus ou moins alongées. Quelquefois, surtout dans les régions peu élevées, ce sont des plateaux fort étendus, qui penchent légèrement vers les vallées qui les limitent. Ces montagnes sont disposées par massifs, comme celles du gneiss, dans chacun desquels il existe une partie centrale d'où partent des ramifications qui s'étendent dans tous les sens, en s'abaissant graduellement. Celles des différens massifs se comportent entre elles comme nous l'avons déjà dit pour le gneiss, et les cols de séparation sont souvent des coupures profondes et fort escarpées; les vallées commencent ordinairement par un cirque plus ou moins évasé, dont les parois, dans les grandes montagnes, sont souvent verticales. Ces vallées sont extrêmement nombreuses et tombent les unes dans les autres sous toutes les inclinaisons. Dans les régions élevées, elles sont étroites et à flancs escarpés; mais dans les montagnes de hauteur moyenne, les flancs laissent entre eux des vallées peu profondes, dont les flancs sont généralement des pentes douces. Ces pentes, et même les sommets, sont fréquemment couverts de blocs granitiques de toutes les dimensions, entassés les uns sur les autres, quelquefois arrondis par la décomposition superficielle, mais présentant souvent des arêtes vives, et des pointes alongées qui font reconnaître de loin le sol granitique.

Emploi dans les arts. Les métaux que renferme la formation granitique, surtout l'étain, sont exploités dans plusieurs contrées, et donnent des bénéfices. Mes observations dans les Vosges m'ont prouvé que les filons métalliques de la formation granitique n'étaient bien souvent que les dernières ramifications de ceux de la formation porphyrique inférieure, bien plus riches en métaux que la formation granitique ; par conséquent, dans l'exploitation, ces filons doivent presque toujours être suivis de haut en bas, si on veut voir augmenter leur richesse, au lieu de bas en haut comme on le fait ordinairement.

En Europe, les roches granitiques sont employées dans les constructions et pour réparer les routes ; la plupart des obélisques égyptiens, dont nous possédons maintenant un à Paris, ont été construits avec la belle siénite de la cataracte du Nil ; beaucoup des immenses statues d'hommes et d'animaux qui décorent ce pays célèbre, et qu'on voit çà et là enfouies dans les sables, ont été faites avec la même pierre. Les kaolins provenant de la décomposition des pegmatites donnent la terre à porcelaine dont on tire maintenant un si grand parti. Les variétés de la roche granitique, qui se décomposent facilement, donnent des sables que l'on peut employer dans la confection des mortiers.

Les sources sont généralement abondantes et d'une excellente qualité dans tout le sol occupé par la formation granitique ; mais elles sont froides, et plus froides que dans tous les autres groupes géognostiques, ce qui fait que les céréales et les pommes de terre n'y croissent pas très bien. Mais les pâturages y sont gras, les prairies abondantes, et les forêts généralement peuplées d'arbres verts, d'une belle venue : quelques unes des vignes de la Bourgogne sont plantées sur le sol granitique, dans une couche meuble, composée du détritus des roches inférieures presque pur.

3ᵉ FORMATION. *Groupe porphyrique.*

§ 108. La grande différence, le caractère le plus distinctif, entre le groupe granitique et le groupe porphyrique, consiste dans la structure des roches. Nous avons déjà vu que, dans les dernières parties de la formation granitique, le feldspath, pur ou mêlé avec une autre substance (l'amphibole, le talc, etc.), devenait compacte, et que les cristaux, quoique encore distincts, commençaient à se confondre ; à mesure que l'on descend, la confusion augmente, on arrive à des roches porphyroïdes, dans lesquelles on peut encore distinguer trois élémens (mica, ou amphibole, ou talc, quarz et feldspath), mais disséminés dans une pâte compacte de couleur variable ; enfin à des porphyres parfaitement caractérisés, dont la composition minéralogique et la couleur varient : tantôt c'est une pâte pétrosiliceuse avec des cristaux de feldspath blanc, tantôt c'est une pâte amphibolique, noire, brune ou verte, avec des cristaux de feldspath et d'amphibole, etc. Ce ne sont autre chose que les eurites granitoïdes pétrosiliceux, amphiboliques (diorites), talqueux, etc., qui sont passés à l'état porphyrique. Ces différentes espèces de porphyres se pénètrent réciproquement, passent les unes aux autres par degrés insensibles, et portent enfin tous les caractères d'un mélange de substances de natures différentes, qui se seraient consolidées sous l'influence des mêmes causes, ce qui constitue bien une formation géognostique, d'après la définition que nous en avons donnée, § 41 (Pl. II, fig. 1, et Pl. XIII, fig. 1, 2 et 5). Les porphyres et même les roches granitoïdes auxquelles ils passent poussent des ramifications dans tous les groupes qui leur sont supérieurs, jusqu'au grès houiller, dans lequel nous les avons déjà cités, § 94, en masses transversales ; vers le bas, ils perdent leurs cristaux et passent aux masses compactes de la formation trappéenne.

Les porphyres offrent un phénomène semblable à celui des trachytes, des basaltes et des laves modernes ; ils sont accompagnés de roches fragmentaires, brèches, breccioles, et conglomérats à gros grains, composés de fragmens de roches porphyriques et même granitiques, souvent réunis par le porphyre lui-même, ou un ciment pétrosiliceux d'une na-

ure différente. Dans les Vosges, ces conglomérats renferment des fragmens de végétaux que l'on trouve aussi quelquefois dans la masse du porphyre. Ainsi, les restes organiques que nous avions vus disparaître aux schistes talqueux
reparaissent beaucoup au dessous dans les porphyres, phé-
omène que nous expliquerons parfaitement dans le second
olume.

Les roches porphyriques contiennent fréquemment des
ragmens des roches granitiques et granitoïdes qui leur sont
npérieures : près de Schirmeck, dans les Vosges, je les ai
ême vues contenir de gros blocs de calcaire, provenant du
rrain schisteux de la cinquième époque. J'ai observé, dans
ette même localité, une grosse masse calcaire coupée par
n grand nombre de fissures que le porphyre avait toutes
mplies, comme on voit encore les laves des volcans mo-
ernes remplir les crevasses des roches sur lesquelles elles pas-
nt (Pl. xiii, fig. 9). Une autre analogie encore bien frap-
ante, entre les masses porphyriques et celles que nous
oyons produites sous nos yeux par la voie ignée, c'est que
ur surface est souvent criblée de cavités et de boursouflures
omme celle de ces dernières. Ces cavités sont vides ou rem-
lies de substances qui s'y sont introduites après la consolida-
on de la roche ; quand elles renferment du spath calcaire,
. Brongniart les nomme *spillites*, et *variolites* quand
'est du feldspath ; cette distinction est purement minéralo-
ique : les spillites et les variolites appartiennent souvent à
a même roche ; c'est un fait incontestable. On peut désigner
ous ces accidens sous le nom d'*amygdaloïdes*, à cause de leur
essemblance avec la structure des amygdales.

Les fissures m'ont paru être plus considérables dans les
masses porphyriques que dans les masses granitiques ; rarement elles sont tellement disposées qu'elles leur donnent une
fausse apparence de stratification : ordinairement, elles les
divisent en masses polyédriques irrégulières ; on cite quelques
masses de porphyres divisées en prismes comme les basaltes.

Jamais les roches granitiques, ni même granitoïdes, et encore bien moins les leptinites, ne se montrent en masses transversales dans les porphyres : quand ceux-ci sont en contact avec elles, ils les pénètrent, mais ils n'en sont jamais pénétrés, ce qui prouve la postériorité de leur consolidation à celle de ces roches, quoiqu'ils gisent au dessous ; mais on voit au milieu des porphyres des filons d'eurite compacte, d'aphanite et de diorite compacte, roches de la formation trappéenne : on pourrait trouver des filons de basalte, de dolérite, de trachyte, etc., dans la formation porphyrique. Dans quelques contrées, il paraît qu'on a vu des ophiolites associés avec les porphyres et passer même au porphyre vert (diorite porphyrique) : cela ferait présumer que ces roches, dont on n'a point encore trouvé de grandes masses indépendantes, appartiennent au groupe porphyrique ; ce qui ne serait point étonnant, vu la grande variété de roches que ce groupe renferme.

Minéraux. La formation porphyrique paraît être le gisement principal des minérais métalliques : ils gisent ordinairement dans une gangue de baryte sulfatée, de quarz blanc, les mêmes qui pénètrent dans la formation granitique, accompagnés de spath calcaire et de spath fluor. Presque tous les filons métalliques des Vosges gisent dans les porphyres, et ceux que l'on a exploités dans les groupes granitiques et gneissiques étaient presque partout associés aux porphyres, ayant pénétré en masses transversales dans ces groupes. Je crois qu'on pourrait regarder le groupe porphyrique comme la région la plus riche en substances métalliques : ces substances sont du fer oligiste, du fer hydraté, du fer carbonaté, du cuivre gris, du cuivre pyriteux, de la galène argentifère, du manganèse, du sulfure de molybdène, et même des minérais d'or et d'argent.

Les espèces minérales qui accompagnent les métaux, car on n'en trouve presque point en cristaux disséminés dans les porphyres, excepté ceux qui sont parties constituantes des oches, sont du spath calcaire, du spath fluor, de l'arragonite, e la barytine, des cristaux de quarz, d'épidote, de pyroxène, 'amphibole, etc.

Restes organiques. Les débris de végétaux que l'on trouve dans les conglomérats et même dans la pâte des porphyres des Vosges sont des fragmens de tiges ou de branches dont l'extérieur est très souvent carbonisé, et l'intérieur rempli par la matière même de la roche qui les renferme. Parmi ces frag- mens, M. Voltz a reconnu des *calamites*, des *stigmaria*, des tiges analogues à celles des *sagenaria*, genres qui exis- tent dans tous les groupes de la cinquième époque.

Formes du sol. J'ai pu aussi mesurer la puissance de la formation porphyrique des Vosges au moyen des nivellemens de la carte de France, et j'ai trouvé qu'elle variait entre 200 et 600 mètres. Les montagnes qu'elle constitue sont les plus élevées de la chaîne ; elles atteignent une hauteur absolue de 1000 à 1300 mètres. Ces montagnes ont toutes des formes coniques très prononcées (Pl. XIII, fig. 1 et 2) : elles présen- tent sur leurs flancs des dépressions plus ou moins profondes, qui sont des portions de surfaces coniques dont le sommet est en bas. Les vallées commencent toutes par des cirques qui affectent la même forme, vont ensuite en se rétrécissant jus- qu'à une certaine distance et s'élargissent après. Plusieurs de ces cirques sont très profonds, et les eaux, se réunissant dans la partie inférieure, forment des lacs, dont le trop-plein coule par une coupure étroite ; les parois de ces cirques sont couvertes d'aspérités sillonnées par des déchirures allant de bas en haut, ce qui annonce qu'ils sont le produit d'une action violente, comme l'éruption d'une masse gazeuse qui se serait fait jour à travers une substance pâteuse.

Les montagnes porphyriques constituent aussi des massifs, comme celles des deux formations précédentes. Ici, le centre de chaque massif est toujours un cône plus ou moins parfait ; c'est généralement le point le plus élevé du massif : il arrive cependant quelquefois qu'il existe à une certaine distance un

autre cône plus élevé que lui, mais c'est une exception. Le
ramifications que la masse centrale jette dans tous les sen
sont terminées par des crêtes assez étroites, garnies de petit
cônes peu éloignés les uns des autres, ce qui leur donne u
aspect dentelé qui les fait reconnaître de loin : comme ce
cônes sont généralement fort escarpés, ce n'est qu'avec beau
coup de peine que l'observateur peut marcher sur les crêtes
où il se trouve arrêté à chaque instant. Autour de chaqu
cône principal, il existe plusieurs autres cônes moins consi
dérables, centres de massifs secondaires, dont les ramifica
tions divergent aussi comme celles du cône principal : le
massifs secondaires sont toujours liés à celui dont ils ne son
qu'une dépendance [1].

Emploi dans les arts. Les filons métalliques de la forma
tion porphyrique donnent de très beaux produits dans plu
sieurs contrées de la terre : toutes les roches de cette forma
tion sont employées pour réparer les routes, et fournissen
de bonnes pierres de construction. La somptueuse architectur
emploie les belles variétés de porphyre pour la décoratio
des édifices ; on en fait des vases, des statues, etc. Les beau
morceaux de sculpture et d'architecture qui nous restent de
anciens annoncent qu'ils faisaient un grand usage des por
phyres, surtout du porphyre rouge-brun avec petits cristau
de feldspath blanc, auquel on donne le nom de *porphyr*
antique.

Les roches du groupe qui nous occupe, étant coupées par
de nombreuses fissures, retiennent difficilement les eaux, en
sorte que les sources sont peu communes, et tarissent presqu
toutes pendant l'été. Le sol est peu fertile ; les pentes des mon
tagnes recouvertes par de nombreux débris, parmi lesquels ou
remarque de gros blocs de roches granitiques, sont ordinairement arides ; les portions recouvertes d'une couche de terre
végétale offrent cependant des forêts d'une belle venue,
d'assez bonnes prairies et des champs fertiles. La terre végé-

[1] Voyez ma Carte des Vosges.

tale est ordinairement composée d'une substance argileuse, mêlée de cristaux, provenant de la décomposition superficielle des masses porphyriques.

4ᵉ FORMATION. *Groupe trappéen.*

§ 109. Je donne à ce groupe le nom de trappéen, parce que les roches qui entrent dans sa composition sont généralement connues sous le nom de *trapps.* Ce sont des *eurites compactes,* de toutes les couleurs, *des diorites compactes et des aphanites* trapps proprement dits, qui passent aux eurites et aux diorites (Pl. ii, fig. 1, et Pl. xiii, fig. 1, 2 et 5). En général, dans cette formation comme dans l'autre, les roches passent toutes les unes aux autres par degrés insensibles, se pénètrent réciproquement, et sont encore accompagnées de conglomérats, qui sont quelquefois très régulièrement stratifiés. L'aphanite lui-même, qui est bien une roche massive, et quelques variétés d'eurite, passent insensiblement aux phyllades, avec lesquels ils se mêlent dans plusieurs contrées.

Quand on peut observer la partie inférieure des porphyres, comme dans les Vosges, on voit les cristaux se perdre, et les roches devenir tout à fait compactes, ou légèrement grenues, mais homogènes, ce qui les distingue complètement de toutes celles qui constituent les trois premiers groupes de la seconde série, dans lesquels on les voit pousser des ramifications, qui s'étendent jusque dans les parties supérieures de la formation houillère, mais qui, suivant moi, ne pénètrent pas dans les groupes de la quatrième époque. Les porphyres feldspathiques deviennent des eurites compactes, les porphyres amphiboliques verts deviennent des diorites compactes; ceux d'autres couleurs deviennent des eurites plus ou moins amphiboliques; les diorites et les eurites compactes passent à l'aphanite, qui paraît occuper les régions les plus inférieures du groupe, et que l'on voit même souvent pousser des ramifications dans les autres roches.

Toutes les masses du groupe trappéen sont coupées par de nombreuses fissures qui les divisent encore en polyèdres irréguliers. Ces fissures sont quelquefois tellement disposées, surtout dans les aphanites, qu'il en résulte une fausse apparence de stratification : quand ces roches deviennent schistoïdes, on les prendrait pour des phyllades stratifiés ; mais elles se cassent bien plus facilement que les phyllades et se divisent ordinairement en fragmens rhomboédriques assez réguliers. Elles renferment souvent des empreintes végétales.

Les roches arénacées du groupe trappéen sont des conglomérats composés de fragmens des roches compactes elles mêmes, des roches porphyriques et rarement des roches granitiques, réunis par un ciment pétrosiliceux ou dioritique ; ils sont souvent intimement liés avec les masses cristallines au milieu desquelles on les voit quelquefois englobés. Ils contiennent, dans les Vosges, des débris de végétaux que l'on trouve aussi dans la pâte pétrosiliceuse. J'ai remarqué, au milieu des aphanites et des eurites schistoïdes, des couches assez régulières d'un conglomérat à très petits grains, que j'ai nommé *grès pétrosiliceux*; il est composé de grains de quarz, de fragmens d'eurite, de diorite et d'aphanite, réunis par un ciment pétrosiliceux ; il renferme aussi des débris de végétaux.

Toutes les roches cristallines de la formation trappéenne sont scoriacées dans certaines parties de leur surface, et présentent des cavités analogues à celles des porphyres supérieurs, tantôt vides, tantôt remplies par du feldspath, du quarz, du calcaire, etc. Ces portions scoriacées les rapprochent beaucoup de certaines roches volcaniques modernes, desquelles leur aspect et leur composition minéralogique les rapprochent peut-être encore davantage : il est presque impossible de distinguer minéralogiquement certains eurites compactes des phonolites ; les aphanites et les diorites ressemblent aussi très souvent aux dolérites et aux basaltes.

Les porphyres, quoique entrant très souvent, par des dentelures, dans le groupe trappéen, n'y forment point de filons; tandis que les roches de celui-ci en poussent de très étendus dans les porphyres. Les seules substances qui forment des filons, dans les masses trappéennes, sont le quarz blanc, le spath calcaire et la barytine. On pourrait aussi y rencontrer des filons de basalte et de trachyte, mais je ne sache pas qu'on y en ait encore cité.

Le quarz blanc est, par places, très abondant dans les eurites compactes et même dans les porphyres; il les a souvent brisés en les traversant, et les fragmens qui n'ont presque point subi d'altération, empâtés par lui, forment de forts jolies brèches euritiques à ciment quarzeux (région méridionale des Vosges). Le quarz et le spath calcaire se montrent aussi en cristaux, tapissant des fentes et des cavités géodiques, dans les eurites et dans les porphyres qui sont liés avec eux.

Les roches feldspathiques des groupes trappéens et porphyriques présentent un phénomène qui a donné lieu à bien des erreurs : elles ont été décomposées par des agens dont l'action a cessé depuis long-temps, et elles se décomposent encore maintenant, sous l'influence de ceux de l'atmosphère, jusqu'à une certaine profondeur seulement, et la décomposition est d'autant moins complète que la profondeur est plus considérable. De cette décomposition il est résulté des masses argiloïdes que M. Brongniart a nommées argilophyres et argilolites, suivant qu'elles contiennent ou qu'elles ne contiennent pas de cristaux disséminés; ou, en d'autres termes, suivant qu'elles proviennent de la décomposition des porphyres ou de celle des eurites compactes. On avait pensé que ces roches provenaient d'éruptions particulières, et chacun a proposé une hypothèse pour expliquer leur formation. Il suffit d'avoir observé la nature pour reconnaître qu'elles sont le résultat de la décomposition des eurites et des porphyres : qu'elles soient recouvertes ou non par d'autres roches, on voit leur solidité

augmenter graduellement à mesure que l'on creuse ou que
l'on descend dans les escarpemens qu'elles offrent, et on arrive ainsi, par degrés insensibles, aux roches cristallines de
l'altération desquelles elles résultent.

Minéraux. Quelques uns des filons métalliques du
groupe porphyrique s'étendent jusqu'à une certaine distance dans les parties supérieures du groupe trappéen ; mais
plus bas, et surtout dans les portions où les aphanites sont
bien développés, on n'en voit plus du tout. Les petites fentes
et les cavités des diorites et des eurites sont souvent tapi-
sées de fer oligiste micacé, accompagné de cristaux de quarz
blanc, ou de chaux carbonatée. Les espèces minérales non
métalliques sont du quarz hyalin, de la chaux carbonatée
et de la chaux fluatée, de la barytine, des cristaux d'amphibole, de pyroxène, d'épidote, etc.

Dans les Vosges et dans la Forêt-Noire, le groupe trappéen
se trouve être la région des eaux minérales et des eaux thermales. C'est ordinairement de sa partie inférieure, celle occupée
par les aphanites, qu'on les voit sortir ; et je suis très porté à
croire que celles que l'on rencontre plus haut, dans les porphyres, les granites et même dans les gneiss, ont leur origine dans
la formation trappéenne, peut-être même beaucoup au dessous.

Restes organiques. Ce sont, dans les eurites compactes et
leurs conglomérats, des débris de végétaux appartenant aux
mêmes genres que ceux de la formation précédente ; l'extérieur est souvent encore ici carbonisé, et l'intérieur rempli
par la matière même de la roche. Les aphanites schistoïdes
offrent quelquefois beaucoup d'empreintes végétales.

Formes du sol. Il n'y a presque point de différence entre
la forme des montagnes du groupe que nous décrivons et
celle des montagnes du groupe porphyrique ; elles sont aussi
disposées par massifs dont les différentes parties divergent
d'une masse centrale ; les mêmes dépressions coniques se re-
marquent sur les flancs, et les vallées commencent encore
par un cirque plus ou moins évasé. Comme de tous les grou-

pes géognostiques observés jusqu'à présent celui qui nous occupe est le plus profondément situé, et qu'on n'a encore rien pu voir au dessous, il n'a pas été possible d'en déterminer la puissance ; mais tout porte à croire qu'elle est très considérable.

Emploi dans les arts. Les roches schistoïdes de cette formation se brisent trop facilement pour qu'on puisse en tirer des ardoises ; les roches massives, étant coupées par un grand nombre de fissures, ne peuvent guère servir qu'à charger les routes pour lesquelles elles fournissent d'excellens matériaux ; les eaux minérales et thermales sont très employées en médecine.

Les autres sources sont encore plus rares ici que dans les porphyres ; ce qui rend le sol trappéen peu propre à la culture, surtout les flancs des montagnes, qui sont souvent arides et couverts de nombreux débris.

Étendue des quatre groupes précédens.

§ 110. C'est dans la partie méridionale de la chaîne des Vosges que j'ai pris le type des quatre groupes que nous venons d'étudier ; c'est bien certainement une des contrées de la terre où ils sont le mieux développés et le plus faciles à observer, tant parce qu'ils présentent beaucoup de coupures et d'escarpemens dans lesquels on peut parfaitement étudier leur constitution géognostique, que parce que les montagnes sont peu élevées et d'un facile accès. De plus, j'ai dressé une carte très détaillée de cette contrée, accompagnée de coupes, au moyen de laquelle l'observateur peut la parcourir sans avoir besoin de guide.

Ces groupes se trouvent aussi très bien développés dans la Forêt-Noire, surtout entre Bâle et Fribourg, et ils offrent là les mêmes rapports géognostiques que dans les Vosges.

Dans les montagnes de la Saxe, on retrouve également toutes les roches cristallines des Vosges, qui paraissent offrir les mêmes rapports que ceux que nous venons de décrire ; c'est du moins ce qui résulte des écrits de tous les observateurs qui en ont parlé jusqu'à présent (MM. de Bonnard, de Hoff, etc.).

Dans le centre de la France, les roches cristallines sont très bien développées et occupent un vaste plateau, sur les flancs duquel gisent les terrains vosgien et jurassique. Aux environs de Tarare, dans la portion du plateau qui sépare la vallée de la Saône de celle de la Loire, M. Dufrénoy a reconnu que le granite est peu abondant, mais que les porphyres ont pris un développement considérable. La variété dominante est un porphyre rouge, quarzeux, identique avec celui de l'Esterelle en Provence ; ces porphyres prennent du mica et passent au granite : « Les granites sont associés d'une » manière si intime avec les porphyres, dit M. Dufrénoy [1], » que souvent on est embarrassé pour donner un nom aux » échantillons que l'on recueille. Ils présentent une ressem- » blance frappante avec ceux des Vosges. »

Près de Beaujeu, on rencontre le groupe trappéen ; il est composé de différentes variétés d'eurites compactes accompagnées de roches arénacées, et d'une roche d'un vert noir, qui n'est autre chose que l'aphanite ou un diorite compacte. M. Dufrénoy n'a point vu de roches porphyriques dans cette partie.

Dans la chaîne de l'Esterelle en Provence, on retrouve presque toutes les roches des formations granitique et porphyrique ; mais les rapports qui existent entre elles n'ont point encore été parfaitement étudiés. J'ai aussi vu ces roches dans les montagnes des environs d'Autun (Saône-et-Loire) ; mais je n'ai point encore eu le temps de les observer.

Le granite, renfermant des filons et des masses transversales de porphyre et d'eurite, occupe les parties centrales des Cévennes et des Pyrénées ; mais il paraît que les deux groupes inférieurs ne se montrent pas au jour dans ces montagnes. L'ophite des Pyrénées (diorite porphyrique),

[1] Nouvelles Annales des Mines, t. 1er, p. 251.

qui constitue des monticules isolés au pied de la chaîne, paraît être d'une époque beaucoup plus récente que les groupes que nous venons de décrire : plusieurs observateurs pensent que l'éruption de cette roche est postérieure à la formation de la craie.

En Bretagne, où les formations leptinitique et granitique sont très bien développées, on voit aussi des porphyres, des diorites et des eurites associés avec une roche composée de pinite et de pétrosilex, que l'on a nommée *kersanton*. Suivant le capitaine Boblaye, ces roches massives paraissent reposer transgressivement sur les ardoises et couper la direction de leurs couches.

Dans le Tessin, M. Hoffman a vu, au mont d'Arbestro, les porphyres rouges et noirs passer successivement au granite et à la siénite, comme dans les Vosges ; on voit aussi dans le voisinage de ces roches des gneiss et des micaschistes passer insensiblement les uns aux autres.

Dans les Alpes suisses (vallée de la Drence, Val-Feret, etc.), j'ai trouvé ce groupe formant de petits contre-forts au pied des montagnes de gneiss sous lesquelles il s'enfonce ; j'ai même observé, dans un escarpement, une pointe de granite qui s'est élevé au milieu du gneiss en brisant et ployant les couches. Dans les monticules granitiques, j'ai vu d'un côté la roche passer au leptinite, d'un autre à l'eurite granitoïde, puis à l'eurite porphyroïde et bientôt après à l'eurite compacte ; mais dans cette contrée, non plus que dans le massif du Mont-Blanc, je n'ai découvert de grandes masses de roches granitiques, ni de roches porphyriques.

Les roches granitiques du Mont-Blanc et de ses ramifications sont des protogynes qui passent, d'un côté, au gneiss par des leptinites, et de l'autre côté, aux eurites compactes, par des eurites granitoïdes et porphyriques. La protogyne se montre aussi en monticule, sortant du gneiss au pied du Mont-Blanc (entre Servos et les Ouches, environs de Chamouni, etc.); sur les parois du grand cirque occupé par la mer de glace ;

on voit de grosses masses de protogyne sortant du gneiss. Le sommet du Mont-Blanc, centre du massif principal, est une grosse masse de protogyne, qui s'est élevée au milieu du gneiss à 4810 mètres au dessus du niveau de la mer. Les roches granitiques que l'on trouve en blocs erratiques, sur le versant oriental du Jura et dans tous les bassins du lac Léman, proviennent des monticules dont nous venons de parler. Je les ai suivies depuis le versant du Jura, à travers le lac Léman, les vallées de l'Arve, du Rhône et de la Drence jusqu'aux points d'où elles sont parties.

Dans les Iles-Britanniques, on trouve la formation granitique, dans le Cornouailles, coupée par des filons d'eurite et de porphyre; mais c'est en Écosse que les roches granitiques sont le mieux développées. Là elles sont accompagnées de porphyres et de roches trappéennes, qui forment des montagnes à eux seuls, et occupent une grande étendue de pays. M. Boué a remarqué que ces roches étaient liées entre elles comme celles des Vosges, et offraient les mêmes rapports de superposition. En Irlande, les porphyres se montrent au milieu du grès houiller.

Les roches de la seconde série, et particulièrement celles du groupe granitique, sont très développées dans le nord de l'Europe.

Le granite forme l'axe central des grandes chaînes de l'Inde, où il est recouvert par des gneiss, des micaschistes et des phyllades. Il paraît avoir pris un grand développement dans les chaînes hindou-chinoises; mais on ne sait pas s'il s'y montre accompagné de porphyres et de roches trappéennes.

A la Nouvelle-Hollande, on a reconnu du granite avec filons de pegmatite. A la Nouvelle-Zélande, il existe des pegmatites, des granites et des leptinites recouverts par des talcschistes et des pétrosilex talqueux.

Enfin, dans son essai géognostique sur le gisement des roches, où M. de Humboldt a consigné tant de faits curieux, observés par lui dans les deux Amériques, on retrouve très bien les groupes leptinitique, granitique, porphyrique, et même trappéen, avec une grande partie des caractères qui leur sont propres dans les Vosges.

Il résulte de ce que nous venons d'exposer dans ce paragraphe, que les relations géognostiques, reconnues récemment entre les groupes de la seconde série dans la chaîne des Vosges, sont les mêmes dans un grand nombre d'autres contrées du globe; et l'on peut espérer que les découvertes ultérieures démontreront qu'elles sont générales, et que les observateurs qui nous ont précédé ont eu tort d'accuser la nature de n'avoir suivi aucun ordre dans la formation des roches qui les constituent.

5° FORMATION. *Groupe trachytique.*

§ 111. Les masses trachytiques, que nous avons vues, § 7, au milieu des dépôts de la seconde époque géognostique, se trouvant en masses transversales dans tous les groupes de la première série, excepté ceux de l'époque actuelle, et formant aussi çà et là des groupes qui paraissent être indépendans, absolument comme les roches non stratifiées, que nous venons de décrire, doivent provenir d'une grande masse située dans l'intérieur du globe au dessous du groupe trappéen (Pl. ii, fig. 1).

Nous avons décrit avec assez de détail la formation trachytique, § 71, pour qu'il soit inutile de revenir ici sur sa constitution; nous ferons seulement remarquer qu'il existe une grande analogie entre les trachytes et les roches du groupe porphyrique, § 109; les trachytes sont souvent lardés de cristaux comme les porphyres; la pâte qui renferme ces cristaux est quelquefois compacte, et alors on a bien de la peine à distinguer les porphyres trachytiques de ceux qui sont évidemment plus anciens; les phonolites qui accompagnent les trachytes ressemblent beaucoup aux eurites compactes; les roches arénacées du groupe trachytique sont disposées de la même manière que celles des porphyres, et elles renferment

aussi des restes organiques ; enfin, les montagnes trachytiques, comme les montagnes porphyriques, affectent des formes coniques, et constituent des massifs dont les différentes
parties divergent d'une masse centrale.

On n'a point encore de faits positifs qui prouvent la liaison
intime des trachytes avec les porphyres ou avec les roches du
groupe trappéen.

Les mélaphyres , *porphyres noirs* de M. de Buch, qui paraissent appartenir à la troisième époque géognostique, se
lient quelquefois aux trachytes, et par leur ressemblance avec
les roches du troisième groupe de la seconde série , il pourrait bien se faire qu'ils liassent celui-ci avec le cinquième.

6e FORMATION. Groupe basaltique.

§ 112. Les trachytes et les basaltes que nous voyons à la
surface de la terre sont intimement liés, c'est un fait incontestable. Les premiers paraissent être plus anciens que les seconds, et ceux-ci passent insensiblement aux laves des volcans à cratère, que nous voyons se produire encore sous nos
yeux. Les basaltes se trouvent aussi dans un grand nombre
de contrées, et se comportant absolument, par rapport aux
roches qui les environnent, comme les trachytes, les porphyres et les eurites , il est probable qu'ils viennent aussi d'une
grande masse située dans les profondeurs du globe, au dessous de la masse trachytique. Il y a une très grande analogie
entre les roches basaltiques et celle du groupe trappéen : les
aphanites et certains diorites compactes diffèrent très peu
du basalte et de la dolérite ; les phonolites des basaltes ressemblent beaucoup aux eurites compactes des roches arénacées se trouvent dans le groupe basaltique comme dans le
groupe trappéen ; enfin la forme et la disposition des montagnes viennent compléter l'analogie; mais il n'en est pas
moins bien évident que le premier est beaucoup moins ancien
que le second. Nous avons vu, dans l'ordre de superposition
de haut en bas, le groupe trappéen placé au dessous du groupe

porphyrique, nous pouvons donc présumer, quand bien même un grand nombre d'observations directes ne tendraient pas à l'établir, comme cela est réellement, que, dans les profondeurs du globe, les basaltes sont situés au dessous des trachytes, et que ceux-ci jouent, par rapport aux basaltes, le même rôle que les porphyres, par rapport aux roches du groupe trappéen. En poussant l'analogie plus loin, on pourrait avancer que les trachytes ont aussi leurs roches granitiques; et ainsi se trouverait expliquée l'existence, jusque dans les parties supérieures de la quatrième époque, des siénites et des granites qu'on y a souvent cités; car il est presque démontré que les roches de la seconde série, depuis le leptinite jusqu'à celles du groupe trappéen inclusivement, n'ont jamais été des ramifications plus loin que la partie inférieure du terrain vosgien.

7e FORMATION. *Groupe lavique.*

§ 113. Il renferme tous les produits des volcans à cratères, tant actifs qu'éteints, que nous avons décrits § 51. Ces produits, qui se présentent sous forme de coulées divergeant d'une ouverture qui les a vomis, sont intimement liés aux basaltes (en Auvergne, sur les bords du Rhin, en Sicile, etc.); il y a même des coulées basaltiques, c'est à dire composées d'une roche dont la nature minéralogique est la même que celle du basalte. Les produits volcaniques viennent évidemment des profondeurs de la terre, d'où ils sont élevés par la pression des fluides élastiques, la contraction de la croûte solide, etc., à travers des cheminées, jusqu'au dessus de la surface. Ils doivent leur existence à la continuation d'un phénomène universel, dont l'action, différemment modifiée, a formé toutes les roches de la seconde série, depuis les leptinites jusqu'aux laves des volcans encore en activité.

Les laves sont accompagnées de différentes espèces de conglomérats qui renferment des restes organiques. Des villes et des villages ont été enfouis sous ces conglomérats et la matière de la lave elle-même ; celle-ci a souvent englobé des troncs d'arbres dont elle n'a fait que carboniser la partie supérieure. Il n'est donc pas étonnant que les eurites, les porphyres et les aphanites, qui renferment des débris de végétaux, aient été à l'état de fluidité ignée.

Les montagnes volcaniques ont des formes coniques, et jettent, comme celles des autres roches non stratifiées, des ramifications qui divergent dans tous les sens et s'abaissent à mesure qu'elles s'en éloignent ; on remarque toujours, autour du cône principal, plusieurs autres cônes moindres qui en dépendent et jettent aussi des ramifications dans tous les sens. D'après les belles observations de M. de Buch, dans un grand nombre de régions volcaniques, il existe un volcan central plus considérable que tous les autres qui s'y rattachent plus ou moins directement : c'est là un de mes massifs de soulèvement composés d'un centre principal et de plusieurs centres secondaires, jetant tous des ramifications dans différentes directions; seulement, pour les volcans modernes, les montagnes centrales sont percées d'une ouverture infundibuliforme.

AGE RELATIF DES ROCHES NON STRATIFIÉES (Voy. Pl. II, fig. 1).

§ 114. Les roches stratifiées ne poussent point de ramifications les unes dans les autres, ni dans les roches non stratifiées, pas même le gneiss qui se rapproche le plus des roches massives. Mais immédiatement au dessous, nous voyons le leptinite jeter des ramifications dans toutes les roches de la sixième époque, et pénétrer même dans le terrain schisteux de la cinquième : sa consolidation est donc postérieure à celle de la sixième époque. Après le leptinite vient le granite, qui pénètre dans le leptinite, et jusque dans les phyllades; les roches granitoïdes vont même jusque dans le groupe houiller ; il s'est donc consolidé postérieurement au leptinite, et pendant la durée de la cinquième époque. Les porphyres forment de nombreux filons dans le granite, et se montrent de la même manière jusque dans les parties supérieures du grès houiller ; mais ils n'entrent pas dans le terrain vosgien ; leur consolidation, évidemment postérieure à celle des granites, a dû avoir lieu dans les derniers temps des dépôts houillers ; enfin, les roches du groupe trappéen, dont la consolidation a suivi immédiatement celles des porphyres, puisqu'elles poussent des ramifications dans leur intérieur, ont été formées dans l'intervalle qui a séparé la cinquième et la quatrième époque. C'est probablement à leur éruption qu'est due cette catastrophe, qui a évidemment détruit une grande partie des roches déjà consolidées pour former le terrain vosgien.

S'il est bien constaté, comme on l'a annoncé pour les Pyrénées, quelques parties des Alpes, l'Italie, l'Allemagne, les Iles-Britanniques, etc., que des roches granitiques se rencontrent en masses transversales dans les groupes de la quatrième époque, ces roches doivent appartenir à la grande masse de laquelle proviennent les trachytes et les basaltes : elles seraient alors postérieures à celles du groupe trappéen, et auraient été solidifiées pendant la durée de la quatrième époque géologique.

Les trachytes gisent dans toutes les parties de la troisième époque, et ils pénètrent même jusque dans celles de la seconde. Ainsi, leur consolidation a eu lieu pendant la durée de cette troisième époque, et s'est encore continuée quelque temps après.

Les basaltes se trouvent tous confinés dans la seconde époque géologique ; en pénétrant dans les produits de l'époque actuelle, ils sont devenus des laves, et les bouches qui les vomissaient des volcans à cratères, qui agissent encore maintenant sous nos yeux.

On voit donc qu'en partant du gneiss, qui est bien certainement la roche la plus anciennement consolidée, soit qu'on s'élève vers la surface ou qu'on descende dans les profondeurs du globe, on arrive, par une suite de phénomènes non interrompue, à ceux produits par les causes encore actuellement agissantes ; résultat extrêmement remarquable et de la plus haute importance.

Tous les faits que nous avons exposés dans le cours de cet ouvrage prouvent ce que nous avions avancé dès le commencement, § 41, qu'il existe deux séries géognostiques distinctes, dans lesquelles l'ordre d'ancienneté est inverse : dans la série des roches stratifiées, et qui commence au gneiss, l'ancienneté diminue à mesure que l'on s'élève ; dans celle des roches non stratifiées, qui commence immédiatement au dessous du gneiss, au contraire, les masses sont d'autant plus nouvelles, qu'elles occupent un niveau plus profond.

Il n'est pas étonnant, d'après cela, que plusieurs des masses de la seconde série ne nous soient connues que par les portions de matière lancées à la surface de la terre, comme les laves, les basaltes, les trachytes, etc. ; il est même rationnel de croire que l'étendue de ces masses à la surface du globe est d'autant moins considérable, qu'elles sont situées plus profondément : en effet, les roches granitiques prennent, à la surface de la terre, un développement plus considérable que les roches porphyriques ; celles-ci sont plus étendues que les roches trappéennes, et ainsi de suite, jusqu'aux laves des volcans modernes, qui ne sortent plus que par quelques ouvertures très étroites, et s'étendent à peine autour dans un rayon de deux ou trois lieues.

Le groupe des leptinites semble former une exception à la règle générale : il est ordinairement moins étendu que le groupe granitique ; mais on voit presque toujours ses deux limites à la surface de la terre, ce qui arrive rarement pour les autres : il a été formé dans le passage des roches stratifiées aux roches non stratifiées, et la force de cristallisation, la force *granitifiante*, qui croissait rapidement ; a dû empêcher ce groupe d'acquérir une grande puissance. Je ne pousserai pas plus loin ces considérations, qui seront très développées dans le second volume.

CONSTITUTION GÉOGNOSTIQUE

DES PRINCIPALES CHAINES DE MONTAGNES CONNUES.

§ 115. Après avoir étudié séparément les différens groupes géognostiques dont la réunion compose la portion de la croûte du globe accessible à nos observations, il est important de montrer comment ces groupes sont distribués dans les différentes contrées de la terre, où des portions de cette croûte, portées à une grande hauteur par l'action des forces intérieures, les présentent dans la position la plus favorable pour l'étude.

Nous commencerons la description des chaînes de montagnes par celles de l'Europe ; nous nous avancerons successivement vers le nord de l'Europe ; nous passerons en Asie, d'Asie en Afrique, d'Afrique en Amérique, et enfin aux régions polaires, couvertes de glaces éternelles qui ont, jusqu'à présent, été un obstacle insurmontable pour les plus courageux observateurs.

LES PYRÉNÉES.

La masse centrale des Pyrénées est formée par le granite, qui passe quelquefois à la protogyne. Cette roche prend un développement considérable, depuis l'extrémité orientale jusque vers le milieu de la chaîne ; ensuite jusqu'à l'extrémité occidentale, elle ne forme plus que des massifs plus ou moins considérables, au milieu du terrain schisteux des cinquième et sixième époques. Le granite est recouvert çà et là par des lambeaux de gneiss, au milieu desquels il jette souvent des ramifications ; par des lambeaux de micaschiste, dans lesquels il entre également. Le gneiss et le micaschiste se lient intimement au granite, auquel ils passent même souvent par degrés insensibles ; mais ces deux roches n'ont pas pris un développement considérable dans les Pyrénées, ou elles sont cachées sous le terrain schisteux de la cinquième époque. L[e] micaschiste passe souvent au schiste talqueux, qui, passan[t] lui-même au phyllade, forme liaison entre les cinquième e[t] sixième époques.

Toutes les roches précédentes sont traversées par des filon[s] d'eurite, de diorite et de quarz; et renferment des masse[s] transversales de calcaire grenu, passant au cipolin; les por[-]phyres y sont très rares.

Un calcaire grenu, blanc, grisâtre, jaunâtre et noirâtre[,] renfermant des couches de pyroxène très étendues, de[s] masses transversales de diorite, etc., divisé en strates trè[s] épais, forme une bande, assez régulière, de quinze lieues d[e] long au nord de l'axe granitique; ce calcaire que M. de Char[-]pentier appelle primitif, recouvre transgressivement le granit[e] sur quelques points; mais il ne vient pas en contact avec le[s] autres roches : ce pourrait bien être la grande masse à la[-]quelle appartiennent les ramifications calcaires qui pénétrent dans les granites, les gneiss et les micaschistes.

Les phyllades de la cinquième époque, se liant au mica[-]schiste, par des schistes talqueux associés avec des calcaires[,] des psammites et des quarzites, forment deux grandes ban[-]des qui s'étendent de l'E.-S.-E. à l'O.-N.-O., d'un bout à l'autre de la chaîne, sur les deux versans. Ces bandes sont séparée[s] par celle des roches primitives; mais elles se réunissent très souvent dans la partie occidentale de la chaîne. Les groupes de la cinquième époque sont recouverts par un terrain de grès rouge, qui se présente par lambeaux au pied des deux versans, et manque tout à fait à l'extrémité orientale. Ce terrain est composé de roches arénacées rouges, à fragmens siliceux, réunis par un ciment argileux.

Le terrain craïeux (calcaire alpin de Charpentier), repose sur le grès rouge, et forme deux bandes fort étendues des deux côtés et au pied des Pyrénées. Ce terrain se compose de calcaires compactes, sablonneux et argileux, de brèches de différentes natures, renfermant les fossiles du terrain craïeux; il est

coupé par des masses transversales de diorite (ophite de Palas-
sou), qui s'élèvent ordinairement en montagnes coniques,
au milieu des calcaires. L'ophite est toujours accompagné
d'argile, de gypse, et de sel gemme dans plusieurs contrées ; il
se montre plus particulièrement dans le fond et sur les flancs
des vallées profondes.

Enfin les plaines ondulées qui se trouvent au pied des
Pyrénées, en Espagne et en France, présentent le terrain
subatlantique, recouvert par des dépôts de la seconde époque.

MONTAGNES D'ESPAGNE.

D'après M. Haussman, toutes les chaînes de l'Espagne
constituent chacune un système indépendant ; mais elles ont
toutes un noyau formé de terrain primitif ou intermédiaire
(cinquième époque). Ce n'est guère qu'en Galice que l'on
voit le granite, accompagné de roches schisteuses cristallines,
reparaître sur une étendue considérable.

Les montagnes qui séparent la Vieille et la Nouvelle-Cas-
tille sont, en grande partie, formées de gneiss et de granite.
Le granite domine entre le Tage et la Guadiana.

La Sierra-Morena est principalement composée du terrain
schisteux de la cinquième époque. A son pied méridional, le
granite s'est fait jour, et se continue ensuite jusqu'au Gua-
dalquivir.

Dans la haute chaîne du midi, le granite, si abondant dans
les autres chaînes de la péninsule, paraît manquer entièrement. Le rameau central de cette chaîne est composé d'un micaschiste grenatifère passant à des schistes talqueux, et à des
schistes chlorités, qui passent eux-mêmes aux phyllades. Ces
derniers prennent un développement considérable, et renferment de puissantes assises de calcaires compactes et cristallins, passant à la dolomie, ainsi que des amas d'ophiolite.

Quelques uns des groupes de la quatrième époque sont
aussi très développés sur les flancs des chaînes de montagnes,
et s'étendent quelquefois jusqu'à une grande distance à leur

pied : ce sont les parties supérieures du terrain vosgien, d[ans]
lequel le muschelkalk manque, comme en Angleterre ; le lia[s]
qui a pris un développement considérable dans le nord de l'Es[pa]
pagne, et paraît s'élever jusqu'à une grande hauteur sur le ve[r]
sant méridional des Pyrénées. Cette formation est souve[nt]
recouverte par un calcaire blanc de l'époque jurassique ; en[fin]
la craie se montre çà et là par lambeaux.

Dans les environs de Madrid, et sur plusieurs autres poin[ts,]
on trouve des amas isolés de silicate de magnésie (écume d[e]
mer), contenant des nids et des rognons quarzeux. Ce dép[ôt]
paraît avoir pris un développement considérable dans les deu[x]
Castilles.

LES CEVENNES.

Ces montagnes, que l'on pourrait considérer comme ratta[-]
chant les Pyrénées aux Alpes, si la vallée du Rhône ne le[s]
séparait pas de celles de la Haute-Provence, ont une constitu[-]
tion géognostique peu différente de celles des Pyrénées : l[a]
partie centrale est formée par une masse granitique, que l'o[n]
voit percer çà et là, au milieu du gneiss et des micaschiste[s.]
Ces roches, qui sont liées au granite par des passages insen[-]
sibles, sont particulièrement développées dans le milieu de l[a]
chaîne : le micaschiste passe aux phyllades par des schistes ta[l-]
queux, et ceux-là ont pris un développement considérabl[e]
dans les environs de Vialas et de Villefort, où on exploite, dan[s]
leur intérieur, de riches filons de galène argentifère. En des[-]
cendant sur Alais, on voit le terrain schisteux de cinquièm[e]
époque, recouvert par le calcaire carbonifère avec puissante[s]
couches de houille, qui sont exploitées depuis fort long-temp[s.]
Le lias, parfaitement caractérisé, qui gît sur les deux flanc[s]
des Cevennes, recouvre indistinctement, d'une manière dis[-]
cordante, les groupes de cinquième et de sixième époque. Au[x]
environs de Rodez, le terrain vosgien est assez bien déve[-]
loppé ; il supporte le lias, et recouvre le terrain houiller, dan[s]
lequel on voit des porphyres pénétrer en filons plus ou moin[s]
puissans.

LES ALPES.

La partie centrale des Alpes est occupée par un immense dépôt de gneiss généralement bien stratifié, et dont les couches ont une très forte inclinaison, surtout dans le voisinage des hautes cimes : ce dépôt s'étend depuis le Dauphiné jusqu'en Hongrie. Dans le fond et sur les flancs des grandes vallées, on voit des masses granitiques, granite et protogyne, sortir de dessous les couches de gneiss, ou s'élever, dans leur intérieur, en les pliant et les brisant. Sur les flancs du Mont-Blanc, d'énormes masses de protogyne sortent ainsi du milieu du gneiss. Les roches granitiques passent au porphyre et à l'eurite, d'un côté, et au gneiss de l'autre par un leptinite, tantôt talqueux, tantôt micacé, ordinairement peu développé, poussant des ramifications dans le gneiss, qui s'étendent jusque dans les schistes talqueux et les phyllades supérieurs.

Le micaschiste est peu développé dans les Alpes ; il passe bien vite aux talcschistes, qui ont pris un grand développement sur les deux flancs de cette chaîne. Les talcschistes passent au phyllade, qui renferme des couches, plus ou moins nombreuses, d'un calcaire noirâtre, souvent schistoïde, dans lequel on a trouvé des bélemnites, ainsi que dans les phyllades et même dans les talcschistes ; ce qui a conduit M. Élie de Beaumont à ranger ces roches singulières dans la formation du lias. De petits dépôts houillers se montrent çà et là au milieu de ces schistes, avec des empreintes végétales de mêmes espèces que celles du terrain houiller de la cinquième époque, qui n'empêche pas M. de Beaumont de les ranger encore dans le lias. J'ai vu quelques uns de ces dépôts houillers remplissant les anfractuosités du gneiss dans le Valais, et ils ne m'ont présenté aucune différence avec ceux de la cinquième époque, à laquelle ils me paraissent appartenir, ainsi que le terrain schisteux dont nous venons de parler ; car celui-ci se lie au gneiss par des passages insensibles, et les roches massives inférieures à cette formation, granite, leptinite, eurite et porphyre, le traversent sur plusieurs point[s]

Une immense masse calcaire, minéralogiquement ident[i]
que avec le calcaire carbonifère du Boulonnais et des rives d[e]
la Meuse, dans laquelle on distingue également deux étages[,]
calcaire noir, calcaire gris et blanc, passant çà et là à la do[-]
lomie, flanque les Alpes au nord et au sud; d'un côté depui[s]
le lac Majeur jusqu'à l'extrémité orientale, et de l'autre, de[-]
puis ce point jusqu'à la hauteur de Chambéry. Cette masse[,]
qui m'a paru se lier intimement au terrain schisteux, dans le[s]
vallées du Rhône et de l'Arve, par des schistes argileux q[ui]
alternent avec les couches inférieures du calcaire noir, sera[it]
encore du lias, d'après M. de Beaumont, parce qu'elle ren[-]
ferme quelques bélemnites. Je ne partage point du tout cett[e]
manière de voir, et je pense que le groupe dont il s'agit appa[r-]
tient au terrain carbonifère de la cinquième époque. Si le[s]
bélemnites que l'on rencontre dans ces calcaires, et qui péné[-]
trent jusqu'au milieu des schistes talqueux, devaient absolu[-]
ment les faire remonter dans la quatrième époque géognosti[-]
que, il faudrait plutôt les ranger, avec MM. Boué et Stude[r,]
dans la formation oolitique que dans celle du lias, de la[-]
quelle ils s'éloignent trop par leurs caractères minéralogiqu[es]
et géognostiques. Dans le Valais (environs de Bex), le calcai[re]
des Alpes renferme d'immenses amas de gypse avec sel gem[-]
me, formant des montagnes coniques très élevées. Dans l[e]
Tyrol, il recouvre des porphyres quarzifères, et il est travers[é]
par des éruptions de porphyres pyroxéniques.

Le singulier terrain craïeux, dont nous avons parlé § 78,[]
qui forme une zone morcelée sur tout le versant nord des Alpe[s]
prend un développement considérable à l'extrémité oriental[e]
et constitue la plus grande partie de la chaîne des Carpathe[s]

Le terrain tertiaire subapennin est assez bien développé s[ur]
les deux versans des Alpes; mais il ne pénètre dans l'intérie[ur]
de ces montagnes qu'à l'extrémité orientale de la chaîne, o[ù]
il occupe le fond de larges vallées longitudinales.

Enfin, un vaste terrain de transport, appartenant à la s[]

conde époque, avec de nombreux blocs erratiques, provenant
des montagnes voisines, gît dans le fond de la plupart des grandes vallées alpines, et sur les pentes peu inclinées. Ce terrain
s'étend fort loin au sud et au nord de la chaîne : d'un côté jusque dans les plaines de l'Italie, et de l'autre jusque sur le versant oriental du Jura, où les blocs erratiques des Alpes sont
élevés jusqu'à 1200 mètres au dessus de la mer actuelle.

LES APENNINS.

La masse principale des Apennins est composée d'une alternance de grès et de calcaires, que plusieurs géologues distingués rangent dans le terrain craïeux. Les calcaires compactes, très développés dans les États Romains et dans les
Abruzzes, deviennent souvent dolomitiques, et renferment
des empreintes de poissons marins. Quelques uns de ces calcaires pourraient bien appartenir à la partie supérieure du
terrain jurassique ; d'autres paraissent se rapprocher davantage de la craie, *scaglia* des Italiens. Depuis les frontières des
États Romains jusqu'auprès de Briançon, des masses ophioli-
tiques, percent les grès, sur lesquels on les voit déborder en
forme de champignon. Au pied des deux flancs de cette chaîne
de montagnes, il existe deux bandes de collines, désignées
depuis long-temps sous le nom de collines subapennines, dans
lesquelles se trouvent réunis les deux étages de la grande formation marine de troisième époque, dont les couches, parfaitement horizontales, reposent transgressivement sur les calcaires et les grès plus anciens ; cependant dans le voisinage
des Alpes, à la Superga, le terrain subapennin est bouleversé.

LE JURA.

Cette chaîne, qui borde les Alpes au nord, offre la réunion
des cinq groupes composant le terrain jurassique ; mais le premier ne se montre que dans la partie orientale, où il est même
très morcelé ; la plus grande masse de ces montagnes est
formée par le groupe corallien, au dessous duquel on voit pa-

GÉOGNOSIE.   33

raître çà et là, dans le fond des vallées, les marnes et calcaires du groupe oxfordien. Ces deux groupes superposés sont très bien développés dans le versant escarpé qui regarde les Alpes. La grande oolite et le lias se montrent sur le versant occidental, dans cette grande falaise qui borde la plaine de la Saône. Le lias forme de petites collines au pied de l'escarpement occupé par la grande oolite, et au dessous de lui, on voit çà et là les marnes irisées, desquelles sourdent les sources salines de Lons-le-Saulnier et de Salins. Des débris du terrain craïeux, se montrant sur quelques points des montagnes, sembleraient indiquer que ce terrain a été détruit par une cause violente : de profonds sillons d'érosion creusés sur la surface des calcaires, et d'énormes amas de travertin, qui se voient dans le fond des vallées et les anfractuosités des roches, annoncent effectivement le passage de courans acides sur les montagnes. Les blocs erratiques des Alpes ont bien pénétré, jusqu'à une certaine distance, dans les vallées ouvertes dans le versant oriental ; mais ou n'en trouve point dans l'intérieur de la chaîne, de l'autre côté de la crête de ce même versant ; ce qui prouve que le Jura avait pris son relief actuel avant le transport de ces blocs. On n'a point encore cité de roches plutoniques dans les montagnes du Jura.

LES VOSGES ET LA FORÊT-NOIRE.

La chaîne du Jura se lie à celle des Vosges par de petites collines composées de terrain jurassique jusqu'à Béfort, et qui sont ensuite formées de grès rouge, jusqu'au pied de l'extrémité méridionale des Vosges. A cette extrémité méridionale, se trouvent les formations trappéenne et porphyrique, parfaitement développées, que l'on voit s'enfoncer sous le granite et la siénite, auxquels elles passent par degrés insensibles en même temps qu'elles poussent des ramifications dans l'intérieur. La siénite forme une île au milieu des groupes trappéen et porphyrique, dont une grande vallée, celle de la Moselle, la sépare du granite proprement dit. Celui-ci s'est développé sur une surface de six à sept lieues de long et huit de large ; il est recouvert par une bande plus ou moins épaisse de leptinite, qui passe au gneiss, dans ses parties supérieures. Le leptinite renferme des masses transversales d'ophiolites ; le gneiss est percé çà et là par des massifs granitiques, et assez bien développé dans le centre de la chaîne, aux environs de Saint-Dié et de Sainte-Marie-aux-Mines. On y voit des masses subordonnées de calcaire grenu passant au cipolin, assez semblable à celui des Pyrénées. Après le gneiss, on rencontre encore une masse de porphyre et d'eurite, supportant trois massifs granitiques, et entourée de tout côté par le grès rouge. Le micaschiste est à peine visible dans les Vosges, ainsi que le talcschiste ; ce dernier passe au phyllade, dont on trouve quelques lambeaux dans l'intérieur de la chaîne, et une assez grande masse à l'extrémité sud ; ce phyllade offre lu calcaire grenu, passant à la dolomie dans ses parties inférieures ; mais nulle part on ne rencontre de traces du calcaire carbonifère. Le terrain houiller se montre par lambeaux ou petits bassins, tantôt sur les phyllades, tantôt occupant es anfractuosités de la surface du gneiss ; il est recouvert ar le groupe du grès rouge. Le grès rouge, dans les Vosges, orme une bordure autour des terrains anciens ; depuis la auteur de Strasbourg jusque dans la Bavière-Rhénane, il onstitue presque à lui seul toute la masse de la chaîne ; il se ivise en *rothe-todte-liegende*, ou grès rouge proprement it, grès vosgien et grès bigarré. C'est le grès vosgien qui st le plus développé, surtout dans la partie nord. Le muschelkalk, séparant les marnes irisées de la formation du rès rouge, gît au pied des deux flancs de la chaîne. Mais out le groupe du terrain vosgien est beaucoup plus développé sur le versant occidental que sur le versant oriental, ce ui est précisément le contraire dans la Forêt-Noire.

La chaîne de la Forêt-Noire, qui n'est séparée de celle es Vosges que par la vallée du Rhin, présente absolument es mêmes roches disposées de la même manière, mais dont le

développement à la surface du sol n'est pas égal dans l'une
et l'autre. Le versant escarpé de chacune de ces chaînes regarde le Rhin, et les versans opposés, beaucoup moins rapides, s'étendent fort loin en France et en Allemagne. Le terrain vosgien, complétement développé sur le versant oriental de la Forêt-Noire, s'étend ensuite fort avant dans l'intérieur de l'Allemagne, depuis les bords du Danube jusqu'à
ceux du Weser ; il est recouvert dans plusieurs endroits par
le lias, qui s'enfonce sous les calcaires oolitiques, formant la
chaîne de la Rauhe-Alp, qui borde la rive gauche du Danube. Toute la rive droite de ce fleuve, jusqu'à Vienne, est
bordée par le terrain tertiaire subapennin, qui renferme
beaucoup de mollasses.

LES ARDENNES.

Les Ardennes sont bien certainement les montagnes de l'Europe dans lesquelles les deux grands terrains de la cinquième
époque sont le mieux développés ; c'est une localité classique
pour l'étude de ces terrains. La masse centrale est formée par
le terrain schisteux, dont les parties inférieures passent au
stéaschiste, qui sort à la surface sur une assez grande étendue
près de Saint-With, dans le Luxembourg. Les phyllades, que
l'on exploite comme ardoises, sont traversés par des diorites, des trapps, quelques porphyres, et des filons de quarz.
Ils renferment des couches subordonnées de calcaire plus ou
moins noir, de psammites et de quarzites, qui sont souvent
très développés dans les parties supérieures de la formation
schisteuse. Les psammites et les quarzites se lient avec ceux
du vieux grès rouge, qui recouvre les schistes à stratification
concordante sur plusieurs points de la vallée de la Meuse,
entre Dinant et Namur. Le vieux grès rouge supporte le calcaire carbonifère, qui repose aussi sur les schistes quand le
grès rouge manque. Les deux étages du calcaire carbonifère
sont très bien développés tout le long de la vallée de la Meuse,
depuis Givet jusqu'à Liége. Les calcaires passent souvent à la

dolomie, surtout entre Huy et Liége, où on voit des masses puissantes de cette roche. Le terrain houiller de Liége repose à stratification concordante sur le premier étage du calcaire carbonifère, avec lequel il est souvent intimement lié dans ses parties inférieures ; au rocher de Charlemont (en France), nous avons vu les dernières couches du terrain houiller alterner avec les premières du calcaire carbonifère.

Au pied du versant nord des Ardennes, le lias, en couches horizontales, repose sur la tranche des schistes ; il est ensuite recouvert par le terrain oolitique, qui est très développé en France. Dans le grand-duché de Luxembourg, le terrain schisteux est recouvert par les parties supérieures du terrain vosgien, qui renferment des amas de gypses.

Des blocs de quarzites et de poudingues se trouvent répandus sur toute la surface des Ardennes, dans le fond des vallées comme sur les pentes peu élevées, et s'étendent fort loin en France, en Belgique et dans le grand-duché de Luxembourg, sur la surface des plaines et des collines qui bordent le pied de ces montagnes. Les blocs erratiques, avec d'autres débris, se montrent aussi disséminés au milieu du grand atterrissement diluvien, très développé dans ces conrées, qui renferme des amas de minérai de fer pisiforme exploitables.

Le terrain des Ardennes se prolonge sur la rive droite du Rhin jusque dans le Westerwald, où il disparaît sous les groupes de la quatrième époque, pour se remontrer ensuite dans le Hartz, la Saxe et la Bohême.

MONTAGNES DE LA SAXE.

Je réunis dans ce paragraphe les deux chaînes du Thuringerwald et de l'Erzgebirge, dont la constitution géognostique est peu différente, bien que la première se trouve sur la frontière de Saxe et de Bavière. Ces chaînes sont composées d'eurites et de porphyres, de granite et de gneiss offrant les mêmes rapports géognostiques que dans les Vosges. Les por-

phyres forment des rameaux très étendus; ils passent au diorite
et présentent quelquefois la structure prismatique bien tran
chée ; ils pénètrent dans les roches supérieures, jusqu'au ter
rain du grès rouge exclusivement, dans lesquelles ils ont ap
porté un grand nombre de filons métalliques qui sont exploi
tés depuis long-temps, et fournissent de grandes richesses. L
gneiss renferme des amas de calcaire saccharoïde et des ser
pentines. Le micaschiste, passant au phyllade par des schiste
talqueux, forme une espèce de ceinture autour du gneiss
dans laquelle pénètrent aussi les roches massives inférieures
Le terrain de transition (cinquième époque) est composé d
phyllades et de psammites (*grauwacke*), supportant quelque
lambeaux de la formation houillère.

Le terrain de transition est recouvert par une masse d
grès rouge, appartenant probablement au terrain vosgien
qui repose aussi souvent sur les roches feldspathiques.

Cette contrée est, jusqu'à présent, celle du globe dans la
quelle le zechstein est le mieux développé. Il est composé d
dolomies, plus ou moins caverneuses, et de calcaires magné
siens, reposant sur des schistes marno-bitumineux avec em
preintes de poissons, et minérais de cuivre (cuivre pyriteux e
cuivre carbonaté) qui donnent lieu à de grandes exploitation

Des roches plutoniques de la seconde époque (basaltes e
trachytes) se montrent au pied S.-O. du Thuringerwald
et au pied S.-E. de l'Erzgebirge ; là, elles ont pénétré d'un
manière fort remarquable dans le terrain vosgien, comm
nous l'avons déjà dit § 70.

MONTAGNES DE LA BOHÊME.

Les montagnes de cette partie de l'Allemagne sont comp
sées de granite, de gneiss et de micaschiste, recouverts par
terrain schisteux et le terrain carbonifère de notre cinquièm
époque. Sur les rives du Danube, qui baigne leur pied,
existe une longue bande de collines du terrain subapennin
qui n'est que le prolongement de celles qui bordent les Alp
au nord.

MONTAGNES DE LA HONGRIE ET DE LA TRANSYLVANIE.

D'après les observations de MM. Boué et Lill de Lilienbach, les différentes chaînes de ces deux contrées auraient à peu près la même constitution géognostique. Les roches qu'elles présentent sont, par ordre d'ancienneté : 1° des schistes cristallins ; 2° des roches granitoïdes serpentineuses, et siénitiques ; 3° des grès de quatrième époque et des calcaires jurassiques ; 4° les grès carpathiques divisés en deux masses, dont la supérieure est caractérisée par les fossiles de la craie et des calcaires à hippurites, tandis que d'autres roches semblables, à ammonites et à bélemnites, se trouvent sur la limite des deux dépôts ; 5° des porphyres métallifères sortis du milieu des grès précédens et les ayant altérés ; 6° un dépôt de troisième époque, dont la partie inférieure est composée de mollasse argieuse coquillière, avec sel gemme et gypse, et couches de lignite ; la partie supérieure est formée de sables, de grès et de calcaire très coquillier, de calcaire à nummulites et à coraux ; 7° des masses trachytiques accompagnées d'agrégats feldspathiques ou ponceux, dont certaines parties se lient avec les roches de troisième époque, et parmi lesquelles se remarque surtout une espèce d'agrégat trachytico-ponceux, très fin, avec empreintes végétales. Des cratères et une solfatare existent dans le sol trachytique de la Transylvanie ; 8° enfin les alluvions.

LE BALKAN.

Nous devons à M. Hauslab, capitaine au corps des ingénieurs-géographes autrichiens, le petit nombre d'observations que nous possédons sur cette chaîne de montagnes.

Au sud de la grande bande tertiaire qui s'étend sur les deux rives du Danube, depuis Widdin jusqu'à la mer, il existe, le long du Balkan, une série de hautes montagnes composées de calcaires bien stratifiés, compactes, gris ou blanchâtres, qui ressemblent beaucoup à ceux qui flanquent les Alpes. Entre ces montagnes et la chaîne centrale du Balkan, se trouvent de vastes cavités formant une espèce de vallée longitudinale qui se prolonge jusqu'à Varna. En gravissant le versant nord du Balkan, on rencontre d'abord des masses d'agglomérats, puis des schistes grisâtres psammitiques et des schistes quarzo-talqueux; ensuite viennent de puissantes assises de calcaires noirâtres et rougeâtres; ces calcaires s'élèvent jusque sur la crête du Balkan; mais sur le versant sud, on trouve des micaschistes; ceux-ci sont recouverts par des calcaires à couleurs foncées, qui paraissent appartenir à la cinquième époque. Il existe encore, au pied sud du Balkan, une vallée longitudinale semblable à celle du versant nord. Depuis le pied du Balkan jusqu'à Constantinople, le sol, très plat, est assis sur le terrain subatlantique.

MONTAGNES DE LA SCANDINAVIE.

Les montagnes de cette région boréale sont presque entièrement formées de gneiss, au milieu duquel il existe, sur quelques points, de puissans amas de fer oligiste; dans les parties les plus septentrionales, le gneiss est recouvert par des micaschistes et des talcschistes renfermant des masses transversales d'ophiolite.

Dans la Norwége méridionale, des massifs de porphyres et de siénite s'élèvent au milieu de lambeaux de terrain schisteux renfermant des couches de calcaire à trilobites. A la pointe de la Scanie se montre le terrain craïeux, qui reparaît, en Danemarck, sur la rive opposée du Sund.

L'immense terrain de transport avec blocs erratiques, qui couvre les contrées basses de la presqu'île scandinave, pénètre en Russie et jusque dans les plaines de la Basse-Allemagne.

Nous allons passer à la description des deux grandes chaînes qui séparent l'Europe de l'Asie, sans parler de celles des Iles-Britanniques, parce qu'il existe une foule d'ouvrages sur ce pays, qui est celui du monde qui a été le plus étudié.

L'OURAL.

La partie centrale de l'Oural est composée de roches massives (porphyres siénitiques) accompagnées de diorites, formant des montagnes considérables et passant à la siénite, qui est aussi très bien développée; eurites porphyroïdes et porphyres ordinaires passant au granite, qui forme aussi des montagnes considérables. Le granite passe au gneiss par des leptinites (*gneiss granite*), comme dans les Vosges. Cette dernière roche pénètre jusque dans le terrain schisteux primitif et intermédiaire, comme dans les Alpes.

Le terrain primitif, soulevé par les roches massives, est formé de gneiss, de micaschistes et de talcschistes : il renferme des masses serpentineuses, qui paraissent être le gisement primitif du platine et de l'or. Les talcschistes renferment aussi beaucoup de filons aurifères; on en compte jusqu'à cent cinquante aux environs de Beresof.

Le terrain schisteux de cinquième époque recouvre souvent le terrain primitif : il est composé de phyllades, de quarzites et de psammites; il renferme des amas alongés de calcaire, souvent interrompus, dans leur ligne de direction, par des minérais de fer. Ce calcaire repose quelquefois immédiatement sur le granite.

La partie orientale de la chaîne est formée par différens chaînons subordonnés, composés de granites, de diorites, de serpentines, de roches talqueuses, chloriteuses et calcaires.

Des groupes de la quatrième époque gisent au pied occidental de la chaîne, vers le centre.

Une grande steppe saline, dont le sol est formé par des dépôts de troisième époque et des alluvions anciennes au milieu desquelles on voit ressortir quelques petits îlots de terrain secondaire, s'étend depuis le pied sud de l'Oural jusqu'au pied nord du Caucase, et forme les rives de la mer Caspienne.

LE CAUCASE.

Les grandes sommités du Caucase, qui en occupent la partie centrale, sont principalement composées de trachytes porphyriques, paraissant sortir du milieu des schistes de transition, qui se montrent au jour, sur les deux flancs de la chaîne, dans le fond des grandes vallées.

Une grande formation calcaire, assez semblable à celle des Alpes, flanque cette chaîne au nord et au sud en s'appuyant sur le terrain schisteux. Les calcaires sont beaucoup plus développés sur le versant méridional que sur le versant septentrional ; à leur partie supérieure, se montrent des masses d'ophite, qui les ont probablement traversés.

Le terrain subatlantique constitue des masses de collines au nord et au sud du Caucase, il est composé de marnes bleues et de mollasses, supportant des calcaires, des grès et des sables, qui alternent entre eux et forment l'étage supérieur du terrain, comme dans les autres contrées de la terre.

L'ALTAÏ.

Nous n'avons des notions sur cette chaîne que par les expéditions des mineurs russes envoyés à la recherche des minerais d'or et d'argent. La masse principale est composée de talcschistes, de phyllades, de calcaires et de quarzites, traversés par des filons de diorite plus ou moins puissans, et recouverts çà et là par des lambeaux de la formation houillère.

Des massifs granitiques sortent du milieu des schistes vers le centre de la chaîne, et poussent des rameaux qui s'étendent fort loin dans ces mêmes schistes. Toutes ces roches renferment des filons d'argent, de plomb, etc.; et les dernières pentes des montagnes, ainsi que le fond des vallées, sont recouverts par des alluvions aurifères.

L'HIMALAYA.

Cette immense masse de montagnes, qui s'étend depuis les rives de la mer Caspienne jusqu'à la mer de la Chine, n'a pas encore été explorée dans toute son étendue; mais nous possédons des notions assez exactes sur les parties centrales et occidentales, qui offrent à peu près la même constitution géognostique. L'axe géognostique de la chaîne est formé par le gneiss, au dessous duquel on voit des amas de granite, qui s'introduit aussi en filons dans le gneiss. Celui-ci est recouvert par des micaschistes passant aux talcschistes ; sur quelques points les talcschistes sont recouverts par des phyllades, avec psammites ou quarzites.

Deux immenses bandes calcaires bordent les roches anciennes, au nord et au sud. M. Gérard, ayant trouvé dans ces calcaires beaucoup de fossiles du terrain craïeux, il est probable que c'est à ce terrain qu'ils doivent être rapportés.

Un terrain de mollasse avec lignite, assez semblable à celui de la Suisse, forme, sur les rives du Gange, une bande très étendue au pied de l'Himalaya. Au pied nord, on trouve le terrain subatlantique très développé, et reposant en couches horizontales sur les calcaires de la quatrième époque, qui viennent affleurer dans les steppes; les roches de la troisième époque sont recouvertes par des alluvions anciennes avec ossemens de mammifères.

MONTAGNES DE L'INDOSTAN.

Le granite et le gneiss, recouverts par des micaschistes et des talcschistes passant au schiste argileux, et traversés par des diorites et des porphyres, ont pris un développement considérable dans la péninsule de l'Indostan. Ces deux roches se montrent dans la plus grande portion du Bagur, la partie septentrionale du Guzerate, et les districts de Serni, Mewar, Marwas, de Jaypur, etc. Ce sol primaire, s'étendant au sud vers Narbula, est séparé de celui de la pointe sud de l'Indostan, par une grande formation plutonique récente, qui se prolonge du nord de Malwa, à travers la péninsule, jusqu'à la côte au sud de Bavada, d'où elle borde l'Océan jusqu'au cap Cormorin, et passe même dans l'île de Ceylan.

CHAINES DE L'ASIE-MINEURE.

On ne possède encore que peu d'observations sur les chaînes de cette partie de l'Asie. En général, elles sont composées de terrains anciens de la sixième et de la cinquième époque, du milieu desquels sortent des massifs de roches trachytiques et basaltiques, qui sont très nombreux dans la partie méridionale et sur les rives du Bosphore. Les dépôts de la quatrième époque ne se montrent que sur un petit nombre de points du littoral de la Méditerranée. Les plaines, comprises entre les différentes ramifications des chaînes de montagnes, sont couvertes d'un puissant terrain de transport.

CHAINE DU LIBAN.

D'après les observations récentes de M. Botta, on peut distinguer dans le Liban trois formations superposées les unes aux autres. Ce sont, en allant de haut en bas : 1° une masse calcaire variable d'aspect et de dureté, dont les strates alternent avec des marnes, et la partie moyenne renferme des silex en lits et en nodules, des oursins, et de nombreuses empreintes de poissons ; 2° une masse sablonneuse, dont la puissance est très variable, avec quelques strates de calcaire siliceux, des minerais de fer et des couches de lignite ; 3° la masse la plus inférieure du Liban est formée de couches d'un calcaire caverneux avec silex.

De chaque côté des deux versans, les couches sont toujours fortement inclinées, mais au sommet de la chaîne, elles sont généralement horizontales.

Toute cette masse semble devoir être rangée dans le terrain craïeux [1].

---

[1] Je ne parle point des chaînes de la Grèce, parce que le temps et l'espace me manquent, et qu'elles ont été parfaitement décrites par MM. Boblaye et Virlet, dans l'ouvrage de l'expédition de Morée, auquel je renvoie le lecteur.

MONTAGNES DE L'AFRIQUE.

Nous ne possédons que très peu d'observations sur les montagnes de l'Afrique. Les deux chaînes de l'Atlas, qui occupent la partie nord de ce continent, paraissent formées, en grande partie, de calcaires marneux alternant avec des marnes schisteuses, qui passent au phyllade dans plusieurs contrées. Nous avons rapporté à la formation du lias ce groupe calcaréo-marneux, quoique, par ses caractères extérieurs, il se rapproche beaucoup, quelquefois, du terrain schisteux de la cinquième époque. L'espace compris entre le Petit et le Grand-Atlas est occupé par le grand terrain subatlantique, qui se retrouve aussi au nord de la première chaîne, et probablement au sud de la seconde, d'où il doit s'étendre sur toute la surface du Sahara.

MONTAGNES DE L'AMÉRIQUE.

Pointe de l'Amérique méridionale. Le terrain schisteux paraît très bien développé à l'extrémité méridionale du continent américain ; il passe sur les deux rives du détroit de Magellan, et se prolonge dans la Terre-de-Feu ; des massifs de siénite s'élèvent au milieu des schistes, et poussent, probablement, des ramifications dans leur intérieur. La craie se montre sur plusieurs points de la côte orientale.

D'après les observations de M. d'Orbigny, le sol des vastes bassins de la Patagonie et de Buenos-Ayres, séparés par la chaîne du Tandil, composée de roches primordiales stratiformes, est formé par des dépôts de troisième époque, qui présentent des calcaires caverneux et grossiers, et des grès quarzeux, alternant avec des argiles gypseuses. Ces roches contiennent des coquilles marines, *huîtres*, *venus*, *cardium*, *pecten*, etc.

Cordillère des Andes. La base de la grande cordillère des Andes est formée de granite et de gneiss recouverts par un immense dépôt volcanique ancien, porphyres pyroxéniques, avec conglomérats passés à l'état de wackes, diorites grenus ou compactes, souvent amygdalaires. La haute plate-forme de cette chaîne est couverte de cendres trachytiques, et de conglomérats ponceux, reposant sur des basaltes à cristaux de pyroxène. C'est sur ce plateau que sont dispersés, de la manière la plus irrégulière, les énormes lambeaux de roches trachytiques à formes arrondies, et revêtus de neiges éternelles, qui forment les sommets de la chaîne. A cette plate-forme succède un plateau plus vaste encore, mais moins élevé; on y descend par des pentes couvertes de détritus volcaniques; il est bordé à l'est par une vaste chaîne dont nous parlerons bientôt. Ce plateau est recouvert d'un grand terrain d'alluvions anciennes, dont les sables renferment de la poudre d'or; des grès rouges avec minerais de cuivre, des argiles bigarrées avec gypse, des calcaires gris de fumée, renfermant des *térébratules*, des *productus* et des *spirifers*, sortent çà et là du milieu des alluvions. La cordillère orientale, à partir du grand plateau, a plus de 40 lieues de large; la pente, du côté du plateau, est formée de phyllades mélangés de psammites et de quarzites; le faîte, les sommités et les premières pentes orientales, sont composés de granite, de protogyne et d'hyalomicte; au delà, recommence le terrain schisteux jusqu'aux plaines de Las Moxos.

Les puissantes chaînes qui, par les 18e et 20e degrés de latitude, se détachent de la grande cordillère orientale pour s'étendre à l'est vers le centre du continent américain, ainsi que le massif montueux qui, au delà de Rio-Grande, succède à ces chaînes, et s'étend jusqu'aux frontières du Brésil, offrent une constitution analogue à celle de cette cordillère. Des terrains tertiaires occupent le fond des plaines au pied de ces différentes chaînes.

Montagnes du Brésil. Les montagnes de cette contrée présentent des granites, des gneiss, des micaschistes, des talcschistes, des quarzites et des phyllades auxquels succèdent des masses de calcaires compactes. Les quarzites forment des masses immenses dans le terrain schisteux; ils sont sou-

vent associés avec des brèches quarzeuses, et contiennent
alors des mines d'or.

Isthme de Panama. Cette langue de terre, qui réunit les
deux Amériques, paraît être entièrement formée par des dépôts de la cinquième époque, qui pénètrent jusque dans le
Mexique, où ils sont traversés par des porphyres.

Montagnes du Mexique. Ces montagnes sont, en grande
partie, composées d'un terrain schisteux de cinquième époque,
enfermant des calcaires plus ou moins abondans, au milieu
lesquels ont pénétré, en masses transversales, des siénites,
es porphyres siénitiques, des diorites et autres roches plutoni-
ues. D'énormes massifs trachytiques et des volcans encore
n feu s'élèvent au milieu du terrain schisteux.

On remarque, en outre, quelques petites chaînes calcaires
ont les roches paraissent devoir être rangées dans la
uatrième époque géognostique.

Montagnes rocheuses. Elles se rattachent à celles du
Mexique et s'étendent fort loin vers le nord-ouest; elles pa-
aissent principalement composées d'un terrain de grès
ouge salé, reposant sur le terrain schisteux dont nous venons
e parler.

Monts Alleghanys. C'est un ensemble de divers chaînons,
peu près parallèles entre eux, dont le centre est composé de
ranite, de gneiss et de talcschistes; les deux grands ter-
ins de la cinquième époque (schisteux et carbonifère)
anquent des deux côtés la masse de ces montagnes. Sur le
rsant qui regarde l'Atlantique, le terrain de grès rouge
quatrième époque) et le terrain craïeux paraissent être
en développés; dans le bassin du Mississipi, le terrain de
ès rouge est recouvert par un calcaire de quatrième époque,
ont les strates sont horizontaux. Aux sources de l'Ohio, dans
Nord, les montagnes sont composées de schistes et de cal-
ires semblables à ceux qui gisent sur les deux versans des
lleghanys; des grès et des trapps accompagnent ces roches,

qui entourent et séparent la plupart des grands lacs du Ca
nada.

Passé le fleuve Saint-Laurent, toutes les montagnes d
nord de l'Amérique paraissent formées de granites, de gneiss
de micaschistes et de talcschistes, sur lesquels on voit çà et l
des lambeaux de phyllades.

MONTAGNES DES RÉGIONS POLAIRES.

Dans la région arctique, les montagnes du Spitzberg son
formées en grande partie de grès rouge secondaire, tandi
que dans celles du Groënland ce sont, au contraire, les roche
primitives (granite, gneiss et micaschiste) qui dominen

L'Islande est une terre entièrement volcanique, à l'excep
tion de petits dépôts marins de la troisième époque ; parmi le
roches volcaniques, on a remarqué des porphyres trachyti
ques anciens.

Lors de son expédition au pôle boréal, le capitaine Parry
reconnu, dans les dernières terres qu'il ait pu atteindre, de
traces de la formation houillère.

Océan antarctique. Tout l'archipel récemment décou
vert, dans les régions antarctiques, a pour base les même
roches anciennes que nous avons déjà citées dans la cordi
lère des Andes et à l'extrémité de l'Amérique méridionale
Toutes les îles ont la même constitution géognostique, à l'ex
ception cependant de celle de la Déception, qui n'est que l
pourtour d'un cratère encore incomplet : le sol est compos
d'un alternat de bancs de cendres et de glace, percés d'u
grand nombre de trous, d'où sortent, avec bruit, des v
peurs et des sources thermales.

Les montagnes s'élèvent jusqu'à 600 mètres au dessus d
mer, et sont composées de tufas et de scories, au milieu de
quels on voit des obsidiennes et des laves compactes.

La courte description que nous venons de donner d
chacune des principales masses de montagnes que présente l
surface du sphéroïde terrestre a dû convaincre le lecteu

de l'exactitude de la classification des groupes géognostiques que nous avons adoptée dans le cours de cet ouvrage.

Il ne nous reste maintenant, pour terminer tout à fait ce que doit embrasser la géognosie, qu'à exposer des principes généraux propres à guider les jeunes observateurs dans la description géognostique d'une contrée.

PRINCIPES GÉNÉRAUX POUR LES DESCRIPTIONS GÉOGNOSTIQUES.

§ 116. Voici les principes généraux que l'on doit suivre dans les descriptions géognostiques.

Celui qui veut entreprendre la description d'une contrée doit d'abord faire une reconnaissance générale pour avoir une idée de son travail, et fixer le cadre dans lequel il veut renfermer ses observations. On choisira, autant que possible, une région naturelle comme une chaîne de montagnes, le bassin d'une rivière, etc. ; ou bien une région politique, comme un département, un arrondissement, un canton, etc. Si l'on n'a pas la carte du pays, la première chose à faire est de la lever d'une manière expéditive, mais en marquant cependant avec soin les principaux accidens du sol et leur hauteur au dessus d'un point connu, le niveau de la mer ou tout autre. En levant la carte, on peut étudier superficiellement les différens groupes de roches qui se montrent à la surface. Si on a la carte faite d'avance, il faut alors s'en servir pour faire la reconnaissance géognostique ; c'est à dire, voir quelles sont les principales formations que le pays renferme, et comment elles sont disposées les unes par rapport aux autres.

Dans cette opération, on doit toujours marcher en coupant les strates à angle droit, afin de suivre la succession des groupes : on conçoit très bien qu'en marchant parallèlement à la direction des couches on pourrait suivre la même pendant long-temps sans que cela conduisît à rien. En traversant ainsi la contrée dans plusieurs directions, on marquera les principales limites des formations, ainsi que les points où les superpositions sont évidentes ; ce qui s'indique par des lignes *a b, c d, e f*, Pl. IV : on dessinera sur un calepin les profils tels qu'ils sont, en ayant soin de bien indiquer la manière dont se fait la superposition, et l'inclinaison des couches, que l'on mesurera exactement avec un cercle vertical muni d'un fil à plomb ; il faut aussi déterminer à la boussole la direction suivant laquelle ces couches s'étendent, et le point de l'horizon vers lequel elles plongent. Tout ceci doit être achevé avant de commencer les opérations de détail, qui demandent beaucoup de soin et de temps.

Celles-ci consistent à prendre chaque groupe séparément, examiner d'abord les roches principales, puis celles qui se présentent en couches subordonnées, ainsi que les filons des différentes substances qui coupent les strates. Il faut bien voir comment ces derniers entrent dans les groupes, s'ils en sortent, ou comment ils se terminent, et les diverses altérations que leur introduction a fait éprouver aux couches traversées.

On recueillera soigneusement les minéraux et les fossiles, en notant exactement la manière dont ils sont placés, quels sont les plus abondans et surtout ceux qui paraissent être caractéristiques. On doit aussi prendre des échantillons de toutes les roches, et les désigner par des lettres ou des numéros qui fixent leur place dans la coupe que l'on a faite préalablement, afin que, rentré chez soi, on puisse les placer absolument dans le même ordre que celui de la nature. Il ne restera plus alors qu'à étudier chaque morceau séparément pour bien déterminer l'espèce minérale, végétale ou animale à laquelle il peut se rapporter.

Toutes ces observations doivent être répétées pour chaque groupe, même ceux qui sont le mieux connus, parce qu'il reste encore beaucoup de choses à découvrir, et que les faits établis ont besoin d'être confirmés de plus en plus ; en un mot, il faut faire une monographie géognostique : c'est le meilleur moyen d'avancer la science.

Parmi les formations que l'on décrit, il peut s'en trouver quelques unes bien connues, comme la *craie*, le *lias*, la grande *formation houillère*, etc. ; alors on aura un horizon géognostique, et on pourra déterminer ainsi la position des autres dans la série des formations. Mais il peut arriver aussi que l'observateur ne connaisse aucun des groupes qu'il étudie ; dans ce cas, il doit se contenter de les décrire très exactement, et de bien établir l'ordre de leur superposition réciproque.

Nous avons dit qu'il fallait toujours avoir la carte du pays avant d'entreprendre une description géognostique, et indiquer sur cette carte l'étendue des formations. L'espace occupé par chacune, dans les diverses localités, se limite par une ligne ponctuée (voyez Pl. IV) dans laquelle on met une lettre, ou de la couleur, si l'on aime mieux ; plusieurs géognostes mettent les deux. Ces lettres ou ces couleurs doivent être rapportées sur les profils naturels, *a b, c d, e f,* que l'on place autant que possible, sur la même feuille que la carte, afin que le lecteur puisse tout embrasser d'un seul coup-d'œil ; c'est là un immense avantage pour l'intelligence des descriptions. S'il existe une direction suivant laquelle la superposition des groupes, les uns sur les autres, puisse être observée, il faut la tracer sur la carte et en profil, pour donner une idée générale des choses. Mais si on n'a observé que des superpositions partielles bien évidentes, on peut en conclure l'ordre général ; et alors, traçant sur la carte la direction $\alpha\ \epsilon$ suivant laquelle cet ordre doit exister, on dessine son profil en indiquant seulement les masses des groupes, afin de faire voir que c'est une disposition théorique, déduite de l'ensemble des observations.

Le texte d'une description géognostique, préparée de cette manière, peut être très concis : il suffit qu'il donne pour chaque groupe la description des principales roches, l'énumération des espèces minérales et le gîte de chacune ; celle des fossiles organiques, en ayant soin de noter les plus caractéristiques ; la direction et l'inclinaison des couches, la puissance de la formation ; le caractère des montagnes, la manière dont les eaux sont distribuées, et ce qu'elles présentent de remarquable ; enfin, qu'il dise le parti que l'on peut tirer dans les arts des diverses substances que renferme la formation, et quelles sont les principales plantes qui croissent sur le sol qu'elle constitue.

La description des environs de Paris, par MM. Brongniart et Cuvier, et celle de l'Angleterre, par MM. Phillips et Conybeare, sont de très bons exemples à suivre.

TABLE DES MATIÈRES

CONTENUES

DANS CE VOLUME.

—

TRAITÉ ÉLÉMENTAIRE

DE GÉOLOGIE.

IMPRIMERIE DE Mme HUZARD (née VALLAT LA CHAPELLE),
rue de l'Éperon, n° 7.